高等学校电子信息类"十三五"规划教材

Altium Designer 原理图与 PCB 设计制作

赵毓林　张磊邦　编著

西安电子科技大学出版社

内 容 简 介

本书全面、系统地介绍了 Altium Designer 的功能和面向实际应用的操作技巧。本书最大特点是插入了许多实物图片和操作步骤图，方便了读者直观理解认识，起到了理论与实践方面的操作训练作用。在讲解基本知识的同时，配以多种形式的案例进行说明，实现了零基础入门到精通 PCB(印制电路板，Printed Circuit Board)设计理念。本书内容包括 Altium Designer 的简介与安装、Altium Designer 的编译环境与软件设置、电路原理图设计、PCB 电子元器件设计基础知识、PCB 设计基础知识、PCB 布局与布线设计、PCB 库文件的设计、PCB 电路优化设计、电路的层次化设计、印制电路板制作技术、PCB 设计综合案例等，并在各章配备了课堂练习。

本书可作为各大中专院校相关专业和培训班的教材，也可作为电子信息工程、电子信息科学与技术、通信工程、自动化、电气控制类专业课程教材及电子工程技术人员、电子爱好者、自学人员的参考用书。

图书在版编目(CIP)数据

Altium Designer 原理图与 PCB 设计制作/赵毓林，张磊邦编著.
—西安：西安电子科技大学出版社，2015.5(2017.12 重印)
高等学校电子信息类“十三五”规划教材
ISBN 978-7-5606-3516-3

Ⅰ. ① A…　Ⅱ. ① 赵…　② 张…　Ⅲ. ① 印刷电路—计算机辅助设计—应用软件—高等学校—教材　Ⅳ. ① TN410.2

中国版本图书馆 CIP 数据核字（2015）第 002471 号

策　　划　毛红兵
责任编辑　阎　彬　张　蕊
出版发行　西安电子科技大学出版社（西安市太白南路 2 号）
电　　话　(029)8242885　8201467　　邮　　编　710071
网　　址　www.xduph.com　　电子邮箱　xdupfxb@pub.xaonline.com
经　　销　新华书店
印刷单位　陕西大江印务有限公司
版　　次　2015 年 5 月第 1 版　2017 年 12 月第 3 次印刷
开　　本　787 毫米×1092 毫米　1/16　印张　15.5
字　　数　365 千字
印　　数　2501～5500 册
定　　价　35.00 元
ISBN 978-7-5606-3516-3/TN

XDUP 3808001-3

前　言

Altium 公司作为全球最知名的电子设计软件生产企业，在电子设计领域和电子设计工具方面一直引导最新潮流。其新一代电子设计软件 Altium Designer 不仅延续了 Protel 强大的 PCB 设计功能，同时也提供了完善高效的 EDA(电子设计自动化，Electronic Design Automation)开发功能。该软件提供了解决布线难题的新工具，并提供了高级的电子元器件库管理工具、强大的电路仿真功能、高效的电子设计操作技巧等。Altium Designer 将多类设计进行了创造性的融合，将不同企业的 FPGA(现场可编程门阵列，Field Programmable Gate Array）开发环境进行了统一，还将 PCB、EDA 系统设计、IP(网络之间互联协议，Internet Protocol)软核工程设计操作流程进行了统一，为每一位电子设计师提供了简单易用的设计技术和最佳的解决方案，最大限度地提高了电子系统设计效率。

在电子技术日新月异发展的今天，电子产品的设计制作对于产品的成本和上市时间的要求越来越高。以往分散的、拼凑起来的各种单点式电子设计工具已无法满足现代电子制作的需要，电子设计师的设计理念也不再仅仅停留在独立的电子元器件和电子电路上，创新需要改变传统的理念，因此，作为电子设计师也应该懂得电子设计与产品开发的系统流程设计，将 Altium Designer 软件看作是整个电子产品设计的基础核心、电子设计一体化的开发平台。Altium Designer 软件的设计全程可靠，加之流畅的数据分析与衔接，在很大程度上帮助了设计师们从容创新，在提高设计效率的同时，还有机会充分发挥设计师的潜能。

本书采用基础知识、电路设计实例和效果图相结合的方式详细地介绍了 Altium Designer 的基本功能和 PCB 设计技巧，用通俗的语言把作者多年来的实践经验融入书中，遵循了理论、实践相结合，动手、动脑相得益彰的理念。书中每个案例都非常典型，让读者能领略到在理论知识的指导下学重点、重操作的学习方法。本书除了介绍 PCB 相关设计外，还着重强调了电子元器件的基本概念和 PCB 实践制作的方式方法，通过综合案例和课后练习不断加深所学知识，提高设计能力与创新思维能力，最终达到学以致用的目的。书中给出的部分电路图因绘图软件的原因，不符合国标，特在此说明。

全书共分为 11 章，各章内容如下：

第 1 章：对 Altium Designer 软件、安装方法进行了简单介绍，着重强调了印制电路板的设计流程。

第 2 章：重点介绍了 Altium Designer 的 6 大编译环境和设计软件的预备知识。

第 3 章：此章节分为两大部分进行介绍，第一部分介绍了电路原理图设计的基本知识、电子元器件的放置、连接、项目的编译和规则的设置；第二部分则介绍了原理图库文件的相关操作。

第 4 章：介绍了 PCB 电子元器件设计的一些基础知识，包括 PCB 的具体含义、层的概念、电子元器件封装、导线和焊盘的类型等。

第 5 章：介绍了 PCB 编译环境下的基本知识，包括菜单栏介绍、文件建立、电路板外观规划、原理图向 PCB 文件的转换。

第 6 章：本章重点介绍了 PCB 布局与布线设计的方法与技巧。

第 7 章：介绍了 PCB 库文件的绘制方法和注意事项，通过实践案例更加透明地向读者阐述相关设计规则。

第 8 章：本章重点讲解 PCB 电路板的优化设计，包括添加泪滴、如何利用文本工具、增设焊盘、添加测试点、批量修改电子元器件和铺铜等优化方法。

第 9 章：本章介绍了 PCB 设计中的一种重要设计方法——层次化。

第 10 章：本章重点介绍了印制电路板制作前需要的准备工作、印制电路板的发展趋势、印制电路板制作设备解决方案、制作印制电路板的多种方法与制作基本流程。

第 11 章：本章通过两个综合案例具体讲解整个 PCB 设计过程到最终制作过程，加深读者的设计思想和发掘创新理念。

本书利用“系统的讲解、全面的软件运用”剖析了 Altium Designer 的功能和面向实际应用的操作技巧，运用多种方式方法实现系统电路的设计。在讲解基本知识的同时，配以多种形式的案例进行说明，强调了理论与实践的结合，深刻诠释了零基础入门到精通 PCB 设计的理念。通过本书的学习与实用方面的操作技能训练，读者可以充分地掌握 Altium Designer 电路板的基础设计，为高端电子设计制作打下坚实基础。

为方便教师教学和读者自学，本书所有章节案例和课堂练习及相关素材、源文件、报表等均可通过邮件向作者索取。邮箱 1：a684856111@126.com；邮箱 2：1206097683@qq.com。

由于时间仓促，再加上作者水平有限，书中难免存在不足之处，恳请广大读者不吝指正。

编　者

2015 年 2 月

目　录

第 1 章　Altium Designer 的简介与安装

[本章学习要点]

(1) 了解 Altium Designer 的背景。

(2) 了解 Altium Designer 的优缺点。

(3) 重点掌握 Altium Designer 的安装、汉化过程设置。

(4) 熟悉各个编译环境。

(5) 了解软件基本参数。

(6) 掌握 PCB 制作流程。

1.1　Altium Designer 介绍

Altium Designer 在业界首次提供了一体化电子产品设计解决方案，它将设计流程、集成化 PCB 设计、可编程电子元器件(如 FPGA 等)设计和基于处理器的嵌入式软件开发功能整合在一起，是一种能同时进行原理图、PCB 和 FPGA 嵌入式设计的设计工具，具有将设计方案从概念转变为最终产品所需要的全部功能。本书重点叙述编辑、设计电路原理图与 PCB 电路图的方法。

1.1.1　Altium Designer 的历史

(1) 1985 年，DOS 版 Protel 诞生。

(2) 1991 年，Protel for Windows 推出。

(3) 1998 年，在 Protel 98 中推出了第一个包含 5 个核心模块的 EDA 工具，给设计者带来了全新的设计感觉。

(4) 1999 年，在 Protel 99 中推出了一个既有原理图逻辑功能验证的混合信号仿真，又有 PCB 信号完整性分析的板级仿真软件，构成从电路设计到真实板分析的完整体系。

(5) 2000 年，Protel 99se 性能进一步提高，可以对设计过程有更大控制力。

(6) 2002 年，Protel DXP 集成了更多工具，使用方便，功能更强大。

(7) 2003 年，Protel 2004 对 DXP 进行完善。

(8) 2006 年，Altium Designer 6.0 集成了更多工具，使用方便，功能更强大，特别在

PCB 设计方面性能大大提高。

(9) 从 Altium Designer 7.0 开始转变版本号，不再采用以前的编号形式，而采用 Altium Designer Summer 08 (7.0)、Altium Designer Winter 09、Altium Designer Summer 09，如今已发展到 Altium Designer 14。

在不同的操作系统中所安装的 Altium Designer 界面不一，不同版本的界面也稍有差异，但其电路板设计等操作都大同小异。本书以目前使用性最好的 Altium Designer 6.9 版为平台进行讲解。

1.1.2 Altium Designer 的优点

Altium Designer 是 Protel 的升级版，同时又具有了如下新的功能：

(1) 集成了多元素的电路原理图与 PCB 设计功能。Altium Designer 拓宽了板级设计的传统界限，全面集成了 FPGA 设计功能和 SOPC(System on Programmable Chip)设计实现功能，从而允许设计师将系统设计中的 FPGA 与 PCB 设计以及嵌入式设计集成在一起。

(2) 提供布线的新工具。在绘制 PCB 电路板时电子元器件的布局、布线环节尤为重要，在布线的同时需将信号的完整性分析工具、阻抗控制交互式布线、差分信号对和交互长度调节等协调一致，方能确保信号同步到达。此时通过软件提供的(Auto)自动布线、BGA 扇出逃逸布线等操作可以轻松完成。

(3) 多类型的原理图设计。在原理图部分，新增加“灵巧粘贴”功能，可以将不同的对象拷贝到原理图当中，比如一些网络标号，一页图纸的 BOM(物料清单，Bill of Materiel)表，都可以拷贝粘贴到原理图当中；还增加了原理图文件切片、多个电子元器件集体操作、文本框的直接编辑、箭头的添加、电子元器件精确移动、总线走线、自动网标选择等；还包括前端多层次、多通道的原理图输入、VHDL(Very-High-Speed Intergated Circuit Hardware Description Language，硬件描述语言)开发和功能仿真，布线前后的信号完整性分析功能。在信号仿真部分，提供完善的混合信号仿真，除对 Xspice 标准的支持之外，还支持对 Pspice(Simulation Program With Integrated Circuit Emphasis)模型和电路的仿真。为 FPGA 设计提供了丰富的 IP(互联网协议)内核，包括各种处理器、存储器、外设、接口以及虚拟仪器。

(4) 丰富的帮助文档。Altium Designer 提供了丰富的英文帮助文档，包含了几乎所有该软件所遇到情况的解决办法。

(5) 规范的 ERC(误差计数)，DRC(设计规则检查)。

(6) 全面的原理图库、PCB 库、集成库和高级电子元器件库管理、封装管理。

(7) 多种电子元器件滤波器，可以快捷地查找相应电子元器件和批量更改。

(8) 多种数据共享功能。Altium Designer 完全兼容 Protel 系列和以前的设计文档，并对 99SE 下创建的 DDB(分布式数据库)和库文件的导入提供接口，同时还支持 CAD(计算机辅助设计)等软件的设计文档和库文件的导入，此外它还提供智能 PDF(文件格式)文档的生成和报表的产生，利用 PDF 向导可以帮助用户把整个项目或者所选文档进行打包处理，这样增强了工作人员的合作灵活性，利用报表的产生则可以直观看到电子元器件的属性。

(9) 全新的界面和个性化设置。

(10) 丰富的报告功能和快捷键的支持，Altium Designer 在英文状态下每个命令前的字母都标有下划线，利用有下划线的字母即可执行相应的功能，可以生成多种格式的报表和电子元器件清单。

(11) 提供了全新的 2D 至 3D 视图转换，如图 1-1 所示。

图 1-1　PCB 3D

1.2　Altium Designer 的安装

由于 Altium Designer 在 Protel 的基础上增加了许多新的功能，因此，它对硬件要求更高，安装文件也变大，安装时间也增加了，安装后文件大小约为 1.6G。

1.2.1　对硬件的需求

Altium Designer 不支持 Windows 95、Windows 98 和 Windows ME 以及一些比较老的操作系统。本书主要讲解如何在 Windows XP/Win7 里运行 Altium Designer。

推荐的计算机最佳性能配置如下：

(1) CPU：英特尔酷睿 TM2 双核/四核 2.66 GHz 或更高的配置。

(2) 内存：2 GB 或者 2 GB 以上内存。

(3) 硬盘：5 GB 或者 5 GB 以上。

(4) 显卡：256 MB 独显或者双显卡。

(5) 显示器：分辨率不低于 1024 × 768 像素以上。

1.2.2　Altium Designer 安装

(1) 首先在电脑光驱中放入 CD 正版安装光盘→打开 Setup 文件(见图 1-2)→运行该文件夹里的文件 Setup.exe 即出现图 1-3 所示界面→点击【Next】。

(2) 点击接受安装并点击【Next】(见图 1-4)，如图 1-5 所示设置好后(不更改亦可)即可点击【Next】继续安装。

图 1-2　安装文件

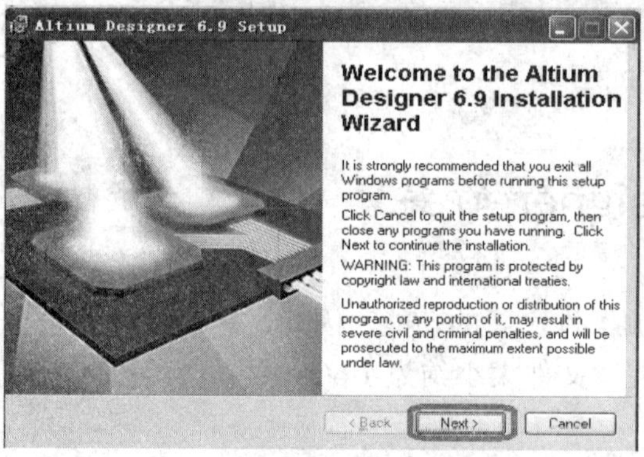

图 1-3　安装向导

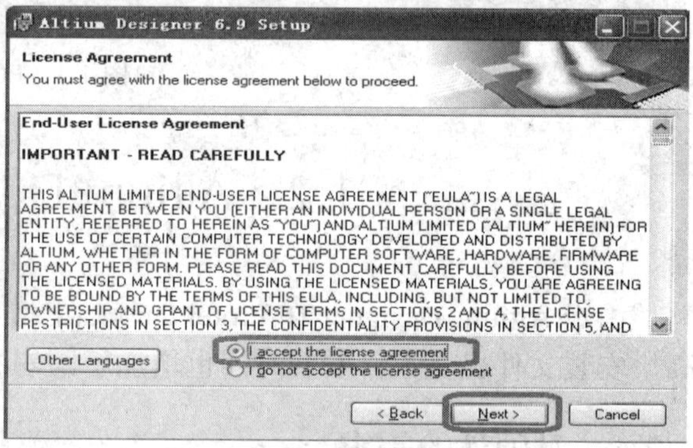

图 1-4　安装许可

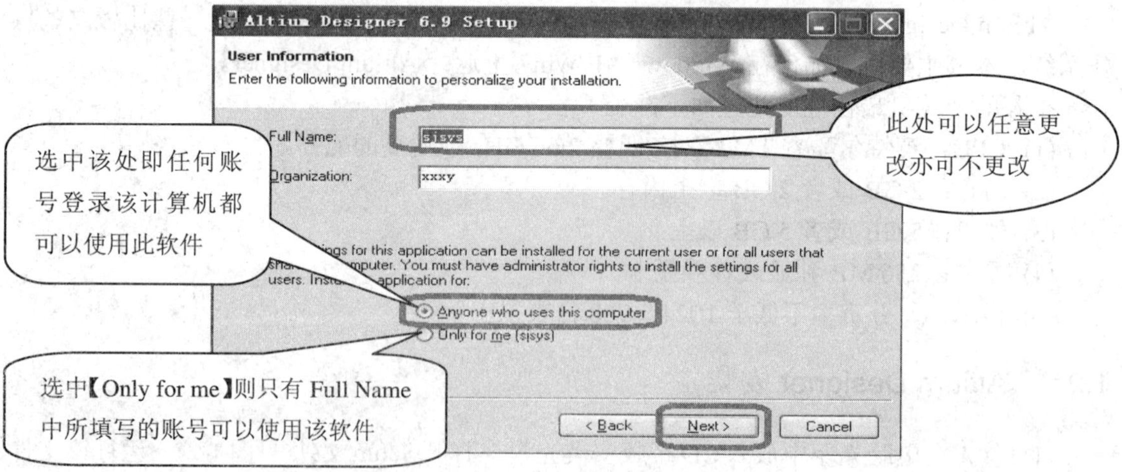

图 1-5　用户权限设置

(3) 按照上述步骤操作后界面如图 1-6 所示(本次安装在默认目录下)，设置好后点击【Next】继续安装。

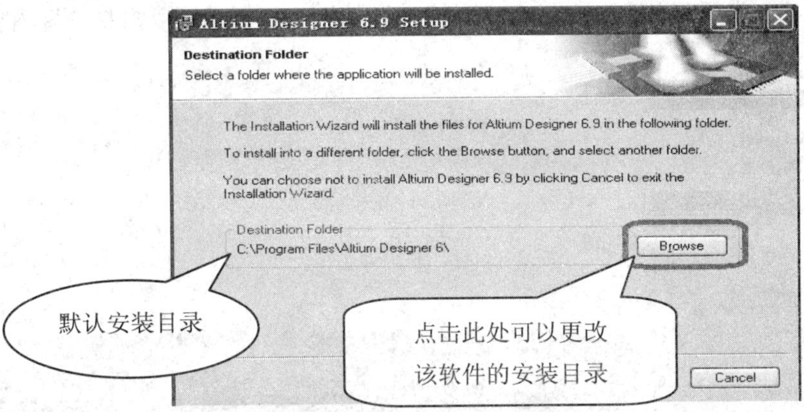

图 1-6　安装目录

(4) 在操作步骤(3)后出现如图 1-7 所示界面，因为该软件所占内存较大，所以安装大约需要 20 min。

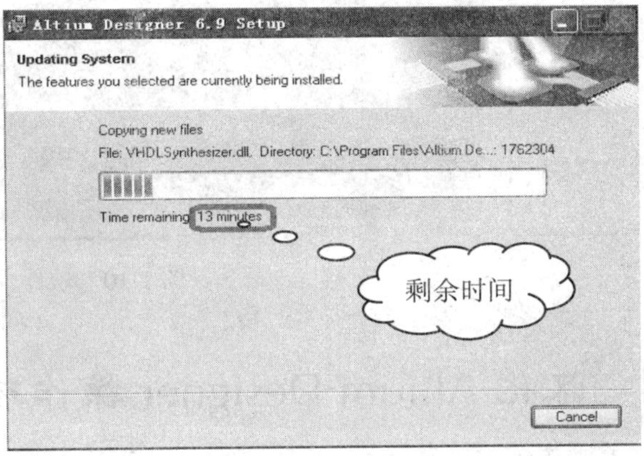

图 1-7　安装进度

注：此处不需要任何设置。

(5) 经过 20 min 后即出现如图 1-8 所示的界面，点击【Finish】即完成初步安装。

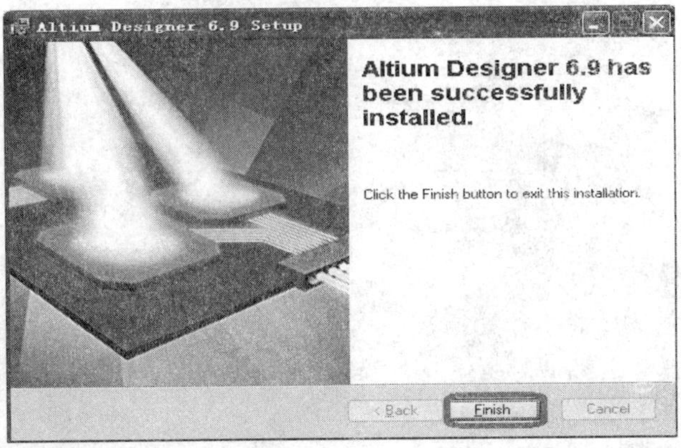

图 1-8　安装完成

(6) 完成初步安装后即可以打开软件(该软件并没有在桌面产生桌面快捷方式)。该软件的打开方式是：在开始菜单里找到 Altium Designer 6，如图 1-9 所示，双击打开即看到该软件主页，如图 1-10 所示。

图 1-9　打开方式

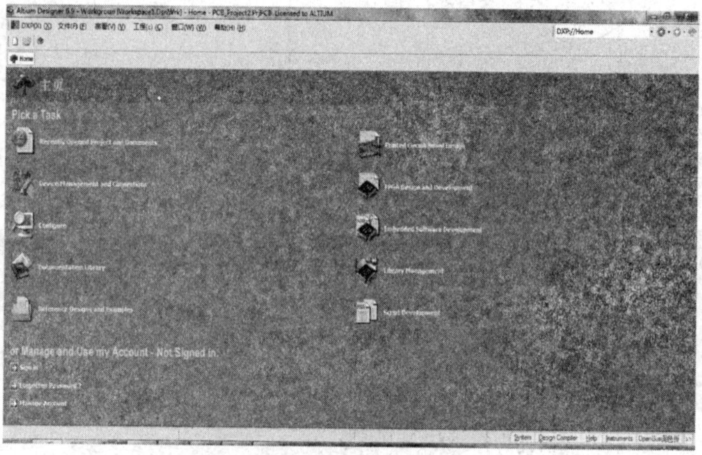

图 1-10　软件主页

1.3　汉化 Altium Designer 操作环境

(1) 打开 Altium Designer 后选中【DXP】菜单下的【Preference】(优选项)并打开，如图 1-11 和图 1-12 所示。

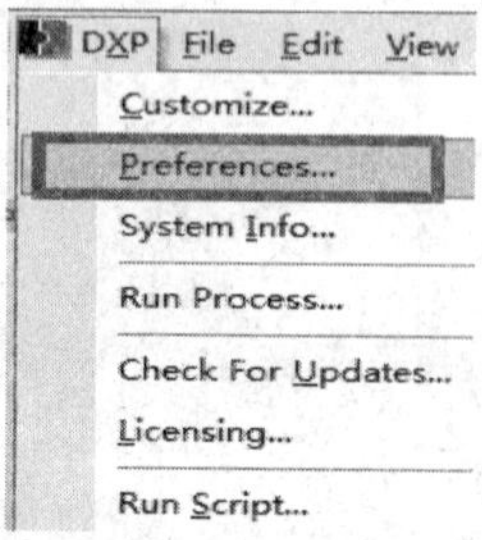

图 1-11　优选项

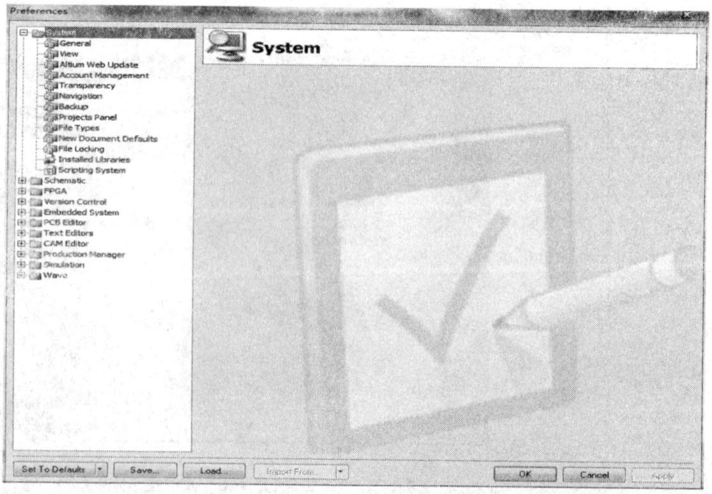

图 1-12　系统设置

(2) 选中【System】下的【General】打开后【Preference】的界面变为图 1-13。

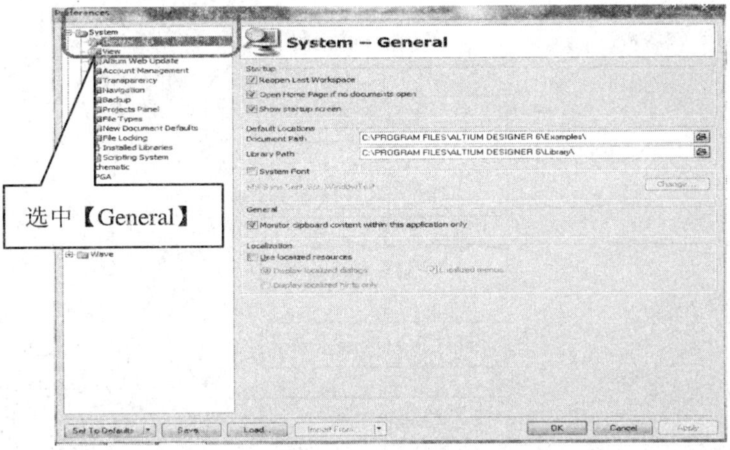

图 1-13　语音设置

(3) 在【System-General】区域下的【Localization】【Use localized resources】前面打钩即弹出如下对话框，点击按钮“OK”后再点击【Apply】，如图 1-14 所示，确认后关闭该对话框然后重启软件 Altium Designer 即可。(此处一定要重启软件)

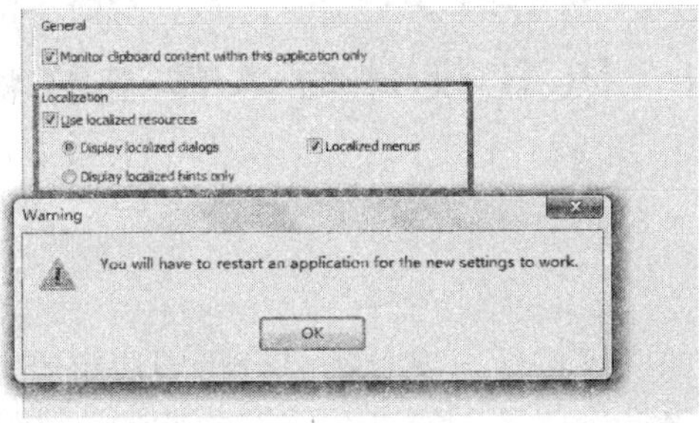

图 1-14　语言确认

(4) 重启后即可以看到菜单栏中语言变为了中文，如图 1-15 所示。

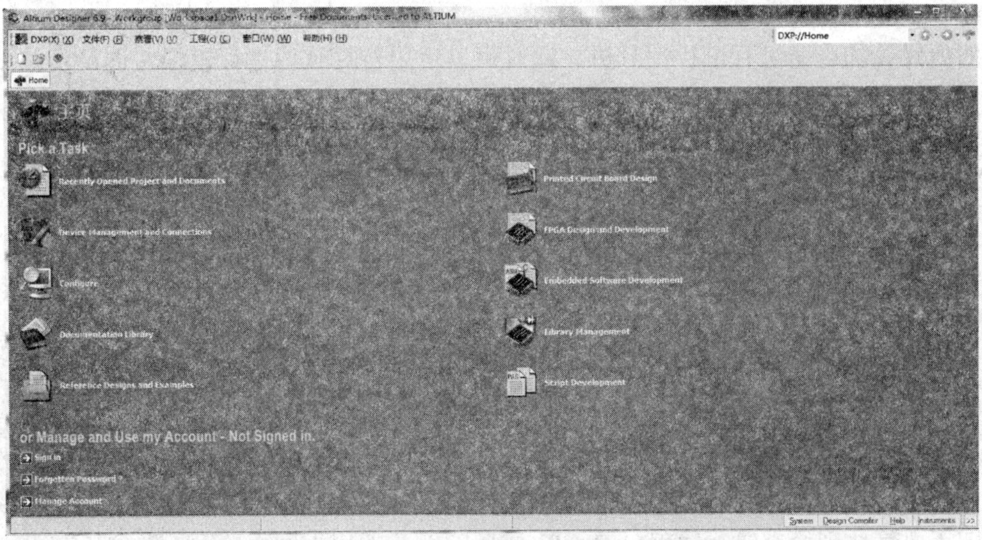

图 1-15　软件主页面

软件安装好后，如何设计和制作 PCB 呢？下面先来了解设计 PCB 的流程(见图 1-16)。

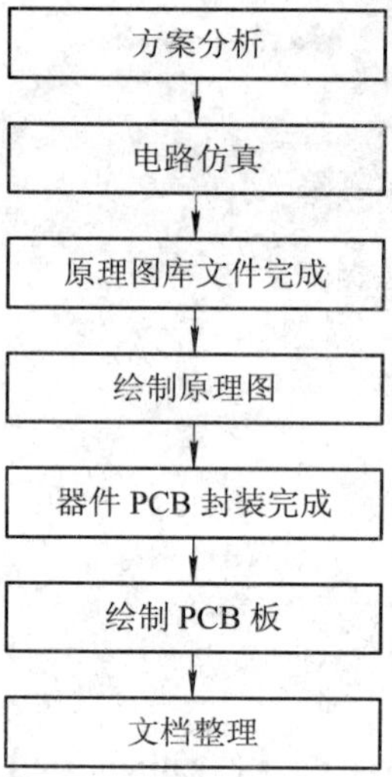

图 1-16　PCB 设计流程

1.4　PCB 设计的工作流程概论

1.4.1　方案分析

针对不同需求和功能的实现进行方案分析，分析中决定电路原理图如何设计，PCB 如何绘制，依照需求合理的设计电路，并在多种方案中比较、选择最佳方案。

1.4.2　电路仿真

对所设计的电路进行可行性分析，此时可以运用仿真软件进行模拟，调节电路电子元器件的具体参数，确定最终电子元器件选择。

1.4.3　设计原理图库文件

Altium Designer 提供了丰富的原理图电子元器件库，但电子世界日新月异，电子元器件库没有也是正常的，此时设计者可以自己设计原理图组件，建立自己的组件库，以达到最终需求。

1.4.4　绘制原理图

依次放置好电子元器件之后，开始原理图绘制。根据电路复杂程度决定是否需要使用层次原理图，利用具有电器属性的导线对电子元器件进行连接，连接完成后进行编译(编译过程即用电气法则检查错误过程)，找到出错原因并修改原理图电路，重新编译到没有原则性错误为止。

1.4.5 设计电子元器件封装

当软件没有提供所选器件封装或者所提供的封装不满足要求时，需要根据实际情况进行电子元器件封装绘制并建立新的组件封装库。设计封装时一定要按照电子元器件规格进行设计。

1.4.6 设计 PCB 板

原理图编译成功，首先设计 PCB 板子的大小、形状和工艺要求(使用几层板等)，确定好 PCB 板后，开始向 PCB 中导入网络表，导入完成后依照设计规则和原理图的引导开始布局、布线，完成初步设计后，接下来即可优化 PCB 板。

电路设计的正确与否是 PCB 设计制作的关键环节，它将决定该产品的实际性能，需要考虑的因素很多，不同的电路有不同要求。

1.4.7 文档整理

电路原理图绘制完成后需要对整个工程原理图、PCB 图及电子元器件清单等文件予以保存，以便以后维护、修改和更新。

课堂练习

1. 试安装软件 Altium Designer，可选任意版本。
2. 请按照上述方法对已安装的 Altium Designer 进行汉化。

第2章 Altium Designer的编译环境与软件设置

[本章学习要点]

(1) 了解 Altium Designer 原理图的编译环境。

(2) 了解 Altium Designer 软件设置。

(3) 重点掌握 Altium Designer PCB 编译环境。

(4) 熟悉各个编译环境。

Altium Designer 软件中的编译环境有多种，本章主要介绍 6 种，分别是原理图编译环境、PCB 编译环境、原理图库文件编译环境、PCB 库文件编译环境、PCB3D 库文件编译环境和集成库文件编译环境。

2.1 原理图编译环境

执行【文件】→【新建】→【原理图】即可打开一个新的原理图绘制文件，如图 2-1 所示(菜单栏中的工具在设计原理图时具体讲解)。

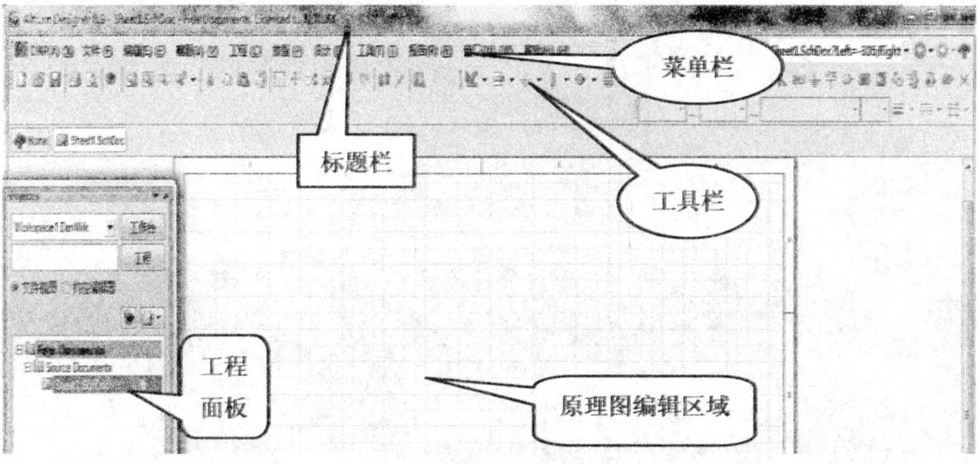

图 2-1 原理图编译环境

2.2 PCB 编译环境

执行【文件】→【新建】→【PCB】菜单命令，打开新的PCB绘制文件，如图2-2所示(菜单栏中的工具在设计PCB图时讲解)。

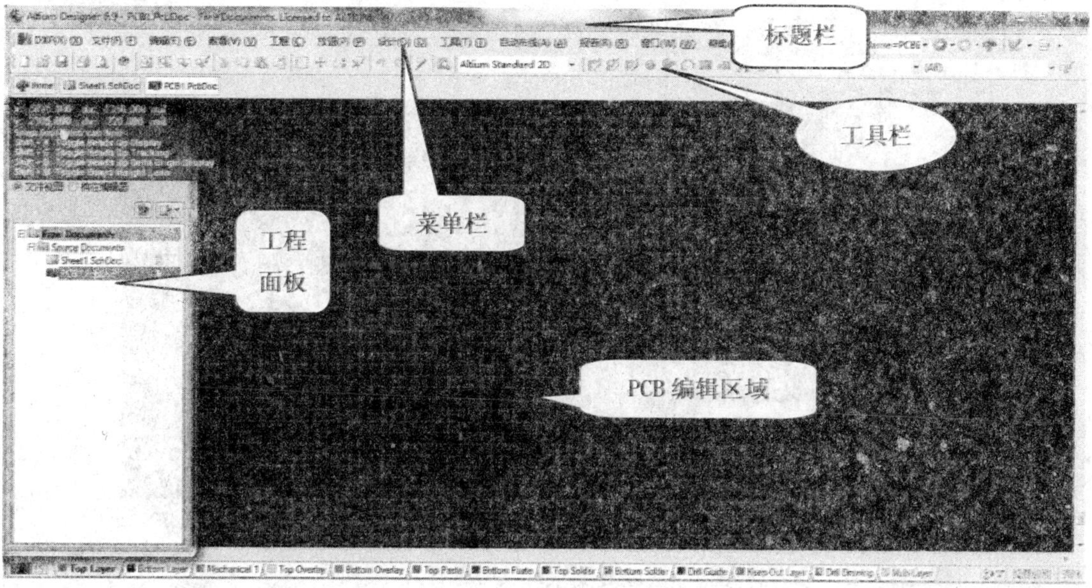

图 2-2　PCB 编译环境

2.3 原理图库文件编译环境

执行【文件】→【新建】→【库】→【原理图库】菜单命令，打开新的原理图库文件，如图2-3所示(菜单栏中的工具在设计原理图库文件时讲解)。

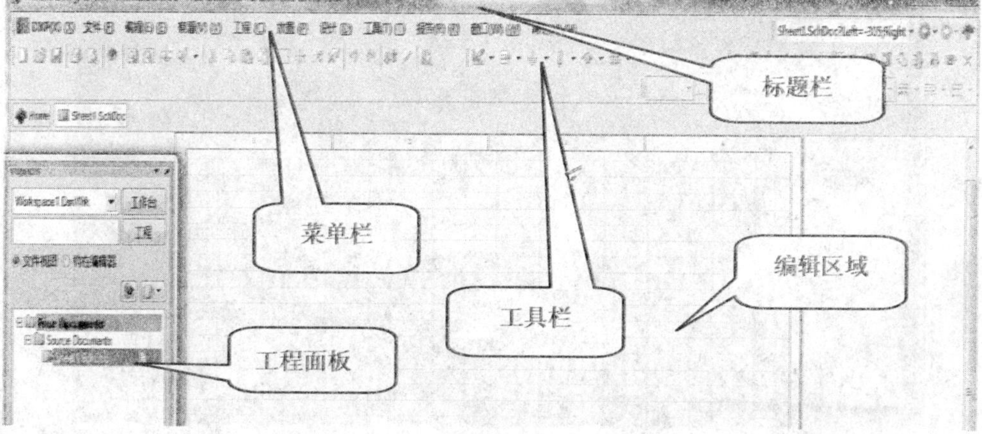

图 2-3　原理图库文件编译环境

2.4 PCB 封装库文件编译环境

执行【文件】→【新建】→【库】→【PCB 电子元器件库】菜单命令，打开新的电子元器件封装库文件，如图 2-4 所示(菜单栏中的各个工具在设计 PCB 库文件时讲解)。

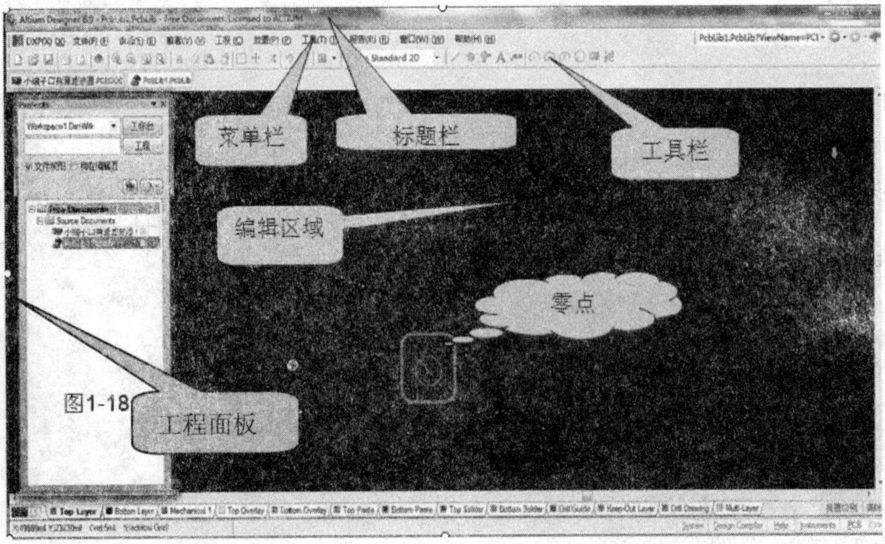

图 2-4　PCB 封装库文件编译环境

2.5 PCB 3D 库编译环境

执行【文件】→【新建】→【库】→【PCB 3D 库】，即可建立一个新的 PCB 3D 库编辑区(见图 2-5)。

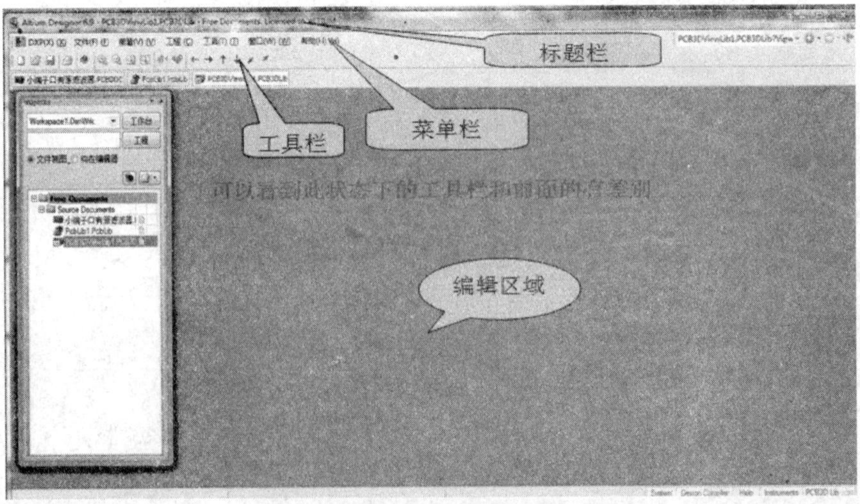

图 2-5　PCB 3D 库编译环境

2.6 集 成 库

执行【文件】→【新建】→【工程】→【集成库】，即可创建新的集成库工程，见图 2-6。

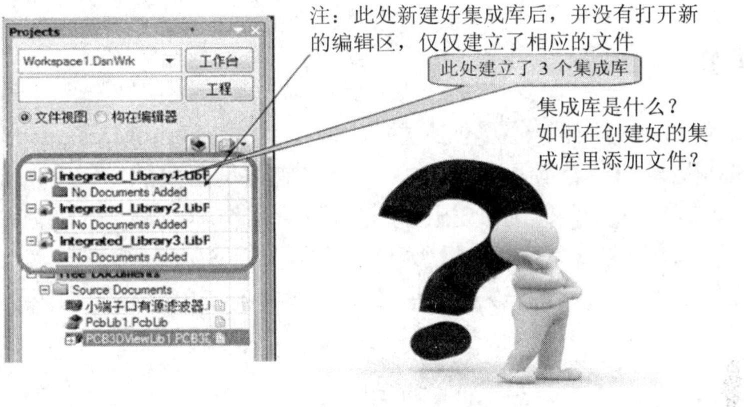

图 2-6　集成库工程文件

集成库：

(1) 将电子元器件符号、封装、仿真模型等信息集成于一个库文件中。

(2) 使用时无需过多设置，方便使用。

(3) 可以将它理解为一个集成了多种库文件的文件，即所有库的一个集合。因此，可以在集成库中添加多种库(原理图库、PCB 库、PCB 3D 库、数据库等)。

选中已创建的集成库单击右键执行【给工程添加新的库】即看到添加的库，如图 2-7 所示。

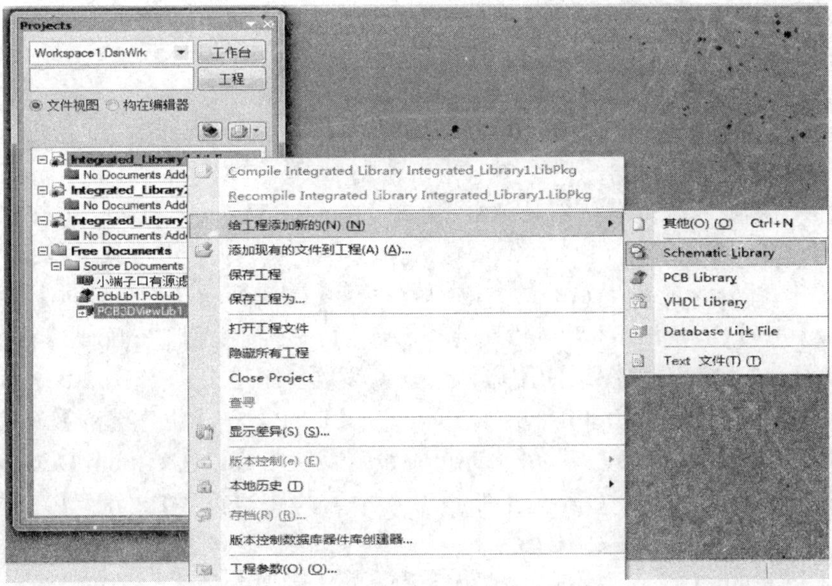

图 2-7　集成库

此外，除了上面介绍的一些库外还有很多库，诸如数据库、VHDL 库、版本控制数据库和电子元器件库，有兴趣的同学可以自己了解。

2.7 Altium Designer 预备知识

2.7.1 设计参数

无论多么完美的软件都有不尽如人意的地方，就拿 Altium Designer 来说，系统界面、图纸参数、栅格跳转间距、颜色显示等都不一定能满足用户的审美和其他需求。此时，通过对系统参数设置可以大大提高个性化和实用性的操作。

(1) 选择【DXP】→【优先选项】菜单命令。

(2) 在原理图窗口下执行【设计】→【文档选项】菜单命令，如图 2-8 所示。

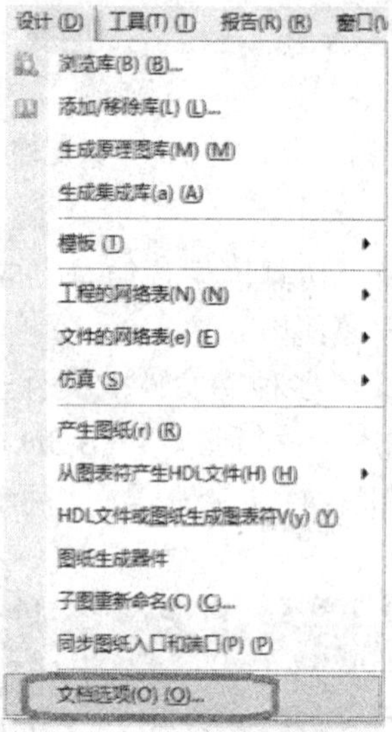

图 2-8 文档参数设置

其中，有三处需要注意：

(1) 默认图纸的大小：默认值是 A4 纸，250 mm × 353 mm，此处一般按照自己需求设置(一般常用为 A4 纸)。

(2) 原理图部分或全部 Word 的剪贴问题：在【DXP】→【优先选项】菜单命令中的【Schematic】→【Graphical Editing】选项里不选【添加模板到 Clipboard】复选框(若选中后则在复制所选电路时会将图纸的图边、标题栏等也复制过去)，如图 2-9 所示。

(3) 单位问题：最好使用 mils(英制单位)，在【DXP】→【优先选项】→【Schematic】→【Default unit】菜单下设置。此外，亦可不设置默认单位。在 Altium Designer 中提供了单位换算的快捷操作【Ctrl + Q】或者在 PCB 编译环境下执行“Toggle”【在属性对话框头执行】，即可更改单位，如图 2-10 所示。

此外在【System】选项中还有很多个性化设置，诸如：字体、颜色、透明度、自动保存文档时间等等都可以自己尝试更改，其设置区域如图 2-11 所示。

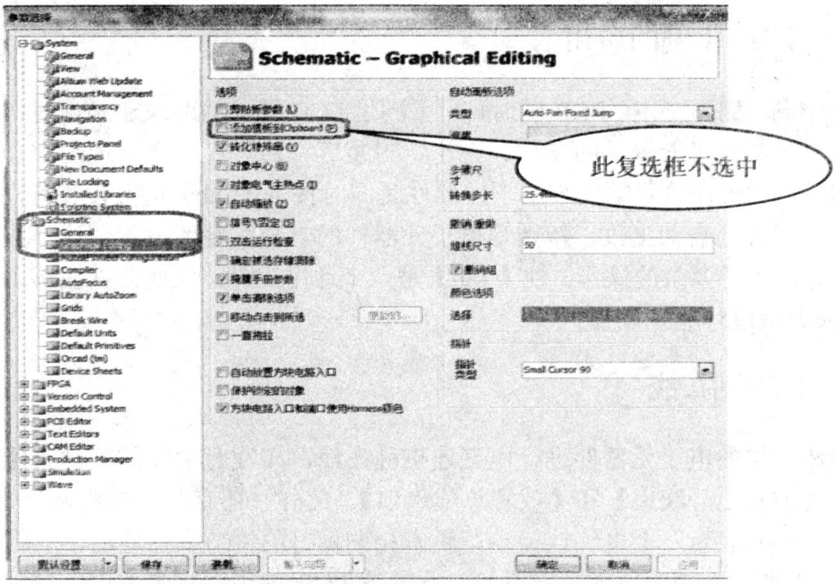

图 2-9　Clipboard 设置面板

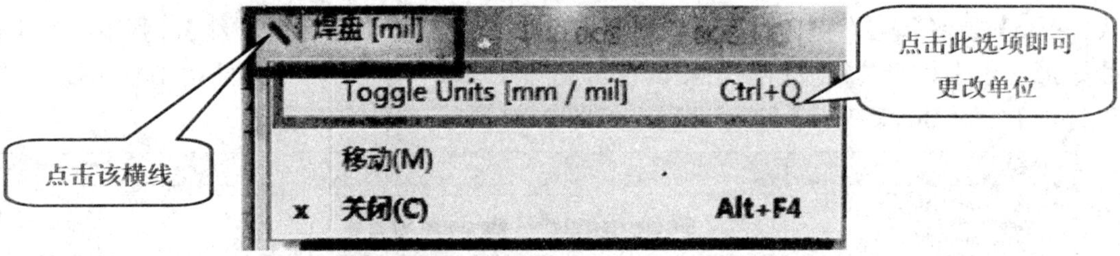

图 2-10　单位设置区域

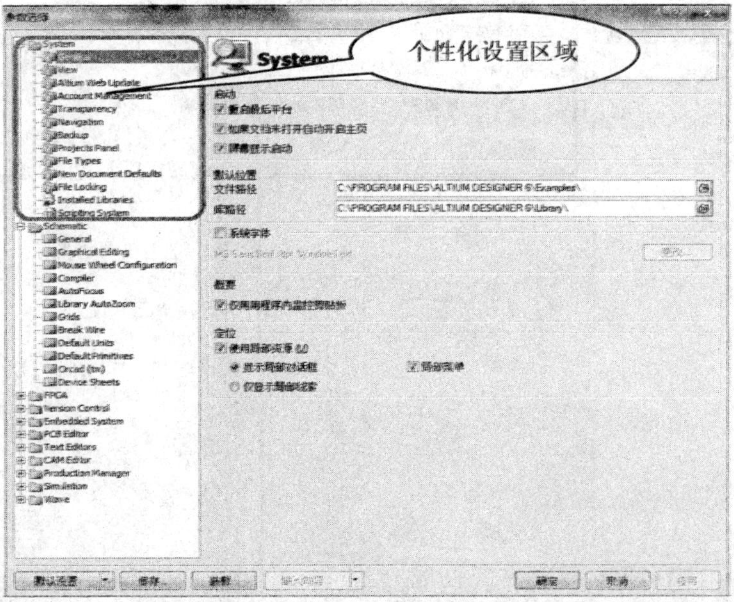

图 2-11　个性化设置面板

2.7.2 【Tab】键的应用

在绘制电路原理图、PCB 图时，为了满足 PCB 设计的要求还必须时常更改电子元器件的参数，包括电子元器件的名称、大小、封装等。通常在一个原理图中会有相同的多个电子元器件，如果在放置第一个电子元器件时同时按下【Tab】键并设置好后，这时放置相同的电子元器件会自动更改，特别是电子元器件的封装、参数设置，这样方便了设计，节省了时间，减少了多余的操作。注【Tab】是一个通用工具，任何器件在移动过程中都可以按下【Tab】键进行属性设置。

2.7.3 原理图布线

给相连接的电子元器件进行电气连接称布线，布线时主要的工具有【放置线】、【放置总线】、【放置信号线束】和【放置总线入口】，此外，还有利用网络标号(Net Label)连接，一个网络标号表示一个电气连接点，具有相同标号的接口表示连通。当把设计好的原理图转为 PCB 图时，因为原理图连线的问题导致 PCB 图中引脚失去电气属性而没有连在一起或者生成错误的网络表。布好线后如果需要删除，此时可以选中相应的线段，然后按下【Delete】或者单击右键选择删除，此外通过执行【察看】→【打破线】，利用所出现的虚线矩形框选中相应的线段后单击左键也可删除此线段。该矩形框的大小、形状可以通过【优先选项】→【Break Wire】进行设置，如图 2-12 所示。

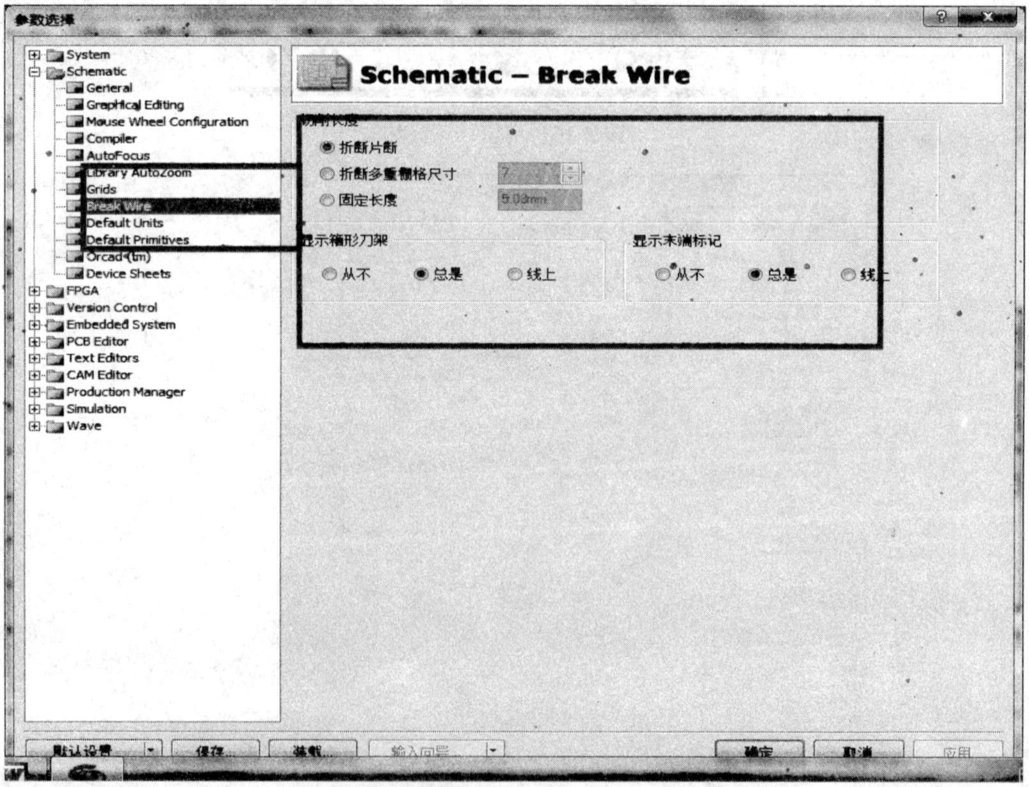

图 2-12　打破线工具设置面板

不规范的连线方式主要有以下几种：

(1) 没有把线连接在电子元器件的接点上。

(2) 不相连的导线有交叉造成短路。

(3) 导线连接电子元器件热点上，但超过该热点。

2.7.4 原理图电子元器件编号

任何器件都有自己系统能识别的标识，设计电路依然需要对电路电子元器件进行相应的标号命名，此时可以通过手动或自动标号。当原理图过于复杂、器件过于繁多时，手动标号显得有点笨拙且降低效率，此时执行【工具】→【注解】命令(该命令的具体使用，在设计原理图章节详细讲解)，即可以自动对电子元器件编号。

2.7.5 电子元器件放置

电子元器件放置即从库文件中选择所需电子元器件并放置到相应的编辑区域，在放置过程中出现“+”字光标时可以通过按下【Space】键进行旋转，此时按下键盘上的 X 键可以使电子元器件左右对调，按下键盘上的 Y 键可以使电子元器件上下对调。

2.7.6 电子元器件的创建与封装

电子元器件的种类繁多，各种电子产品日新月异、层出不穷，这给电子产品设计者带来挑战。例如，在电子电路设计中随时都会遇到需要的电子元器件在设计软件中找不到，也就是电子元器件库文件没有提供的境地，此时就得自己动手绘制，在绘制好电子元器件原理图后，还须绘制相应的电子元器件封装图。电子元器件封装图是指实际的电子元器件焊接到电路板时所呈现的外观和焊点的位置，是纯粹的空间概念。因此，不同的电子元器件有不同的电子元器件封装，同种电子元器件也有不同的封装。在 Altium Designer 中执行【文件】→【新建】→【原理图库文件】即可打开设计原理图库文件的编译环境，执行【文件】→【新建】→【PCB 库文件】即可打开绘制相应电子元器件封装的 PCB 编译环境(创建方法将在后面章节中进行详细讲解)。绘制电子元器件封装时应注意：所绘制的电子元器件最好是在该软件界面设计工作区内的中央坐标(0，0)处(即“十”字形的中心)来绘制电子元器件图形，否则可能出现在原理图中放置(Place)制作的电子元器件时，鼠标指针总是与要放置的电子元器件相隔很远不易操作的情况。注：Altium Designer 不允许在图纸边界外放置电子元器件或者进行电路连接。

电子元器件放置好后最好更改它的属性，以满足需求，若找不到相应的封装，也应该首先为其创建封装。

在拖动已经画好的原理图时，会出现连线断裂的情况，为此 Altium Designer 软件提供了“橡皮筋”的工具，执行【优先选项】→【Schematic】→【Graphical edition】选中一直拖拽复选框，即可执行“橡皮筋”工具，如图 2-13 所示。

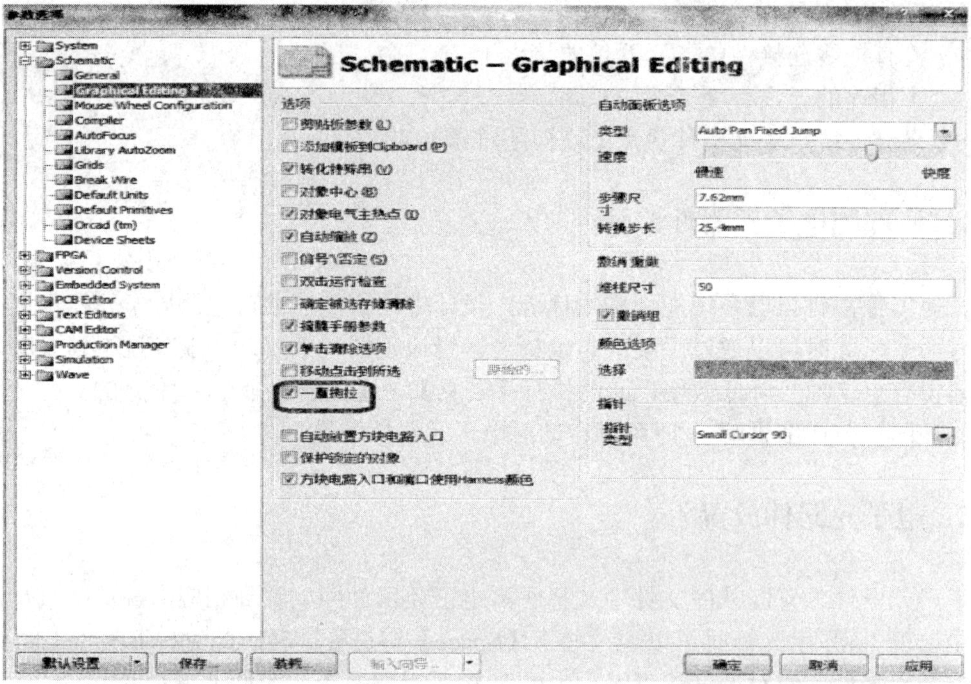

图 2-13　橡皮筋设置区域

2.7.7　电路图的层次化

层次化的设计概念是将实际的总体电路进行模块分解，分解可以使电路简单明了。此时对于一个庞大的电路设计来说，用户不可能一次完成，也不可能在一张电路图中绘制，更不可能一个人完成，利用层次化的理念则可以方便快捷地进行系统电路设计。

层次设计方案实际是一种模块化的方法。用户将系统划分为多个子系统，子系统又由多个功能模块构成，在大的工程项目中，还可将设计进一步细化。将项目分层后，即可分别完成各子模块，将子模块之间通过定义好的连接方式连接，即可完成整个电路的设计。

2.7.8　电子元器件引脚标识查询

每个电子元器件都有一个属于自己特有的标志，同样的电子元器件上的引脚也需要有特定的标识，如 1，2，3 等，在 Altium Designer 中电子元器件引脚是很重要的，它负责了原理图与 PCB 转化的封装引脚对应，如原理图下电子元器件的第 1 引脚在导成 PCB 文件时自动与 PCB 封装的第 1 引脚相对应。但通常情况下引脚标号是隐藏的，那如何查看呢？当把鼠标放到电子元器件引脚位置时，系统会自动弹出引脚属性，如图 2-14 所示，其中所出现的信息是“Pin C11-1(1) Passive net：NetC11_1”，Pin 译为引脚；C11-1 是电子元器件 C11 的第一引脚，如代号为 C11-2 则表示电子元器件 C11 的第 2 引脚，此信息是电子元器件引脚重要的标识；(1)表示该引脚的名称，是用来表示一些辅助信息，知道原理图下电子元器件引脚标号后就可以正确绘制 PCB 封装了。

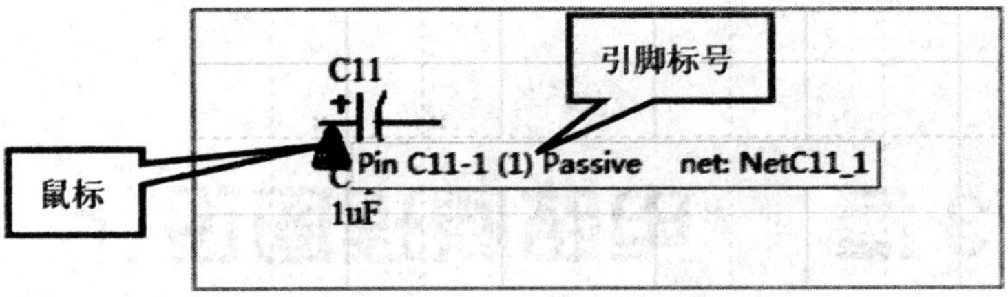

图 2-14　器件引脚标识查询

当然电子元器件引脚标号也是可以更改的，如果在绘制原理图库文件时没有设置正确，那么在原理图编译环境下同样可以更改。此时通过双击电子元器件，打开电子元器件属性，在属性面板左下方点击【编辑 Pin】→【Pin 属性】，在【Pin 属性】面板下更改【标识】的值即可，而名称可以不用更改或改为一些辅助信息，如输入(INT)输出(OUT)标志，如图 2-15 所示。

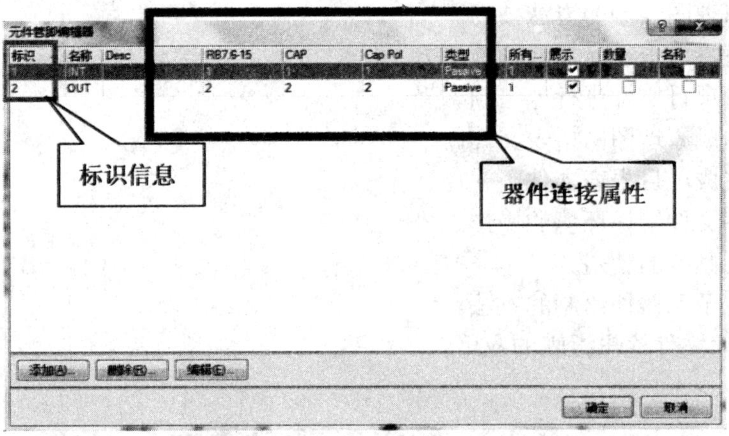

图 2-15　器件引脚属性

2.7.9　报表

设置好电路后还需要知道电路的一些基本信息，例如电子元器件名称、类型、封装、链接关系等。此时可以通过执行【报告】工具来选择所需要输出的报表，如图 2-16 所示(具体运用将在后面章节讲解)。

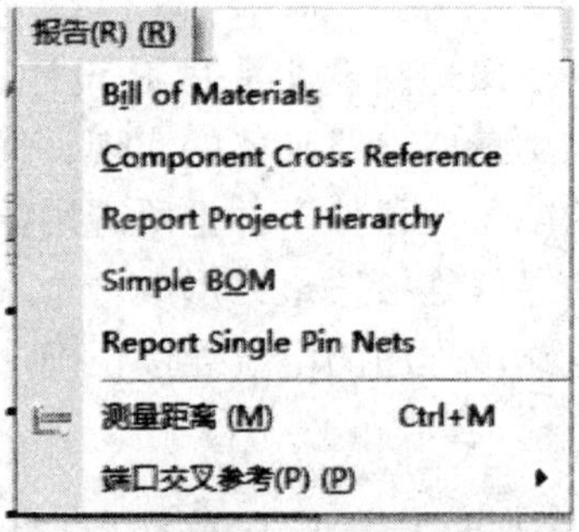

图 2-16　生成报表方式

课堂练习

1. 新建名为 My Project1 的工程并在工程中添加原理图文件、PCB 文件、原理图库文件和 PCB 库文件。

2. 打开软件设置，Break Wire 大小设置为 10，系统单位设置为 cm，窗口动态设置为半透明。

3. 熟悉电路设计中的各个编译环境。

第3章　电路原理图设计

[本章学习要点]

(1) 熟练掌握绘制原理图的原则和步骤。
(2) 掌握原理图绘制的方法技巧。
(3) 掌握对特殊电子元器件的绘制方法。
(4) 学会对项目文件进行差错预编译。
(5) 学会生成原理图网格表文件。
(6) 学会生成项目报表文件。
(7) 掌握库文件编译环境的操作。
(8) 掌握工具条的使用。
(9) 掌握电子元器件绘制的方法。
(10) 掌握库文件输出报表的应用。

3.1　原理图设计简述

原理图设计是PCB设计过程中重要的一步，原理图的合理性、规范性、正确性直接影响到最终电路功能的实现。何为电路原理图设计呢？原理图设计是根据设计需要选择合适的电子元器件，并把所选用的电子元器件依据它们相互之间的连接关系，用具有电器属性的导线连接，最终形成一个系统的、具有实现特定功能的电路。绘制电路原理图时应保证电路原理图的电气连接正确，信号流向清晰，电子元器件的布局合理、美观、精简。

3.2　创建原理图文件

打开Altium Designer软件后建立原理图文件的操作如下所述:

(1) 运行【文件】→【新建】→【工程】→【PCB工程】命令后如图3-1所示，在【Project】面板中，系统创建了一个默认名为“PCB-Project1.PrjPCB”项目，如图3-2所示。

(2) 在该工程中单击鼠标右键，执行【保存】命令，并根据需求进行重命名。

(3) 单击右键执行菜单中的【给工程添加新的*】→【Schematic】命令，则在该工程中添加了一个空白的原理图文件，默认名为“Sheet.SchDoc”，如图3-3所示，并进行保存。

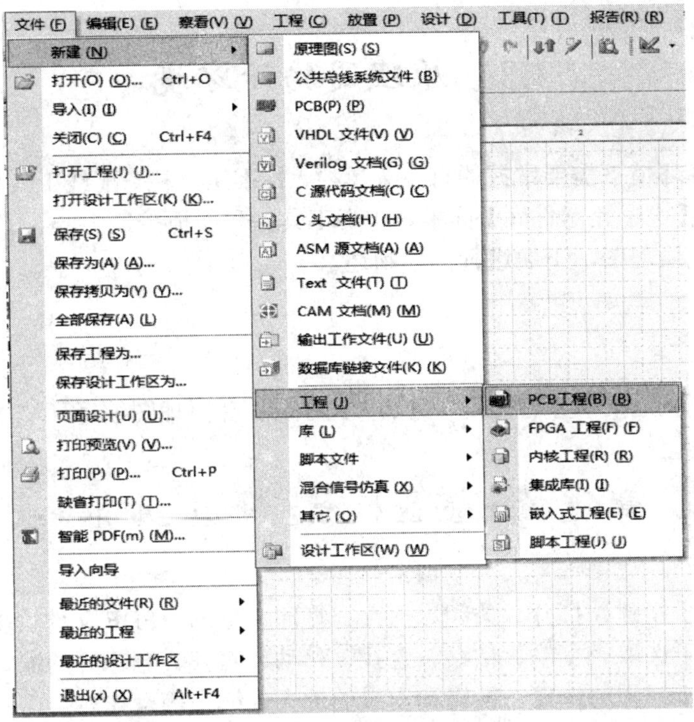

图 3-1 创建原理图文件方法

(4) 再次单击右键执行菜单中的【给工程添加新的】→【PCB】命令，则在该工程中添加了一个空白的 PCB 文件，如图 3-4 所示，并进行保存。

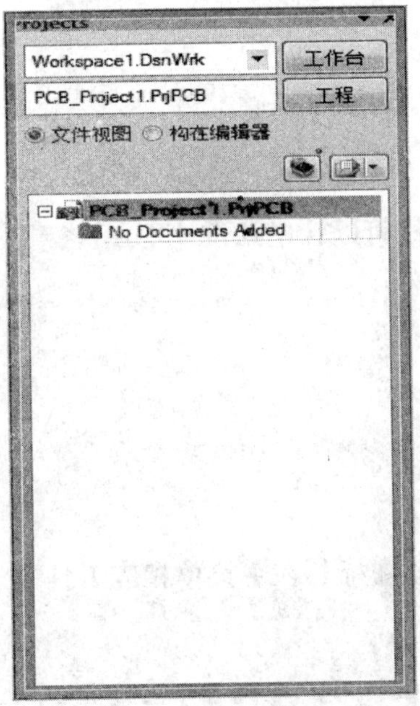

图 3-2 新建工程面板

图 3-3 原理图添加完成

图 3-4 PCB 工程添加完成

注：建议将此处所建工程与所添加的 Schematic 文件和 PCB 文件都保存在一个文件夹下。

3.3　原理图编译环境

在原理图编译环境下需要掌握的有主菜单栏、标准工具栏、配线工具栏、实用工具栏、原理图编辑窗口、【电子元器件库】面板、仿真工具栏和面板控制中心。了解这些部分的用途可以快捷地绘制原理图，下面进行简单阐述。

3.3.1　主菜单

不同的编译环境主菜单亦有差别，但都大同小异，在原理图编译环境下主菜单如图 3-5 所示。

图 3-5　主菜单

(1) 文件：用于新建、打开、关闭、保存、打印、导入、PDF 文件输出等的操作。

(2) 编辑：用于选取、复制、粘贴、查找、移动、对齐、删除等的编辑操作。

(3) 察看：用于视图的管理、编辑和窗口的放大、缩小等操作。

(4) 工程：用于对项目的管理操作。

(5) 放置：用于对原理图中各种组件的放置。

(6) 设计：用于对原理图与 PCB 文件的互换和管理。

(7) 工具：包括了各式各样的设计工具。

(8) 报告：用于生成各种报告。

(9) 窗口：用于对界面的管理与设置。

3.3.2　工具栏

在 Altium Designer 中提供了丰富的工具栏，大量的工具栏可以让电路设计更加快捷方便，下面对常用工具栏进行初步讲解。

1) 标准工具栏

标准工具栏如图 3-6 所示。

图 3-6　标准工具栏

标准工具栏中提供了主菜单中一些快捷图标，此时点击该图标与在主菜单相应工具中选择功能一致，其功能主要有打印、新建、保存、查看、放大/缩小、剪切等。

2) 绘图工具栏

绘图工具栏如图 3-7 所示。

图 3-7　绘图工具栏

绘图工具栏提供了绘制各种电子元器件、线段(此处线段没有电器属性)、文本注释框、网格等工具。

3) 连线工具栏

连线工具栏如图 3-8 所示。

图 3-8 连线工具栏

在连线工具栏中提供了放置原理图电子元器件、导线、电源、端口、图纸符合、引脚标号等工具，此处所绘制的线是具有电器属性的导线。

4) 面板控制中心

面板控制中心如图 3-9 所示。

图 3-9 面板控制栏

在该工具条中，主要运用的有：

(1) 【System】工具。点击该工具即可打开 Project 面板、Libraries(库)面板和 Messages 面板。如果要打开相应面板，只需在该工具条中点击即可。下面具体讲解该工具条中几个常用面板。

① Projects 面板。在该面板中可以看到当前操作的各个工程项目文件，如图 3-10 所示。

② Libraries(库)面板。该面板提供了所有库文件的添加/卸载，在库文件中可以选中所需电子元器件进行电路设计，如图 3-11 所示。

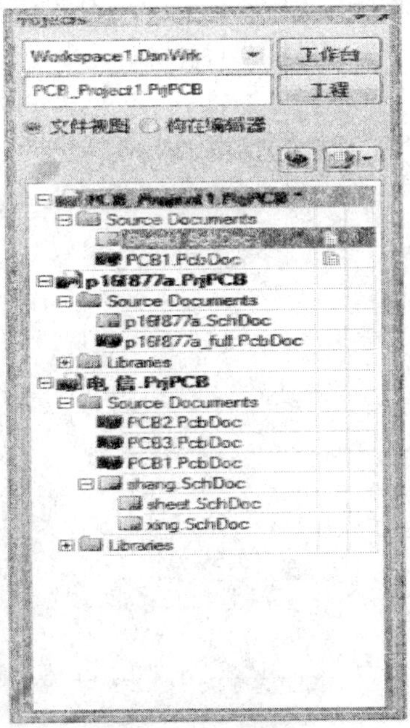

图 3-10 工程面板

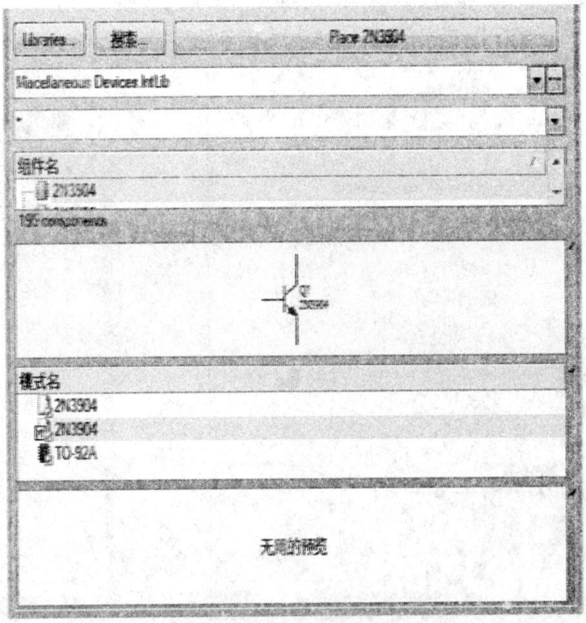

图 3-11 库面板

③ Messages 面板。在编译和 DRC 检查的时候该面板显示当前错误、警告信息，如图 3-12 所示。

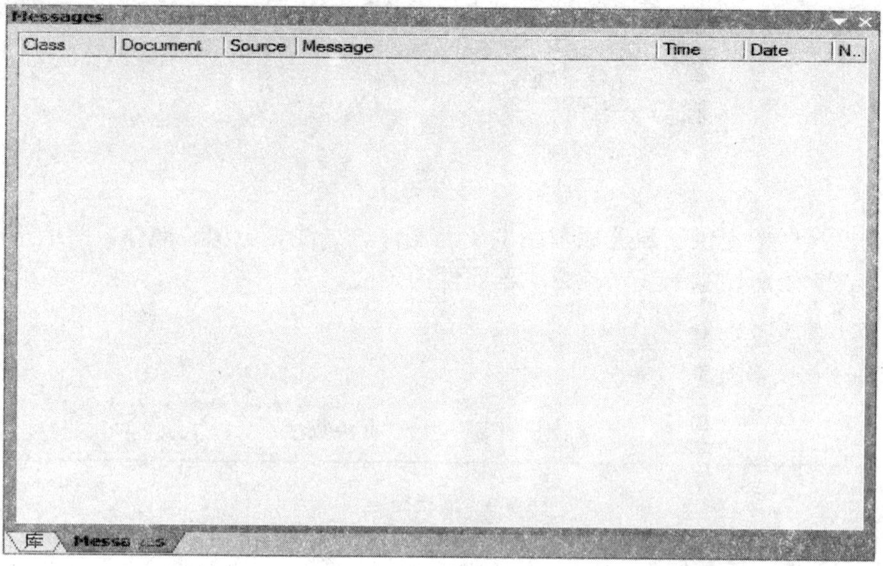

图 3-12　消息显示面板

(2) 【Sch】工具。利用该工具即可打开 Filter 面板、Inspector 面板、List 面板。此工具条中常用的面板有 SCH Filter(滤波器)面板与 SCH Inspector 面板，如图 3-13 和图 3-14 所示，在 Filter 面板上可以通过相应设置来选择所需电子元器件，所选择的电子元器件在 Inspector 面板中显示电子元器件属性。下面讲解其在原理图中的运用。

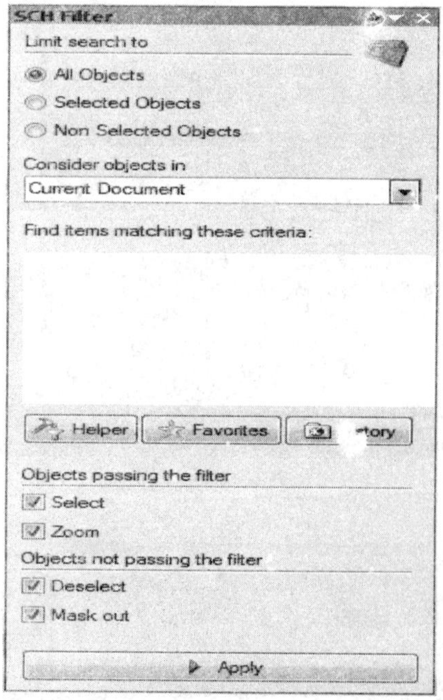

图 3-13　SCH 滤波器面板

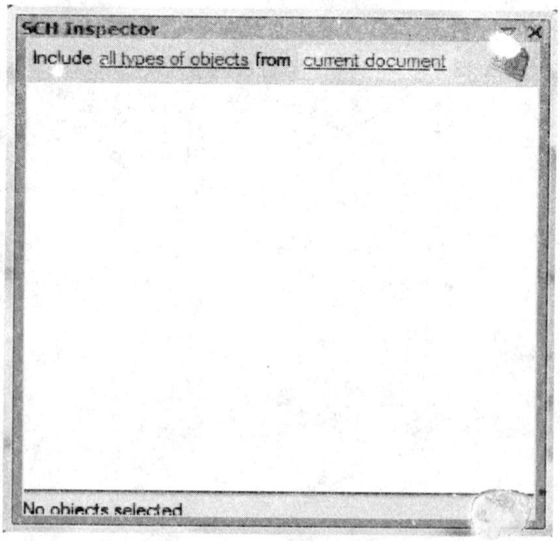

图 3-14　Inspector 面板

在打开的原理图编译环境下，打开上述的 SCH Filter，在 Filter 的选择描述框中输入所要选择的电子元器件的描述信息，如此次要选择所有线条(Wire)，则输入“Iswire”，如图 3-15(a)所示。在任何 Filter 面板中(不管是在 SCH Filter 还是 PCB Filter 编译环境下)都可用该方法查找和屏蔽相应电子元器件，其基本语法如上所说，格式为 is + 电子元器件英文标识。这里列出几个常用的英文标识：线条(Wire)、电子元器件(Component)、焊盘(Pad)、过孔(Via)、网络(Net)等，所有电子元器件在没有汉化(英文)状态下的名称即是 Altium Designer 软件中电子元器件标识，如需要其他电子元器件标识可在软件为英文状态下自行查阅。

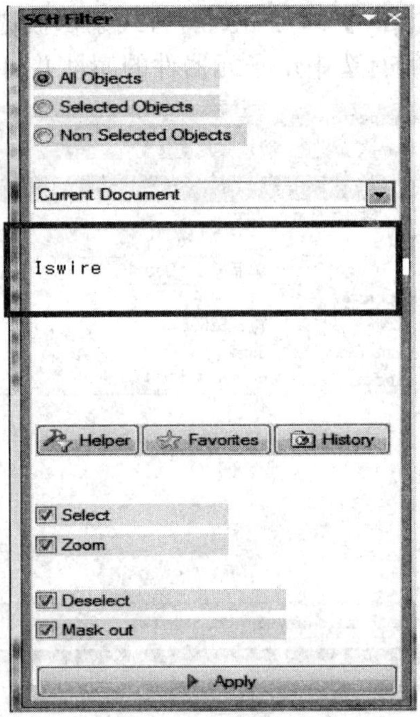

(a) SCH 滤波器设置区域

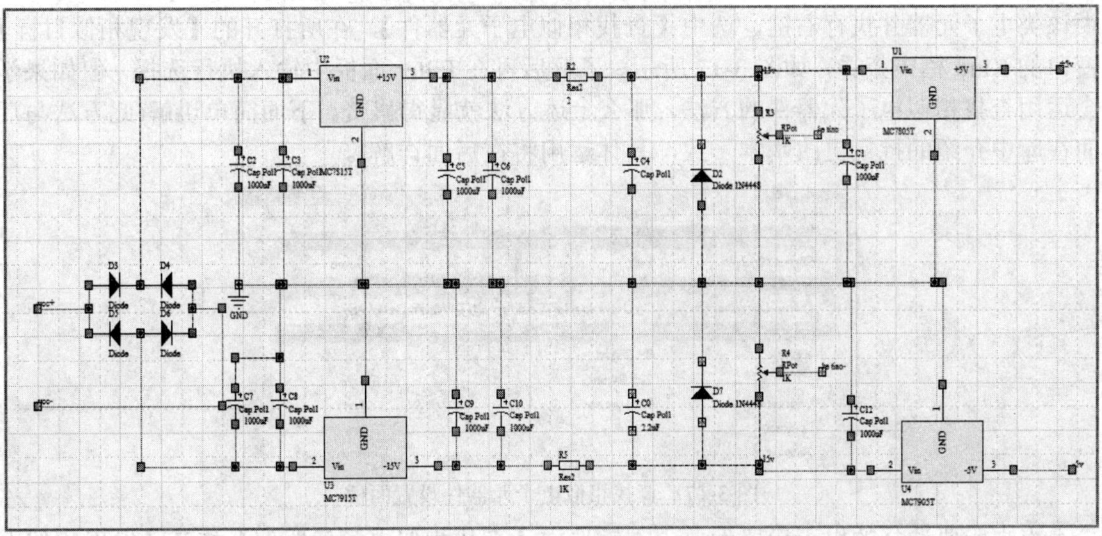

(b) 滤波器设置后电路显示结果

图 3-15 SCH 滤波器设置区域及显示结果

对该面板中设置项的介绍：

在 Consider Objects in 的下拉列表中可以选择查找范围，Current Document：当前文档；Open Document：打开的文档；Open Document of Same Projects：打开的相同工程文档；此外还有两个选择框需要勾选：

① Select 选择框。选中后所选择的电子元器件将会被一一选中并表示出来。

② Mask Out 选择框。选中后选中的电子元器件将会被加深凸显，被滤掉的电子元器件将会被屏蔽，其余选项框可以不选择。

输入描述信息后点击【Apply】即可看到所有线条都被选中，如图 3-15(b)所示，此时打开 SCH Inspector 即可看到所有选中电子元器件的属性并可进行更改，如图 3-16 所示。

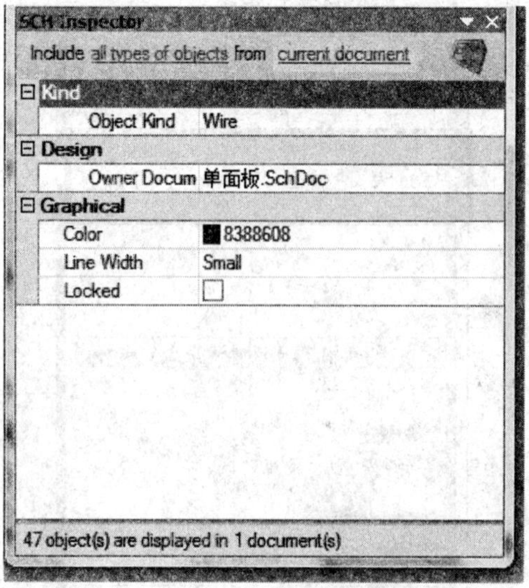

图 3-16　SCH Inspector 设置面板

该方法较麻烦的是需要知道所查找的电子元器件的具体类名(Kind)，另外可以通过选中该类电子元器件执行右键，选中【查找相似电子元器件】，在所打开的【发现相似目标】窗口的 Kind 栏中查看，如图 3-17 所示。了解后再在 Filter 面板中输入执行选择，但如果学会运用查找相似电子元器件的方法，那么上述方法就显得累赘。下面简单讲解(此方法与后面在库中介绍的批量更改基本一致，具体运用将在后面详解)。

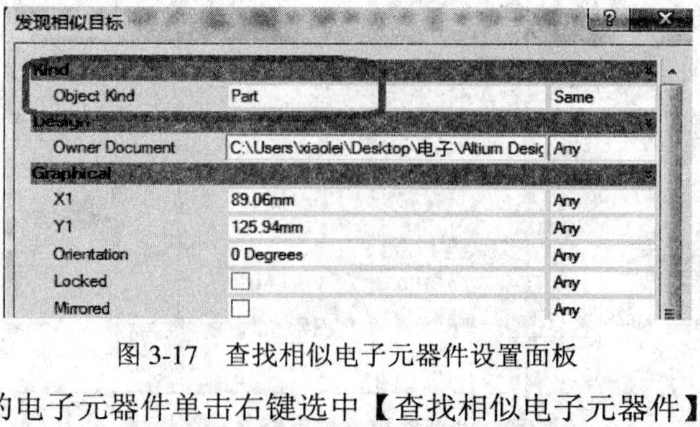

图 3-17　查找相似电子元器件设置面板

点击所要选择的电子元器件单击右键选中【查找相似电子元器件】打开【发现相似电子元器件】面板，此时并不是查看上面的 Kind，而是对所需查找的电子元器件进行规则设置，如图 3-18 所示。在每一个描述信息后都有一个下拉列表，可以在下拉列表中进行选择。

Same：属性相同的进行选择；

Any：选择任何；

Different：反向选择。

如果需要选择所有的导线而其余电子元器件不选择，那么在 Wire 后面选择为 Same。

把对应的属性设置好后再勾选相应的选择框，如图 3-19 所示。此时点击【应用】即可看到，所有线段都被选中后凸显出来，并自动打开了【SCH Inspector】属性面板，如图 3-20 所示。

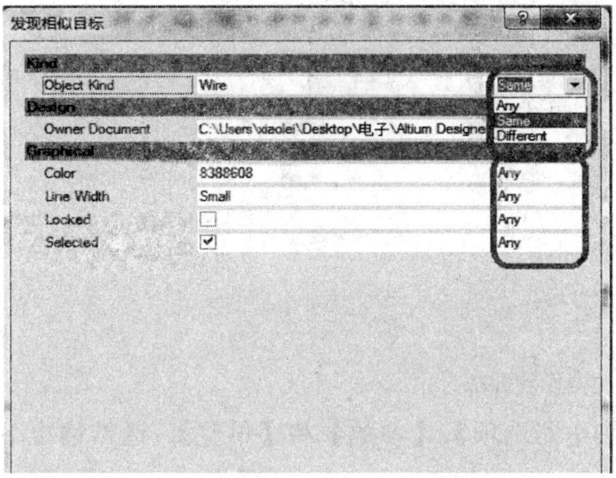

图 3-18　相似目标查找设置区域

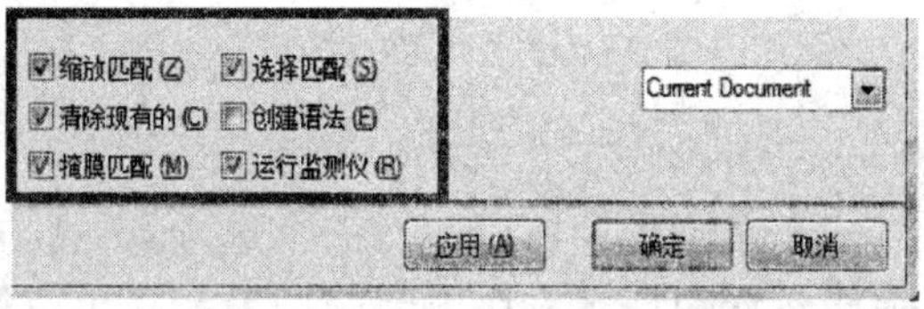

图 3-19　相似目标显示方法设置区域

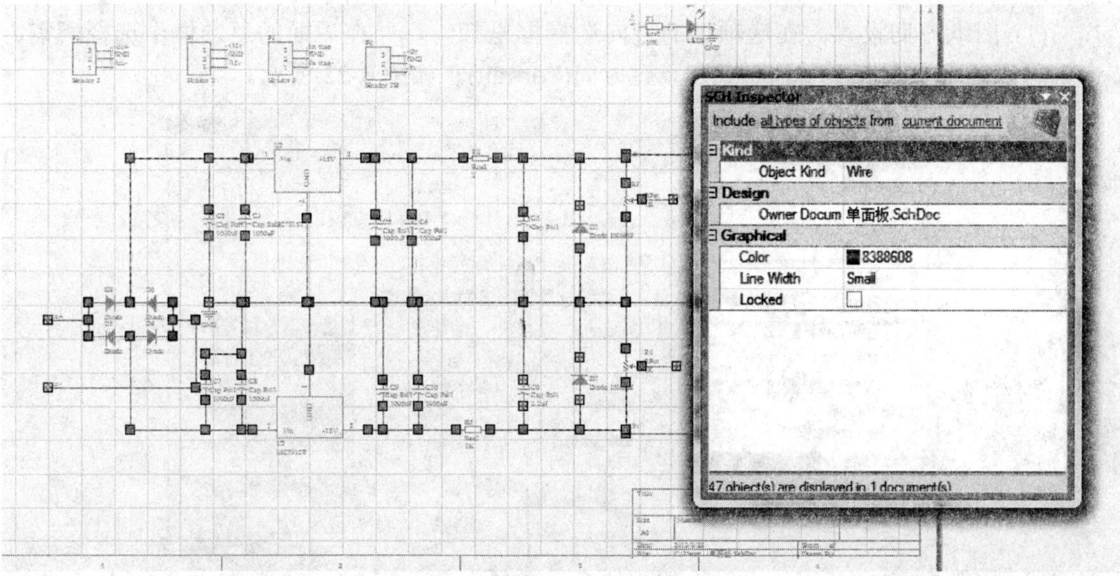

图 3-20　相似目标显示结果

3.3.3　原理图图纸设置

图纸的大小、走向亦是一个设计者应该考虑的问题。在绘制电路图前首先对图纸进行相应的设置，使图纸满足电路设计的需要。在 Altium Designer 中系统会根据相关图纸默认信息给出一张图纸，此时用户可以根据电路设计对象的复杂程度更改相应的参数，进而改变图纸尺寸等属性，下面具体讲解如何设置图纸。

执行【设计】→【文档选项】即可打开如图 3-21 所示的文档选项窗口。

图 3-21　文档设置面板

在文档选项窗口中有三个选项卡：【方块电路选项】、【参数】和【单位】，通常情况下需要设置的是【方块电路选项】和【单位】。

1. 方块电路选项

(1) 图纸方向设置。在选项组的方向选择框里打勾，并在后面的复选框中选择所需方向，可以是水平方向(Landscape)和竖直方向(Portrait)，如图 3-22 所示。

图 3-22　文档方位设置区域

(2) 图纸尺寸设置。系统提供了两种设置方案，一种是标准样式，在标准类型后的下拉框中选择相应的尺寸，有公制图纸尺寸(A0～A4)、英制图纸尺寸(A～E)、CAD 标准尺寸(CAD A～CAD E)及其他格式(Letter，Legal，Tabloid)，如图 3-23 所示，选择后单击【从标准更新】按钮即可对当前编辑的原理图图纸进行尺寸更新；另外一种方案则是通过自定义样式，在定制类型组下面的使用定制类型选择框中打钩，并对定制宽度、定制高度、X 区域计数(X 参考坐标)、Y 区域计数(Y 参考坐标)、刃带宽(边框宽度)进行相应设置后点击【从标准更新】即可完成自定义图纸设置。

图 3-23　图纸尺寸设置区域

(3) 图纸标题栏设置。在选项组下的标题栏选择框里打钩后可以选择两种标题格式：一种是标准格式(Standard)，另外一种是美国国家标准格式(ANSI)。通常情况下都选择标准格式。

(4) 图纸参考坐标和边框设置。在选项组下的显示零参数选择框中打钩即可显示参考坐标，一般情况下都需要选择，同样在该选项组下的显示边界选择框中打钩即可显示图纸边框。

(5) 设置颜色。在选项组下的边界颜色处单击鼠标左键即可打开颜色设置面板，如图 3-24 所示。同样在方块电路颜色处单击鼠标左键即可打开图纸颜色设置面板。

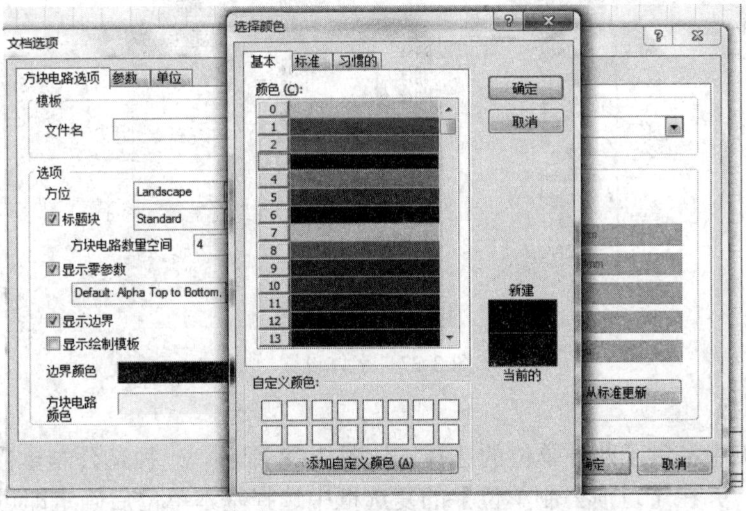

图 3-24　图纸颜色设置

(6) 设置图纸格点。图纸的背景是网格形状的，这种网格在原理图绘制时有很重要作用，包括利用网格对齐、连线等，可以说网格为电子元器件的放置和连线带来了极大的便利。系统中有三种网格：捕获网格(Snap)、可视网格和使能网格。在栅格组下可以设置捕获网格和可视网格，在电气网格下可以设置使能网格，如图 3-25 所示。下面简单讲解这三种网格的作用。

① 捕获网格(Snap)。用来设置光标每次移动的距离大小，选中并进行设置后光标移动时都以该值为基本单位，系统默认为 10 个像素点，如没有选择则光标移动时以 1 个像素为基本单位。

② 可视网格。图中背景网格中可以看到的网格大小，系统默认值为 10 个像素点，且系统默认为可视值与捕获值相同。

③ 使能网格。用来引导电子元器件的连接，在绘制原理图时系统自动寻找电气节点。

另外，通过在原理图边框处(若边框被隐藏可通过上述的“图纸参考坐标和边框设置”处所讲述内容设置让边界显示)双击右键即可打开文档选项面板，通过执行【视图】→【网格】→【设置调整栅格】亦可对捕获网格进行设置，如图 3-26 所示。

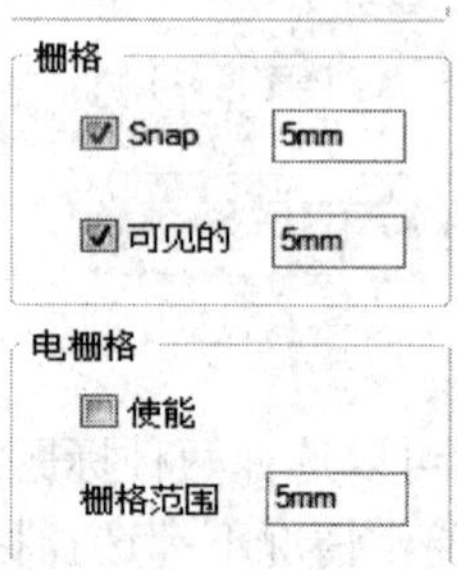

图 3-25　图纸网格设置

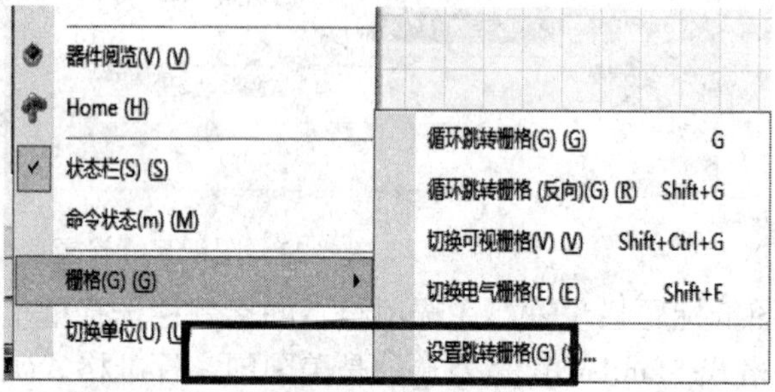

图 3-26　栅格设置

(7) 字体大小更改。单击【更改系统字体】即可打开如图 3-27 所示的字体面板。

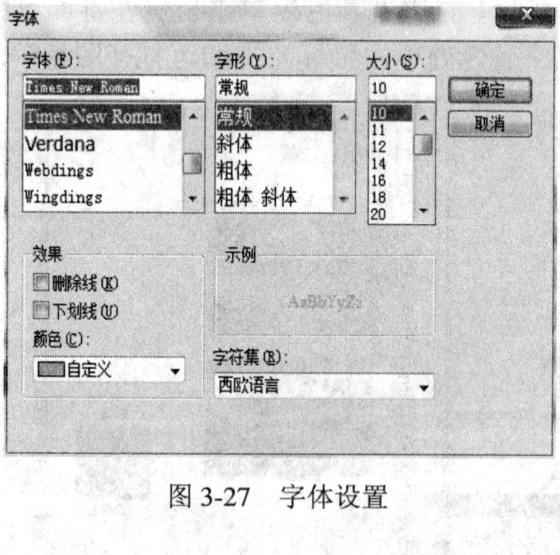

图 3-27　字体设置

2．单位面板

在单位面板中提供了两种单位的选择，如图 3-28 所示。一种是公制单位，在公制单位复选框处打钩，并在【习惯公制单位】的复选框中选择基本单位后确定即可使用；另一种是英制单位，在英制单位复选框处打钩，并在【习惯英制单位】后的复选框中选择基本单位，点击【确定】即可。

注：1 mm = 39.3701 mil，1 mil = 1/1000 in(英寸)，100 mil = 2.54 mm，1 in = 2.54 mm，

1 mil = 0.0254 cm。

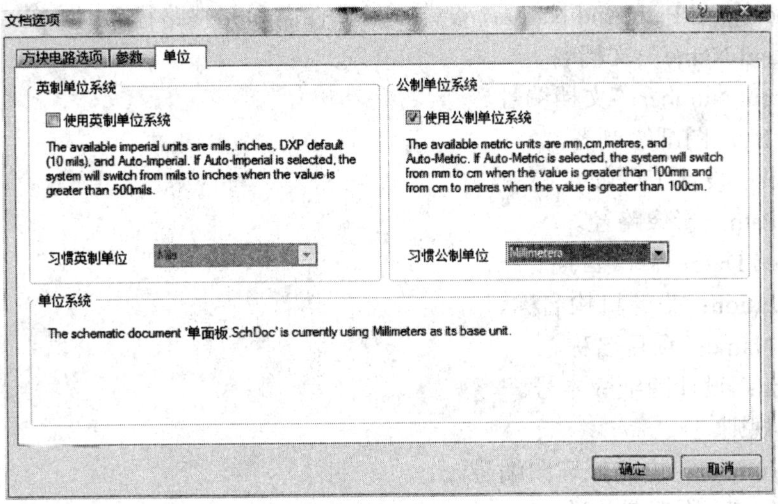

图 3-28　单位设置

3. 参数

在参数面板处可以设置开发人员、单位、日期、负责人等信息，如图 3-29 所示，对于一个公司或者部门来说此处设置是必需的。

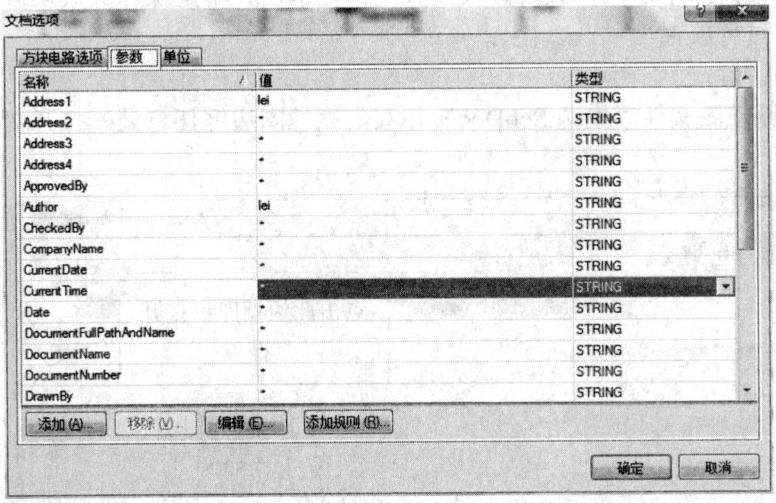

图 3-29　设计文档参数设置

下面对参数进行讲解：

- Address1，Address2，Address3，Address4：地址设置。
- Approved By：项目设计负责人。
- Author：图纸设计者。
- Checked By：图纸校对者。
- Company Name：公司名称。
- Current Date：当前日期。
- Current Time：当前时间。

- Date：设置日期。
- Document Full Path And Name：设计项目文件名和完整路径。
- Document Name：文档名。
- Document Number：文档编号。
- Drawn By：图纸绘制者。
- Engineer：设计工程师。
- Image Path：影像路径。
- Modified Date：修改日期。
- Organization：设计机构名称。
- Project Name：项目名称。
- Revision：设计图纸版本号。
- Rule：规则。
- Sheet Number：电路原理图编号。
- Sheet Total：原理图总数。
- Time：设置时间。
- Title：原理图标题。

值得注意的是，上述变量都是全局变量，且更改后原理图上相应的标题栏应该显示，此处显示和相应的操作系统有关，如果没有正常显示，并不是操作失败，可通过放置文本字符串的方法进行放置。

下面举例讲解：

(1) 打开原理图文件“电源.SchDoc”并双击原理图边框任意处，打开文档选项面板，如图 3-30 所示。

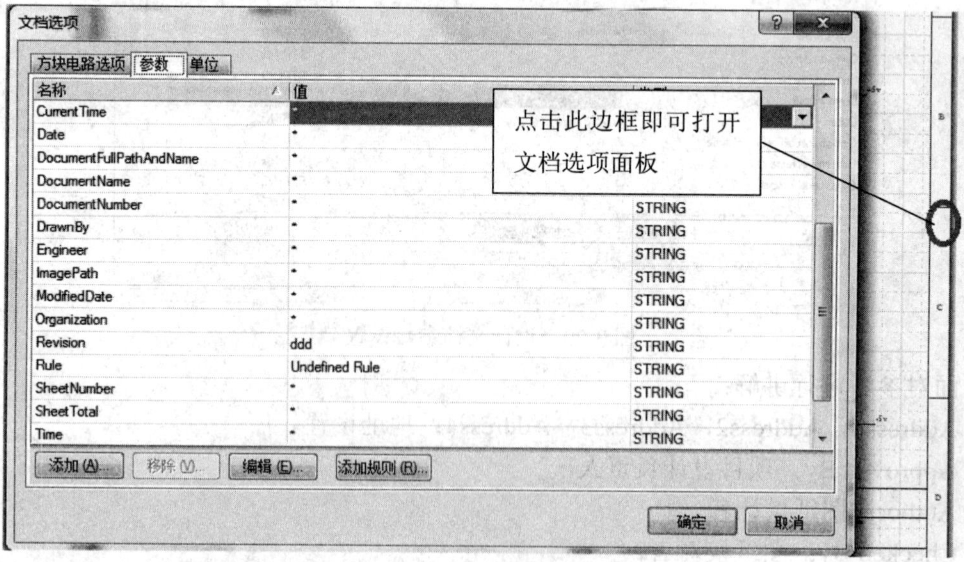

图 3-30　文档选项面板打开方式

(2) 在文档选项面板中点击【参数】进入参数设置面板，并找到“Title”点击【编辑】，在 Value 处输入“这是我的电源原理图”点击确定，如图 3-31 所示。

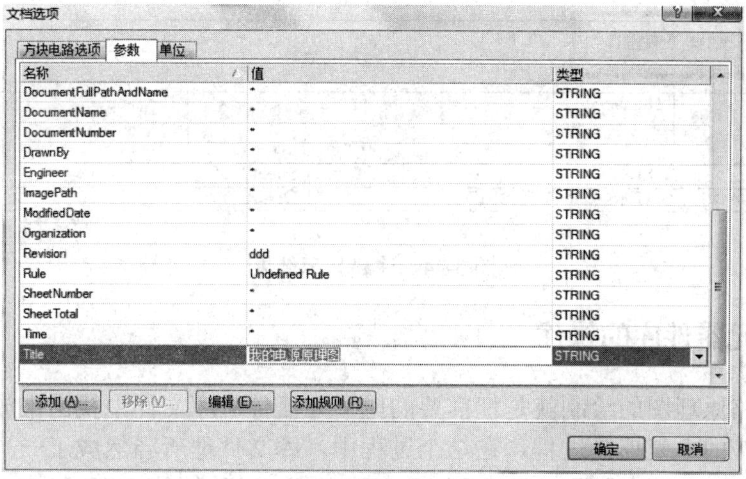

图 3-31　字符显示设置

再次点击【确定】按钮，则图纸右下角 Title 处(见图 3-32)应该显示字符串“这是我的电源原理图”，出乎意料的是，本次输入文字并没有显示，此时可以通过执行【放置】→【文本字符串】来放置一个文本字符串，在放置的时候按下 Tab 键，如图 3-33 所示。并在道具栏下的文本下拉列表中选择“=Title”，点击确定，此时可以看到字符串变为“这是我的电源原理图”在 Title 相应位置放置好即可，如图 3-34 所示。

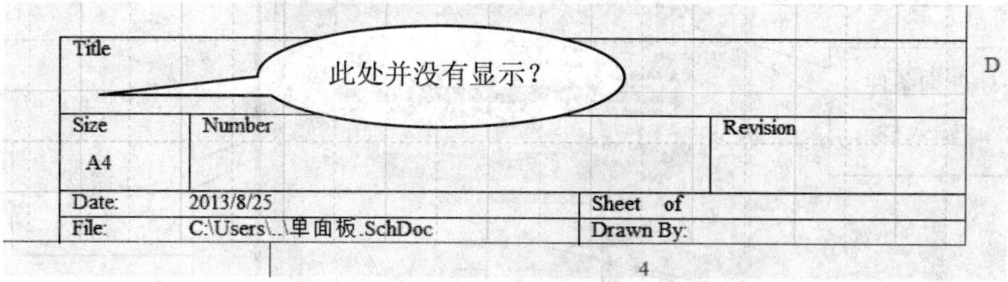

图 3-32　显示状态

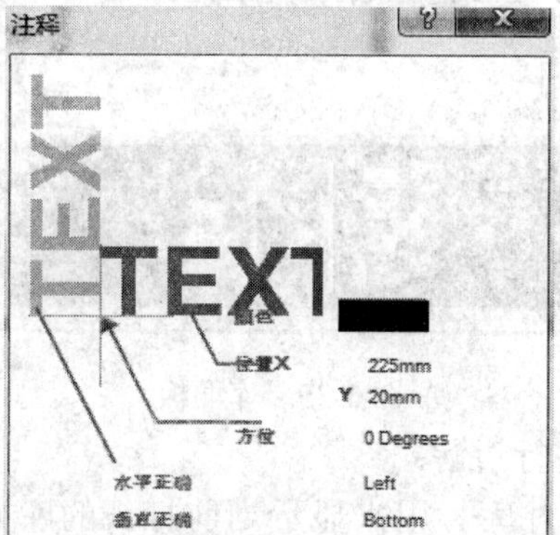

图 3-33　注释显示设置

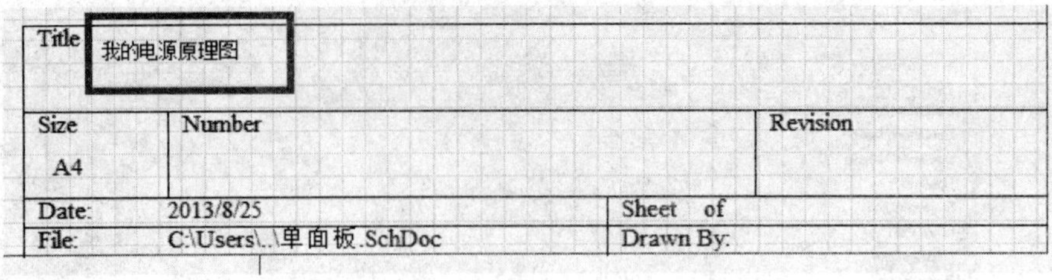

图 3-34　注释显示结果

3.3.4　电子元器件库的操作

可以说电路原理图的绘制就是把需要的电子元器件从库文件中找出来放置到设计图纸中，并进行相应的电气连接过程。在这个过程中，库文件理所当然成了一个重要的文件。在 Altium Designer 中系统默认安装了两个电子元器件库：通用型电子元器件库(Miscellaneous Devices. IntLib)和通用型接插件库(Miscellaneous Connectors. IntLib)。

1.【库】面板

单击【System】→【库】即可打开。库面板如图 3-35 所示。

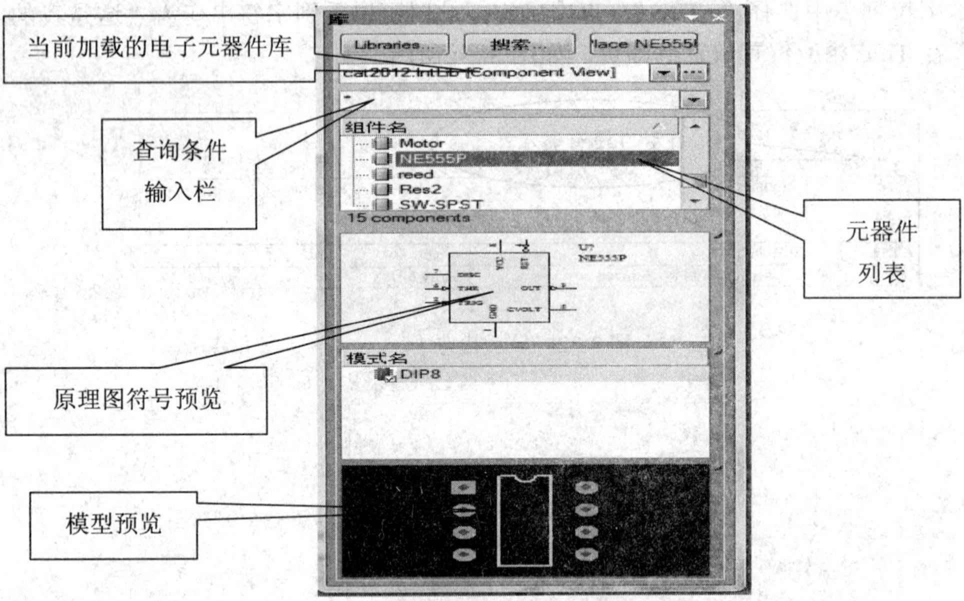

图 3-35　库面板

下面对库面板各个面板进行讲解：

(1) 当前加载的电子元器件库。用来显示当前打开的库文件，在其下拉列表中列出所有已激活的库文件，包括原理图库、PCB 库、集成库三类，点击图标 可以选择显示的库文件类型。

(2) 查询条件输入栏。用户可在该输入栏中输入所需电子元器件的型号进行快速查找。

(3) 电子元器件列表。显示当前库文件中的所有电子元器件和显示满足查询条件的所有电子元器件。

(4) 原理图符号预览。用来预览被选中的电子元器件在原理图中的外形符号。

(5) 模型预览。用来预览当前选定电子元器件的各种模型，如 PCB 封装模型、3D 模型、信号完整性分析及仿真模型等。

2. 加载和卸载电子元器件库

有时所添加的库中并没有所需要的电子元器件，此时需要把包含该电子元器件的库文件进行添加，添加库的过程就是电子元器件库的加载，通过执行【设计】→【添加/移除库】打开可用库面板，在已安装面板下可以看到所有安装的库文件(包括激活与没激活的库文件)，如图 3-36 所示。

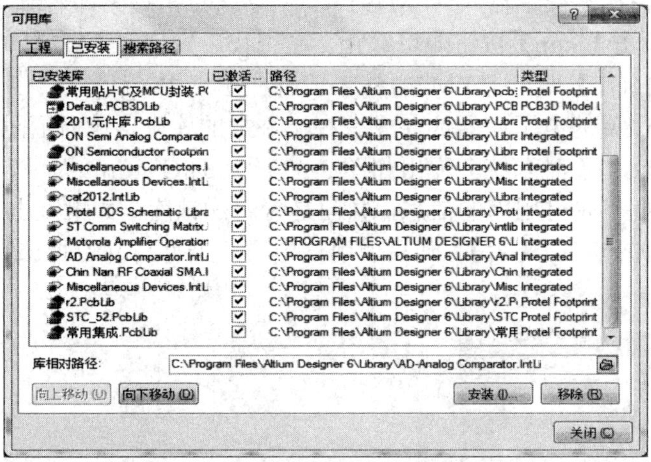

图 3-36 加载和卸载电子元器件库面板

此时点击该面板下的【安装】按钮即可进行库文件的添加。

如果添加的库过多会导致电脑运行速度减慢，此时可把不用的库文件进行删减，执行【设计】→【添加/移除库】打开可用库面板，在该面板下选中相应的库文件后点击【移除】，即可将该库文件进行移除，如图 3-37 所示。

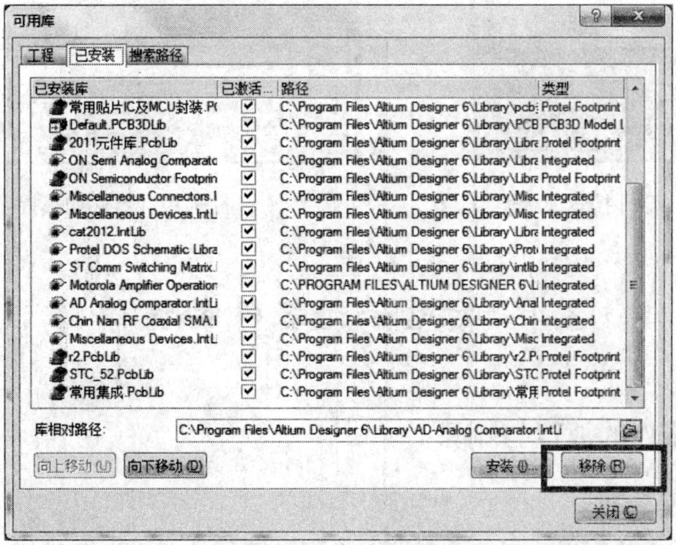

图 3-37 库文件移除方法

把需要的库进行了添加之后，接下来就是查找电子元器件了。系统提供了两种查找方式：一种是在【可用库】中进行电子元器件的查找；另一种是用户只知道电子元器件的名称，并不知道该电子元器件所在的电子元器件库名称，这时可以利用系统所提供的功能来查找电子元器件，并加载相应的电子元器件库。执行【工具】→【发现电子元器件】，即可打开搜索框或者在库面板中点击【Search】，在搜索框中输入所需要的电子元器件名称，并进行相应设置后即可快捷方便地查找电子元器件。

下面给出例子阐述，仅知道电子元器件名称不知道所在库的查找方法：

打开【库搜索】对话框，设置【在…搜索】为【Components】，选中【库路径】，路径选择为默认路径，在搜索框中输入‘LM7915CT’后，点击搜索即看到【Search】按钮变为了【Stop】按钮，单击【Stop】按钮即可终止，在查找后发现了 LM7915CT 如图 3-38 所示，点击【Place LM7915CT】即可把 LM7915CT 放置在图纸中。

另外，有时所需要的电子元器件并没有在已添加的库中，此时通过上述搜索也可以找到，但在点击【Place **】时系统会弹出如图 3-39 所示的 Confirm 提示，此电子元器件所在的库名和此库现在并不是可用库的信息，并问是否添加该库。如果点击【是】，该库将会被添加到可用库中；如果点击【否】，则只使用该电子元器件，并不把该库添加到可用库中。

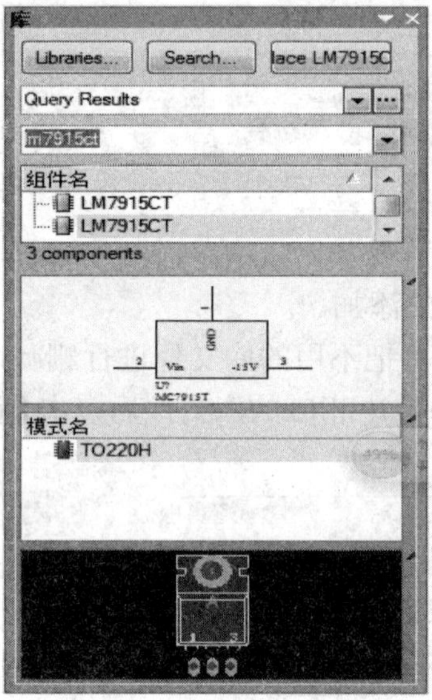

图 3-38　器件搜索面板

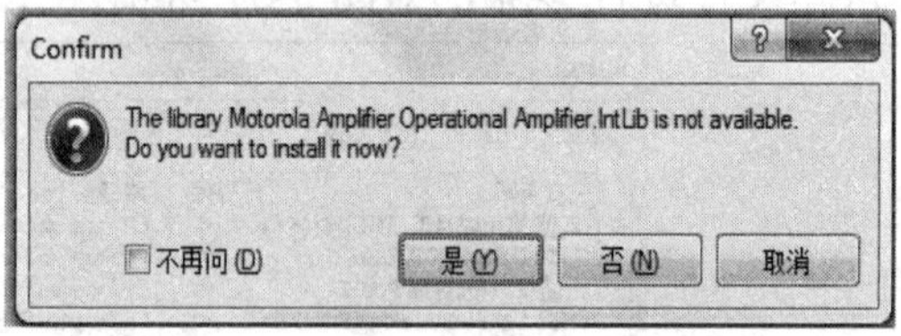

图 3-39　器件加载提示框

3.4　对电子元器件的操作

3.4.1　电子元器件的放置与删除

1．电子元器件放置

通过上述方法查找到电子元器件后即可在原理图上放置电子元器件。系统提供了两种放置方法：一种是利用菜单命令来完成原理图符号的放置；另一种是使用【库】面板来实现对原理图符号放置。【库】面板放置具体步骤为打开库面板，选择电子元器件所在的库，找到相应的电子元器件(若没有该库可以添加后再查询或者用上述查找 LM7915CT 所述方法来查找)，选中后点击【Place **】，或者在电子元器件别名栏处直接拖拽到原理图上放置即可。注意：电子元器件一旦选定后可以连续多次放置。

2．电子元器件删除

放置好电子元器件后如需要删除，可通过选中电子元器件点击【Delete】，所选的电子元器件即被删除，执行【编辑】→【删除】，可看到光标变为一个“十”字形状，此时用该十字光标点击需要删除的电子元器件，即可删除，此方法可以连续操作。

3.4.2　编辑电子元器件的属性

每个电子元器件都有自己特有的标记属性，如果这些属性没有标记正确，就会引发系统编译出错，导致最终绘制完成的 PCB 电路不正确，为避免上述错误发生，在放置好每个电子元器件的同时应该对电子元器件属性进行设置。

1．手动添加标注

当放置电子元器件时，按下【Tab】键即可打开该电子元器件的属性框(或者双击该电子元器件打开属性设置面板)，在属性面板里可以设置相应的标识符、注解、位置、所在的库名、容量大小等。属性面板如图 3-40 所示。因为手动添加更改属性很费事，所以此处重点介绍自动注解，手动添加标注可以自己尝试。

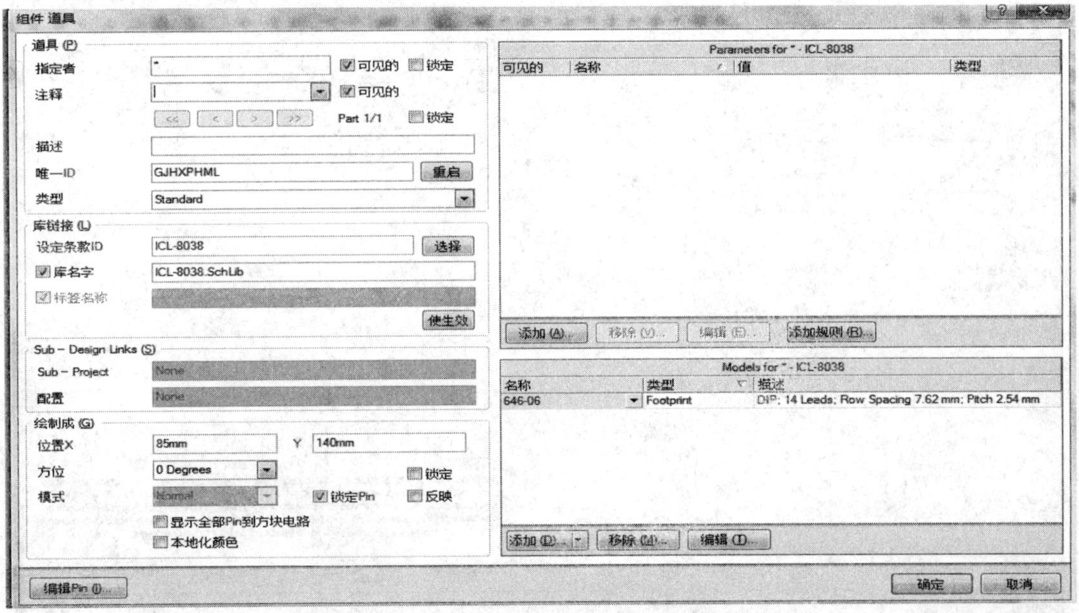

图 3-40　电子元器件的属性框

2．自动编辑电子元器件属性

一般来说，一个电路原理图由很多的电子元器件组成，此时如果采用手工逐个进行编辑电子元器件属性，不仅效率低而且还将会是一个巨大的工程，耗费大量的时间，更改后的结果还不一定正确，此时采用系统提供的注解工具将会轻松解决。执行【工具】→【注释】命令，系统弹出【注释】对话框如图 3-41 所示，可以看到该对话框包含 4 个部分：【处理定制】、【匹配选项】、【原理图方块注释】和【计划更改列表】。

(1) 处理顺序：用以设置电子元器件标注的处理顺序，单击其列表框的下拉按钮，系统将会有 4 种注解顺序：

① 【Up then across】(先下上后左右)。依据电子元器件在原理图上的物理位置进行先自下而上，再自右到左的顺序自动标识。

② 【Down then across】(先上下后左右)。依照电子元器件在原理图上的物理位置进行先自上而下，再自左到右顺序标识。

③ 【Across then up】(先左右后上下)。依照电子元器件在原理图上的物理位置进行先自左到右，再自上而下的顺序自动标识。

④ 【Across then down】(先左右后上下)。依照电子元器件在原理图上的物理位置进行先左到右，再自上而下的顺序自动标识。

(2) 【匹配选项】用来选择电子元器件的匹配参数，在下面的列表中列出了多种电子元器件参数供用户选择。

(3) 【原理图方块注释】用来选择需要注解的原理图文件，并确定注解范围、起始索引值及后缀字符等一系列条件。

(4) 计划更改列表：显示电子元器件改变前后的物理名称，以及指明电子元器件所在的原理图名称。

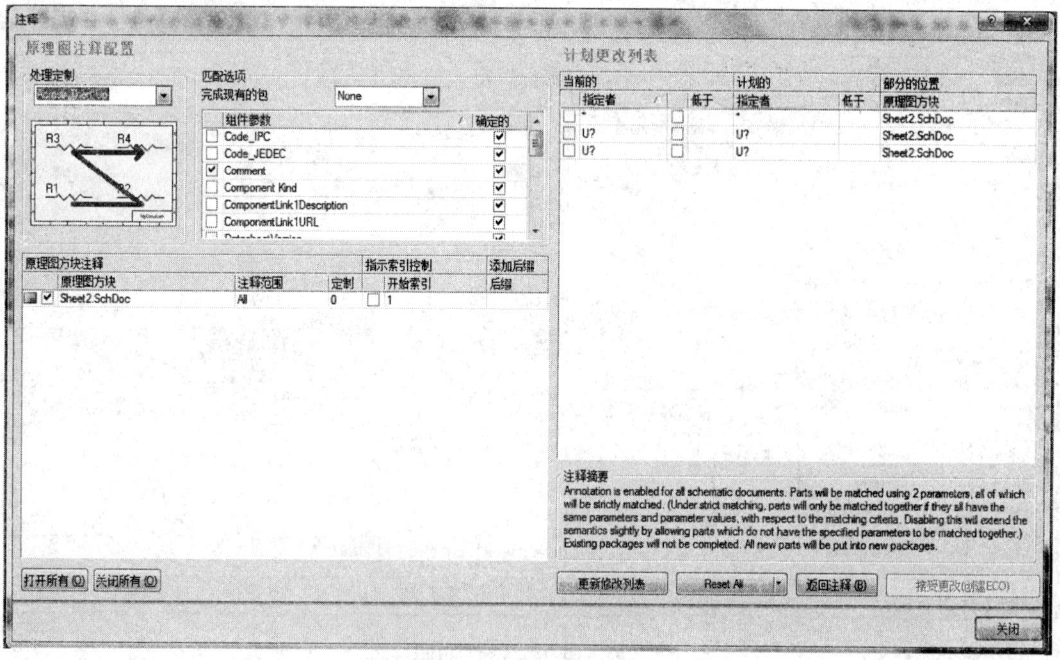

图 3-41　注解设置面板

用一个简单的例子说明注解：如图 3-42 所示分别在图纸上放置电阻，可以看到这些电子元器件并没有标号，点击【工具】→【注解】，选择注解顺序为【Across then down】，选择【Comment】,【Library Reference】,【注解区域】为 All，【开始检索】为 1，点击【更新修改列表】出现如图 3-43 所示界面，单击 OK 按钮，可以看到在计划更改区域下出现了注解，核对正确之后即可点击【核实变化更改】→【执行更改】后关闭所弹出的选择框即可。如图 3-44 所示。

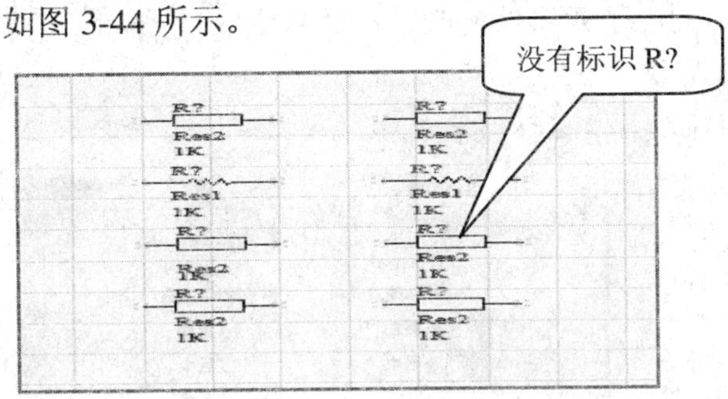

图 3-42　器件无标识

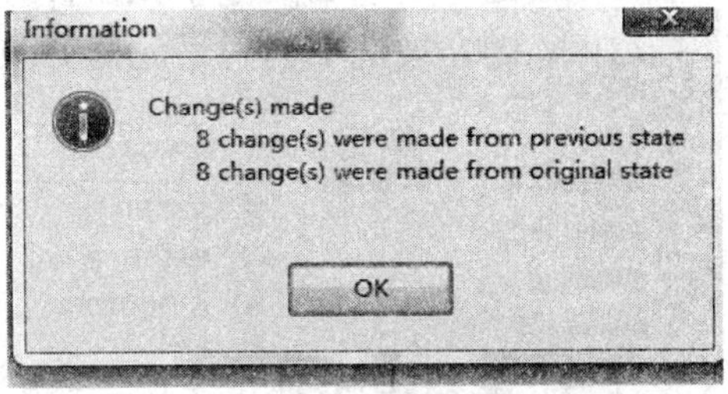

图 3-43　注解提示信息

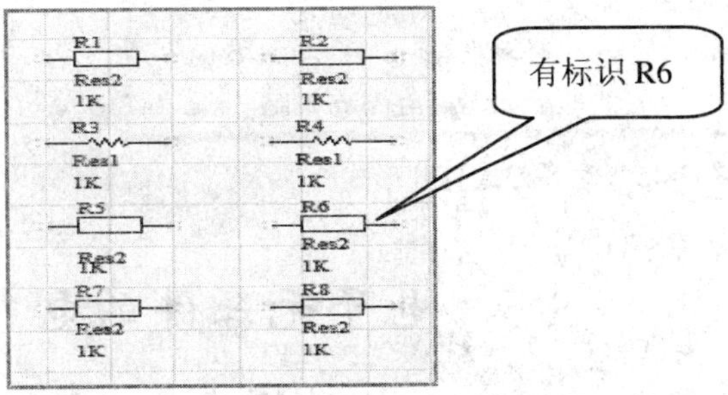

图 3-44　注解完成结果

3.4.3　调整电子元器件的位置

电子元器件放置好后不一定放置在最好的位置，因而看上去也并非是最完美的，此时通过排列和对齐方式的设置可以很好地摆放电子元器件。执行【编辑】→【对齐】即可看到相应的对齐方式(见图 3-45)。选择不同的对齐方式将得到不同的结果，具体含义如下：

(1) 左对齐。选定的电子元器件向左边电子元器件对齐。

(2) 右对齐。选定的电子元器件向右边电子元器件对齐。

(3) 水平中心对齐。选定的电子元器件向最左边的电子元器件和最右边的电子元器件的中间位置对齐。

(4) 水平分布。选定的电子元器件向最左边和最右边电子元器件之间等间距的地方放置。

(5) 顶对齐。选定的电子元器件向最上面的电子元器件对齐。

(6) 底对齐。选定的电子元器件向最下面的电子元器件对齐。

(7) 垂直中心对齐。选定的电子元器件向最上面的电子元器件和最下面的电子元器件的中间位置对齐。

(8) 垂直分布。选定的电子元器件在最上面的电子元器件和最下面电子元器件之间等间距的地方放置。

(9) 对齐到栅格上。选中的电子元器件对齐在网格栅格点上。

(10) 对齐。点击对齐后出现如图 3-46 所示的设置框，框里的选择项和上述几个对齐方式一致，此处不再介绍。

此外，在放置电子元器件的时候按下键盘上的空格键进行旋转电子元器件。

(1) 【Space】键。每按下一次，被选中的电子元器件逆时针旋转 90°。

(2) X 键。被选中的电子元器件左右对调。

(3) Y 键。被选中的电子元器件上下对调。

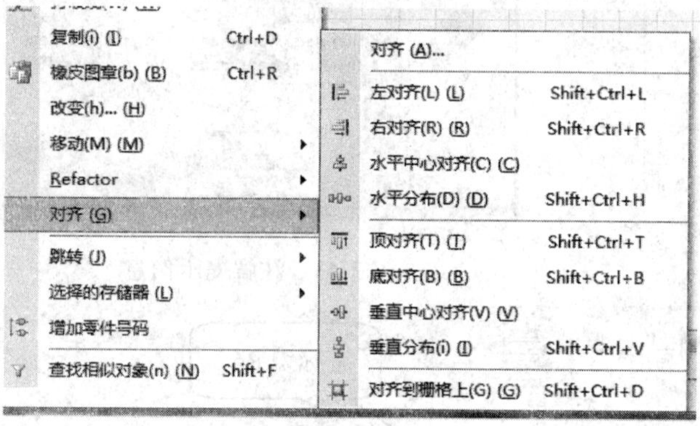

图 3-45　对齐方式打开形式

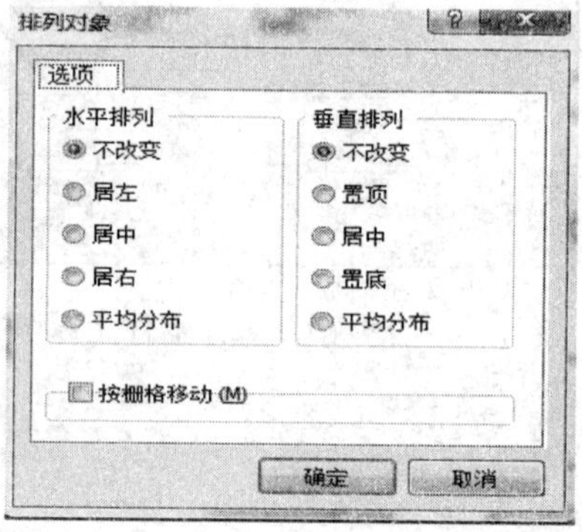

图 3-46　对齐设置面板

3.5　电子元器件的电气连接

对电子元器件进行放置和相应的调整后即完成相应的电子元器件布局，接下来进行电子元器件的电气连接。电气连接就是运用导线或者网络标号进行的电子元器件连接，连接后即可完成网络表生成。注意绘图工具中的线段是没有电气属性的。

3.5.1　导线连接

绘制导线(Wire)有两种方法：

(1) 执行【放置】→【线】。

(2) 单击【配线】工具栏中的【绘制导线】图标≈。执行【绘制导线】命令后，光标变为“十”字形状。移动光标到将放置导线的地方会出现一个红色，表示找到了一个电子元器件的一个电气节点，如图 3-47 所示。在导线起点处单击鼠标左键，拖动鼠标，随之绘制出来一条导线，拖动到带连接的另一个电气节点处，同样会出现一个红色“米”字标志，如图 3-48 所示，完成后如图 3-49 所示。

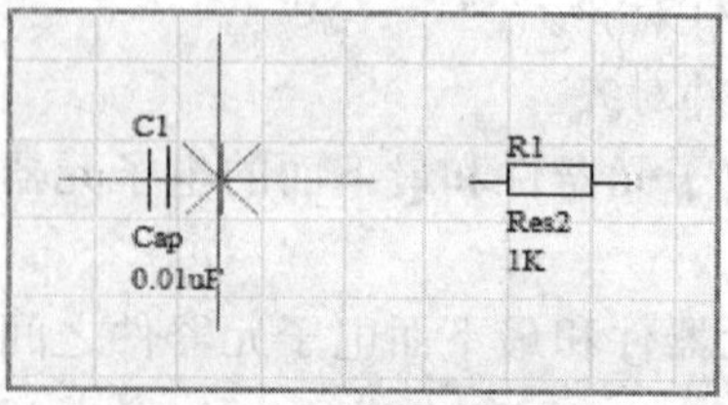

图 3-47　导线连接器件热点

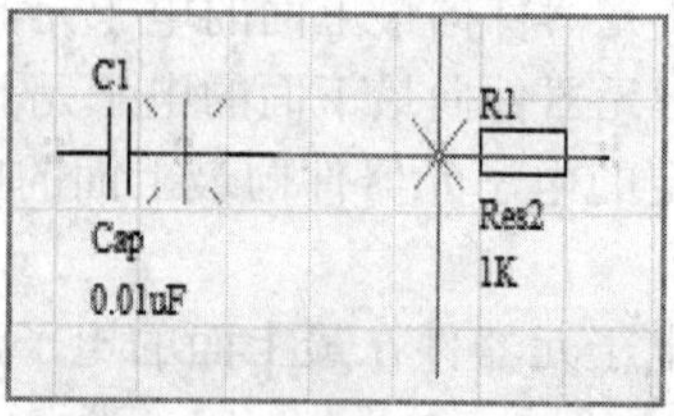

图 3-48　器件连接热点显示

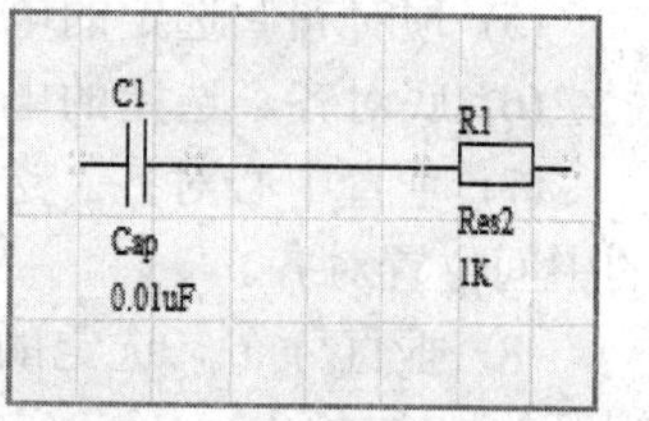

图 3-49　器件连接结果

3.5.2 总线连接

总线是一组具有相同性质的并行信号线的组合，如数据总线、地址总线和控制总线等。在数字电路中如用到锁存器、译码器的时候利用总线的连接将会显得电路清晰、美观。

在 Altium Designer 中利用总线连接电子元器件时需要画出总线和总线入口，并对总线进行命名和制定。下面具体讲解总线绘制方法。

注：绘制总线的时候可通过【Space】键进行翻转线条走向，利用【Tab】键进行属性更改。

1．绘制总线

(1) 执行【放置】→【总线】命令。

(2) 单击【配线】工具栏中的【绘制总线】图标。

以上方法随便运用一种都可完成总线的绘制，如图 3-50 所示。众所周知，51 单片机的 P0 口需要一个上拉电阻才能驱动外设，此时运用总线来连接可完美显示。

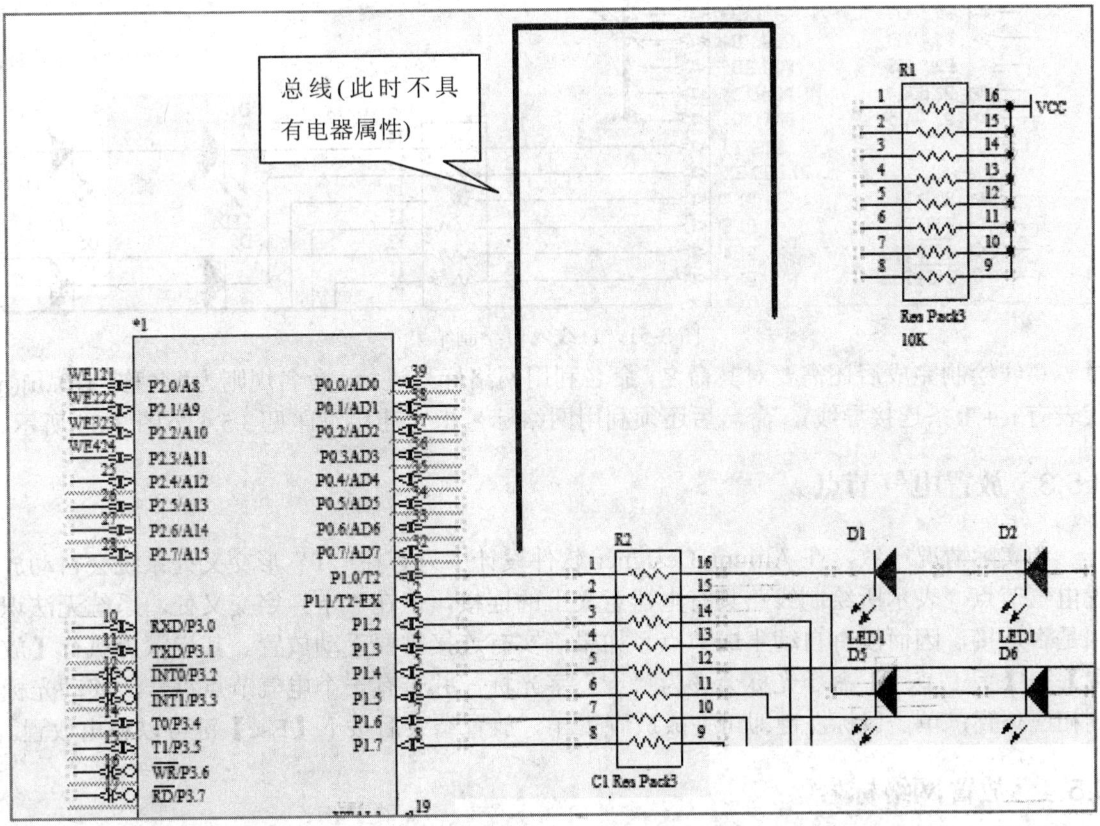

图 3-50　总线绘制

2．绘制总线入口

(1) 执行【放置】→【总线进口】命令。

(2) 单击【配线】工具栏中的【绘制总线进口】图标。

执行【绘制总线进口】命令后，光标变为“十”字形状，并带有总线进口符号“/”或

“\”。在导线与总线之间单击鼠标左键，即可放置一段总线进口。同时在放置总线进口的状态下，如图 3-51 所示，在图中的总线基础上再次绘制总线入口。

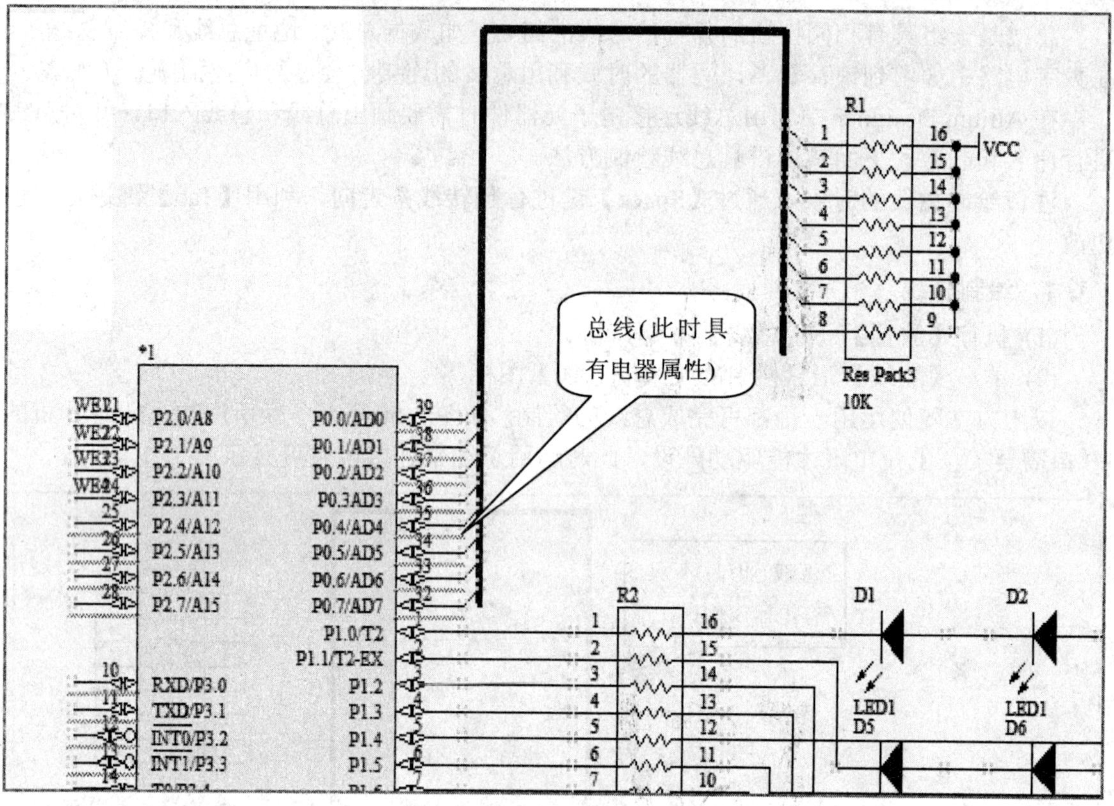

图 3-51　总线入口绘制结果

总线绘制完成后还需要对其命名，命名利用网络标号进行，命名规则为“名称”+[0..n](n 代表有 n + 1 条连接导线)，命名后还须利用网络标号指定连接，详见 3.5.4 节图 3-54 所示。

3.5.3　放置电气节点

和实际情况一致，在 Altium Designer 软件设计中只有在“T”形交叉处系统会自动放置电气节点，表示所绘制线路具有电器意义上的连接，但在“十”字交叉处，系统无法识别是否连接，因而没有自动生成节点，如果确实有连接需要手动放置。其步骤为执行【放置】→【手工节点】命令光标会变为“十”字光标，并带有一个电气节点符号，移动光标到相应位置，单击鼠标左键即可完成放置工作。放置结束后按下【Esc】键可以退出放置。

3.5.4　放置网络标号

在绘制原理图过程中，电子元器件之间的连接除了可以使用导线之外还可以使用网络标签来实现连接。具有相同网络标签名的导线或电子元器件引脚，无论是否有导线都是连通的。此方法在复杂电路中运用广泛，执行网络标签命令有两种方法：

(1) 执行【放置】→【网络标号】命令。

(2) 单击【配线】工具栏中的【放置网络标签】图标。

执行放置【放置网络标签】命令后，光标变为“十”字形状，并附有一个初始标号“Net Label1”如图 3-52 所示。将光标移动到所需放置网络标签的导线处，当出现红色“米”字时表示已经连接，此时双击该网络标签，即可进行相应属性修改，如图 3-53 所示。利用网络标签进行总线命名和指定，如图 3-54 所示，此时总线绘制才算完成。

此外，通过输入输出端口也可以实现端口相连，具有相同名称的输入输出端口具有相同的电器属性，如图 3-55 所示，但该方法一般只使用在多层次设计中，具体运用在后面章节中讲解。

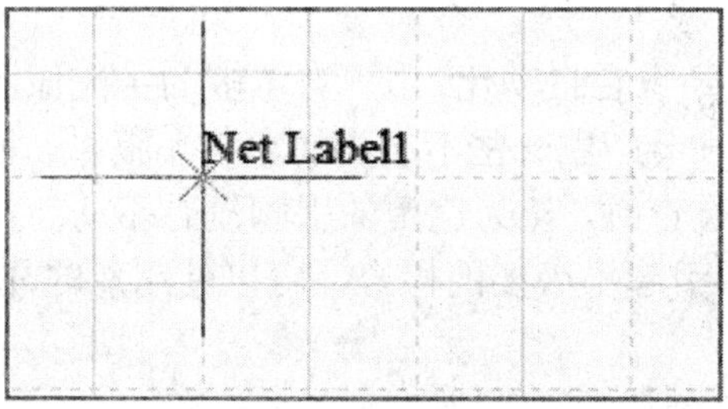

图 3-52　网络标签放置

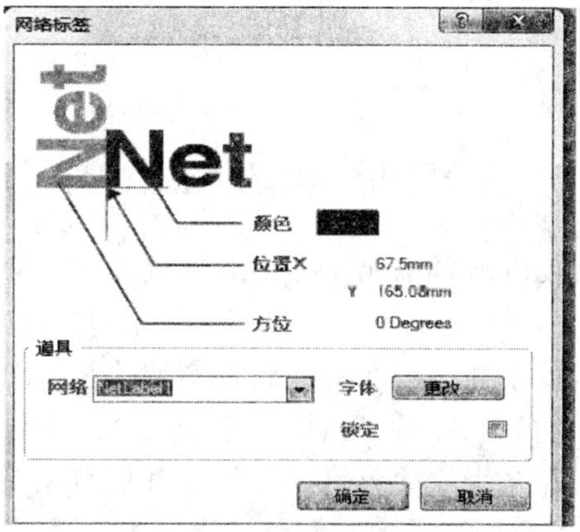

图 3-53　网络标签设置面板

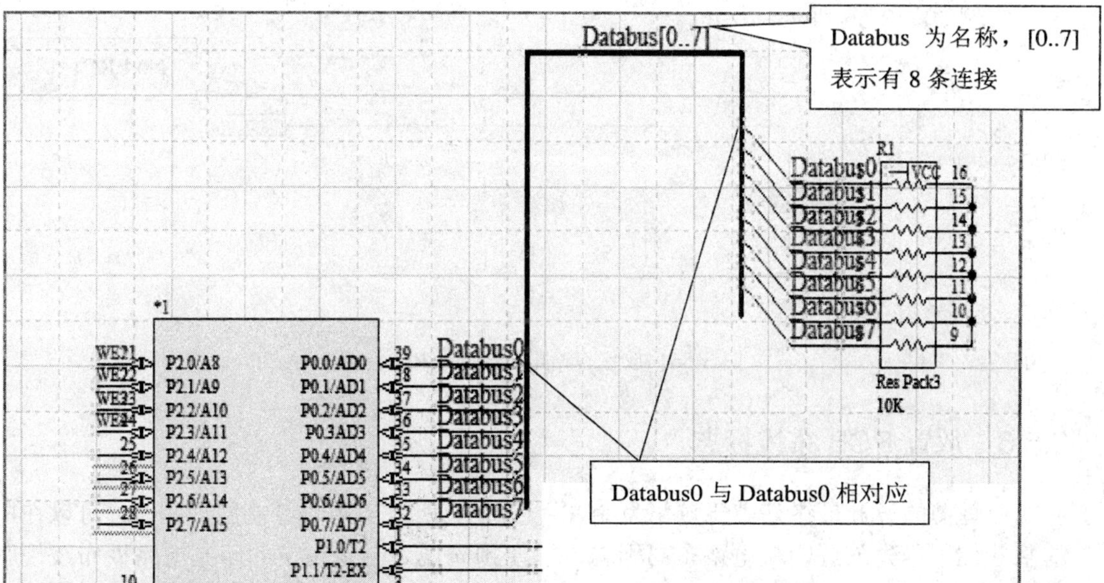

图 3-54　总线连接最终结果

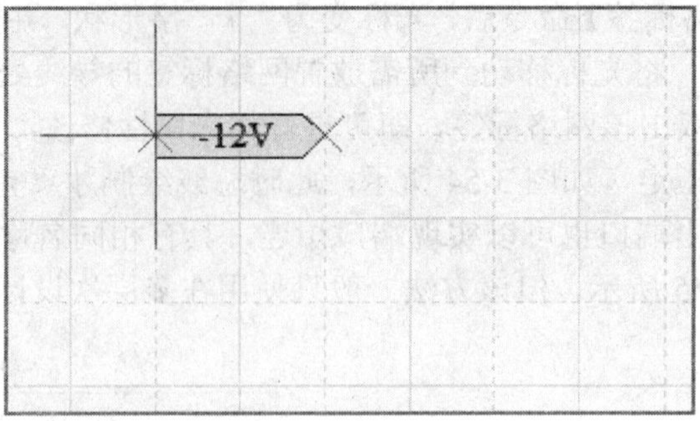

图 3-55　端口设置

3.5.5　放置忽略电器规则检查符号

Altium Designer 提供的电气规则检查(ERC)是导致它自动化、用户数量多的主流原因之一，但同时也造成了一些麻烦，在进行 ERC 检查时会产生一些不必要的非错误报告，如电路设计中并不是所有引脚都需要连接，而在 ERC 检查时，认为空闲的引脚没有驱动而产生错误信息，此种“错误”造成 CPU 资源浪费或者引起不必要的检查，可以使用忽略 ERC 检查符号来避免该错误产生，其放置步骤为：

(1) 执行【放置】→【指示】→【没有 ERC】命令。

(2) 单击【配线】工具栏中的放置【忽略 ERC 检查】图标。

实例如图 3-56 所示。

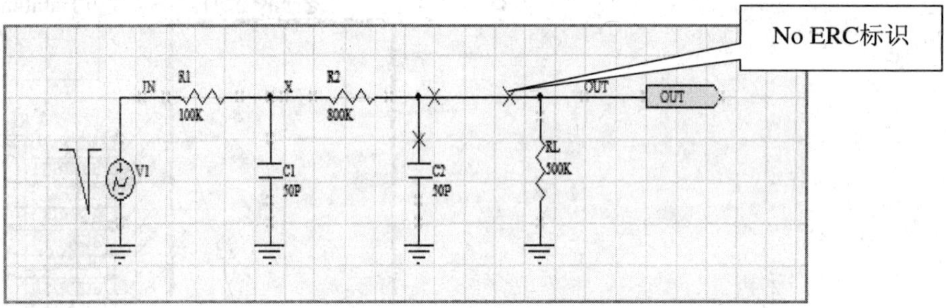

图 3-56　放置忽略电器规则(ERC)检查符号

3.5.6　放置 PCB 布线标志

原理图的设计最终是需要转化为 PCB 设计的，所以当用户绘制原理图时，可以在电路的某些位置预先放置印制电路布局标志，以便预先规划制定指定的印制电路板布线规则。其放置方法为执行【放置】→【指示】→【PCB 布局】命令，在选定位置放置该符号即可。放置好后设置 PCB 布局标志，双击该图标弹出相应的【参数】对话框，此时在【Value】参数栏中显示【Undefined】选项。单击【编辑】按钮，打开【参数特性】对话框。打开该窗口中的【编辑规则值】如图 3-57 所示，即可进行相应的规则设置，设置完成后点确定即可，并在参数面板中选中可见，如图 3-58 所示。点击确定按钮，关闭参数对话框，此时 PCB 布局标志附近显示出了所设置的具体规则，当导入 PCB 时放置规则标识的地方将按照所设置的规则进行导入。其实，该规则在原理图中运用很少，在 PCB 编译环境下运用较多，此处不再详细讲解。

图 3-57　PCB 布线标志设置面板

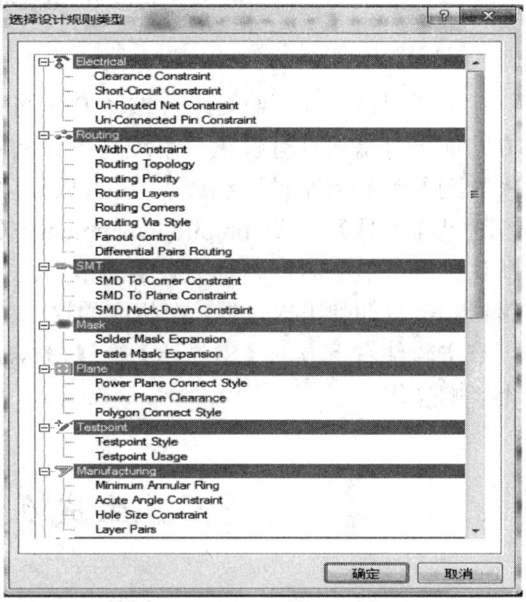

图 3-58　PCB 布线标志规则设置

3.5.7　智能粘贴

选中需要复制的电子元器件，单击右键选中拷贝(Ctrl + C)，选中【编辑】→【灵巧粘贴】打开智能粘贴面板(见图 3-59)。选择【使能粘贴阵列】通过对纵列和行的设置可以粘贴出自己需要的电阻阵列和数量，此处设置为 4 列 1 行(见图 3-60)。

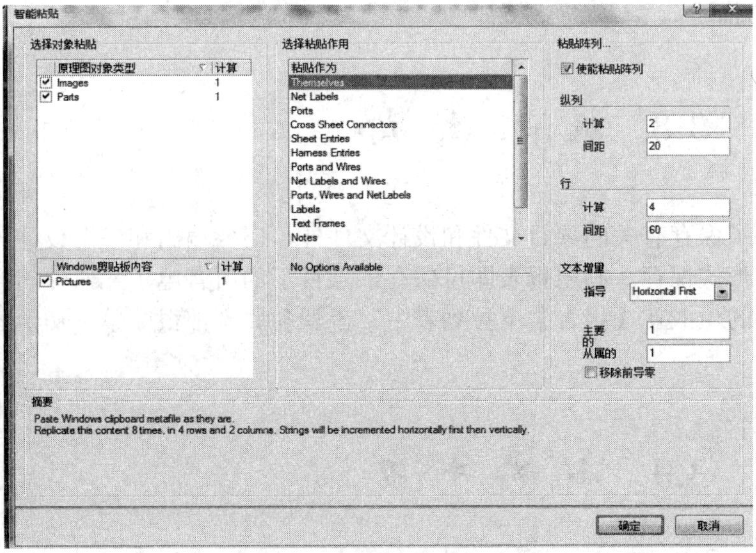

图 3-59　智能粘贴设置面板

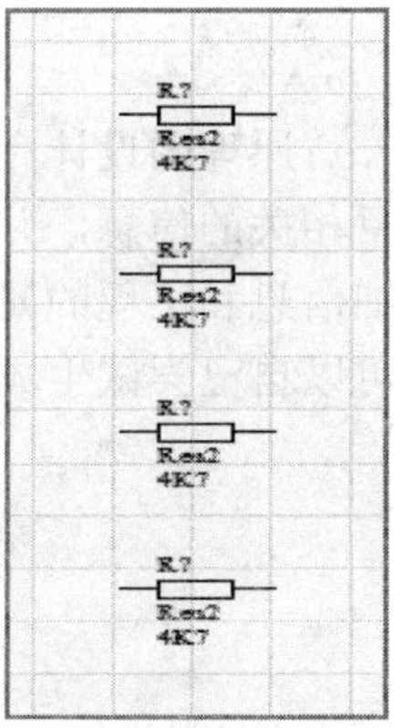

图 3-60　智能粘贴结果

3.6 编译项目及查错

原理图设计好后需要进行编译(Compile)，编译可以检测出原理图的错误和不恰当的地方，如果有错误没有解决，系统是不让从原理图导为 PCB 的，此处保证了所设计出来的 PCB 可靠性和安全性。编译工具可以通过右键工程文件，选择【Compile Document…】或者通过【工具】→【Compile Document…】来执行编译。一般错误的类型不建议更改使用默认设置是最好的，如有不必要的错误，在相应地方放置 NO ERC 符号即可。编译后如有错误则会自动弹出提示框，在相应的提示处双击即可看到错误的地方。如没有出现提示框，可点击软件右下方的【System】→【Messages】即可打开编译后的信息，通常情况下警告不影响操作。

3.7 生成原理图网络表文件

对于复杂的电路来说从网络表中能够清楚看到电路的连接特性。在原理图编译环境中执行【设计】→【工程的网络表】→【Protel】菜单命令，会在该项目中生成一个与项目同名的网络表文件，双击即可打开。该文件主要分成两部分，前一部分由属性参数构成(电子元器件序号、电子元器件的封装形式和电子元器件的文本注释)，方括号是一个电子元器件的标志，以“[”为开始，其后为电子元器件序号、电子元器件封装和电子元器件注释，最后以“]”结束；后一部分则是由原理图文件中的电气连接构成，标志为圆括号，以“(”为起始，首先是网络号名，然后是按字母顺序依次列出与该网络相连接的元件引脚号，最后以“)”结束该网络连接的描述。

3.8 报 表 生 成

原理图设计完成后，除了保存有关的项目文件和设计文件外，还要输出和整个设计项目相关的信息，并以表格的形式保存。利用报表即可保存该项目下的所有电子元器件的详细信息和工程的属性。报表的生成在【报告】下拉列表中，步骤和原理都很简单，初学者可以自己尝试生成。

3.9 小 试 牛 刀

此处主要讲解直流稳压电源和信号发生器的原理图绘制。

3.9.1 直流稳压电源设计

打开 Altium Designer 软件，执行【文件】→【新建】→【工程】→【PCB 工程】(因此处最终需要的是 PCB 电路，所以建立工程时选择新建 PCB 工程)，如此工程面板出现图 3-61 的界面，此时该工程内没有任何文件，在工程名处单击右键选择【给工程添加新的文件】→【Schematic】，此时完成添加原理图文件(点击【给工程添加新的文件】→【PCB】则添加 PCB 文件)，出现原理图编辑界面则说明添加成功，成功后点击保存工程文件和保存原理图文件，此处工程文件和原理图文件、PCB 文件最好保存在同一个文件夹下。工程文件保存为“直信.PrjPCB”，原理图文件保存为“直信.SchDoc”文件，同在一个文件夹下。保存好后的界面如图 3-62 所示。

图 3-61　PCB 工程面板

打开“直信.Sch”文件进行原理图设计，放置相应电子元器件，电子元器件在库文件中可以查找，如在“Miscellaneous Devices.IntLib”库中查找“Diode 1n914”，结果如图 3-63 所示。(搜索时电子元器件名称大小写不敏感)，找到后点击【Place Diode 1n914】即可把该电子元器件放到编辑区(或直接拖拽亦可放置)。

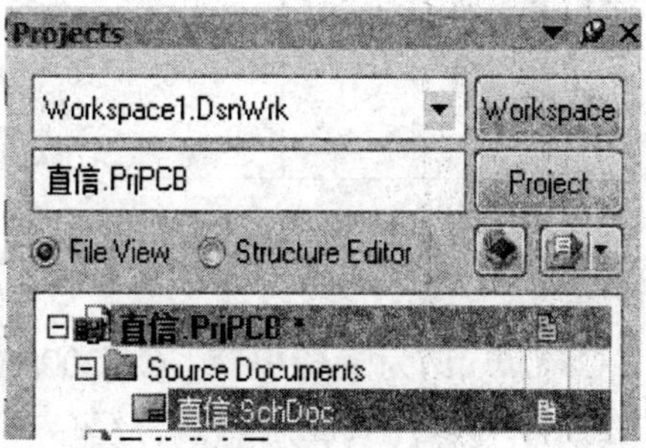

图 3-62　给工程添加原理图结果

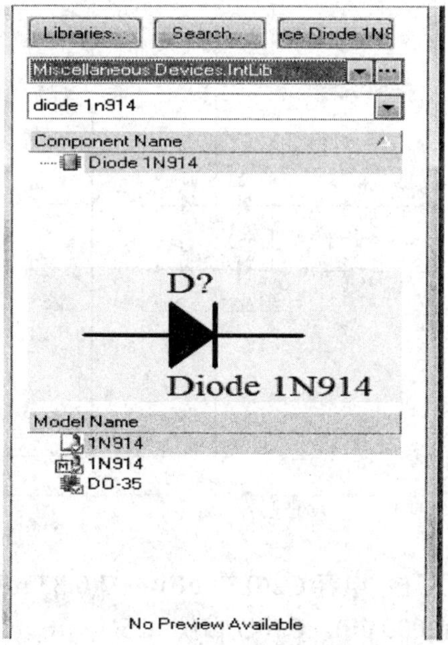

图 3-63　查询结果

在原理图“直流.SchDoc”文档中放置电子元器件并连接后如图 3-64 所示。(此处所用芯片为 MC7815/MC7915)。

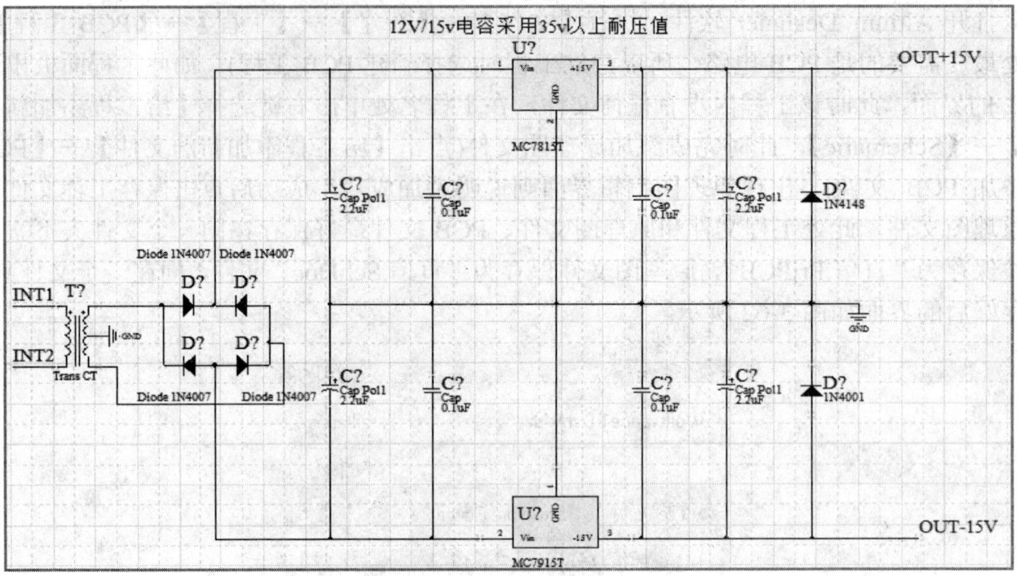

图 3-64　原理图绘制

此时可以看到图中的电子元器件都没有标号，此时利用 2.7.6 节所讲的注解工具即可方便快捷地进行编号，注解后原理图如图 3-65 所示。

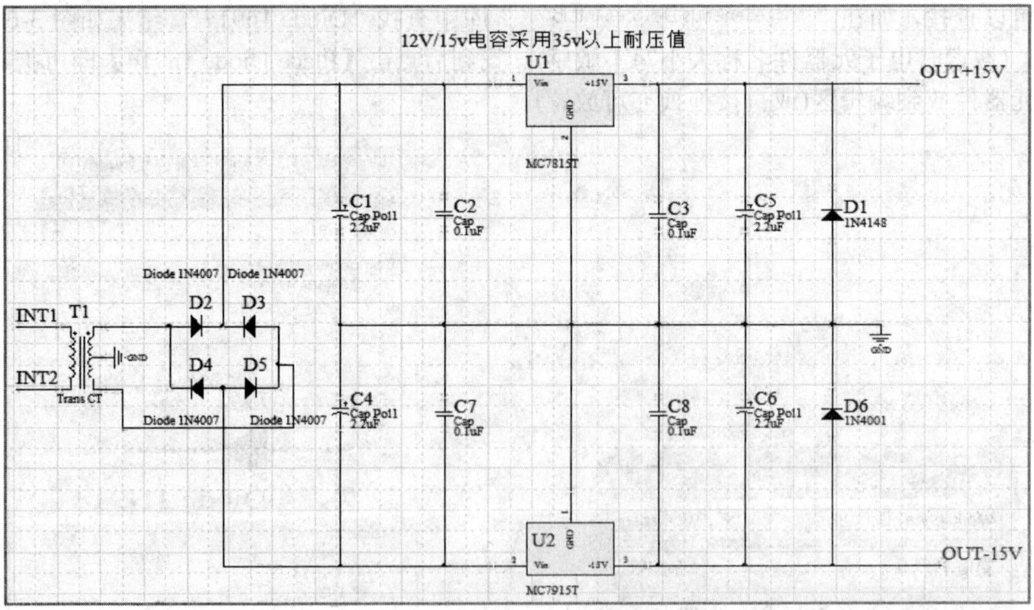

图 3-65　原理图注解完成

注： 电容 C2(0.33 μF)，C7(0.33 μF)，C3(0.1 μF)，C8(0.1 μF)为陶瓷电容，C1(2000 μF)，C4(2000 μF)，C5(47 μF)，C6(47 μF)为电解电容，封装选择时该点要注意，其中 C2，C7 可加可不加。

此时已经完成了直流稳压源的原理图绘制，点击【保存】，选中 Project 面板下的“直流.SchDoc”，单击右键选择【Compile Document 直信.SchDoc】，即可编译该文件，如果一切设置正确则出现错误会自动弹出 Message，如果没有弹出则说明没错误，最多有警告。如果没有弹出警告，可以点击软件右下方的【System】，选择【Message】打开编译信息。当出现错误时，可以根据 Message 中的提示逐步纠正。编译完成后还须确定每个电子元器件的封装是否都有，或者是否为自己所需要的类型，此时通过点击选择【工具】→【封装管理】打开原电子元器件封装管理器，如图 3-66 所示。

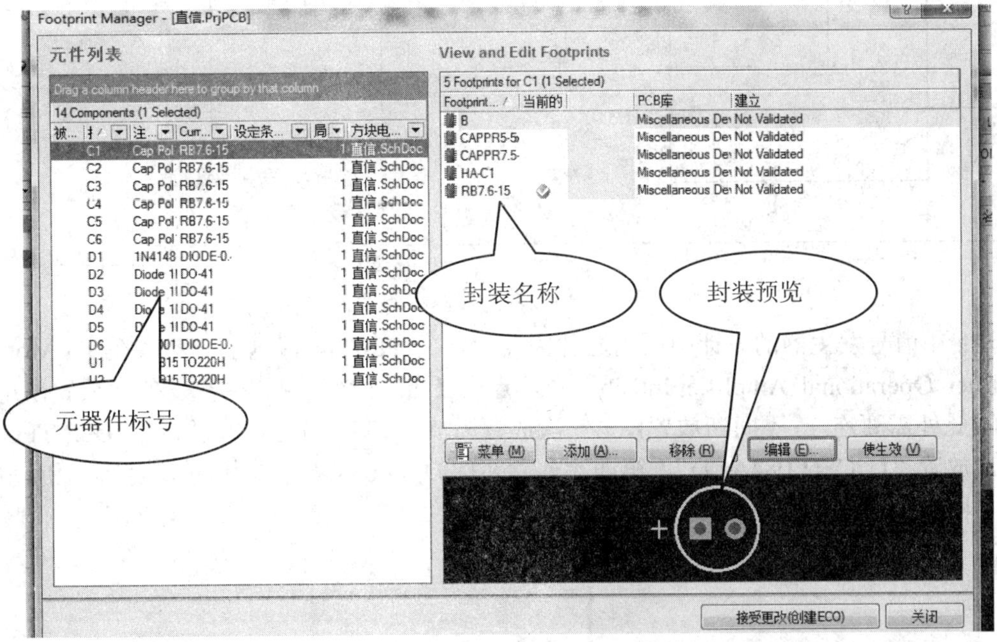

图 3-66　封装管理器

如果没有封装或者不是设计时所需的封装，可以通过点击【编辑】按钮进行更改，点击【编辑】后可以选中【任意】选项，此时封装模型栏下的【浏览】按钮即可以点击，点击【浏览】后可以选中不同的库文件进行查找所需封装，更改后点击【确定】→【使生效】/【接受更改】即可完成更改。此处设置和双击电子元器件，在电子元器件属性框中设置封装如出一辙。

3.9.2　信号发生器设计

利用上面所讲的步骤新建工程名为“信号发生器.PrjPCB”，并添加原理图文件“信号发生器.SchDoc”，如图 3-67 所示。

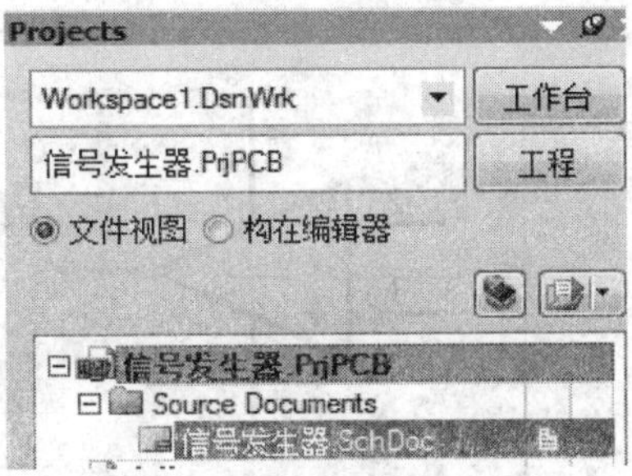

图 3-67　信号发生器工程建立

依次在信号发生器原理图纸中进行放置电子元器件、连线、保存、注解、编译操作，之后所得电路图为图 3-68 所示。图中 U1A、U1B 为网络标号相连(2.7.5 中有讲解网络标号的用法)，简化了原理图。

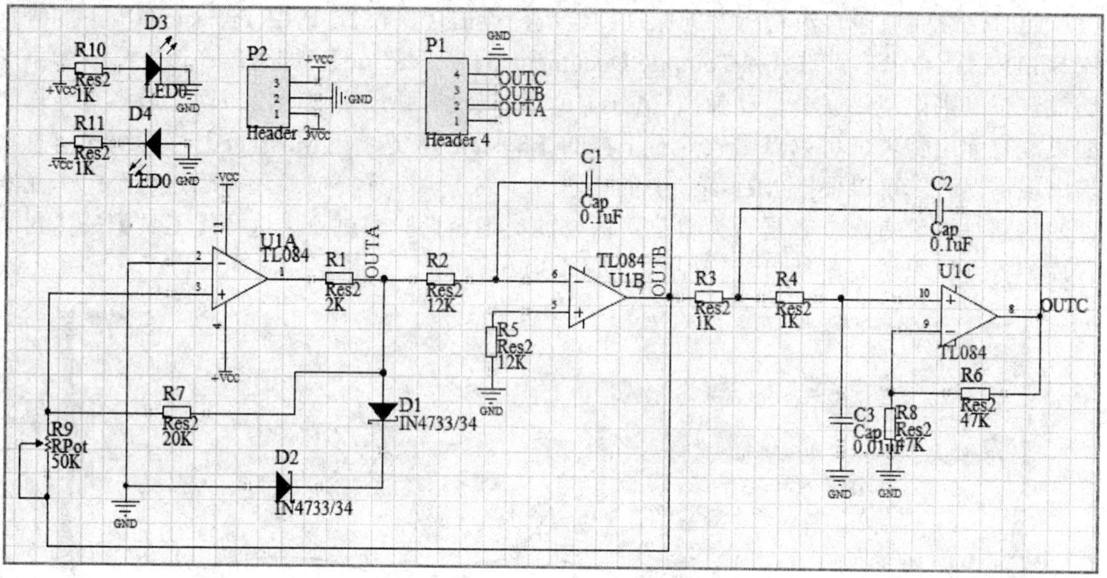

图 3-68　信号发生器原理图绘制

注：在信号发生器的设计中所用芯片为 4 运放的 TL084，该电子元器件在库“Motorola Amplifier Operational Amplifier.IntLib”中，点击【Place 后】放置两次，每次放置出现 1/4 TL084(此处需要连续、不间断放置)，第一次放置为“U?A TL084”第二次放置“U?B TL084”，第三次放置“U?C TL084ACD”，第四次放置“U?D TL084ACD”，后单击鼠标右键完成放置，如图 3-69 和 3-70 所示。

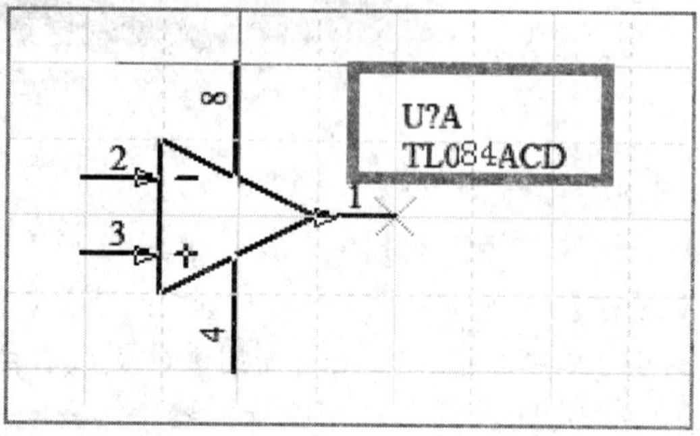

图 3-69　TL084 第一级运放放置

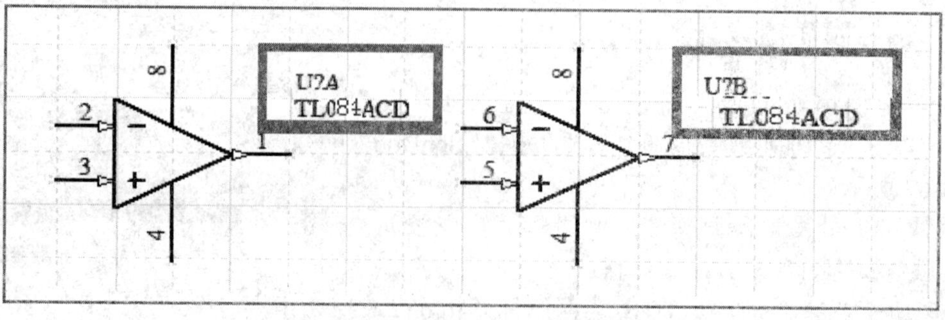

图 3-70　TL084 第一、第二级运放放置完成

选择【工具】→【封装管理】打开原电子元器件封装管理器，如果没有封装或者不是设计时所需的封装，可以通过点击【编辑】按钮进行更改，更改后点击【确定】→【使生效】/【接受更改】即可完成更改。

3.10 原理图库文件简介

Altium Designer 提供了丰富的电子元器件库，这些电子元器件库有原理图库、集成库和 PCB 库，原理图符号存在于原理图库和集成库中。但由于电子元器件不断在发展和更新，导致 Altium Designer 电子元器件库不可能完全包含用户所需要的电子元器件。不过，即使存在这样的问题，用户也不必为找不到电子元器件而忧虑，因为在该系统中提供了创建新电子元器件的功能，这时就需要使用者自己绘制原理图符号或者下载所需的库文件，可是如果不进行存档，下次使用时又得重新绘制或者重新下载，麻烦不说，还要浪费很多时间，因此，把自己绘制的和从网上搜集到的原理图符号集中起来，建造一个属于自己的电子元器件原理图库文件就显得尤为必要。

3.10.1 库文件编译环境介绍

【执行】→【新建】→【库】→【原理图库】命令，如图 3-71 所示。一个默认名为“SchLib1.SchLib”的原理图库文件被创建，同时原理图库文件编辑环境被启动，其工作环境为一个“田”字的页面，如图 3-72 所示。

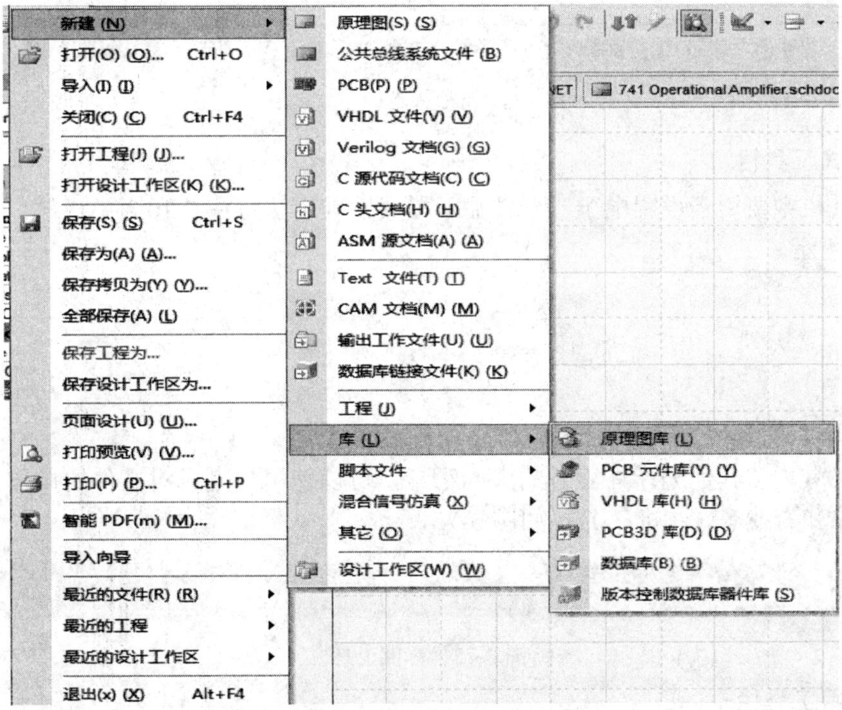

图 3-71 原理图库文件编译环境打开方式

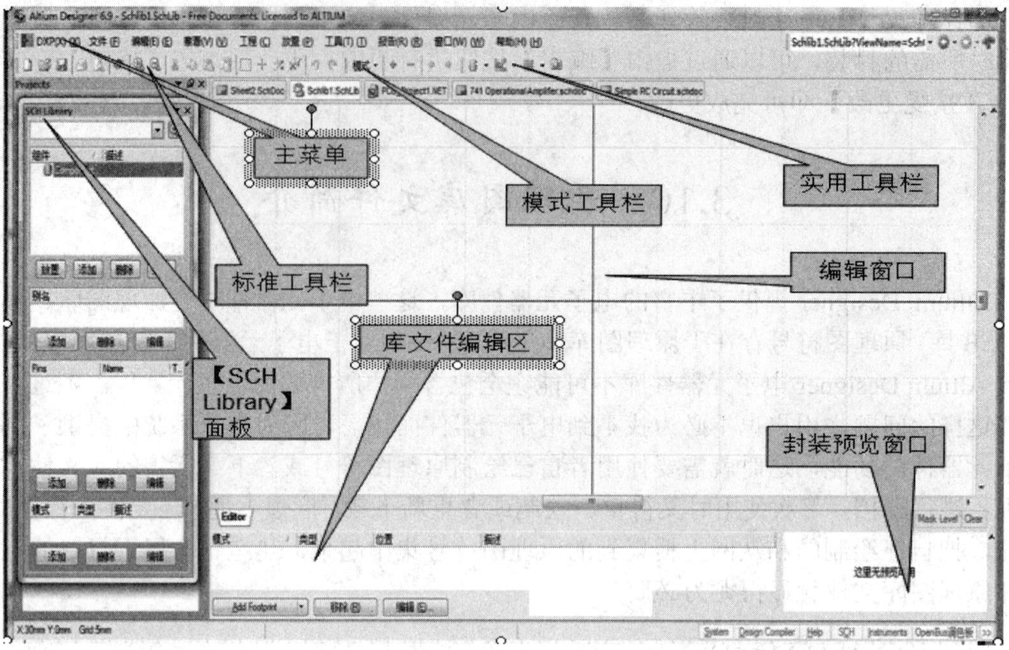

图 3-72　原理图库文件编译面板介绍

1. 主菜单栏

在原理图库文件编译环境中，主菜单栏如图 3-73 所示，该菜单栏可以进行电子元器件的放置、工程的建立、报告的生成等，可以说是其他工具栏的组合。

图 3-73　主菜单栏

2. 模式工具栏

该工具栏主要用于设置电子元器件显示模式，其用法将在 3.10.2 中讲解。模式工具栏如图 3-74 所示。

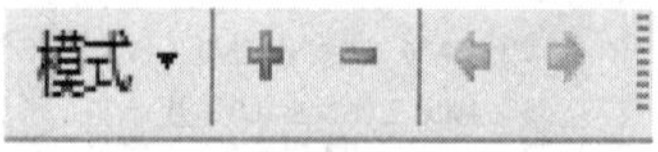

图 3-74　模式工具栏

3. 标准工具栏

标准工具栏与其他编译环境下的大同小异，可以使用户完成对文件的操作，如打印、复制、粘贴和查找等。标准工具栏如图 3-75 所示。

图 3-75　标准工具栏

4. 实用工具栏

该工具栏下常用的有原理图符号绘制工具箱和 IEEE 符号工具箱，可用于完成原理图符号的绘制，除此之外还可以更改网格大小等，实用工具栏如图 3-76 所示。

图 3-76　实用工具栏

5. 编辑窗口

编辑窗口是被“十”字坐标轴划分的 4 个象限，坐标轴的交点即为窗口的原点(0，0)。一般制作电子元器件时，将电子元器件的原点放置在窗口的原点，而将绘制的电子元器件放置到坐标轴的第 4 象限中。

6. 【SCH Library】面板

该控制面板用于对原理图库的电子元器件进行管理，如图 3-77 所示，由 4 个部分构成，分别是电子元器件列表、别名栏、引脚列表和模型栏。下面分别讲解。

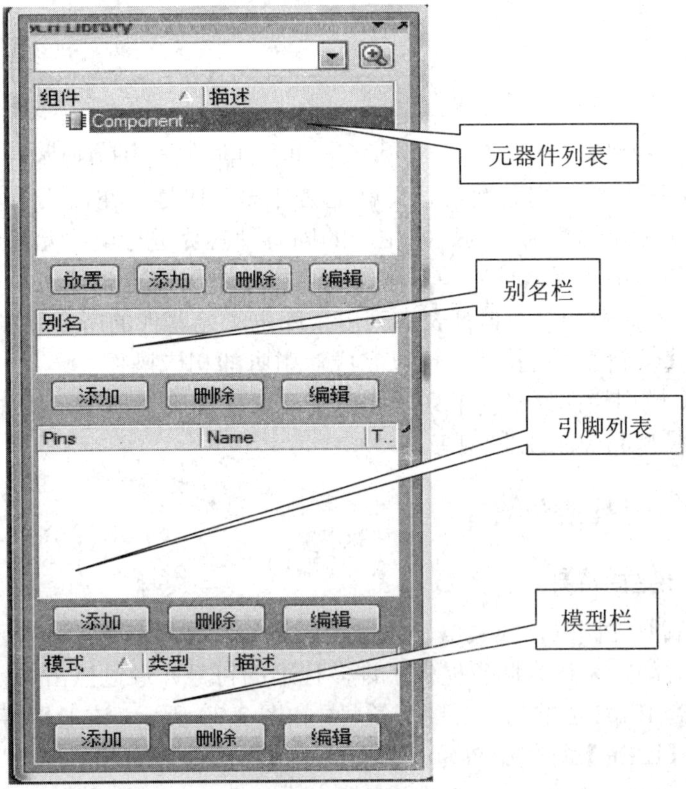

图 3-77　[SCH Library]面板介绍

(1) 电子元器件的列表。该列表中列出了当前所打开的原理图库文件中的所有电子元器件，显示了电子元器件的名称及相关的描述。在该面板下选择相应的电子元器件后可单击【放置】按钮进行电子元器件放置，若单击【添加】按钮则可以从该库中加入新的电子元器件，若单击【删除】按钮则可以将选中的电子元器件从该原理图库文件中删除，若单击【编辑】按钮或者双击该电子元器件即可进入该电子元器件的属性编辑对话框，如图 3-78 所示。

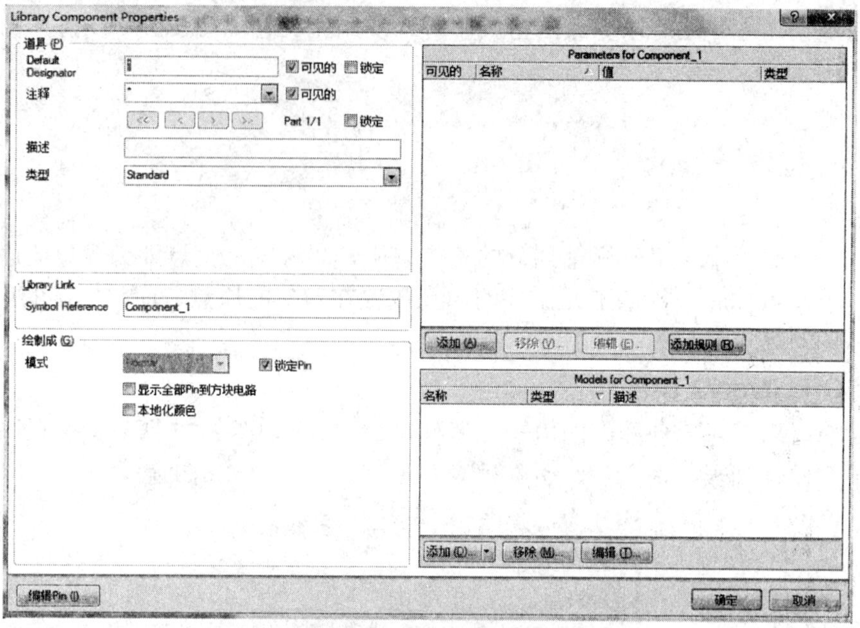

图 3-78　电子元器件属性设置面板

(2) 别名栏：别名顾名思义就是另外一个代号，在该栏中可以对电子元器件进行其他名称的添加，这可为不同厂家生产的同一种芯片进行电子元器件绘制提供便捷，此时不用再另外绘制电子元器件库，只需在别名栏处添加描述即可。

(3) 引脚列表：在该列表中列出了库电子元器件的所有引脚属性。通过【添加】→【删除】→【编辑】3 个按钮，可以完成对引脚的相应操作。

(4) 模型栏：该栏用于列出库电子元器件的其他模型，例如 PCB 封装模型、信号完整性分析模型和 VHDL 模型等。

3.10.2　工具条介绍

1. IEEE 符号

绘制原理图时，很多电子元器件的符号都是很有形的，虽不复杂，但是要实际绘制还是需要时间，系统为此也提供了许多标准的符号，通过点击  即可打开 IEEE 符号。这些都是符合 IEEE 标准的一些图形符号，如图 3-79 所示。该工具箱的各个按钮功能与执行【放置】→【IEEE】符号命令弹出的菜单中的各项命令有相对应的关系。

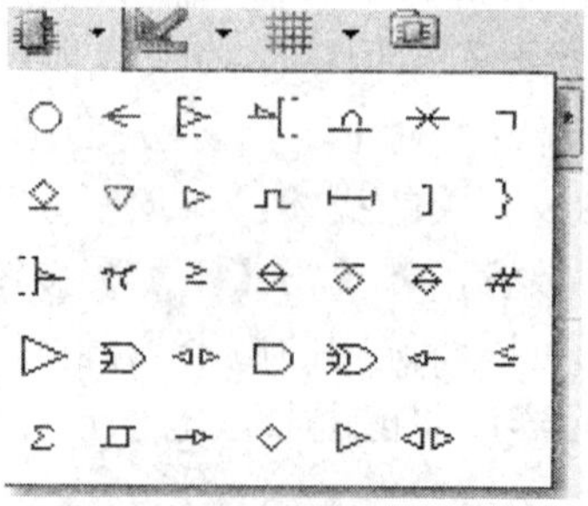

图 3-79　IEEE 符号调用方法

2. 绘制原理图工具

在绘制原理图时，该工具是必用的工具之一，用工具箱中的工具绘制直线、绘制节点是一个重要的步骤。点击即可打开该工具箱，如图 3-80 所示。单击图标，则会弹出相应的原理图符号绘制工具，其功能与【放置】下拉菜单中的各项命令有相对应的关系。

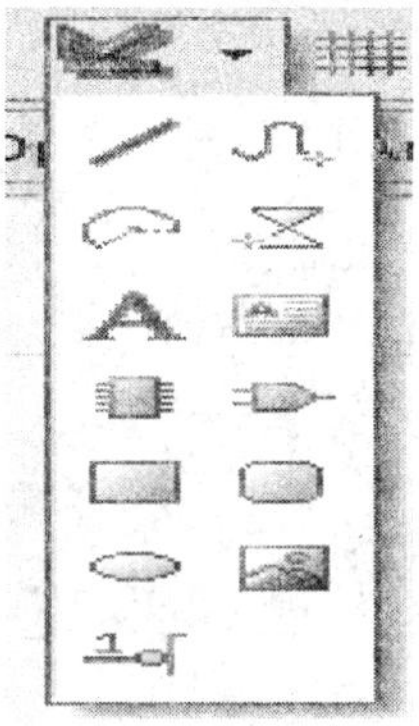

图 3-80 绘图工具面板

3. 模式工具箱

模式工具较少使用，此处稍作讲解，单击该图标可以为当前的电子元器件选择一种显示模式，在没有添加任何显示模式时，系统只有一种默认显示模式“Normal”。单击图标的“+”号按钮，可以为当前电子元器件添加一种显示模式；单击“-”号按钮，可以删除当前电子元器件的显示模式。

3.11 电子元器件的绘制

在原理图设计时常常遇到在库中找不到所需要的电子元器件，此时可以通过相应的网站查找含有该文件的库后下载安装该库文件，但在下载的库文件中找到的电子元器件并不那么理想，此时通过在库中设计自己需要的电子元器件就成了一个较为有效的方法。

在 3.10 对原理 3 图库中的各种工具进行了介绍，下面用一个实例进行阐述。

1. 单片机 PIC16F877A 的绘制

利用 3.4.1 中步骤打开原理图库编译环境，保存并将其命名为“P16F877A.Schlib”，打开原理图库文件设计界面后可以自行设置其文档参数，通过执行【工具】→【文档选项】或者右击框图内空白的地方选择【选项】→【文档选项】，其方法与原理图编译环境如出一辙，但其中的【显示隐藏 Pin】最好选中，选中后电子元器件的隐藏引脚才能显示。在画之前首先得了解所绘制原理图电子元器件的模样才好操作，这里 PIC16F877A 采用 40 引脚的 DIP 封装、长方形，其 Datasheet 见附录 C 附图 1 所示。单击【原理图符号绘制】工具箱中的【放置矩形】按钮，此时光标变为“十”字形状，并在旁边附有一个矩形框，调整鼠标位置，将矩形的左上角与原点对齐，单击鼠标左键，拖动鼠标到合适位置，再次单击鼠标左键。这样就在编辑窗口的第 4 象限内绘制了一个矩形，如图 3-81 所示。

绘制好后，单击鼠标右键或按键盘上的【Esc】键/或者单击右键即可退出绘制状态。

放置好矩形框后，就要开始放置电子元器件的引脚了。单击【原理图符号绘制】工具箱 中的 按钮，则光标变为“十”字形状，并附有一个引脚符号，移动鼠标将该引脚移动到矩形边框处，此处放置应把带有✖的一端放在外，可以通过在放置引脚时按【空格】键，旋转引脚来实现。放置好后(此时✖将被隐藏不见)单击鼠标左键完成一个引脚的放置，如图 3-82 所示。

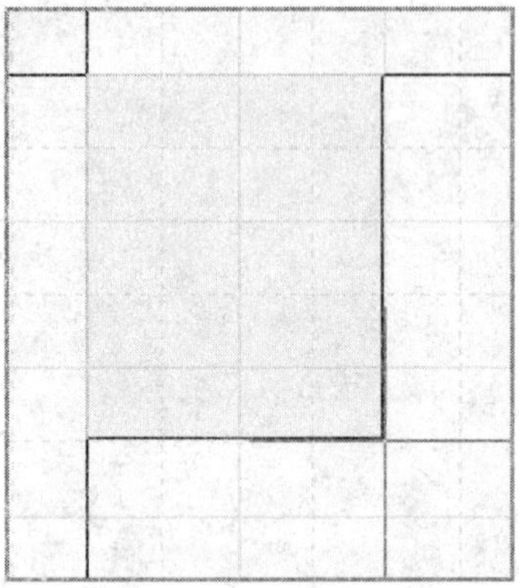

图 3-81　矩形框放置

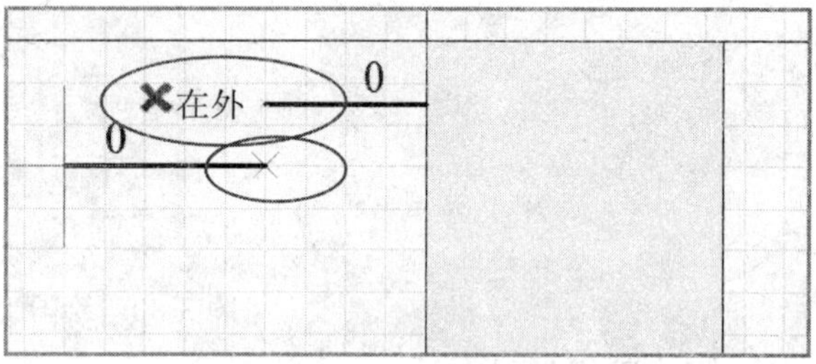

图 3-82　引脚放置

重复上述过程，放完所有的引脚，单击鼠标右键或按键盘上的【Esc】键，就可以退出绘制状态了，在绘制过程中可以加入相应的文本框来完善电子元器件。绘制好的电子元器件模型如图 3-83 所示。

双击放置好的引脚，系统会弹出如图 3-84 所示的【Pin 特性】对话框，在该对话框中可以完成引脚的各项属性设置。(此处亦可在放置引脚时按下 Tab 键来修改引脚属性)。

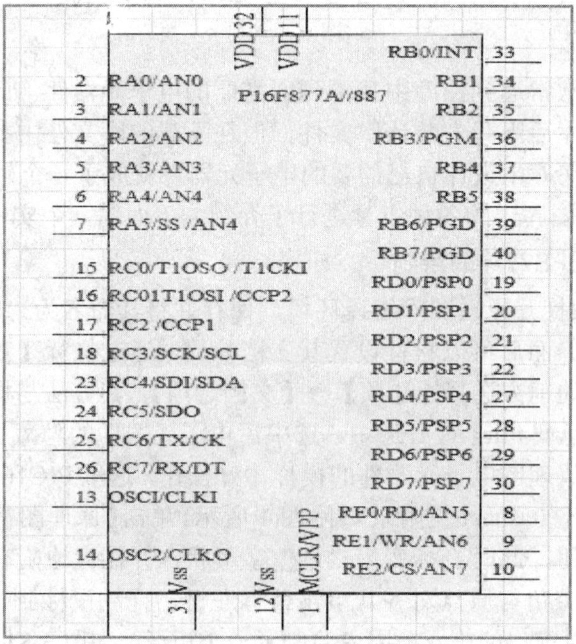

图 3-83　绘制完成

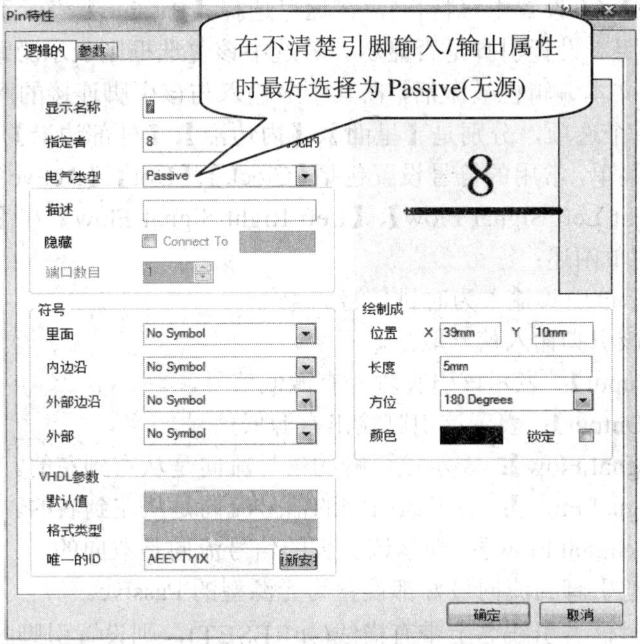

图 3-84　引脚特性设置

现在介绍一下该对话框中各属性的具体含义：

(1)【显示名称】。它主要用于标识电子元器件引脚的功能名称，可以通过是否勾选【可见的】设置其状态为隐藏或显示。

(2)【标识】。它用于设置引脚的编号，其编号应与实际的引脚编号相对应，同样可以通过是否勾选【可见的】，设置其状态为隐藏或显示。

(3)【绘制成】。该栏目下主要有【位置】、【长度】、【颜色】和【锁定】功能，所以在该区域内可以设置该引脚位置、长度、颜色和是否锁定该引脚。选中【锁定】复选框后，该引脚被锁定。在编辑窗口中，当要移动该引脚时，系统将会弹出提示框，如图 3-85 所示。单击【Yes】按钮，可以在编辑窗口中移动该引脚。(提示：以上 3 个属性栏是必要的)

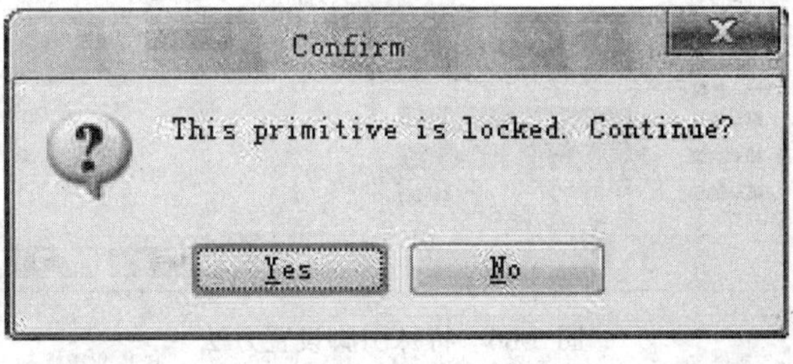

图 3-85　引脚移动提示信息

(4)【描述】。它用于输入描述库电子元器件引脚的特性信息。

(5)【电气类型】。它用于设置库电子元器件引脚的电气特性。在右侧下拉菜单按钮中可以选择引脚特性。其中包括【Input】(输入引脚)、【Output】(输出引脚)、【Power】(电源引脚)、【Emitter】(三极管发射极)、【OpenCollector】(集电极开路)、【HiZ】(高阻)、【IO】(数据输入)和【Passive】(不设置电气特性)，在这里选择【Passive】表示不设置电气特性。

(6) 【隐藏】。用于设置引脚是否显示。若选中该复选框则表示隐藏该引脚，同时其右侧的【Connect To】文本编辑栏被激活，在其中应输入与该引脚连接的网络名称。在【符号】设置区域中包含 4 个选项，分别是【里面】、【内边沿】、【外部边沿】和【外部】。每项设置都包含一个下拉菜单，常用的符号设置包括【Clock】、【Dot】、【Active Low Input】、【Active Low Output】、【Right Left Signal Flow】、【Left Right Signal Flow】和【Bidirectional Signal Flow】，下面进行简单阐述：

【Clock】：表示该引脚输入为时钟信号。

【Dot】：表示该引脚输入信号取反。

【Active Low Input】：表示该引脚输入有源低信号。

【Active Low Output】：表示该引脚输出有源低信号。

【Right Left Signal Flow】：表示该引脚的信号流向是从右到左的。

【Left Right Signal Flow】：表示该引脚的信号流向是从左到右的。

【Bidirectional Signal Flow】：表示该引脚的信号流向是双向的。

提示：如不知道引脚的流向最好都设置为无源型的 Passive。

设置引脚名称时，若引线名上带有横线(如$\overline{\text{RESET}}$)，则设置引脚时应在每个字母后面加反斜杠，表示形式为“R\E\S\E\T”，设置引脚的电器属性，设置效果如图 3-86 所示。

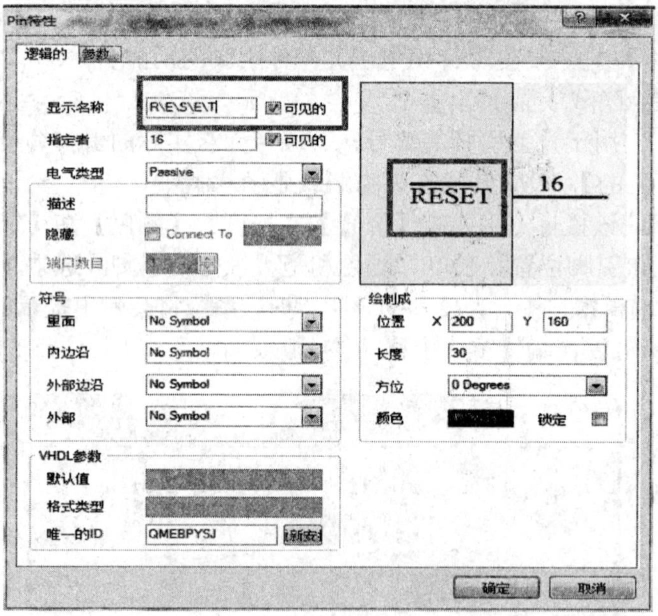

图 3-86　特殊引脚设置方法

完成上述设置后，单击【确定】按钮，关闭【Pin 特性】对话框。其他管脚按照上述方法进行设置。

提示：原理图和 PCB 之间是通过特性中的指定值(原理图)与设计者(PCB)进行对应的，所以绘制原理图和 PCB 封装时一定注意一致性。

选中相应的原理图符号执行【工具】→【电子元器件属性】打开如图 3-87 所示的【Library

Component Properties】对话框。在该对话框中有几个重要的参数：

(1) 【Default Designator】。库电子元器件默认标识符，可以依据设计需要进行更改，绘制原理图时，如发现电子元器件没有标识则可以通过选中后面的【可见】复选框，文本框输入的内容就会显示在原理图上。例如这里设置为“P16F877A”，并选中后面的复选框，当放置该电子元器件时，“P16F877A”就会显示在原理图中，若选定【锁定】那么电子元器件名称将不能被移动。

(2) 【注释】。注释就是对电子元器件标识的描述、补充，能让更多用户明白设计者的标识符含义。

(3) 【描述】。该文本编辑栏对库电子元器件的性能及用途进行描述。

(4) 【Symbol Reference】。该文本编辑栏主要用于对已创建好的库电子元器件进行重新命名。

(5) 【锁定管脚】。勾选该复选框后库电子元器件所包含的所有引脚将和库电子元器件构成一个整体，这样在绘制的原理图中将不能单独移动引脚，实现一个“组合”功能。若不勾选则可在原理图编译环境下单独移动引脚、边框等从而实现电子元器件的重新绘制，该复选框的出现可以让用户的原理图设计更加实际化。

(6) 【显示图纸上所有管脚】。顾名思义勾选该复选框后，在电路原理图上将会显示该电子元器件的所有引脚。

(7) 【本地颜色】。选中该复选框后，其右边会给出 3 个颜色设置按钮，分别是对电子元器件填充色的设置、对电子元器件边框色的设置和对电子元器件管脚色的设置。

(8) 【添加】。此处

还包含了另外其他按钮，分别是【删除】、【编辑】等，此处主要是针对 PCB 封装而言。

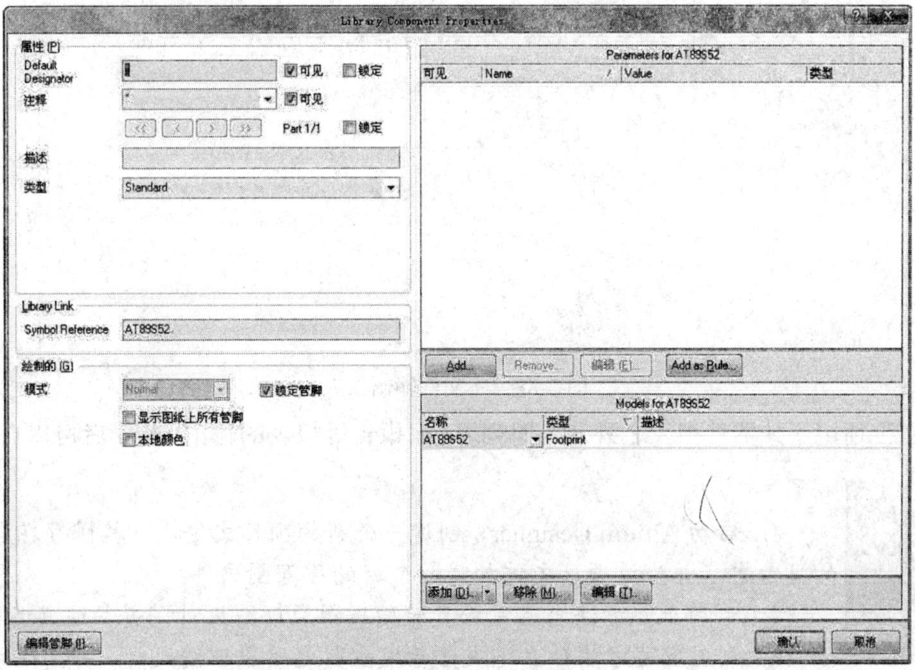

图 3-87　封装更改区域

上述步骤进行完后，原理图库文件已基本完成，但封装没有，此时可以通过执行【工具】→【电子元器件管理】在里面进行添加封装，或者在实际绘制电路的时候利用封装管理器进行设置。此处设置和前面绘制原理图时的封装设置大同小异，初学者可以自行增添封装。设置完全后点击保存即可用添加原理图库文件方法进行安装库。另外，在没有关闭该库文件的时候点击库面板中的【Library】按钮，在弹出的面板中选择【工程】亦可打开该库文件，此方法就不用再添加该库文件即可放置所设计电子元器件原理图。

注：当设计原理图库时有一点值得注意和学习，在已有的库文件中其实有好多电子元器件的踪影，只是设计者对其进行了分割或者组合导致不符合设计的要求，此时可以通过打开该库文件把该库文件中的电子元器件复制到新建库中，并对其进行适当修改即可满足需求，该方法初学者应该掌握(在一些教程中此法被称为复制电子元器件法)，此法在设计时可以快捷完成库文件的设计。

3.12 库文件输出报表

下面打开库文件“Chin Nan RF Coaxial SMA.SchLib”(该库文件在 Altium Designer 安装目录下的 Library 中)或者任意一个库文件为例，介绍一下报表的生成。

打开“Chin Nan RF Coaxial SMA.IntLib”，在【SCH Library】面板的电子元器件栏中选择一个需要生成报表的库电子元器件，如选择其中的 18-45-2。执行【报告】→【电子元器件】命令，则系统会生成该库文件电子元器件的报表，如图 3-88 所示，同时电子元器件报表会在【Project】面板中生成一个“*.cmp”的文本文件。

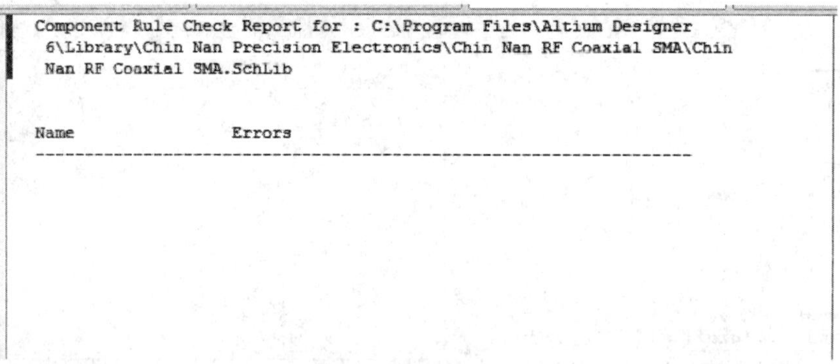

图 3-88 库文件输出报表

除了上述电子元器件报表之外还有库列表、库报告等报表的输出，初学者可以自行尝试。

1. 启动 Altium Designer，创建一个新的项目文件，将其保存在自己创建的目录中，并为该项目文件加载一个新的原理图文件。

2. 利用上述方法自己完成直流稳压源原理图设计，并简述其步骤。

3. 利用上述方法独立完成信号发生器电路原理图设计，并简述步骤，考虑多运放电子元器件的绘制方法。

4. 考虑项目编译有哪些意义？完成由声、光、磁电子器件组成的机器猫控制原理图，如图 3-89 所示。

5. 参考图 3-90 所示原理图，完成绘制并将其转到 PCB 编译环境下。

6. 利用 Altium Designer 中的库文件画出附录 C 附图 2 中 51 系列单片机的原理图。

7. 自行尝试是否可以利用复制电子元器件的方法完成库文件的设计，若可以，请实际操作并简述方法。

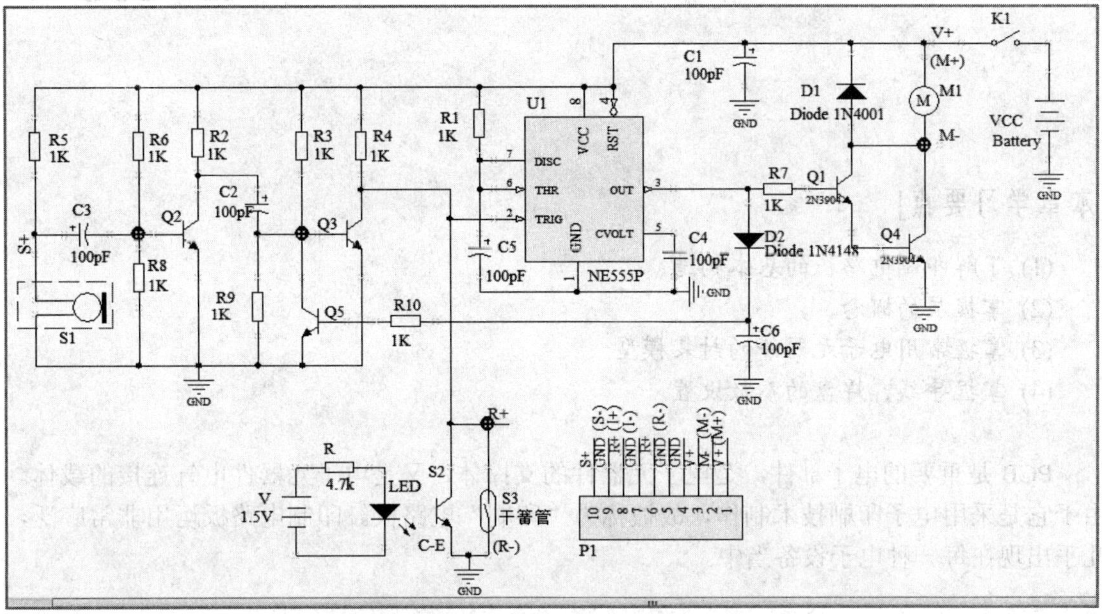

图 3-89　机器猫控制电路

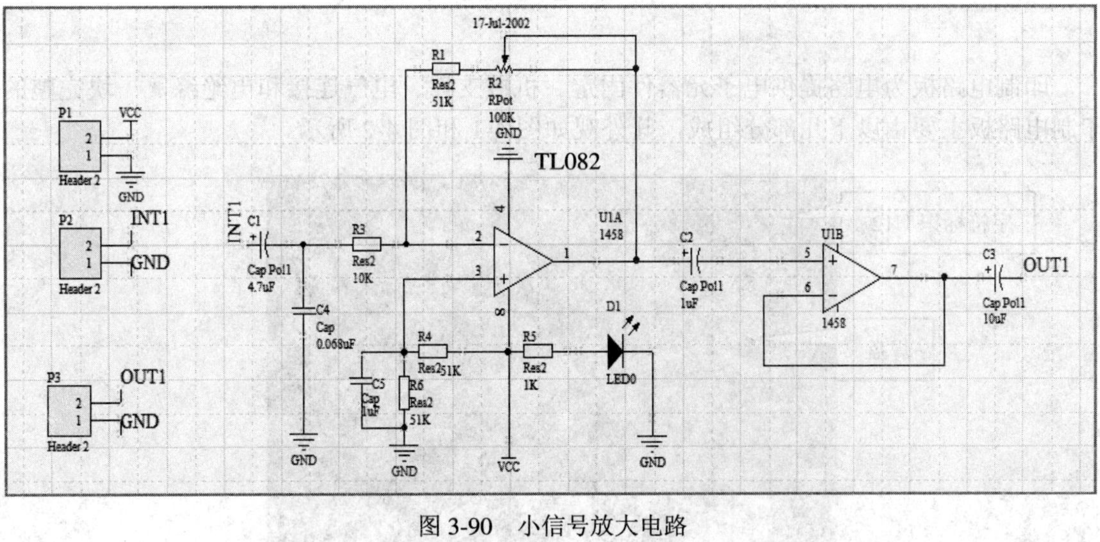

图 3-90　小信号放大电路

第4章　PCB电子元器件设计基础知识

[本章学习要点]

(1) 了解印制电路板的基本构造。

(2) 掌握层的概念。

(3) 掌握常用电子元器件的封装模型。

(4) 掌握导线、焊盘的参数设置。

PCB 是重要的电子部件，是电子元器件的支撑体，又是电子元器件电气连接的载体。由于它是采用电子印刷技术制作，故被称为“印刷”电路板。印制电路板运用非常广泛，几乎出现在每一种电子设备当中。

4.1　印制电路板的构成

印制电路板为电路提供电子元器件固定、机械支撑、电气连接和电绝缘，一块完整的印制电路板主要由以下几部分组成，其外观如图 4-1 和图 4-2 所示。

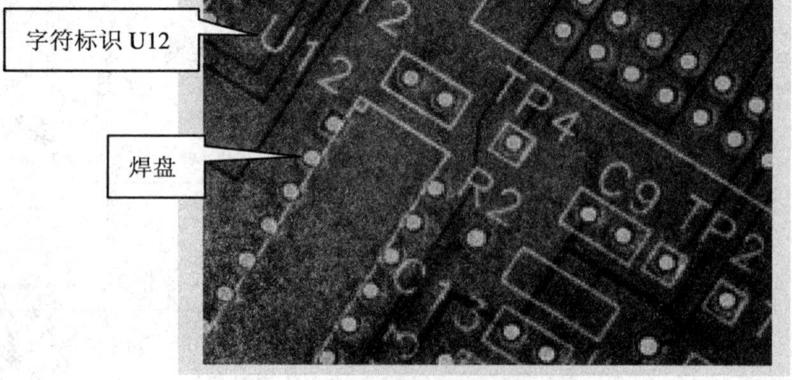

图 4-1　印制电路板(直插)

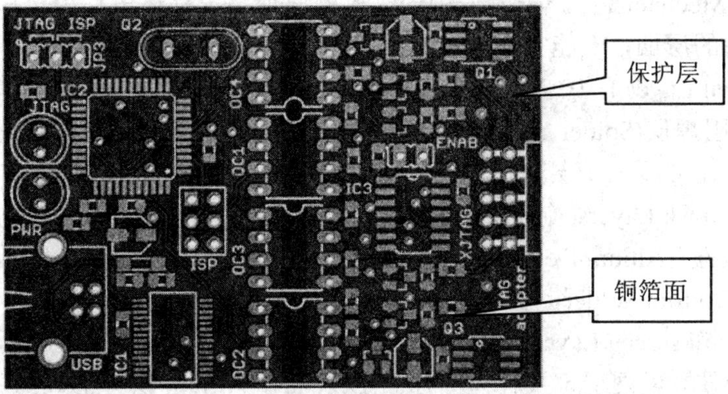

图 4-2　印制电路板(贴片)

(1) 绝缘基材。绝缘基材一般有酚醛纸基、环氧纸基或环氧玻璃布制成。

(2) 铜箔面。铜箔面为电路的主体，它由裸露的焊盘和被绿油覆盖的铜箔电路所组成。焊盘用于焊接电子元器件。

(3) 阻焊层。它用于保护铜箔电路，由耐高温的阻焊剂制成。

(4) 丝印。它主要的功能是在电路板上标注各零件的名称、位置框，方便组装后维修和辨识。

(5) 孔。导通孔可使两层次以上的线路彼此导通，较大的导通孔则作为零件插件用，另外有非导通孔(nPTH)通常用来作为表面贴装定位，组装时固定螺丝用。

(6) 保护层。由于铜面在一般环境中很容易氧化，导致电路失效，因此会在要吃锡的铜面上进行保护。保护的方式有喷锡(HASL)、化金(ENIG)、化银(Immersion Silver)、化锡(Immersion Tin)和有机保焊剂(OSP)等。

4.2　层 的 概 念

在 PCB 设计中“层”是一个非常重要的概念，一般所绘制电路图就是在“层”上进行电子元器件布局和电子元器件的电气连接，可以说“层”是 PCB 设计中实现电子元器件互联的载体和支撑面。

在 PCB 设计中，依据 Altium Designer 官方材料主要包括以下类别的图层：

(1) Signal Layers(信号层)。信号层即为铜箔层，主要完成电器连接特性。Altium Designer 中提供了 32 个信号层，分别为 Top Layer，Mid Layer1……Mid Layer30，Bottom Layer，各层显示颜色不同。

(2) Internal Planes(内部电源层)。内部电源层也属于铜箔层，主要用以建立电源和地网络。Altium Designer 中提供了 16 个内部电源层，分别是 Internal Layer 1，Internal Layer2……Internal Layer16，各层颜色不同，可自己设置。

(3) 禁止布线层(Keep Out Layer)。用于规划放置有效电子元器件和导线而设定的区域，也就是说，我们在此层绘制一个封闭区域用以分布电子元器件和布线，所有的电子元器件和导线都必须布局在这个区域内部，而在此区域之外是不能进行电子元器件布局和布线的。

(4) Mechanical Layers(机械层)。机械层使用于描述电路板机械结构、标注及加工等说明所使用的层面，不能完成电器连接特性。Altium Designer 中提供了 16 个机械层，分别为 Mechanical Layer 1……Mechanical Layer 16，各层颜色不一。

(5) 阻焊层(Solder mask Layer)。阻焊层是为了匹配焊盘，防止在焊接的时候黏上锡而设定的，比如刷上一层防焊漆，此层自动产生，并不需要我们设定。

(6) Mask Layers(掩膜层)。掩膜层主要用来保护铜线，也可以防止电子元器件被焊到不正确的地方。Altium Designer 中提供了 4 种掩膜层，分别是 Top Paster、Bottom Paster、Top Solder、Bottom Solder，各层颜色不同。

(7) Silkscreen Layers(丝网层)。通常在这上面会印上文字与符号，以标示出各零件在板子上的位置。丝网层也被称为图标面(Legend)，Altium Designe6.9 中提供了两个丝印层，分别是 Top Overlay 和 Bottom Overlay。

(8) 多层(Multi Layer)。在 PCB 电路板中，由于穿透式过孔和焊盘要穿透整个电路板，它们就与不同的多个电气层建立连接关系，因此系统专门设计了一个抽象的图层即多层，一般来讲，焊盘和过孔都会显示在多层上，如果没有多层，就无法正确地显示焊盘和过孔了。

(9) 钻孔层(Drill Layer)。钻孔层主要提供 PCB 板制造过程中的钻孔信息，比如焊盘、通孔等就需要钻孔。

(10) Other Layers(其他层)。如 Keep Out Layer(禁止布线层)，只有在该层处设置了布线框，才能启动系统的自动布线和自动布局功能；Multi-Layers(多层)，多层是设计钻孔所必需的层，打印时只有打印多层，才能把焊盘通孔打印出来，否则打印出来的焊盘将是实心的。(注：该节中层的定义参考文献 1)。

在 Altium Designer 中层的显示和选择栏如图 4-3 所示。

图 4-3　PCB 层选择栏

根据所用层的分类和组成，PCB 板又可以分为以下几类(此处分类来源参考文献 1)：

(1) 单面板(Single-Sided Boards)。在最基本的 PCB 上，零件集中在其中一面，导线则集中在另一面上。因为导线只出现在其中一面，所以这种 PCB 叫作单面板(Single-sided)，如图 4-4 所示。因为单面板在设计线路上有许多严格的限制(因为只有一面，布线间不能交叉而必须绕独自的路径)，只有早期的电路才使用这类的板子。

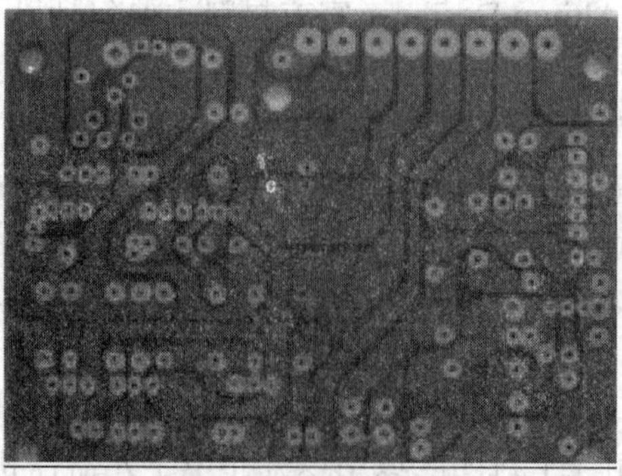

图 4-4　单面板实物图

(2) 双面板(Double-Sided Boards)。这种电路板上下的两面都有布线，上下两面的导通必须要在上下两面间有电路连接方式，这种电路间的连接形式叫做过孔(Via)。过孔可通过金属化孔实现，它可以与上下两面的导线相连接。双面板解决了单面板中因为布线交错的难点问题，适合用在比单面板更复杂的电路上，如图 4-5 所示。

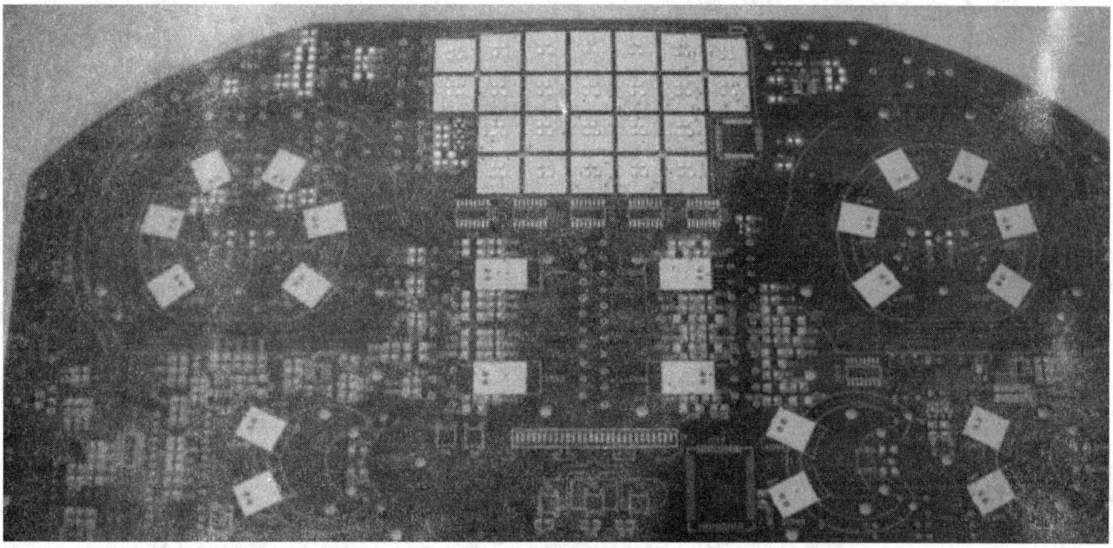

图 4-5　双面板实物图

(3) 多层板(Multi-Layer Boards)。为了增加可以布线的面积，多层板用上了更多单面或双面的布线板。用一块双面作内层、两块单面作外层或两块双面作内层、两块单面作外层的印刷线路板，通过定位系统及绝缘黏结材料交替在一起且导电图形按设计要求进行互连的印刷线路板就成为四层、六层印刷电路板了，也称为多层印刷线路板。板子的层数并不代表有几层独立的布线层，在特殊情况下会加入空层来控制板厚，通常层数都是偶数，并且包含最外侧的两层。大部分的主机板都是 4～8 层的结构，不过技术上理论可以做到近 100 层的 PCB 板。大型的超级计算机大多使用超多层，不过因为这类计算机已经可以用许多普通计算机的集群代替，超多层板已经逐渐淘汰了。因为 PCB 中的各层都紧密地结合，一般不太容易看出实际数目，不过如果仔细观察主机板，还是可以看出来的。注：在多层板中一般不用过孔而用盲孔①和埋孔②来连通层之间的导线。

不同的层包括不同的设计信息。在多层板的制作中，通常将各层分开做，然后通过压制处理后生成一块完整功能的电路板。在 Altium Designer PCB 编译环境下执行【设计】→【板层颜色】即可对相应的层进行设置包括颜色、显示隐藏、视图进行设置；执行【设计】→【层叠管理】即可对层进行添加删改如图 4-6 所示。通常情况下，作为入门者不用对层进行特别设置，采用默认即可，且只需熟练掌握好单面板和双面板。

① 盲孔：盲孔的英文是 Blind Via，该孔有一边是在板子的表面，然后通至板子内部为止，简单来说盲孔就是连接表层和内层而不贯通整板的导通孔。

② 埋孔：埋孔是指做在内层过孔，表底层是看不到的，用于内层信号互连，可以说埋孔是用来连接内层而不贯通整板的导通孔。

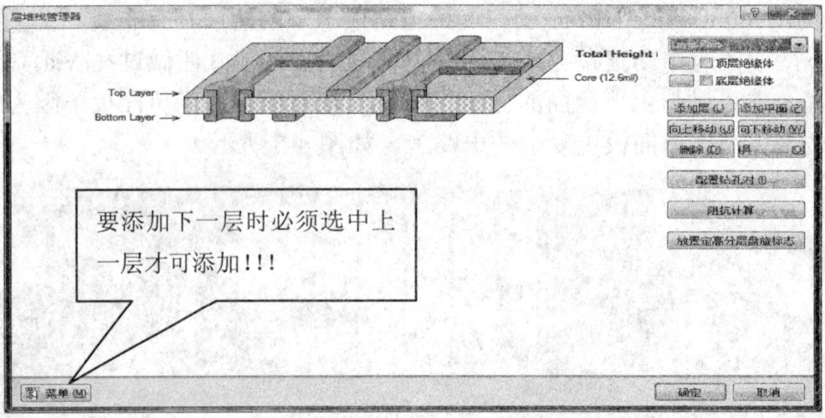

图 4-6　层的添加

4.3　电子元器件封装

4.3.1　封装类型

在 Altium Designer PCB 编译环境下提供操作使用的电子元器件都是根据电子元器件标准尺寸所绘制的电子元器件封装，也就是说此环境下所使用的电子元器件实质是它的封装，在系统中提供了两大类的封装类型，一类是 THT(插入式)封装；一类是 SMT(粘贴式)封装，两种类型都有各自的优缺点。

封装的具体形式如下：

(1) DIP 封装。DIP 是 Double In-line Package 的缩写，翻译为双列直插式封装，属于插入式封装。目前封装材料主要有塑料和陶瓷两类，DIP 封装是最常用的一类，如图 4-7 所示为 DIP-16 封装。

(2) PLCC 封装。PLCC 是 Plastic Leaded Chip Carrier 的缩写，翻译为塑封 J 引线芯片封装，其形状外形呈正方形，四周都有引脚，尺寸比 DIP 的小，如图 4-8 所示为 PLCC—44 封装。

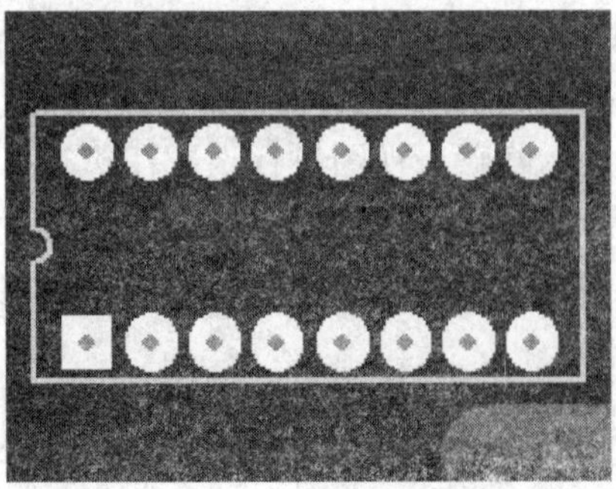

图 4-7　DIP 封装

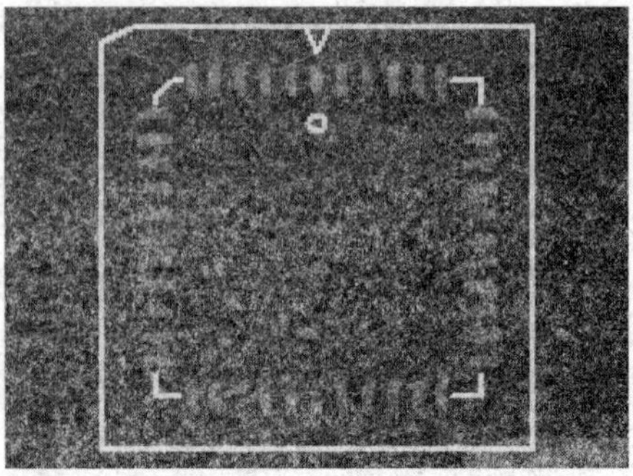

图 4-8　PLCC 封装

(3) TQFP 封装。TQFP 是英文 Thin Quad Flat Package 的缩写，即薄塑封四角扁平封装。四边扁平封装(TQFP)工艺能有效利用空间，从而降低对印刷电路板空间大小的要求。由于缩小了高度和体积，这种封装工艺非常适合对空间要求较高的应用，几乎所有 ALTERA 的 CPLD/FPGA 都有 TQFP 封装。如图 4-9 所示为 TQFP-48(s)。

(4) SOP/SOIC 封装。SOP 是 Small Outline Package 的缩写，即小外形封装。该封装经过调整后还诞生出了其他封装，如 SOJ(J 型引脚封装)、TSOP(薄小外形封装)、SSOP(缩小型 SOP)、SOIC(小外形集成电路封装)等，如图 4-10 所示为 SOP-18 模型。

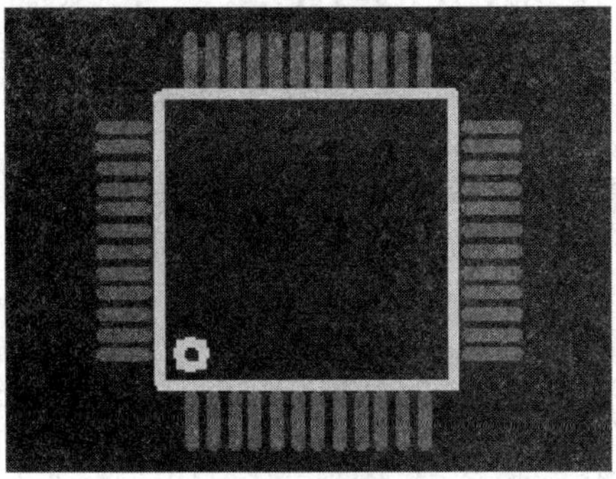

图 4-9 TQFP 封装

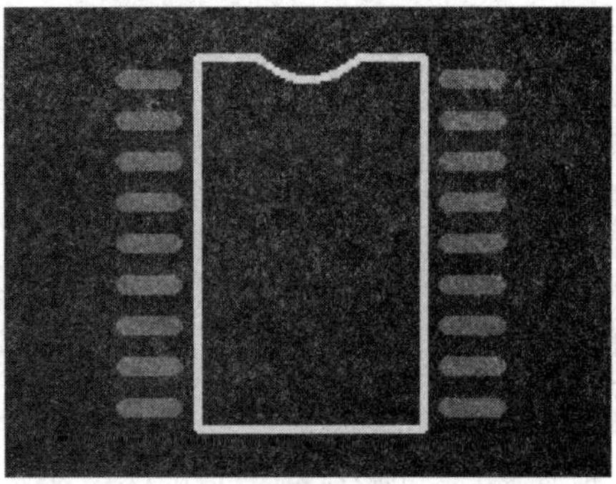

图 4-10 SOP/SOIC 封装

(5) TSOP 是英文 Thin Small Outline Package 的缩写，即薄型小尺寸封装。TSOP 内存封装技术的一个典型特征就是在封装芯片的周围做出引脚，TSOP 适合用 SMT 技术(表面安装技术)在 PCB 上安装布线。采用 TSOP 封装外形尺寸时，适合高频应用，操作比较方便，可靠性也比较高。如图 4-11 所示为 TSOP-100 模型。

(6) BGA 封装。BGA 是英文 Ball Grid Array Package 的缩写，翻译为球栅阵列封装，BGA 封装的 I/O 端子以圆形或柱状焊点按阵列分布，其主要特点是 I/O 引脚虽然增加，但引脚间距并没有减小反而增加。如图 4-12 所示为 BGA-84 模型。

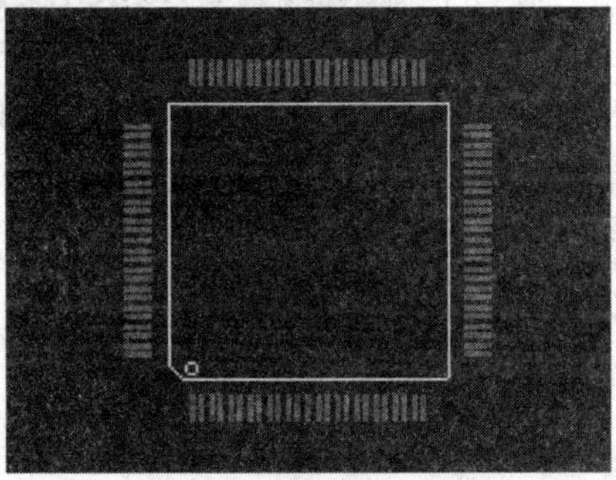

图 4-11 TSOP 封装

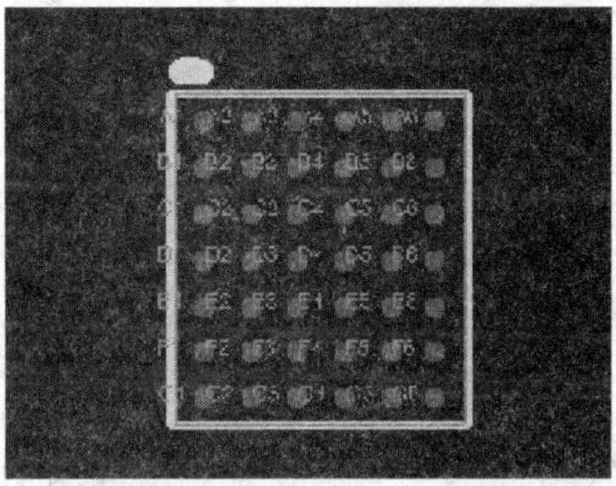

图 4-12 BGA 封装

4.3.2 常用封装

电子世界中有三大电子元器件是在设计 PCB 中的基本电子元器件，即电阻、电容、电感，此外还有一些电子元器件也是很常用的，例如电位器、二极管、三极管、数码管、排针、耳机插头(Phone Jack)等。不同环境下所看见的电子元器件封装不一样，那在 Altium Designer 中其封装又是如何？下面具体讲解。

1. 电阻

在 Altium Designer 中其电阻的标识为 Res1，Res2，Res3 等，其封装为 AXIAL，在 Altium

Designer 原理图编译环境下电阻如图 4-13 所示，在 PCB 编译环境下如图 4-14 所示，当电阻比较多时可以运用电阻排，在原理图编译环境下电阻排如图 4-15 所示，在 PCB 编译环境下电阻排如图 4-16 所示。

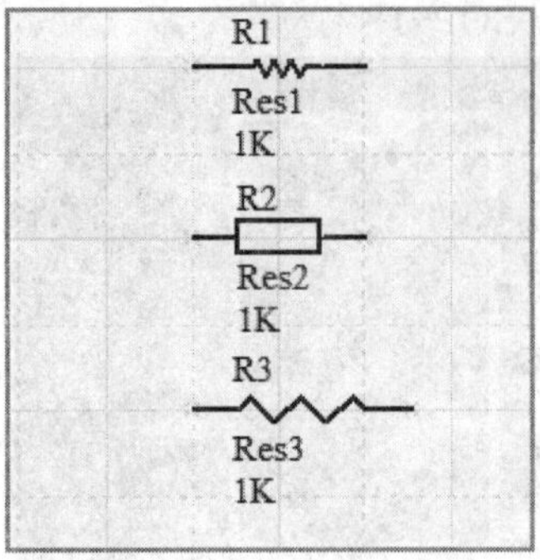

图 4-13　电阻原理图符号

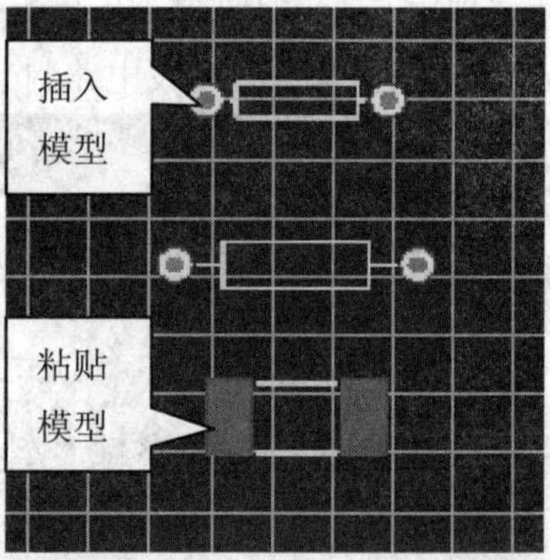

图 4-14　电阻 PCB 封装

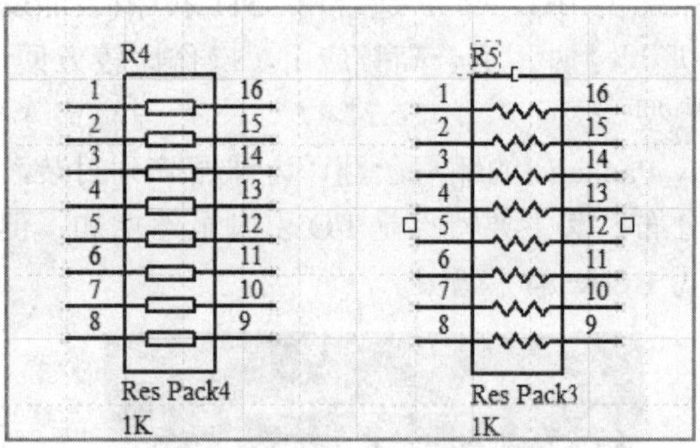

图 4-15　电阻排原理图符号

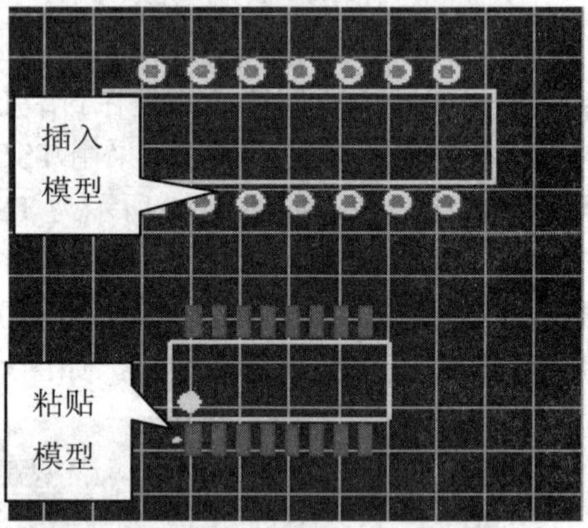

图 4-16　电阻排 PCB 封装

注：在封装标识中如 AXIAL 0.3 标识：该模型为 AXIAL 模型，电阻两焊盘间距为 300 mil，其他电容标识也是一样的，后面的数据都表示两焊盘间的距离。

2．电位器

电位器实物如图 4-17 所示，在 Altium Designer 中标识为 RPot，其封装为 VR 系列，在原理图编译环境下电位器如图 4-18 所示，在 PCB 编译环境下如图 4-19 所示。

图 4-17　电位器实物图

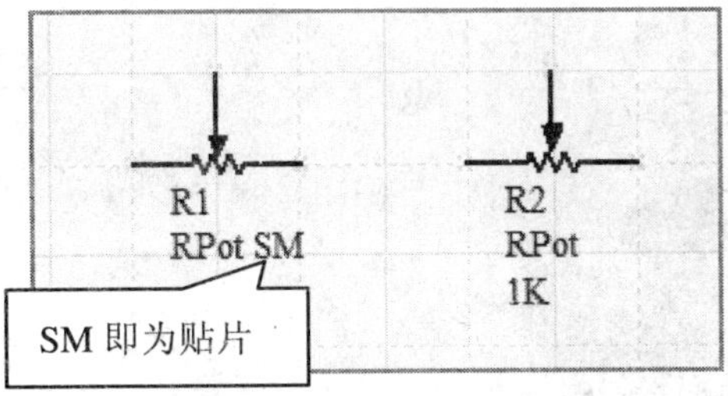

图 4-18 电位器原理图符号

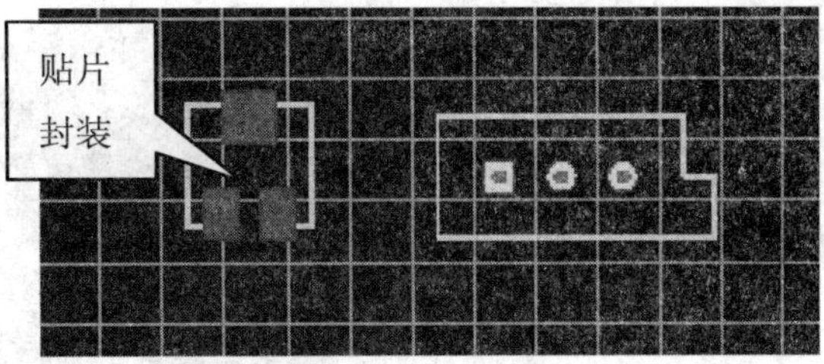

图 4-19 电位器 PCB 封装

注：如果实际中所遇到的电位器不是如图 4-17 所示，则可根据其 DataSheet 绘制库文件，绘制时注意 2 引脚还是 3 引脚是滑动背。

3．电容

电容分为两类：一类是无极性电容；一类是有极性电容。

1) 无极性电容

在 Altium Designer 中无极性电容标识为 Cap，封装为 RAD 系列，实物如图 4-20 所示，在原理图中如图 4-21 所示，在 PCB 编译环境下如图 4-22 所示。

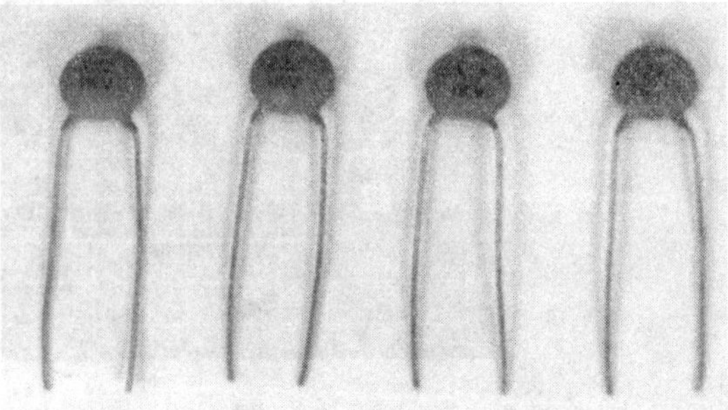

图 4-20 陶瓷电容实物图

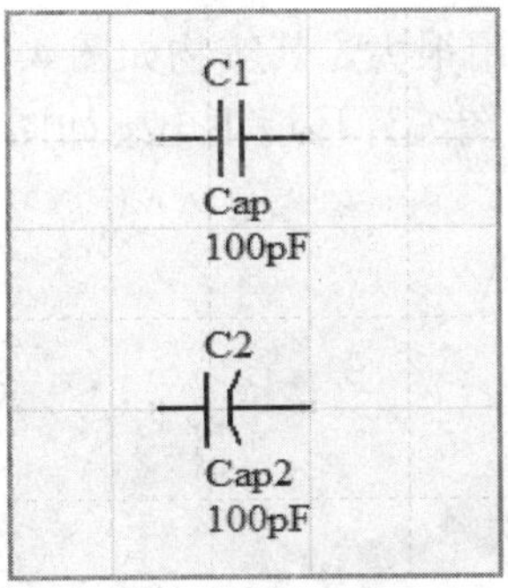

图 4-21 无极性电容原理图符号

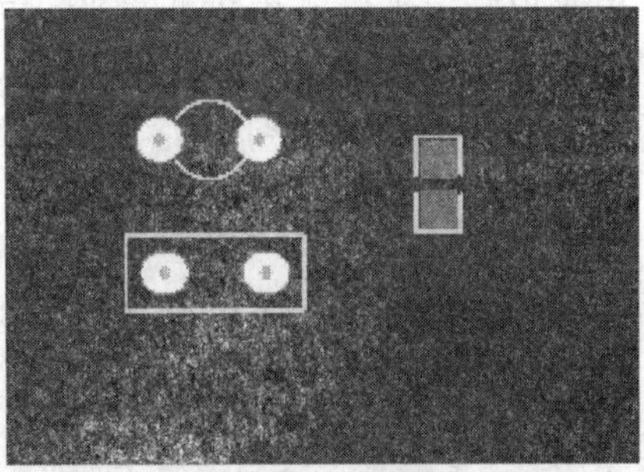

图 4-22 无极性电容 PCB 封装

2) 有极性电容

有极性电容(如所说的电解电容)在 Altium Designer 中标识为 Cap Pol，封装为 RB 系列，实物如图 4-23 所示，在 Altium Designer 原理图中极性电容如图 4-24 所示，在 PCB 环境下极性电容如图 4-25 所示。

图 4-23　铝电解电容实物图

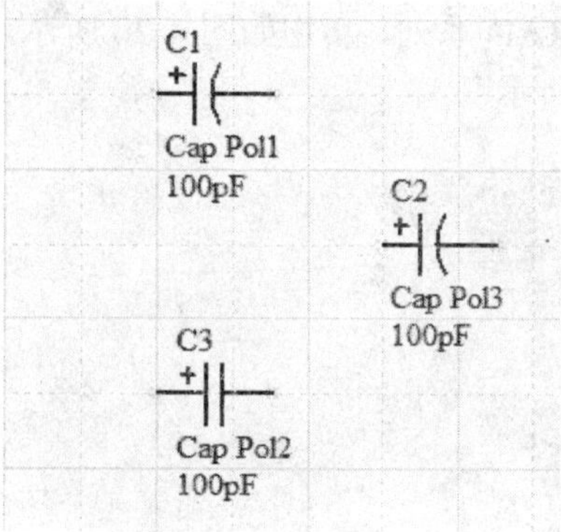

图 4-24　极性电容原理图符号

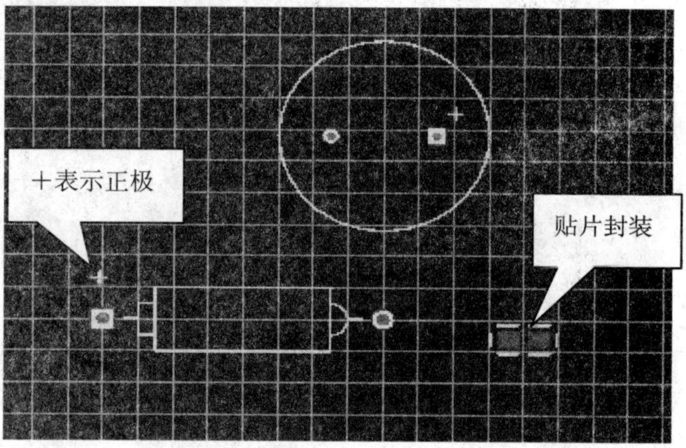

图 4-25　极性电容 PCB 封装

4．电感

电感也是三大基本电子元器件之一，平时运用虽少，但作用很大，其实物如图 4-26 和图 4-27 所示。在 Altium Designer 中其标志为 Inductor，在原理图编译环境下电感如图 4-28 所示，在 PCB 编译环境下电感如图 4-29 所示。

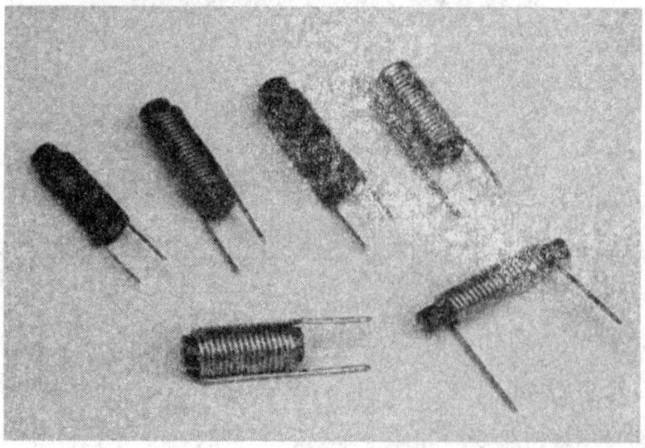

图 4-26　电感实物图

图 4-27　色环电感实物图

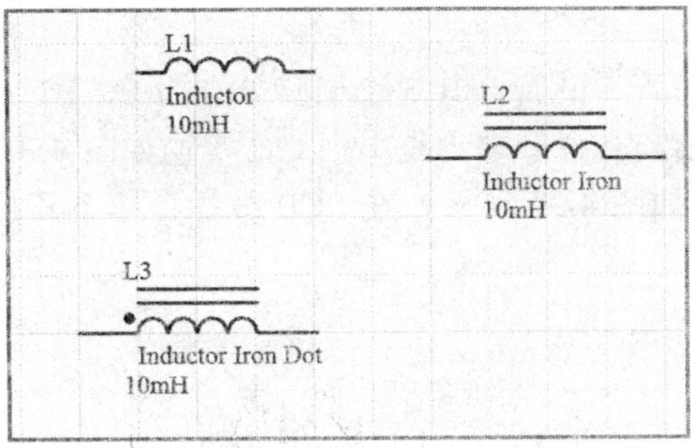

图 4-28　电感原理图符号

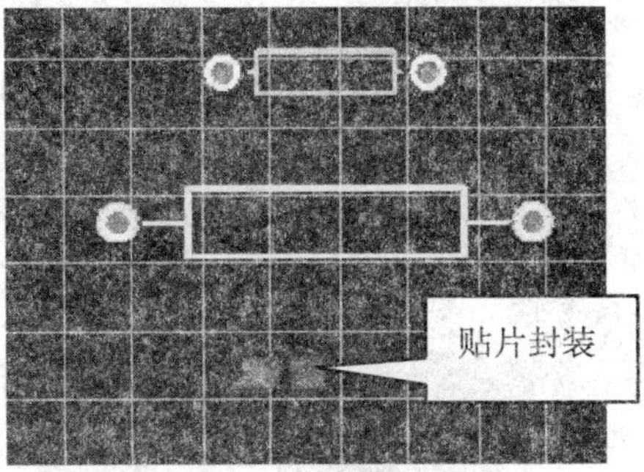

图 4-29　电感 PCB 封装

5．二极管

二极管技术发展较快，种类也多，在 Altium Designer 中二极管标识为 Diode(普通二极管)、LED(发光二极管)、D Schottky(肖特基二极管)、D Tunnel(隧道二极管)、D Varactor(变容二极管)和 Diode Zener(稳压二极管)，种类虽多封装都为 Diode 系列。

二极管也是最常用的电子元器件，其实物如图 4-30(IN4001)和图 4-31(LED)所示。在 Altium Designer 原理图编译环境下其模型如图 4-32 所示，在 PCB 编译环境下其封装如图 4-33 所示。

图 4-30　普通二极管实物图

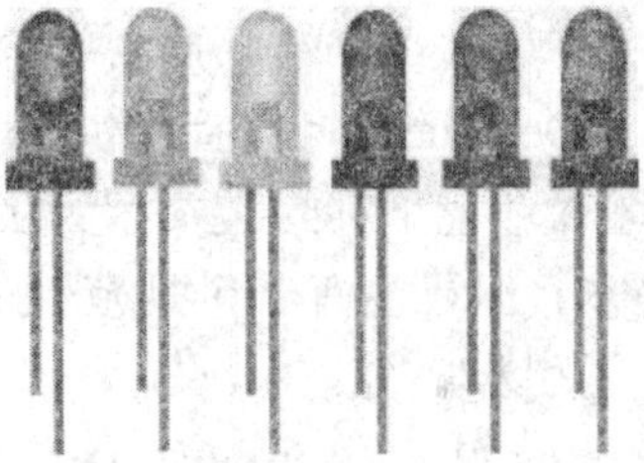

图 4-31　发光二极管实物图

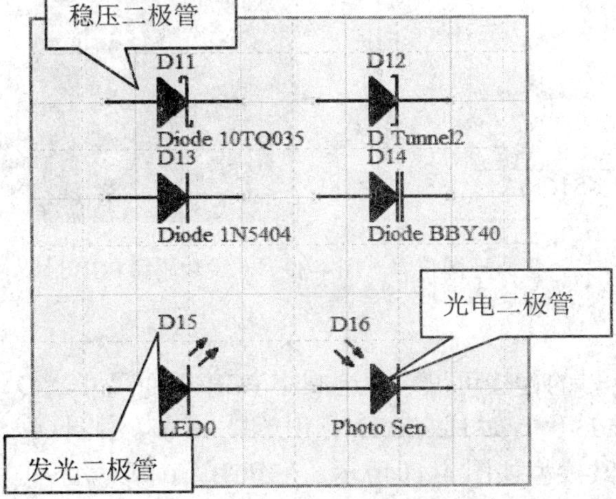

图 4-32　二极管原理图符号

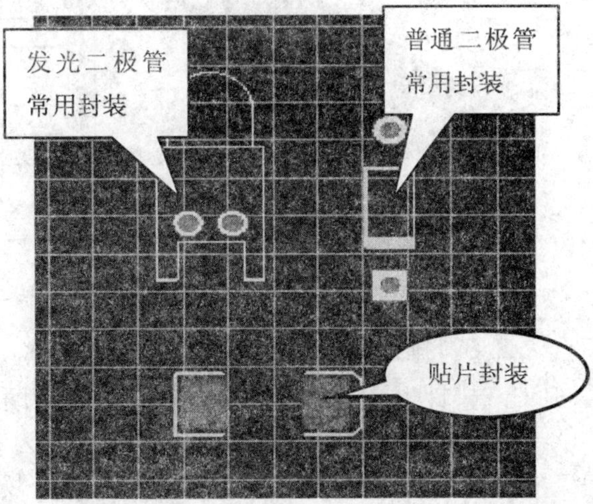

图 4-33　二极管 PCB 封装

6．三极管

三极管主要分为PNP和NPN型，主要有锗管、硅管，其3个引脚分别为E，B，C，标有箭头的一端为发射极E，中间一端为基极B，其余一端为集电极C，实物如图4-34所示，在Altium Design原理图编译环境下其模型如图4-35所示，在PCB编译环境下其封装模型如图4-36所示。

图4-34　直插三极管实物图

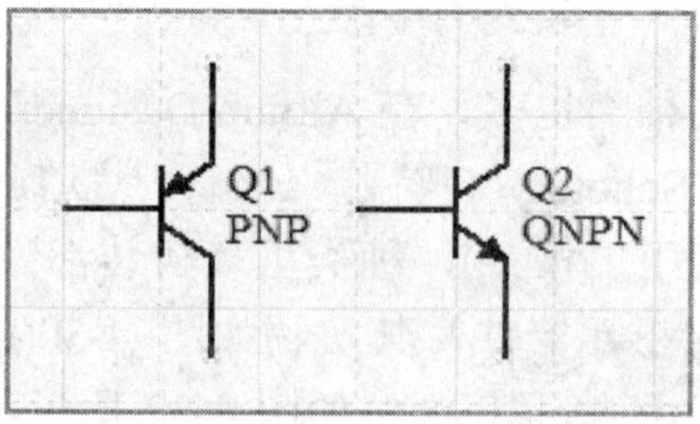

图4-35　三极管原理图符号

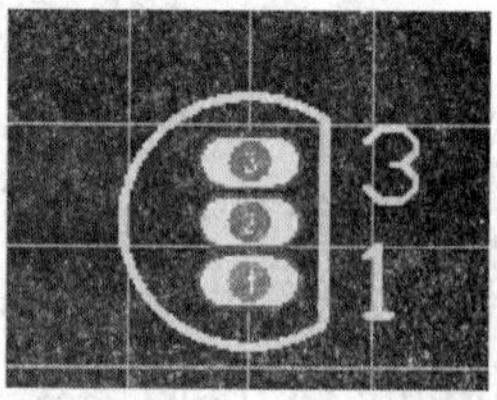

图4-36　直插三极管PCB封装

7．数码管

数码管也由二极管组成，分为共阴极、共阳极两种，其实物如图4-37所示(七段数码管)，在Altium Designer中其标识为Dpy Amber，在原理图编译环境下其模型如图4-38所示，在PCB编译环境下其封装类型为LEDDIP系列，如图4-39所示。值得注意的是目前数码管种类繁多，但还没有一个规范性的引脚定义，所以在绘制原理图和PCB时必须搞清楚所设计类型的引脚属性。

图4-37　七段数码管实物图

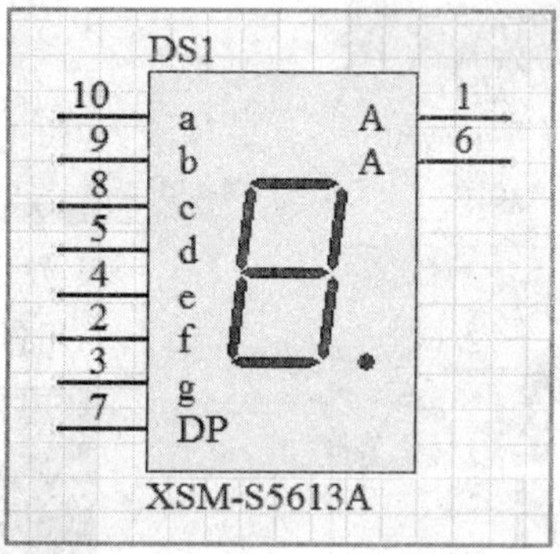

图4-38　七段数码管原理图符号

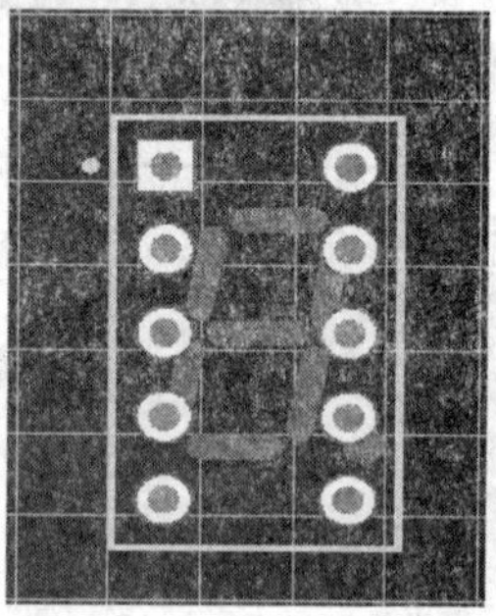

图4-39　七段数码管PCB封装

8．排针

排针也是运用广泛的一类，利用排针和排母的连接可以合理地减小PCB板面尺寸，实现电气互联。在Altium Designer中标识为Header**，如Header16标识单排16脚。排针(单排)实物如图4-40所示，在原理图编译环境下其模型如图4-41所示，在PCB编译环境下其封装如图4-42所示。

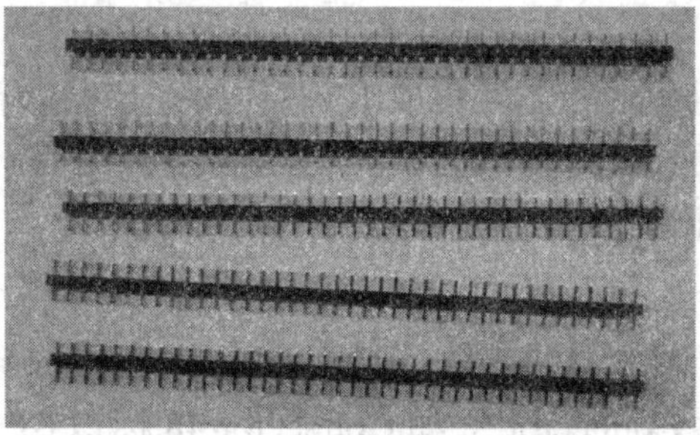

图 4-40　单排针实物图

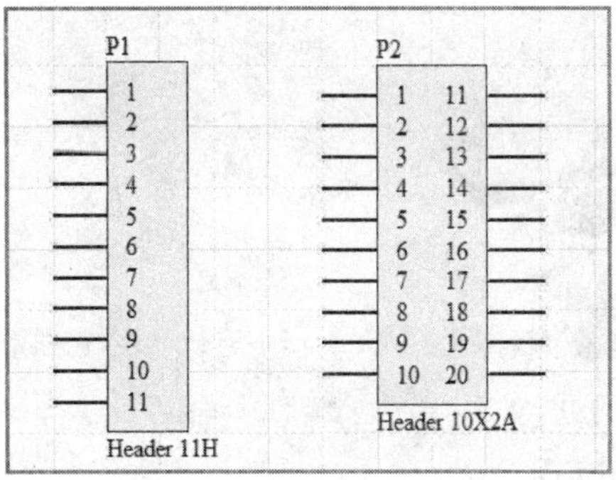

图 4-41　排针原理图符号

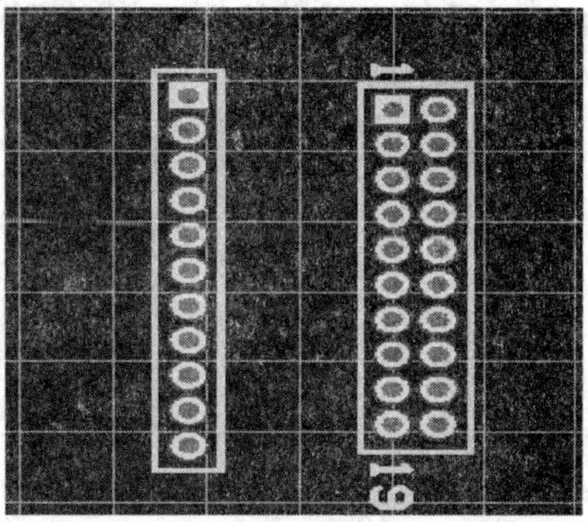

图 4-42　排针 PCB 封装

9. 音频接口

音频接口主要指耳机插口，有时也可用作电源接口，就拿常用的耳机来说，其接头和接口如图 4-43 和 4-44 所示，在 Altium Designer 中其标志为 PhoneJack，在原理图编译环境中其模型如图 4-45 所示，在 PCB 编译环境下如图 4-46 所示。

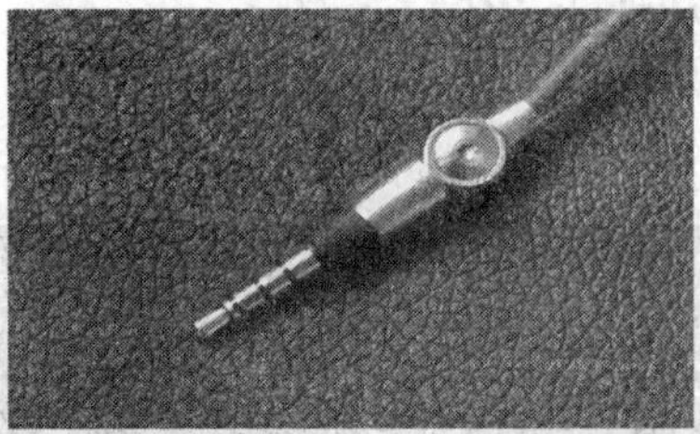

图 4-43　四段音频接口实物图

图 4-44　音频接口实物图

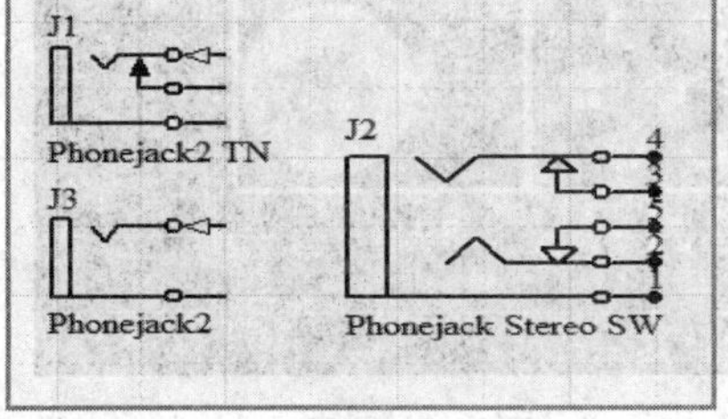

图 4-45　音频接口原理图符号

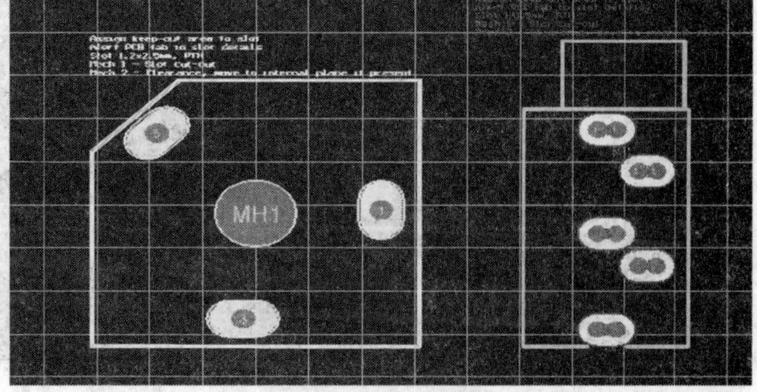

图 4-46　音频接口 PCB 封装

10．集成 IC 芯片

集成 IC 芯片是一个时代的标志，集成 IC 芯片的兴起标志着电子世界的高速发展，在 Altium Designer 中有大量的 IC 封装，正如 5.3.1 节中所介绍的一样，IC 封装有多种，此处不再讲解，运用时可以根据需要进行选择。

11．COM(串口)线

在实际电路中会运用到很多串口线，此处 Altium Designer 设计得很好，提供了很多的 COM 端口封装，其标志为 Connector*，如 Connector 48 标识 COM 口有 48 个接线端口，其实物如图 4-47 所示，就拿 Connector 36 来说，其在原理图编译环境下模型如图 4-48 所示，在 PCB 编译环境下封装如图 4-49 所示。

图 4-47　串口线实物图

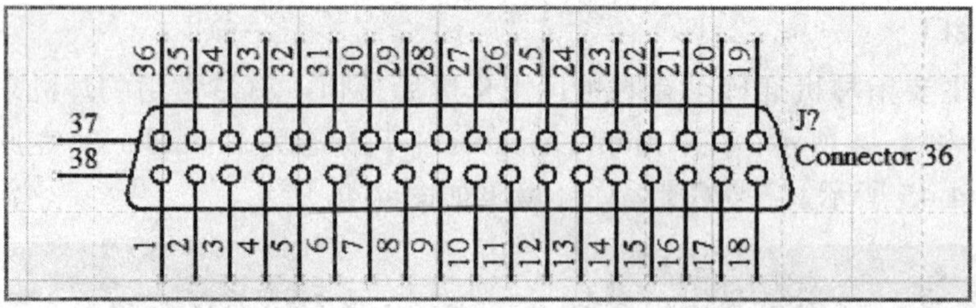

图 4-48　串口原理图符号

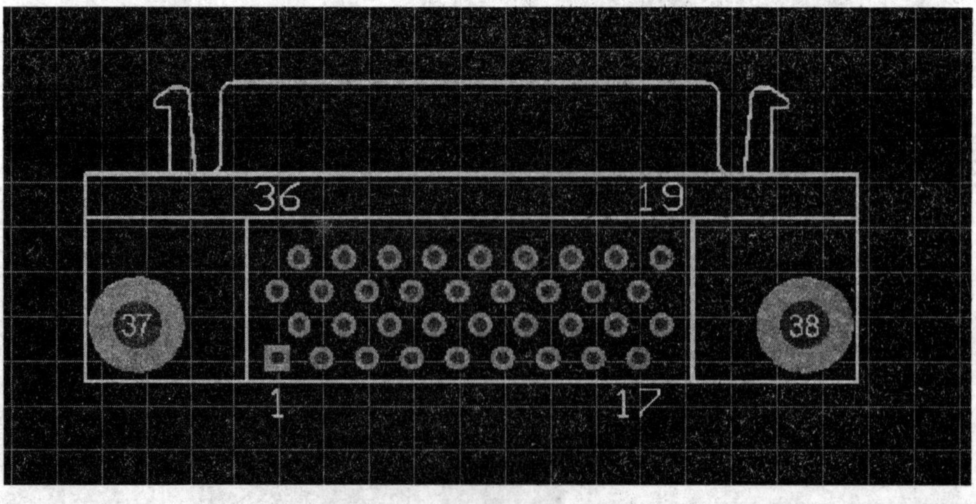

图 4-49　串口 PCB 封装

4.4 导线、焊盘

4.4.1 导线

在 Altium Designer 中依然需要使用具有电气属性的导线对电子元器件进行导线连接，在原理图编译环境下其模型如图 4-50 所示，在 PCB 编译环境下如图 4-51 所示。

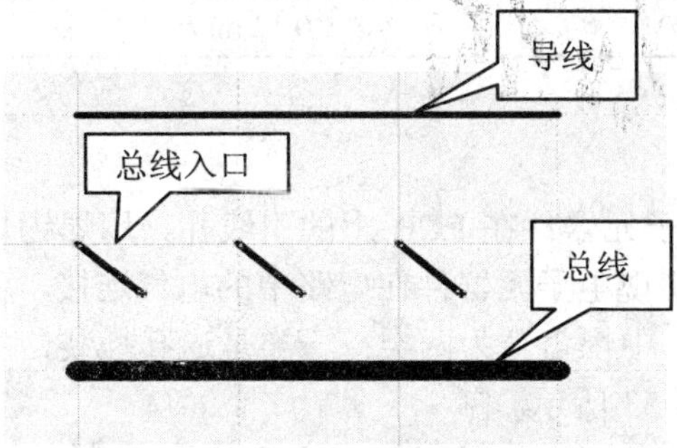

图 4-50　导线原理图符号

图 4-51　导线 PCB 符号

设计电路时需要用导线进行连接，因而用什么样的导线就显得很重要，不同环境下需要不同设置，需注意的地方主要有线的长度、宽度、导线间距等。依据参考资料，本书给出各环境下的导线安全间距作为参考(见表 4-1、表 4-2 和表 4-3)。

表 4-1　无外涂覆层(海拔高度低于 3048 m)

导线间直流/交流峰值电压/V	最小间距/mm	最大间距/mm
0～50	0.38	15
51～150	0.635	25
151～300	1.27	50
301～500	2.54	100
>500	0.005 mm/V	0.2 mil/V

表 4-2　无外涂覆层(海拔高度高于 3048 m)

导线间直流/交流峰值电压/V	最小间距/mm	最大间距/mm
0～50	0.638	25
51～100	1.5	59
151～170	3.2	126
301～250	12.7	500
>250	0.025 mm/V	1 mil/V

表 4-3　内层和有外涂覆层

导线间直流/交流峰值电压/V	最小间距/mm	最大间距/mm
0～9	0.127	5
9～30	0.25	10
31～50	0.38	15
51～150	0.51	20
151～300	0.78	31
301～500	1.52	60
>250	0.003 mm/V	0.12 mil/V

4.4.2　焊盘

焊盘只有在 PCB 编译环境下才有，焊盘是电子元器件在 PCB 上的引线孔，用焊锡焊接固定在 PCB 板上，印制导线把焊盘连接起来，实现电子元器件在电路中的电气连接，引线孔及其周围的铜箔称为焊盘。在 Altium Designer 中焊盘分为两类：一类是通孔插装，一类是表面贴装。其封装(圆形封装)如图 4-52 和图 4-53 所示。

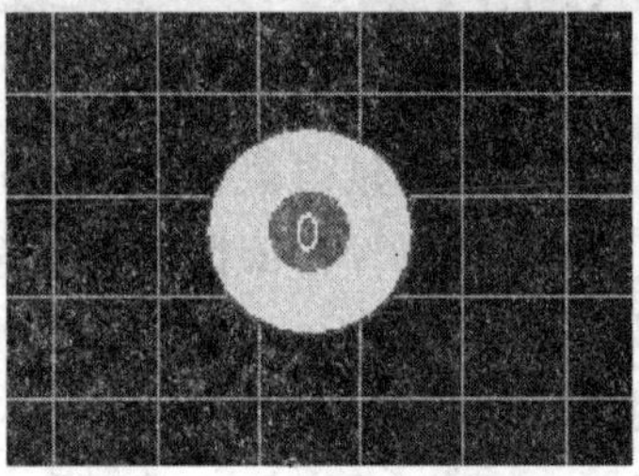

图 4-52　DIP 圆形焊盘

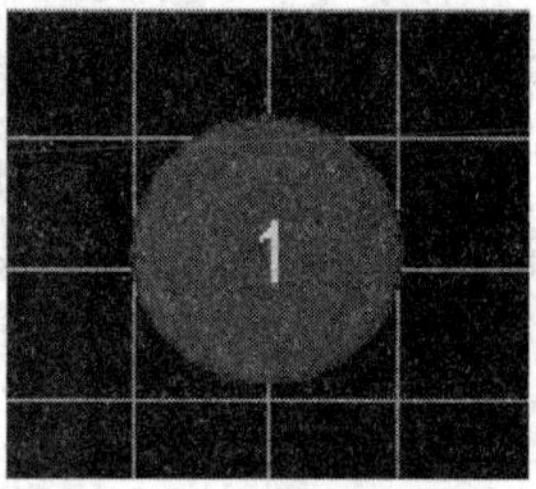

图 4-53　SMT 圆形焊盘

每一类焊盘都可以分成 4 类，以钻孔式的焊盘来说可见表 4-4。

表 4-4　焊盘形状和运用

焊盘形状	名　称	运　用
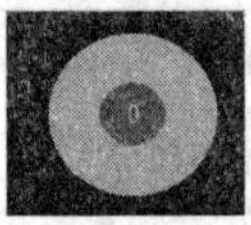	Round Pad(圆形焊盘)	主要运用在 DIP 及其他插入式封装中，运用相对广泛
	Rectangular Pad(方形焊盘)	主要运用在大型电子元器件，结构简单电路中，有时还用来标识起始引脚(1 引脚)
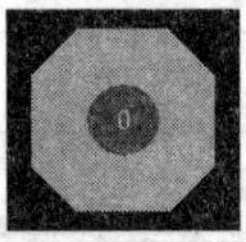	Octagonal Pad(多边形焊盘)	主要运用于区别外径接近而孔径不同的焊盘，过孔有时也用该封装类型的焊盘
	Rounded Rectangle Pad(圆角矩形焊盘)	主要运用在大型电子元器件中，用于区别外径接近而孔径不同的焊盘

当然除了上述 4 种焊盘外，也可根据需要自己定义生成所需焊盘。焊盘的选取十分重要，没有焊盘电子元器件无法焊装在电路板上，下面对焊盘尺寸等属性的设置进行讲解。

焊盘的直径和内孔尺寸需要从电子元器件引脚直径、公差尺寸，以及焊锡层厚度、金属化电镀层厚度等方面考虑，焊盘的内孔一般不小于 0.6 mm (24 mil)，通常按照以下关系进行计算：金属引脚直径加 0.2 mm(8 mil)作为焊盘孔径。焊盘直径和孔径则如表 4-5 所示。**注：**1 mm = 39.3701 mil。

表 4-5　焊盘直径和孔径之间的关系

内孔直径/mm	焊盘直径/mm	内孔直径/mm	焊盘直径/mm
16	60	40	110
20	80	47	120
24	90	63	138
31	100	79	157

一般情况下焊盘都为 24 mil 以上是比较合适的，当电子元器件规格比较特殊时可采用不一样的设置，如采用长圆形焊盘，如图 4-54 所示。

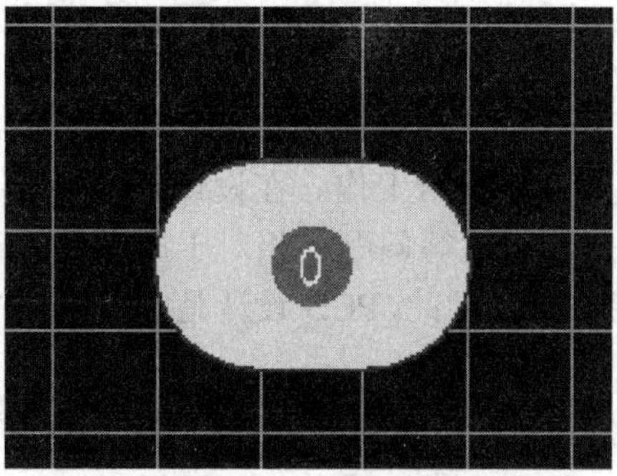

图 4-54　长圆形焊盘

在 PCB 设计时，焊盘应放置到距离板子边缘大于 1.5 mm 的位置，放置加工时焊盘缺损；当导线较细时，要记得加泪滴(水滴状的接头)，防止导线与焊盘脱离。

1. 根据第 3 章课堂练习电路原理图 3-89 所示，打开 Altium Designer，创建一个新的项目文件，将其保存在自己创建的目录中，并为该项目文件加载一个新的原理图文件。

2. 掌握电路原理图中电子元器件的封装模型，确定电路原理图电子元器件的封装。

3. 了解印制电路板的基本构造，掌握导线、焊盘的参数设置。

第 5 章　PCB 设计基础知识

[本章学习要点]

(1) 掌握 PCB 设计环境的操作。
(2) 掌握 PCB 文件的创建方法。
(3) 掌握 PCB 的分层管理。
(4) 掌握 PCB 的设计规划。
(5) 掌握网格设计的基本方法。
(6) 掌握原理图向 PCB 转换方法。

印制电路板是电子元器件的载体，是实现电器互联、实现电路功能从电路原理图变成一个实际产品的设计过程。不管原理图设计的多么完美，只要电路板设计得不合理就会影响电路性能，严重时电路甚至不能正常工作。在设计中往往要考虑诸多问题，如电子元器件的体积、形状、尺寸、散热和干扰等问题，相对于原理图设计来说，PCB 设计则更需要有好的设计技巧与丰富的实践经验，因此，PCB 设计是电路设计中最重要也是最关键的环节。

5.1　PCB 设计环境

在创建一个新的 PCB 文件或打开一个现有的 PCB 文件后，即可启动 Altium Designer 系统的 PCB 编辑器，进入了其编辑环境，如图 5-1 所示。PCB 设计界面包括 3 部分：菜单栏、工具栏和工作面板。

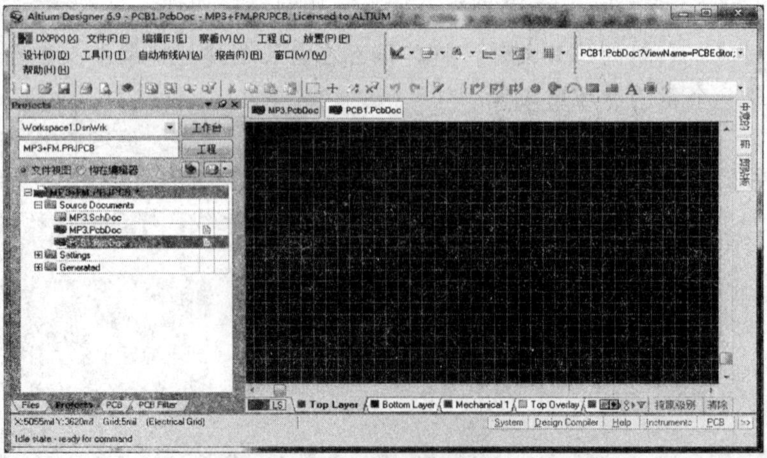

图 5-1　PCB 编译环境

5.1.1 菜单栏

菜单栏显示了供用户选用的菜单操作，如图 5-2 所示。在 PCB 设计过程中，通过使用菜单中的菜单命令，可以完成各项操作。

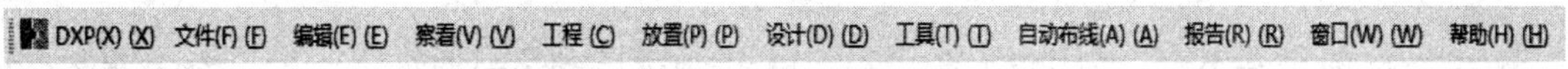

图 5-2　菜单栏

此处简要介绍几个重要的菜单。

(1) 文件菜单。用于文档的打开、保存、新建、关闭、打印和复制工程等；

(2) 编辑菜单。用于对文件的修改、选取、查找、复制、粘贴等；

(3) 察看菜单。用于文档视图的管理，窗口的改变，各种面板的修改、隐藏等；

(4) 工程菜单。用于对工程的管理和修改、编译等；

(5) 放置。主要用于对电子元器件、文本框、字符串、接点等各种放置对象的放置；

(6) 设计。在此菜单中最为重要的是原理图和 PCB 间的更新、板子形状的规划等；

(7) 工具。它提供工具，如 DRC 检查、泪滴添加、电子元器件自动布局、密度分析等；

(8) 自动布线。它提供 PCB 自动布线相关操作。

5.1.2 工具栏

工具栏中以图标按钮的形式列出来常用的菜单命令的快捷方式，这些快捷方式可以在菜单栏【窗口】按钮中添加或者删除，方便用户自己添加调整。

工具栏中包含有以下几类主菜单：

(1) PCB 标准菜单如图 5-3 所示，该工具栏提供了一些基本操作命令，如打印、放缩、快速定位和浏览电子元器件等，用于控制标准工具栏的打开。

图 5-3　工具栏

(2) 布线工具栏如图 5-4 所示，该工具栏提供了 PCB 设计中常用的电子元器件放置命令和布线方式，如焊盘、过孔、文本编辑、交互式布线连接、交互式差分对连接、使用灵巧布线和交互布线连接。

图 5-4　布线工具栏

(3) 过滤工具栏。使用该工具栏，可根据网络、电子元器件标号等过滤参数，选取最终需要的电子元器件、参数等，同时在编辑区内以高亮显示，明暗的对比度和亮度则可通过窗口右下方的【屏蔽层】按钮来进行调节。过滤工具栏如图 5-5 所示。

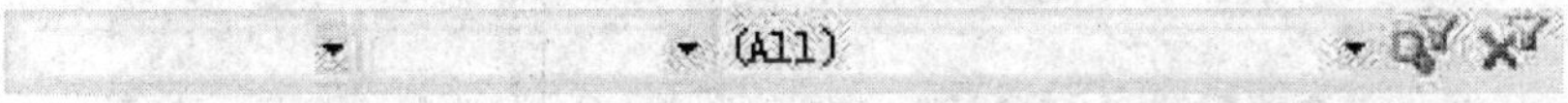

图 5-5　过滤工具栏

(4) 导航工具栏。该工具栏用于指示当前页面的位置和窗口切换，如图 5-6 所示。

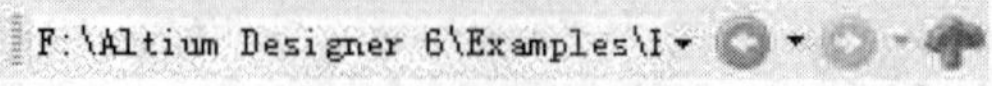

图 5-6　导航工具栏

5.1.3　PCB 编辑窗口

编辑窗口即进行 PCB 设计的工作平台，用于进行与电子元器件的布局、布线有关的操作。PCB 设计主要在这里完成。

1．板层标签

用于切换 PCB 工作的层面，所选中的板层颜色将显示在最前端，如图 5-7 所示。

图 5-7　板层标签

2．状态栏

用于显示光标指向的坐标值、所指向电子元器件的网络位置、所在板层的相关参数，以及编辑器当前的工作状态。

5.2　PCB 文件的创建

在 Altium Designer 系统中，PCB 文件的创建可以通过使用向导创建，也可以通过新建按钮来实现。使用向导创建的 PCB 文件很规范但有时过于累赘，而使用新建按钮来创建 PCB 文件则不太标准，但简单、简洁，下面具体讲解。

5.2.1　使用向导创建 PCB 文件

(1) 新建电路板向导，使得 PCB 文件的规范创建变得很简单。设计既可以选择一些现成的工业标准模板，也可以快捷地设置电路板参数，创建自定义的 PCB。其方法为启动 Altium Designer 系统，在主页面(见图 5-8)的【Pick A Task】栏内选择【Printed Circuit Board Design】，随后进入 PCB 设计页面，如图 5-9 所示。

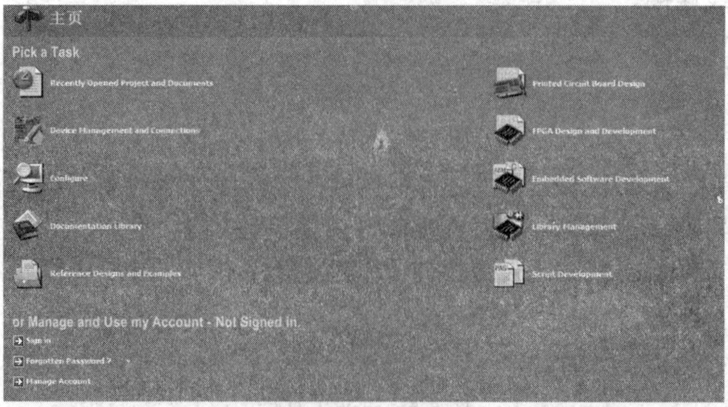

图 5-8　软件主页

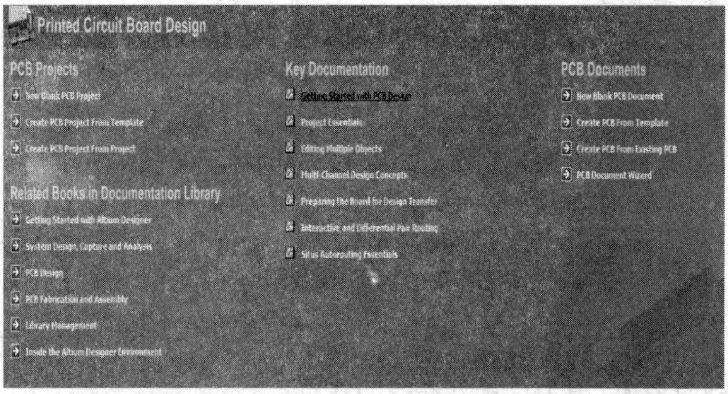

图 5-9　PCB 创建入口向导

(2) 在设计页面中，单击【PCB Documents】栏最下面的【PCB Document Wizard】即可打开新建电路板向导，如图 5-10 所示。

(3) 单击【Next】按钮，进入如图 5-11 所示的窗口，提示用户选择设置 PCB 上使用的尺寸单位。系统给出的默认是英制单位，这也是印制电路板中最常用的一种度量单位。也可以选择公制单位，方便制作 PCB 库文件。

图 5-10　新建 PCB 向导

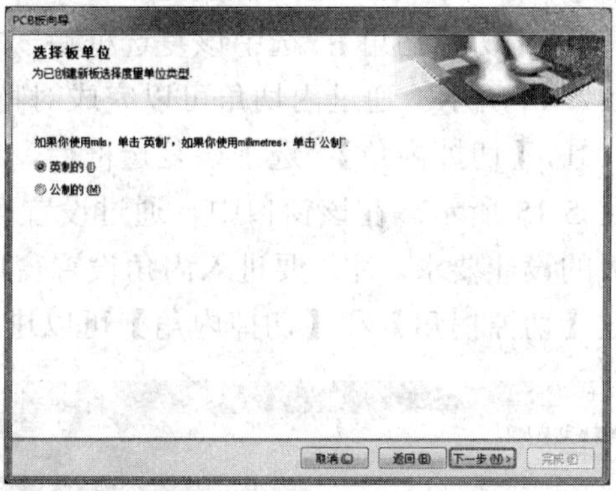

图 5-11　选择板单位面板

(4) 单击【Next】按钮，进入选择电路板配置文件窗口，如图 5-12 所示，选择自己需要的电路板形状。

(5) 单击【Next】按钮，进入【选择板详情】窗口，如图 5-13 所示。

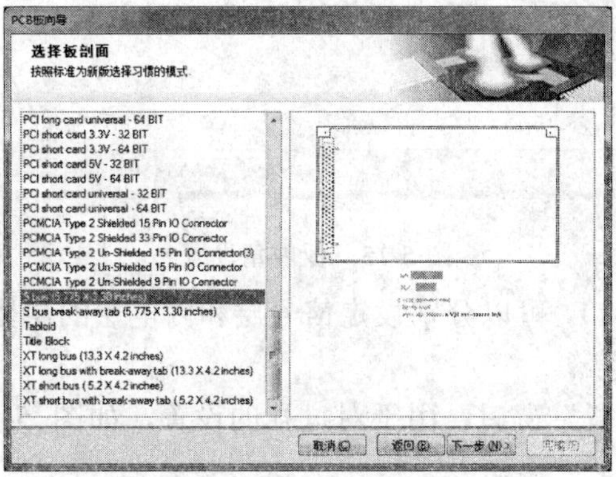

图 5-12　选择板剖面面板

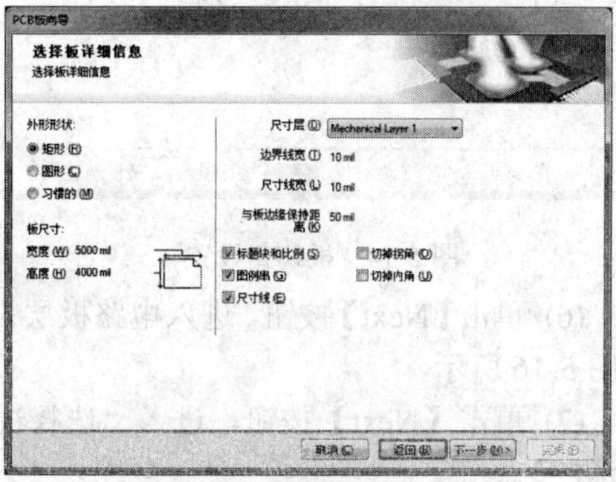

图 5-13　选择板详细信息面板

在该窗口中，用户可以自行设置PCB的各项参数，若不需要，则默认就可以。

①【外框形状】：可以选中【矩形】、【圆形的】和【定制的】外框。

②【板尺寸】：此功能受【外框形状】限制，当选择了【矩形】时，在该项中就会出现两个文本编辑栏，分别是【宽度】和【高度】；当选择了【圆形的】时，在该项中只会出现一个文本编辑栏，可在其中输入圆形的半径；当选择了【定制的】时，在该项中会出现两个文本编辑栏，分别是【宽度】和【高度】，不管出现什么都可以输入确定的数值来确定板子的尺寸。

③【尺度层】：通过下拉按钮选择不同尺度，用于尺寸标注的机械层。

④【分界线线宽度】：用于设置分界线的线宽。

⑤【尺度线宽度】：用于选择尺度线的宽度。

⑥【保持板边界距离】：用于设置PCB板边界和边界线的距离，一般设置为“100 mil”。

⑦【工程明细和刻度】：选中该复选框，系统将在PCB图纸上添加标题栏和刻度栏。

⑧【Legend】：选中该复选框，系统将在PCB图中加入图标字符串，并放置在钻孔视图层，在PCB文件输出时会自动转换成钻孔列表信息。

⑨【尺寸线】：选中该复选框，工作区内将显示PCB的尺寸标注线。

⑩【切掉拐角】：选中该复选框后，单击【Next】按钮会进入【选择板内切角】窗口，如图5-14所示。通过内切角可以完成对特殊板形设计的要求。

⑪【切掉内角】：选中该复选框后，单击【Next】按钮会进入【选择板内切割】窗口，如图5-15所示。在该窗口中，通过设置可以在PCB的内部切除一个方形板块，以满足特殊板的设计要求。注：要进入内角设置窗口则不能选中切掉拐角，否则进入切掉拐角窗口，通过【切掉拐角】和【切掉内角】可以进行个性化的板子设计。

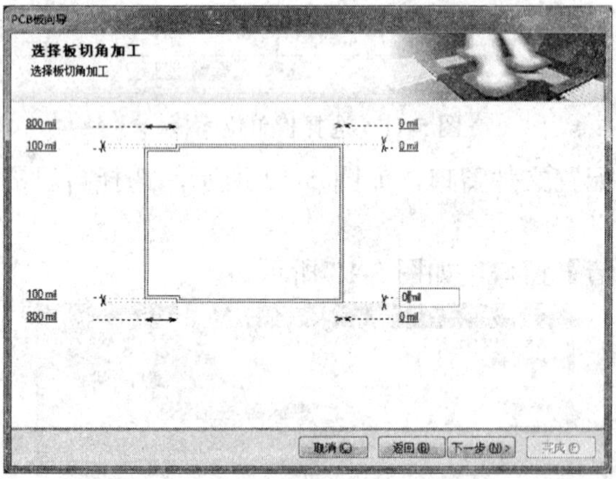

图5-14　板切角设置

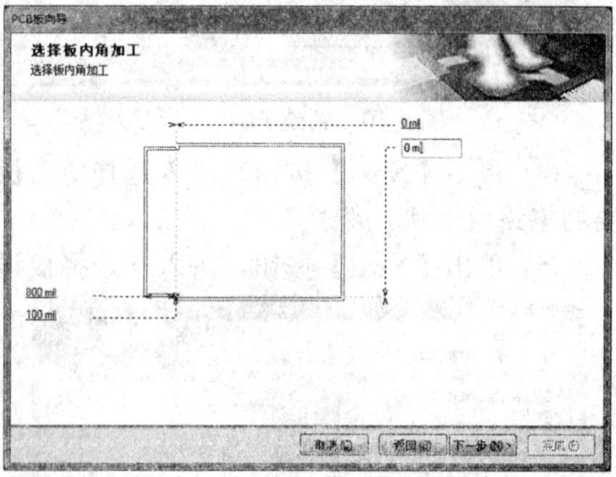

图5-15　板内角设置

(6) 单击【Next】按钮，进入电路板层设置窗口，可以分别设定信号层和内电层的层数，如图5-16所示。

(7) 单击【Next】按钮，进入“选择过孔类型”窗口，用于对过孔的设置，如图5-17所示。

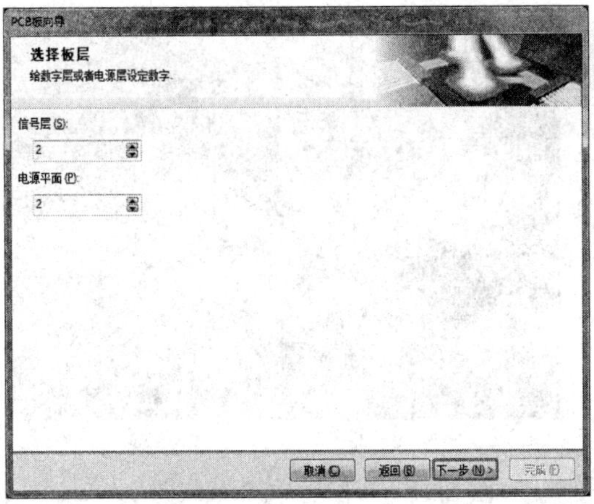

图 5-16　板层设置

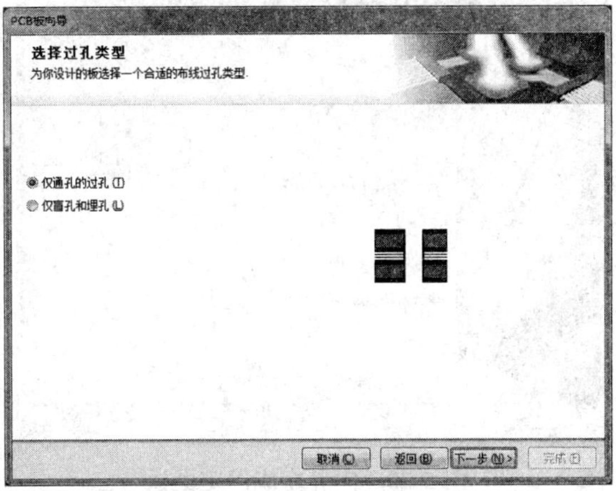

图 5-17　过孔类型设置

(8) 单击【Next】按钮，进入“选择组件和布线工艺”窗口，该窗口用于设置所设计的PCB是以贴片电子元器件为主，还是以通孔电子元器件为主和设置邻近焊盘间的导线数，如图5-18所示。

(9) 单击【Next】按钮，进入“选择默认线和过孔尺寸”窗口，该窗口用于设置PCB的最小导线尺寸、过孔尺寸及导线之间的距离，如图5-19所示。

如图5-19所示，最小轨迹尺寸属布线尺寸，设置为80～100 mil较适宜；最小过孔宽度设为70 mil；最小过孔孔径大小设置为25 mil，同属于过孔尺寸设置项；最小清除为铺铜的尺寸。

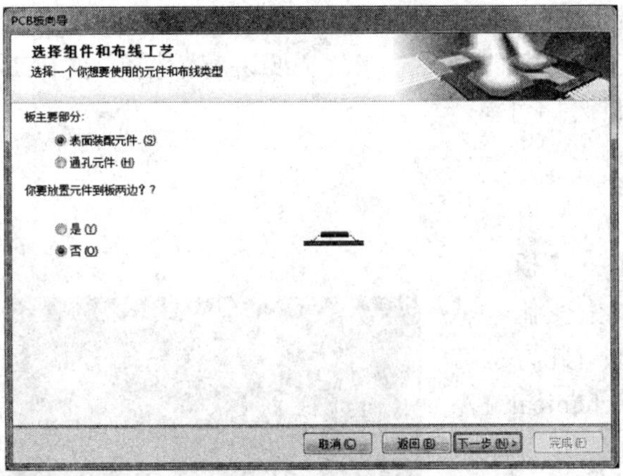

图 5-18　组件和布线工艺设置区域

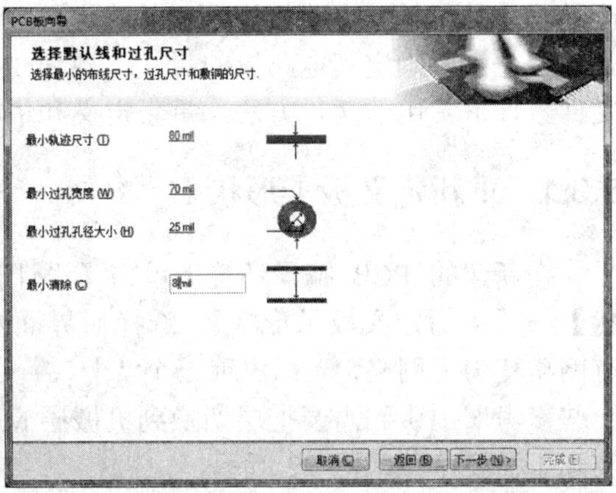

图 5-19　线和过孔尺寸

(10) 单击【Next】按钮，进入“板向导完成窗口”，如图5-20所示，表示所创建PCB文件的各项设置已经完成。

(11) 单击【完成】按钮，系统可根据前面的设置生成一个默认名为“PCB1.PCBDoc”的PCB文件，同时进入PCB设计环境如图5-21所示。在PCB文件中执行【文件】→【另存为】命令或者【Ctrl+S】，可以对该PCB文件重新命名。

图 5-20　向导完成确定面板

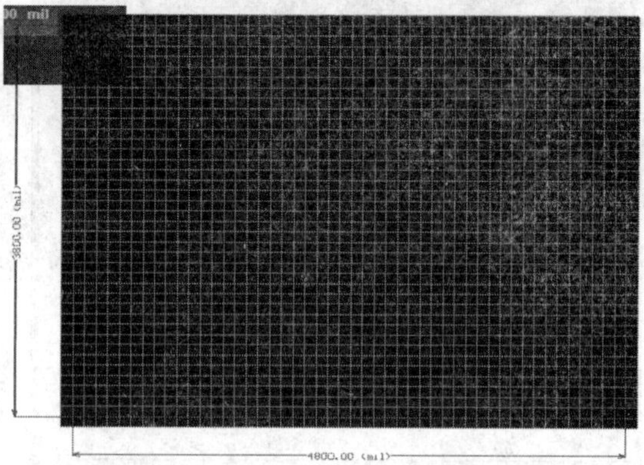

图 5-21　新创建 PCB 最终图示

5.2.2　自行创建 PCB 文件

执行【文件】→【新建】→【PCB】命令，可新建一个 PCB 文件。需要说明，这样创建的 PCB 文件，其各项参数均采用了系统的默认值。因此在具体设计时，还需要设计者进行全面的设置。

5.3　电路板设计规划

电路板设计尺寸的大小直接影响到电子元器件的整体布局与布线，此外还直接影响到产品尺寸外形等。电路板规划就是确定电路板的电气边界，对于要设计的电子产品，设计人员首先需要确定其电路板的尺寸。规划 PCB 有多种方法，在此主要讲解依据创建 PCB 文件条件下常用的两种方法：重新定义和依照选择对象定义。

5.3.1　重新定义板子形状

在新建的 PCB 编译环境下单击【设计】→【板子形状】→【重新定义板子形状】。选择后界面发生变化，从有网格变为无网格，光标出现一个“十”字形状(此方法在一些参考书中讲到需要把层切换到机械层 Mechanical 1，实际不需要)，如图 5-22 所示。

图 5-22　重新定义板子光标

利用该“十”字光标进行画线，如图 5-23 所示，所画的线即为板子边界线(此时可以用测距工具先标出板子大小，测距工具将在第二种规划板的方法中讲解)。绘制完成后单击鼠标右键可退出【重新定义板子外形】界面，如图 5-24 所示，如果执行后没变化请进行窗口刷新。执行【放置】→【范围】→【线径】命令，绘制电路板的物理边界，如图 5-25 所示。

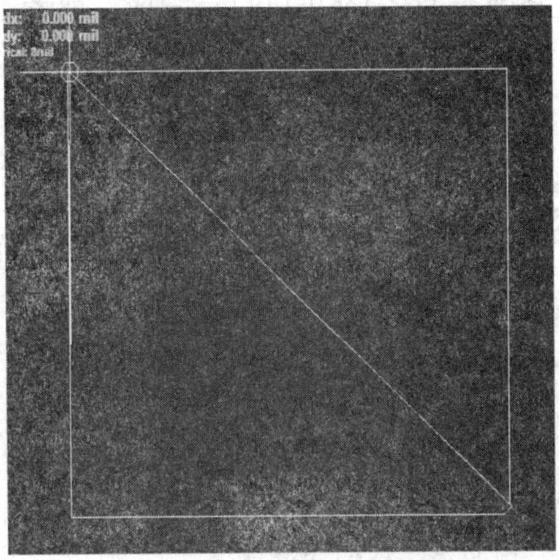

图 5-23　利用光标绘制的矩形

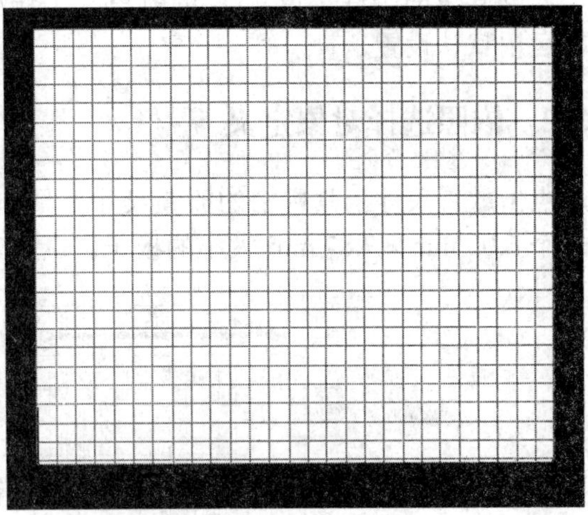

图 5-24　重新定义完成的 PCB 板

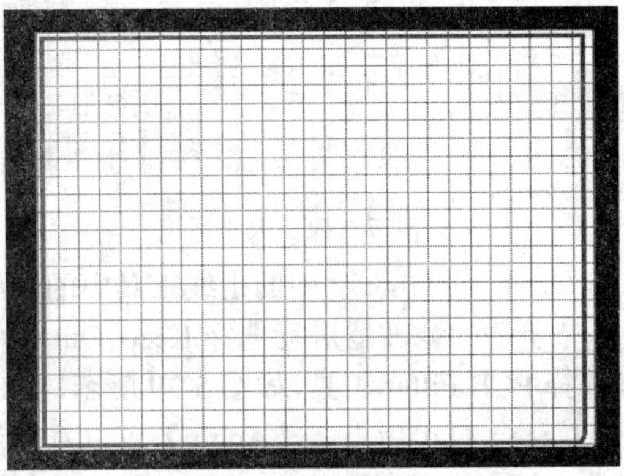

图 5-25　完成物理边界绘制的 PCB 板

切换层面到【Keep Out Layer】(禁止布线层)，再次执行【放置】→【范围】→【线径】命令，绘制出 PCB 的电气边界，如图 5-26 所示。点击【保存】(Ctrl+S)即可保存所设计的板子。

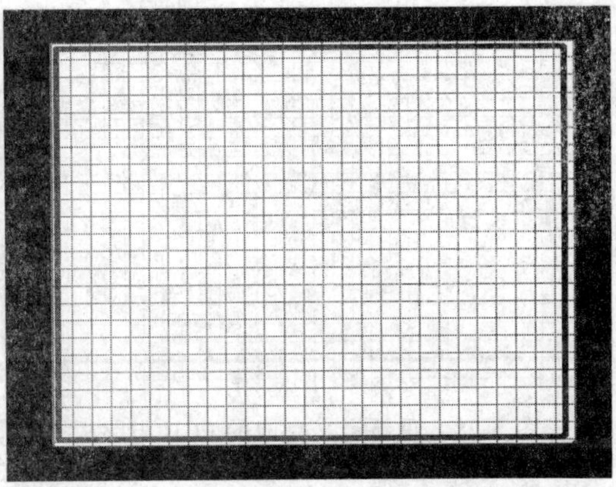

图 5-26　完成禁止布线边界的 PCB 板

此外其余的个性化设置(层的颜色、工作层、图纸信息等)都可以自己完成，或者不设置，运用默认设置。

5.3.2 依照选择对象定义

点击放置尺寸工具栏中的放置尺寸工具 进行板子大小的标识，如图 5-27 所示，绘制一个 6.03 mm × 7.87 mm 大小的板子。

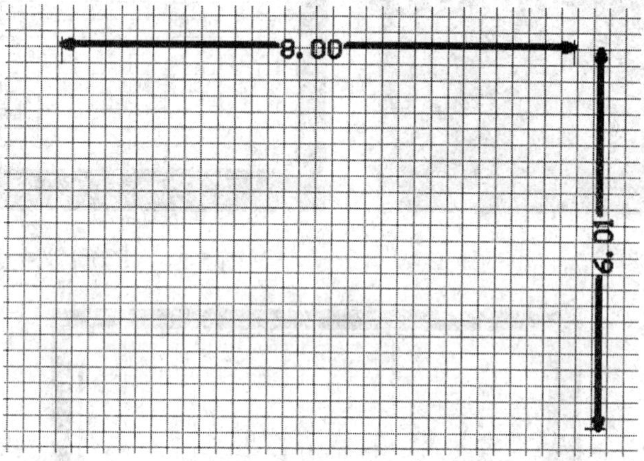

图 5-27 板子大小标识

切换到 KeepOut Layer 层下，点击 中的走线工具中的画线，绘制板子边界，如图 5-28 所示，此时运用 5.3.1 节所述的滤波器进行选择 Keep Out 中的走线。方法为点击系统右下角的 PCB 上拉菜单，选择 PCB Filter 工具，如图 5-29 所示，在 Find Items Matching These Criteria 下面空白处，写上 Iskeep Out 后点击【Apply】可以看到边框线都被选中，此时点击【设计】→【板子形状】→【依据选择对象定义】后即可看到板子形状大小已被确定。如未更改，可以点击【End】键进行刷新，如图 5-30 所示。

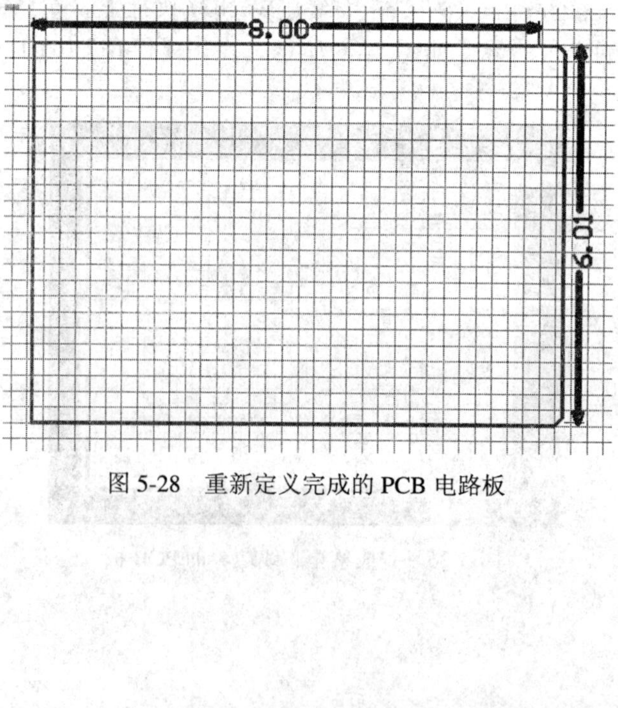

图 5-28 重新定义完成的 PCB 电路板

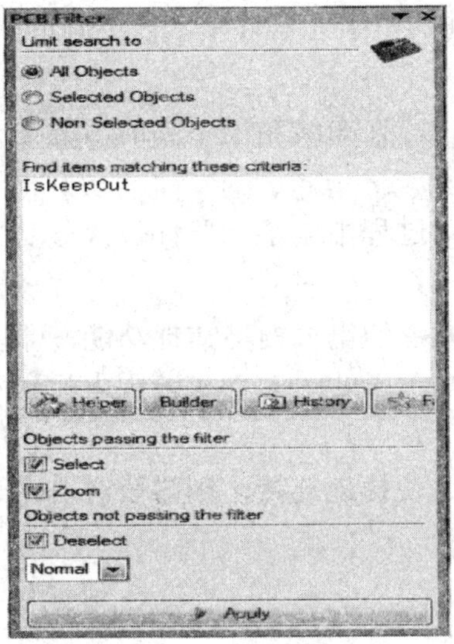

图 5-29　PCB 滤波器输入需要选择器件面板

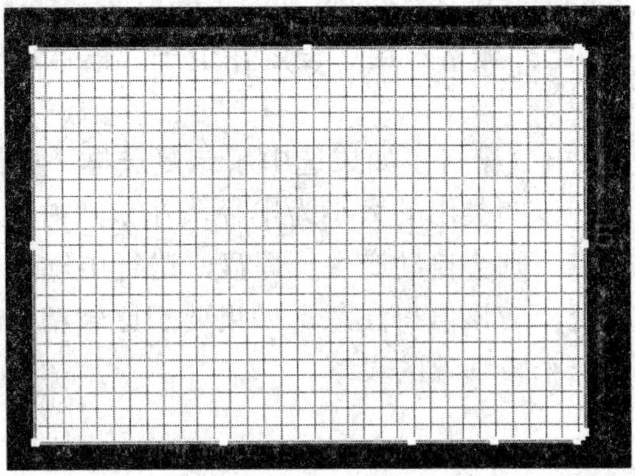

图 5-30　利用滤波器选择禁止布线边界结果

同样，设计好后点击【Ctrl+S】或者点击【文件】→【保存】，即可保存所设计的板子。

5.4　网 格 设 计

在 PCB 编译环境下，单击右键打开如图 5-31 的窗口，选择【选项】→【板参数设置】后打开板选项窗口如图 5-32 所示，在该窗口中设置网格和图纸信息。

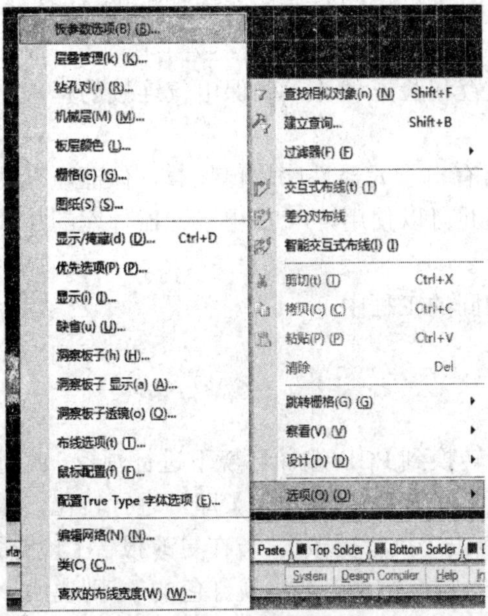

图 5-31　板子参数设置入口

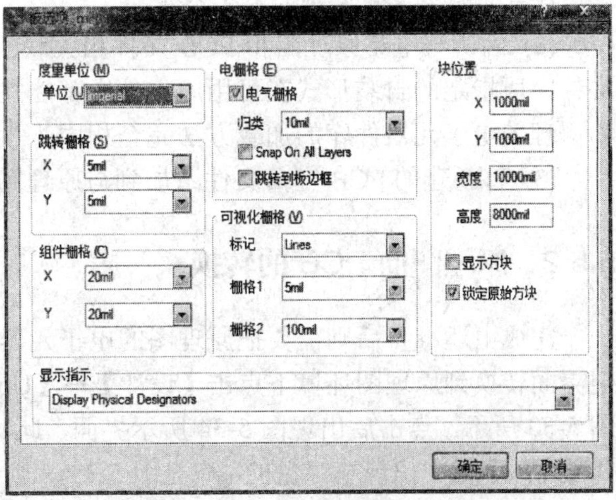

图 5-32　PCB 板子参数设置面板

下面对常用选项的设置和功能进行初步讲解：

(1) 度量单位栏。PCB 中单位的设置，考虑到目前的电子元器件基本以英制单位为主，因此建议选择英制单位“Imperial”。

(2) 跳转栅格栏。用于设定光标移动时的基本单位，在布线精度不高的情况下一般设置为 5 mil，比较精细时设置为 1 mil。

(3) 组件栅格。用于设定在电子元器件放置和移动过程中电子元器件每次移动的基本单位。

(4) 电气栅格。如果选中了该复选框，则激活了系统的电气栅格捕捉功能，即以光标为圆心，以归类出的大小为半径，在该圆内自动找寻电气节点，若在该范围内找到了交叉的连接点，则会自动产生一焊盘，进行电气连接。

此处，应该值得注意，如果要想比较精确、方便、快捷地连接，则需要对上述几个功能进行一个较细致的设置。

5.5　原理图向 PCB 转换

保存好板子后需要在板子上布置电子元器件，通过加载网络表来实现这一功能，即将原理图中电子元器件的相互连接关系，以及电子元器件封装尺寸数据输入到PCB编辑器中，实现原理图向 PCB 的转换，以便进一步设计好 PCB 板。

5.5.1　转换初始工作

要将原理图中的设计信息转换到新的空白 PCB 文件中，首先应完成如下项目的准备工作。

(1) 对项目中所绘制的电路原理图进行编译检查和验证设计，确保电气连接的正确性和电子元器件封装的正确性。

(2) 确认与电路原理图和 PCB 文件相关联的所有电子元器件库均已加载，保证原理图文件中所指定的封装形式在可用库文件中都能找到并可以使用，PCB 电子元器件库的加载和原理图电子元器件库的加载方法完全相同。

(3) 将新建的 PCB 空白文件添加到与原理图相同的工程中。

5.5.2　原理图向 PCB 的转换

完成上述准备后则需要把原理图的电子元器件转换到 PCB 编译环境下进行画板，此时把界面转换到原理图环境下点击【设计】→【Update PCB Document…】即可进行转化，如图 5-33 所示。点击后出现图 5-34 所示界面，此时点击【执行更改】，若在更改报告【检查】和【完成】栏中出现草绿色的✔(见图 5-35)，则说明转换正确。若出现红色的✖则说明该电子元器件没能转化成功，此时需要查看电子元器件的封装是否正确。成功转换后的 PCB 文件如图 5-36 所示，此时原理图到 PCB 的转换已经完成。

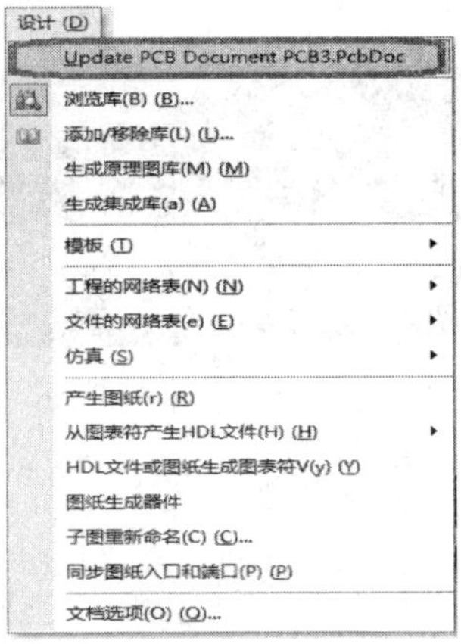

图 5-33　原理图向 PCB 导入入口

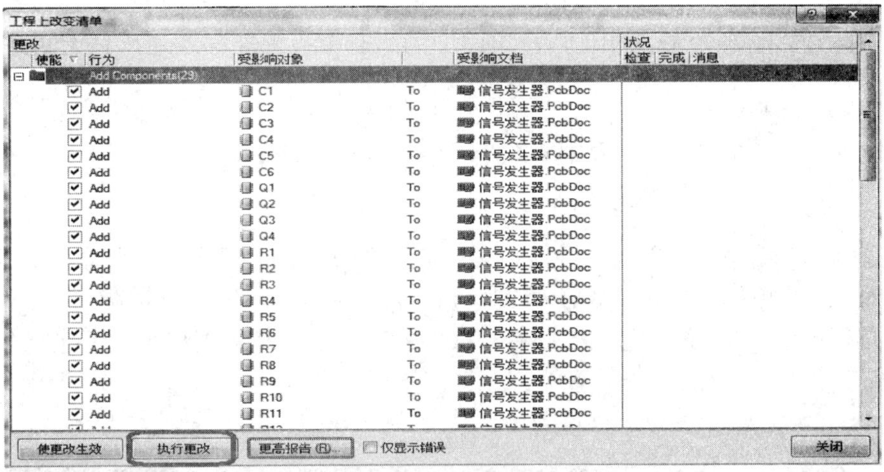

图 5-34　原理图向 PCB 导入工程清单

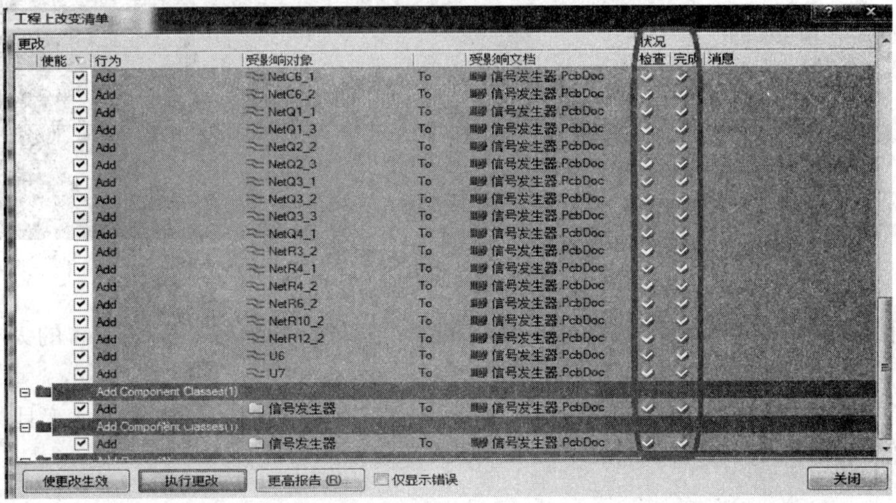

图 5-35　导入过程完成与否显示框

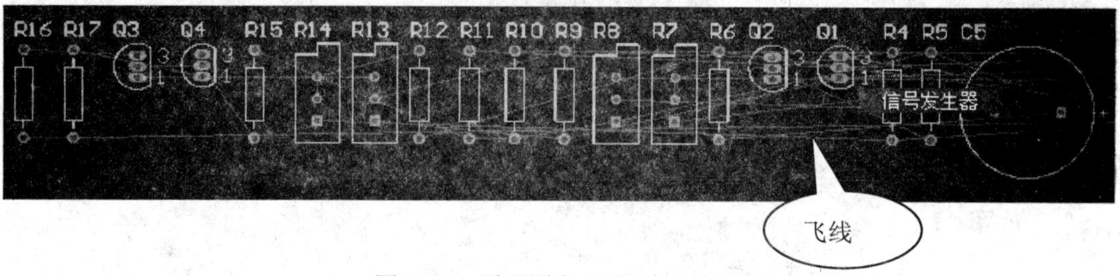

图 5-36　原理图向 PCB 导入结果

5.5.3　飞线

将原理图文件导入 PCB 文件后，系统会自动生成飞线，如图 5-36 所示。飞线是一种形式上的连线，它只从形式上表示出各个焊点间的连接关系，没有电气的连接意义。其按照电路的实际连接将各个节点相连，使电路中的所有节点都能够连通，且无回路。

5.6　小 试 牛 刀

了解了如何设计和转换原理图到 PCB 的理论知识，但实际操作起来总会不尽如人意，下面通过对 3.9 节中的例子直流稳压源进行 PCB 文件的转换来实际讲解。

利用自行创建 PCB 文件的方法，在 3.9 节中所建立的 PCB 工程文件下建立“直流稳压源.PCBDoc”文件，如图 5-37 所示。

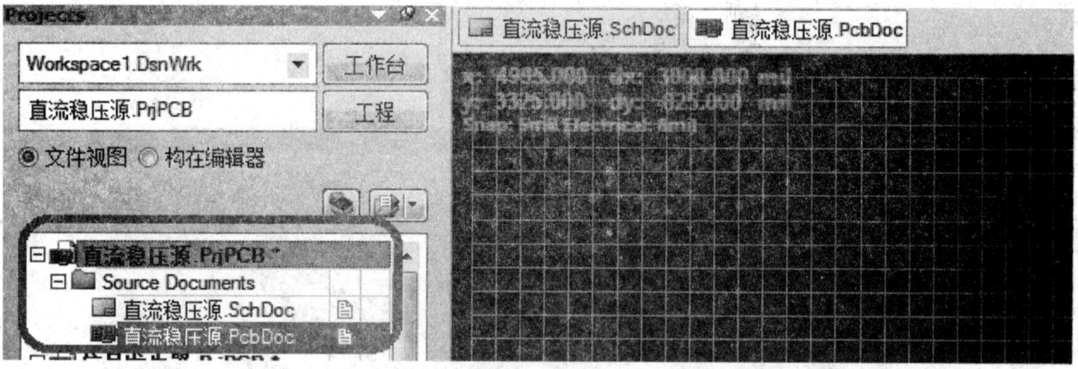

图 5-37　工程建立

利用所讲述的自定义板子方法进行板子规划，此处规划为 6 cm×6 cm 的大小，如图 5-38 所示。

注：此处再次提醒，规划板子时可以通过选用实用工具栏中的放置尺寸工具进行大小测量，如图 5-39 所示，通过空格键可以变换测量的方向。

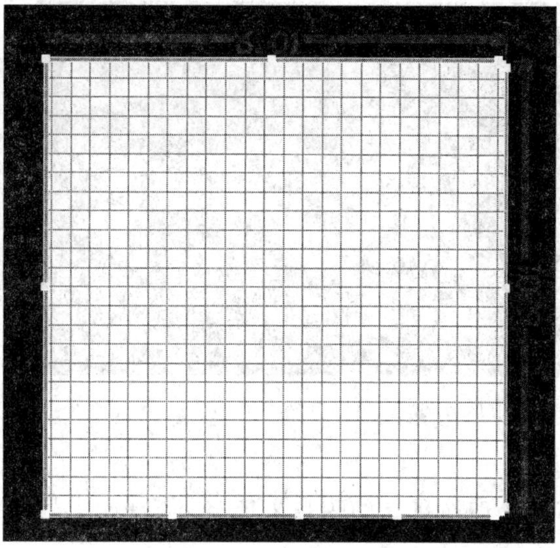

图 5-38　PCB 板子定义

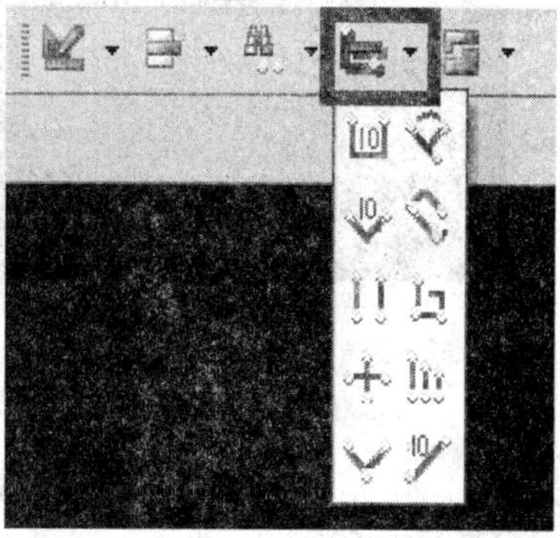

图 5-39　PCB 编译环境下距离测量标识工具

完成板子规划后点击保存按钮保存所得板子，打开所建立的原理图文件“直流稳压源.SchDoc”，进行编译，编译后没有弹出【Message】即编译成功。此时再次对整个工程进行编译，选中工程文件单击右键点击【Compile PCB Project 直流稳压源.PrjPCB】，同样没弹出【Message】窗口，此时可以打开 Message 文件进行查看编译信息，点击【System】→【Message】进行查看，此处可自己操作，如无错误【ERROR】信息，则可往下操作。

编译成功后点击【设计】→【Update PCB Document 直流稳压源.PcbDoc】→【执行更改】出现图 5-40 的信息，从“完成”和“检查”两栏中可以得知转化成功。关闭该清单自动跳转到 PCB 环境下如图 5-41 所示，此时转化已经完成。

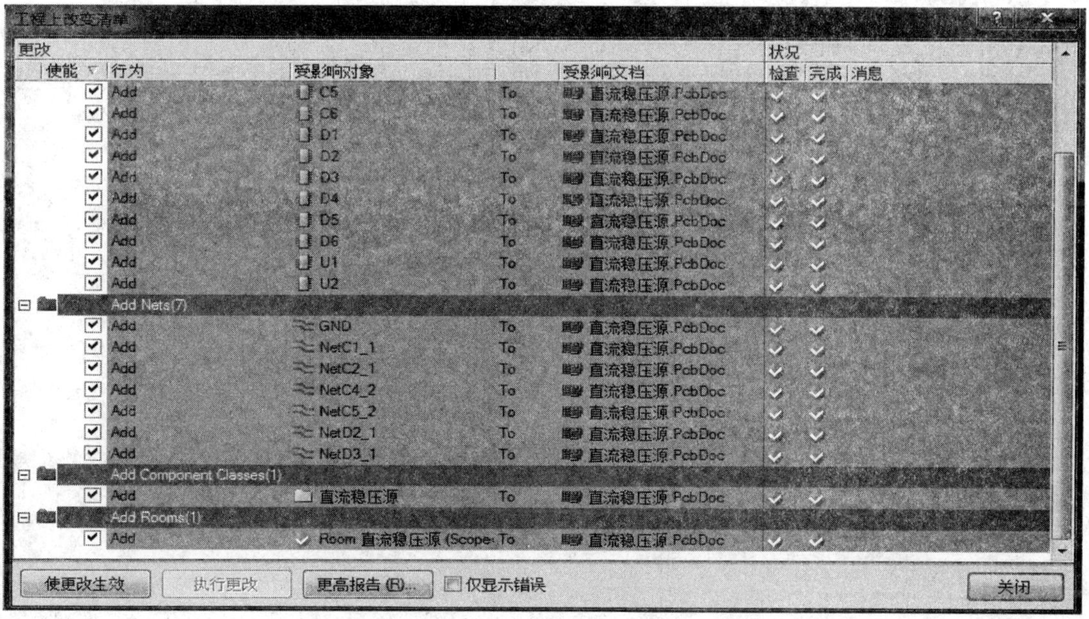

图 5-40　导入完成与否显示框

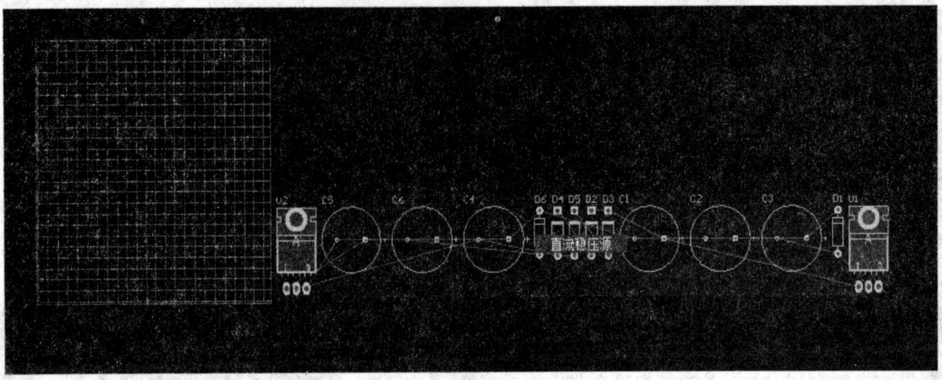

图 5-41　转换完成

课堂练习

1. 在第 2 章课堂练习中第 1 题所建立的项目文件中，添加一个新的 PCB 文件。

2. 对 PCB 形状进行重新定义，给出 PCB 的物理边界和电气边界。

3. 阐述从原理图文件到 PCB 文件的转换过程，并规划一个大小为 80 mm × 80 mm 的方形板。

4. 绘制如图 5-42 所示的原理图并转换为 PCB 文件。

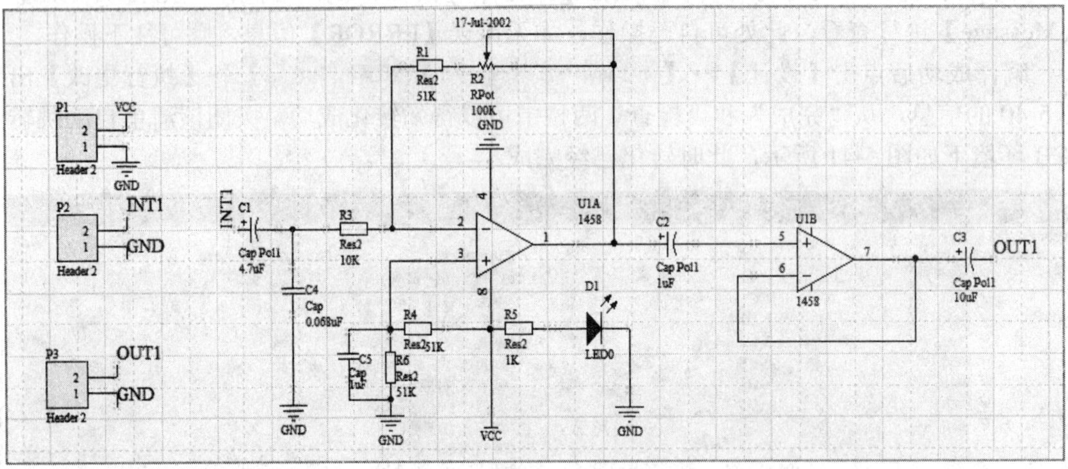

图 5-42

第 6 章　PCB 布局与布线设计

[本章学习要点]

(1) 掌握手动布局的方法。

(2) 掌握自动布局的方法。

(3) 学会三维预览的使用方法。

(4) 掌握电子元器件布局与布线技巧的方法。

在完成原理图向 PCB 电路转换之后，设计者需要将电子元器件封装放入工作区，合理的放置，不仅能达到美观、抗干扰、降低生产成本和保证电路正常工作的目的，还会给 PCB 电路板的后续制作工作，如腐蚀、打孔、焊接、装配、调试等带来方便。可以说 PCB 整体设计布局是电子制作的重要环节之一，PCB 设计的整体效果直接影响到电子产品的性能，包括每一个电子元器件在 PCB 上的合理布局位置、电子元器件的合理连接、电子元器件布线操作、连接线的粗细、连接线之间的间距、连接线弯曲角度等会影响电路功能的实现。下面具体讲解布局与布线，同时给初学者一些 PCB 设计布局、布线的建议。

6.1　手动布局

电子元器件的手动布局是指手工调整电子元器件位置，在布局之前就应该对电路板有所规划并绘制电路板电子元器件结构草图。结构草图建议用坐标纸进行布局，并在设计中遵循下列规则：

① 电路原理图中最核心的集成元件放置到合适的位置后，将其他外围电子元器件按照原理图的结构放置到该核心器件的周围，并充分考虑整体电子元器件布局后的美观性；

② 同类电子元器件尽量放置在一起；

③ 大功率电子元器件单独放置到板子边缘；

④ 发热电子元器件不能放置得太紧凑，并充分考虑便于增加外部散热片；

⑤ 输入输出要尽量设计在一条水平线上，且遵循从左到右、从上到下的原则。

电子元器件放置手动布局时应严格遵循所绘制的结构草图。下面利用信号发生器电路进行讲解，首先按照原理图设置，绘制信号发生器电路板的电子元器件结构图，如图 6-1 所示，绘制好结构草图后就可以进行电子元器件布局，电子元器件布局也很讲究，下面具体讲解一些布局技巧规则。

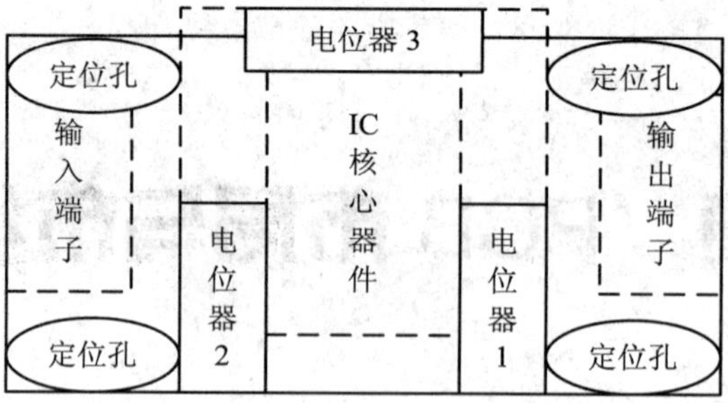

图 6-1　设计规则草图

PCB 布局规则：

(1) PCB 布局按照“先大后小、先难后易”的布置原则，将重要的单元电路、核心电子元器件优先布局并尽可能放置在中间，然后再考虑外围电子元器件。

(2) PCB 布局要考虑总的连线尽可能短，关键信号线最短。高电压、大电流信号与小电流、低电压的弱信号要完全分开。

(3) 模拟信号与数字信号需要分开，高频信号与低频信号分开，并注意高频电子元器件的间隔要充分，防止互相干扰。

(4) 相同结构电路尽可能采用“对称式”标准布局，按照均匀分布、重心平衡、版面美观的标准优化布局。

(5) 同类型插装电子元器件在 X 或 Y 方向上应朝一个方向放置，同一种类型的有极性分立电子元器件也要力争在 X 或 Y 方向上保持一致，便于生产检验测试。

(6) 发热电子元器件一般应均匀分布，并考虑其间隔和便于增加外部散热器，除温度检测电子元器件以外的温度敏感电子元器件应远离发热量大的电子元器件。

(7) 电子元器件的排列要便于调试和维修，小电子元器件周围不能放置大电子元器件，需调试的电子元器件周围要有足够的空间。

(8) IC 去耦电容的布局要尽量靠近 IC 的电源管脚，并使之与电源和地之间形成的回路最短。电子元器件布局时，应适当考虑使用同一种电源的电子元器件尽量放在一起，以便将电路的电源分隔。

(9) 串联匹配电阻的布局要靠近该信号的驱动端，距离一般不超过 500 mil。匹配电阻、电容的布局一定要分清信号的源端与终端，对于多负载的终端匹配一定要在信号的最远端匹配。

了解好规则后就可以按照草图和相应布局规则进行电子元器件放置了，电子元器件放置时可以一个一个地将电子元器件放置到规划好的板子上，但通过手工选取电子元器件一个一个地放置实在有点慢且有些费事，下面介绍一种快捷方法。如图 6-2 所示，已经完成对原理图文件“信号发生器 SchDoc”的网络和电子元器件封装的装入，下面就可以开始在 PCB 板上合理地放置电子元器件了(此时最好确定 PCB 边框尺寸形状，若没确定，最好把板子形状、尺寸确定好后再放置电子元器件)。执行系统右下角的【PCB】→【PCB Filter】在【Find Items Matching These Criteria】空白处写入“Iscomponent”即可把所有电子元器件选中，选中之后执行【工具】→【电子元器件布局】→【重新定位选择的电子元器件】/快捷键(T-L-Enter-C)即可依次重新放置所有电子元器件，如图 6-3 所示。

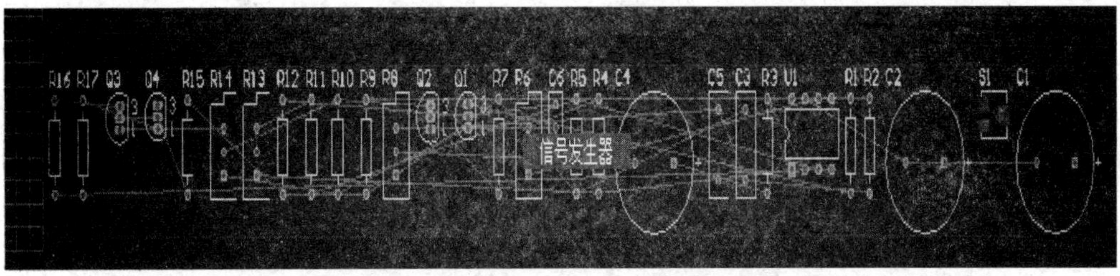

图 6-2　原理图转换为 PCB 结果

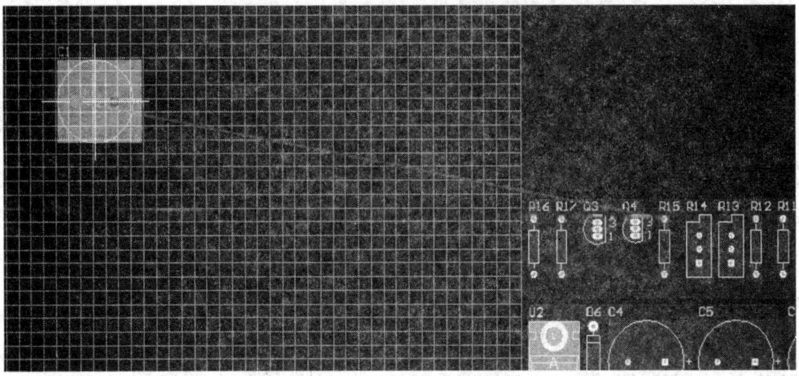

图 6-3　放置元器件

放置电子元器件时应有一个整体的概念，可按照电路原理图的布局图把核心电子元器件(如集成电路芯片等)放置到板子中间，电阻、电容等相同电子元器件放在一排，放置好后如图 6-4 所示。

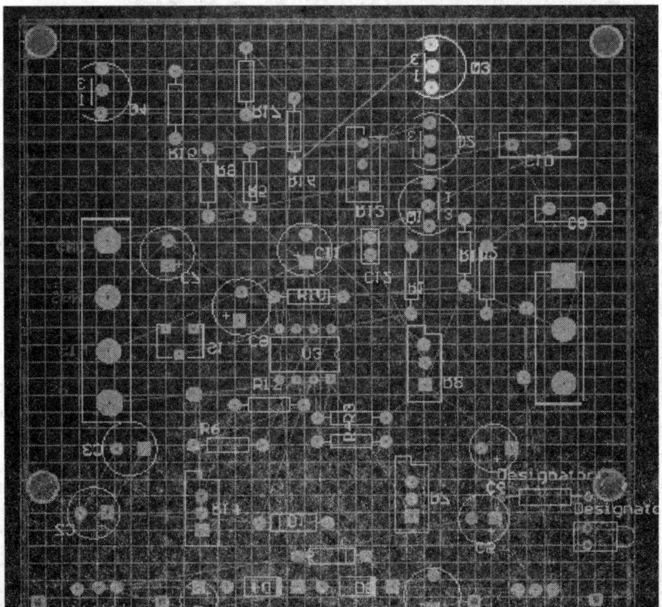

图 6-4　器件布局初布完成

电子元器件放置后，还须手动微调，执行【编辑】→【对齐】命令，系统会弹出【对齐】命令菜单，此外系统还提供了排列工具栏。各图标的含义如下。

：含义为将选取的电子元器件向最左边的电子元器件对齐。

：含义为将选取的电子元器件水平中心对齐。

：含义为将选取的电子元器件向最右边的电子元器件对齐。

：含义为将选取的电子元器件水平平铺。

：含义为将选取放置的电子元器件的水平间距扩大。

：含义为将选取放置的电子元器件的水平间距缩小。

：含义为将选取的电子元器件与最上边的电子元器件对齐。

：含义为将选取的电子元器件按电子元器件的垂直中心对齐。

：含义为将选取的电子元器件与最下边的电子元器件对齐。

：含义为将选取的电子元器件垂直平铺。

：含义为将选取放置的电子元器件的垂直间距缩小。

：含义为将选取放置的电子元器件的垂直间距扩大。

：含义为将所选的电子元器件在空间定义中内部排列。

：含义为将所选的电子元器件在一个矩形框中内部排列。

：含义为将电子元器件对齐到栅格上。

利用该工具即可实现电子元器件布局的美观等操作，对上述电子元器件进行微调后如图 6-5 所示，此处所介绍的工具自己都可以演示，实际操作是最好的理解方式。在放置电子元器件时除了原电子元器件可以对齐外，焊盘、线条、焊盘之间的距离都可以进行设计对齐。

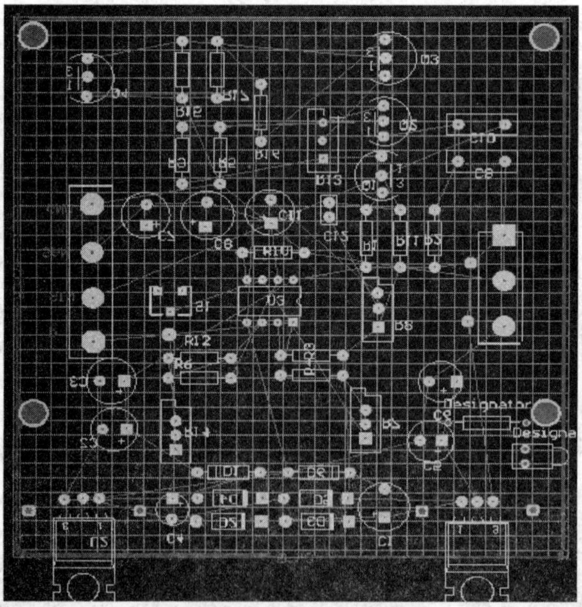

图 6-5　器件布局完成

这种布局结果一般比较合理和实用，但效率比较低，完成一块 PCB 布局的时间比较长，下面介绍一种快捷的布局方法。

6.2 自 动 布 局

软件智能的操作是不可缺少的，在 Altium Designer 中自动布局、自动布线更是如此。在介绍自动布局之前规则的设置很重要，下面先介绍一下布局规则即约束参数。

6.2.1 布局规则介绍

通过【PCB Rules and Constraints Editor】对话框中可以进行自动布局的参数设置。执行【设计】→【规则】菜单命令，如图 6-6 所示，即可打开【PCB 规则和约束编辑器】对话框如图 6-7 所示。在窗口的左侧列表框中，列出了系统所提供的 10 类设计规则，分别是：【Electrical】(电气规则)、【Routing】(布线规则)、【SMT】(贴片式电子元器件规则)、【Mask】(屏蔽层规则)、【Plane】(内层规则)、【Testpoint】(测试点规则)、【Manufacturing】(制板规则)、【High Speed】(高频电路规则)、【Placement】(布局规则)和【Signal Integrity】(信号分析规则)。

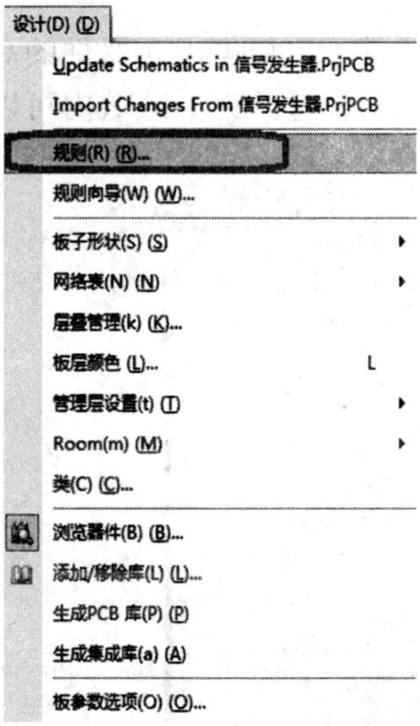

图 6-6 自动布局规则入口

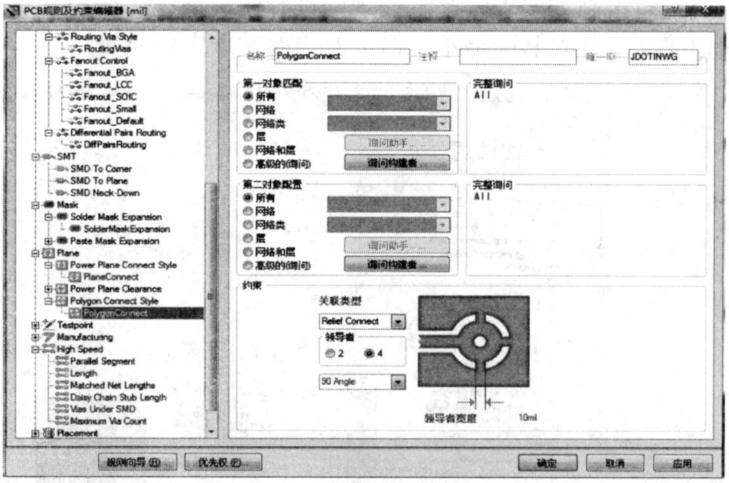

图 6-7 布局规则设置面板

这里需要进行设置的规则是布局规则【Placement】。单击布局规则前面的“+“可以看到布局规则包含了 6 项子规则，这 6 项布局子规则分别是：【Room Definition】、【Component Clearance】、【Component Orientations】、【Permitted Layers】、【Nets To Ignore】和【Height】子规则，这里重点讲解几个常用布局规则的设置。规则设置都在【PCB Rules and Constraints Editor】→【Placement】窗口下进行。

(1) Component Clearance。设置电子元器件的最小间距，如图 6-8 所示，设置完成后只有在距离大于此最小间距时才能放置电子元器件，该间距可以影响到电子元器件的布局。

在约束栏下有最小化水平间距和最小化垂直间距，通常默认下选择为 10 mil。

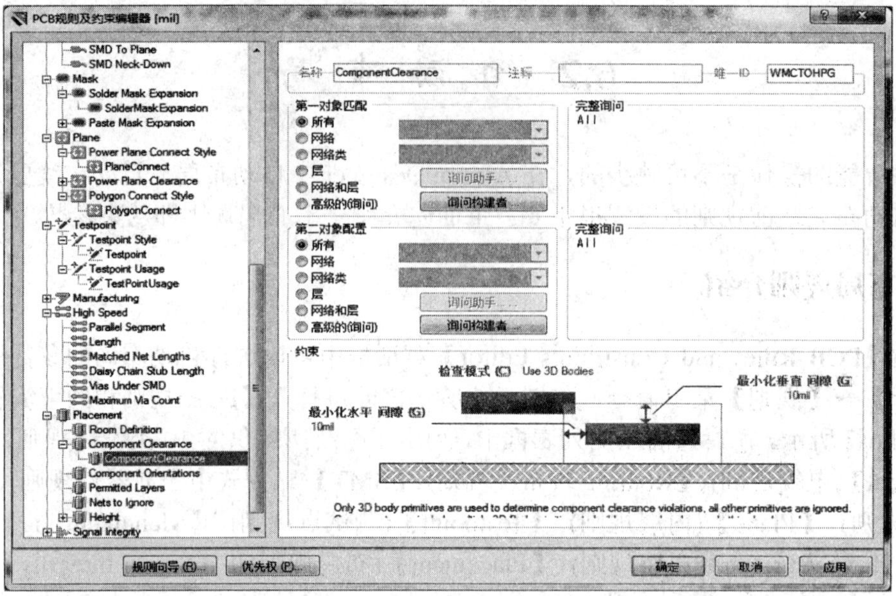

图 6-8　器件放置间距设置面板

(2) Height。它用于设置电子元器件高度，有的时候电路板的某一区域电子元器件的高度可能有很高的要求，此时该规则设置就很重要，如图 6-9 所示，在【约束】区域内可以对电子元器件封装的最小、最大及优选高度进行设置。

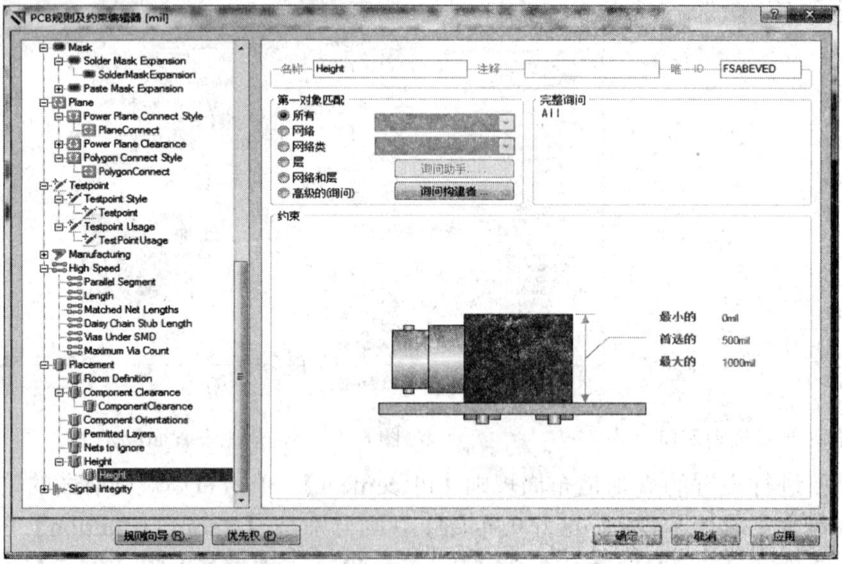

图 6-9　PCB 上放置电子元器件允许高度设置

6.2.2　电子元器件自动布局

对相应规则进行设置后，即可进行自动布局，这里以模拟交通灯控制系统为例，进行讲解，原理图如图 6-10 所示。

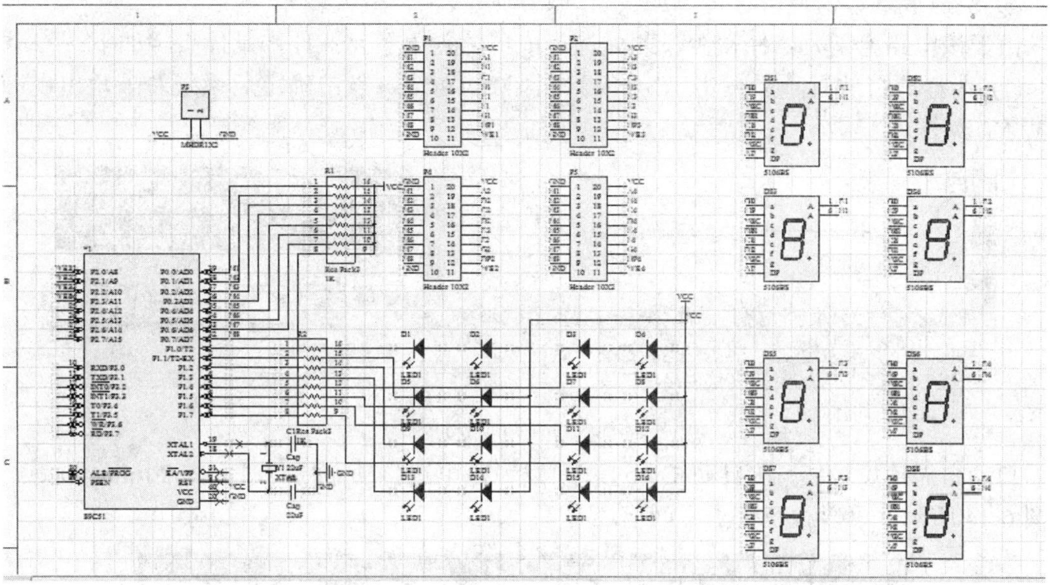

图 6-10　交通灯原理图

(1) 把原理图网络导入到设计好规格的 PCB1.PCBDoc 文件中，此处导入与 6.6 节中原理图向 PCB 转换方法一致，导入结果如图 6-11 所示。

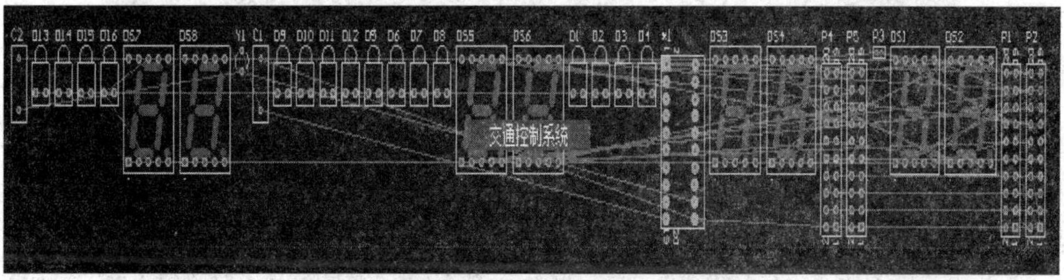

图 6-11　交通灯原理图导入 PCB 完成结果

(2) 在 Keep out Layer(禁止布线层)设置布线框，以满足自动布线的启动(此处一定要放置，否则无法自动布局)。

(3) 执行【工具】→【电子元器件布局】→【自动布局】后出现如图 6-12 所示的选择窗口，此处选择自动布局方式：

① 成群放置。成群放置布局思路是根据电气连接关系将电子元器件划分为不同的组，然后按照几何关系放置电子元器件组，该布局方式适合电子元器件不多(少于 100)、规模较小的电路布局。

② 统计放置。其布局思路是根据统计计算法放置电子元器件，优化电子元器件的连线长度已到达最短，该部件用于规模较大、电子元器件较多的电路布局中。

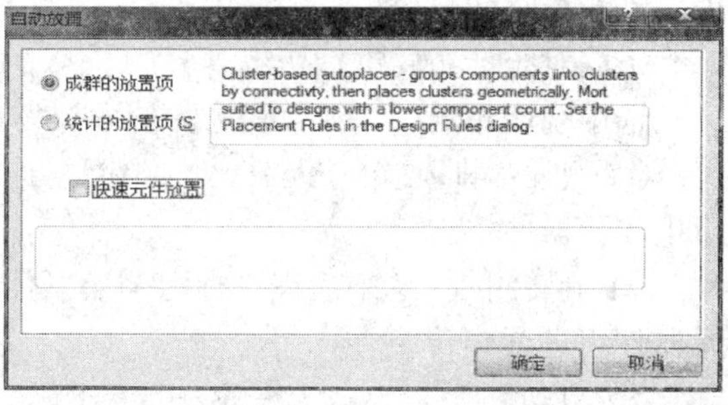

图 6-12　成群放置设置

③ 快速放置。快速放置可以加快自动布局速度，但效果较差。

由于该电路电子元器件较少，此处选择成群放置电子元器件，具体步骤如下：

(1) 选择成群放置项后点击确定即可进行自动布线，点击确定后系统左下角出现一个进度条，如图 6-13 所示。

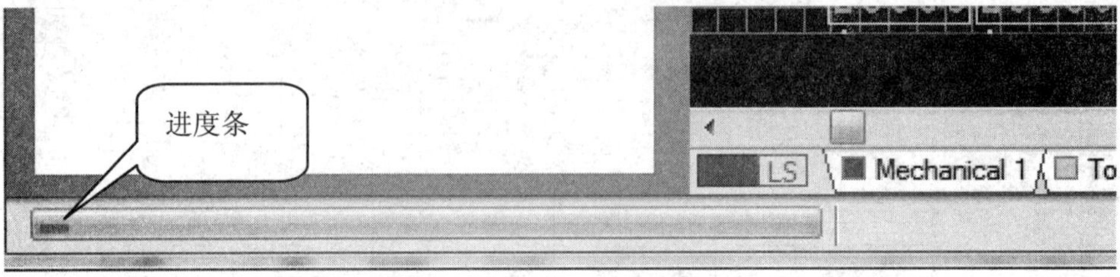

图 6-13　自动布局进度条

自动布局速度较慢，在自动布局过程中发现该电路自动布局用时大约 2 min，最终结果如图 6-14 所示，可以说花费了时间但还是不太理想。

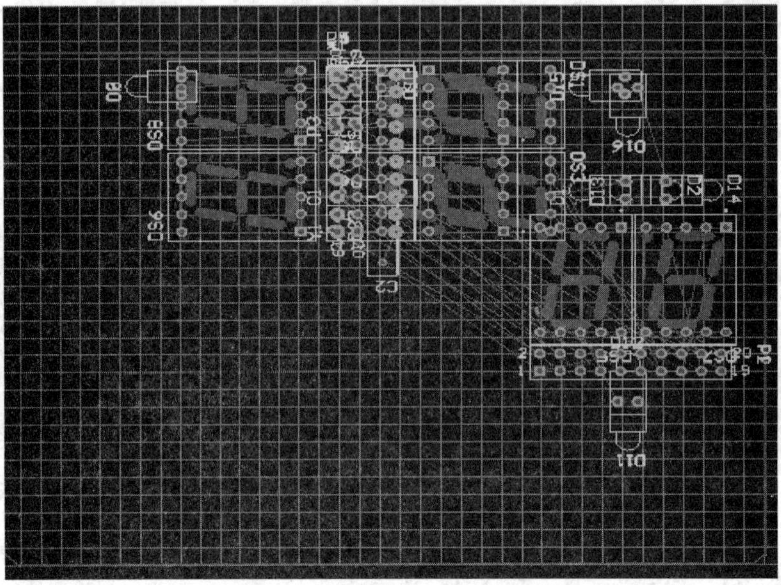

图 6-14　自动布局结果

(2) 选择成群放置电子元器件后再选择快速放置电子元器件选项，此时点击确定会发现自动布局时间将变短。

下面对统计布局进行初步讲解：

选中统计布局后，窗口变为如图 6-15 所示。

① 组元：即把当前 PCB 设计中网络连接关系密切的电子元器件归为一组，选中后该组电子元器件将统一考虑。

② 旋转组件：选中后在进行电子元器件布局时系统可以根据需要对电子元器件或电子元器件组进行旋转。

③ 自动更新 PCB：选中后在布局时系统自动更新 PCB 文件，但选中后会延长自动布局时间。

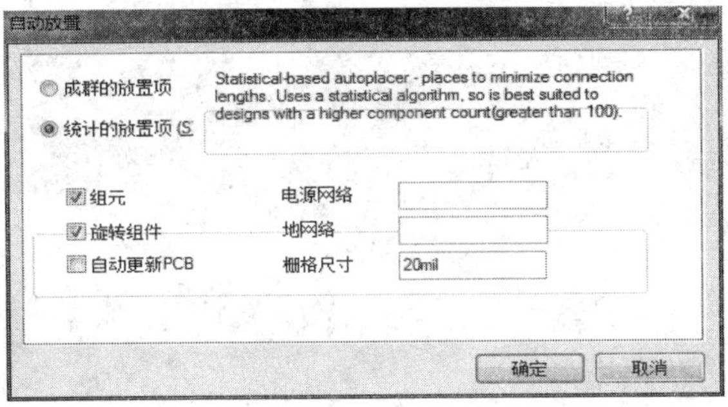

图 6-15　统计放置设置

④ 电源网络：在该项中可以填写一个电源网络的名称，也可以填写多个电源网络的名称，跨过这些网络的两个引脚的电子元器件通常被称为双引脚电容，系统将自动将其放置到与之相关的大电子元器件旁边。

⑤ 地网络：在该项中可以填写一个地网络的名称，也可以填写多个地网络的名称。

⑥ 栅格尺寸：此处定义了网格格点的大小。

由于统计自动布局需要大量时间，具体操作可以自己尝试，此处不再描述。

在自动布局中还有一些自动布局方法如推挤式自动布局，在实际中不常用且在进行数目小的 PCB 设计时不需要对电子元器件进行推挤自动布局操作，本书也就不再深入讲解。

由上面的自动布局可以看出，自动布局虽然已自动化，但是很多时候所得到的布局并不理想，而手动布局又过于花费时间，所以在实际中往往采用手动布局和自动布局相结合的方法进行电子元器件的合理布局，对交通等进行自动-手动布局后可以得到合理布局的电路，如图 6-16 所示。

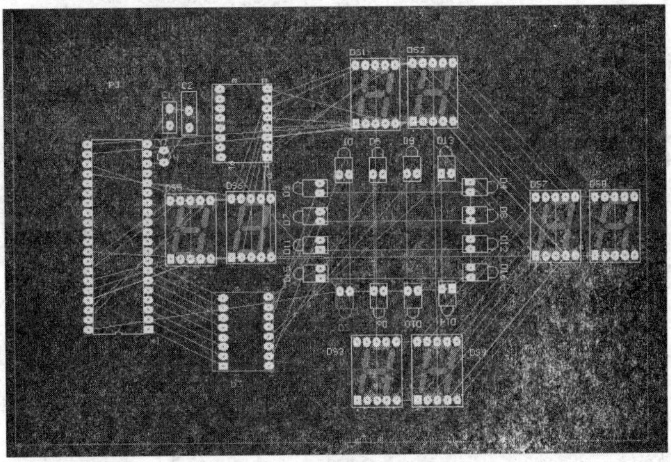

图 6-16　交通灯布局最终结果

6.3　三 维 预 览

在电子元器件布局好后可以通过 Altium Designer 中的一个新功能(3D 模型)进行查看，执行【察看】→【3D 显示】即可以生成该板子的 3D 模型，如图 6-17 所示。

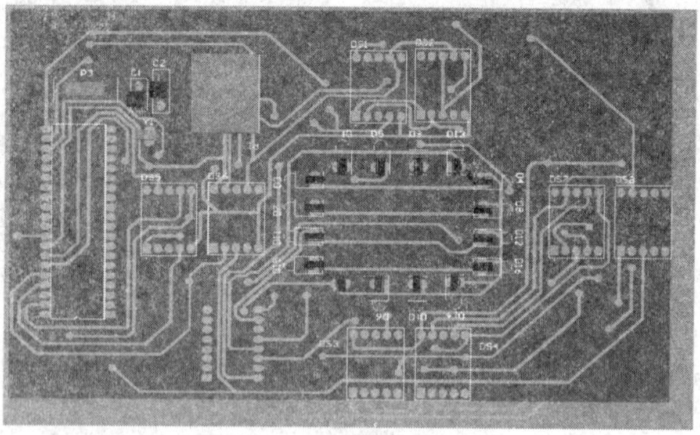

图 6-17　交通灯 3D 预览

点击系统右下角的【PCB 3D】即可打开 3D 控制面板，如图 6-18 所示，在该面板中可以对该 3D 模型进行任意翻转、显示设置。如果要让某一个网络或者电子元器件高亮显示，只需选中后点击高亮即可(如果点击后没显示高亮，则需要点击一下 3D 模型)，如图 6-19 所示高亮显示 F1 网路，如不需高亮，点击清除即可。

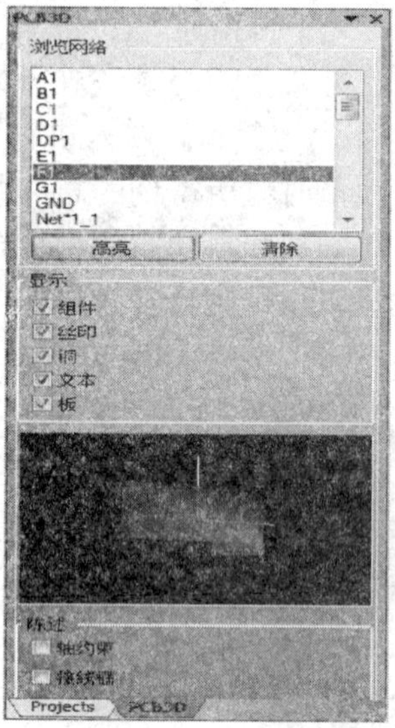

图 6-18　PCB 3D 面板

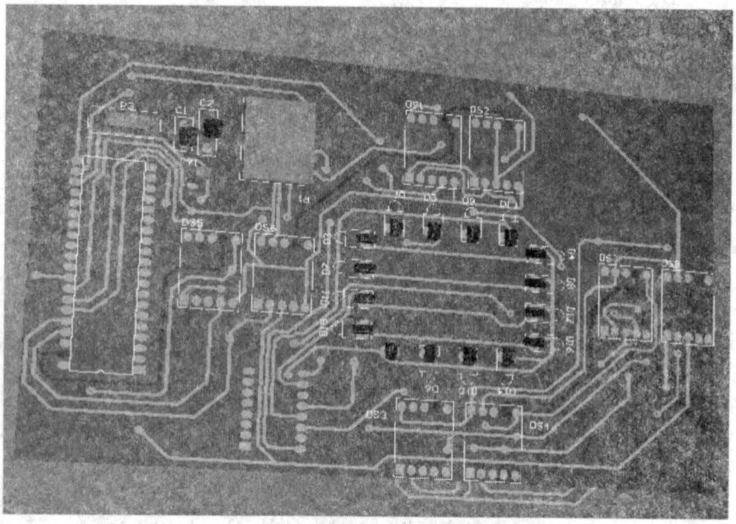

图 6-19　3D 预览

6.4　手 动 布 线

在 6.3 节中已对电子元器件进行了合理布局，下面介绍电子元器件的连接即绘制导线。系统提供了两种布线方式：手动布线与自动布线。手动布线顾名思义是手工布线，因而手动布线速度较慢，比较耗时，此处讲解一下步骤，旨在重点介绍自动绘制导线的方法。

在布线之前先得对规则进行设置，执行【设计】→【规则】后打开【PCB Rules and Constraints Editor】窗口，选择【Width】如图 6-20 所示，通常情况下线宽设置为首选尺寸 25 mil，最小线宽为 10 mil，最大尺寸为 50 mil，实际中可以根据需要进行设置。

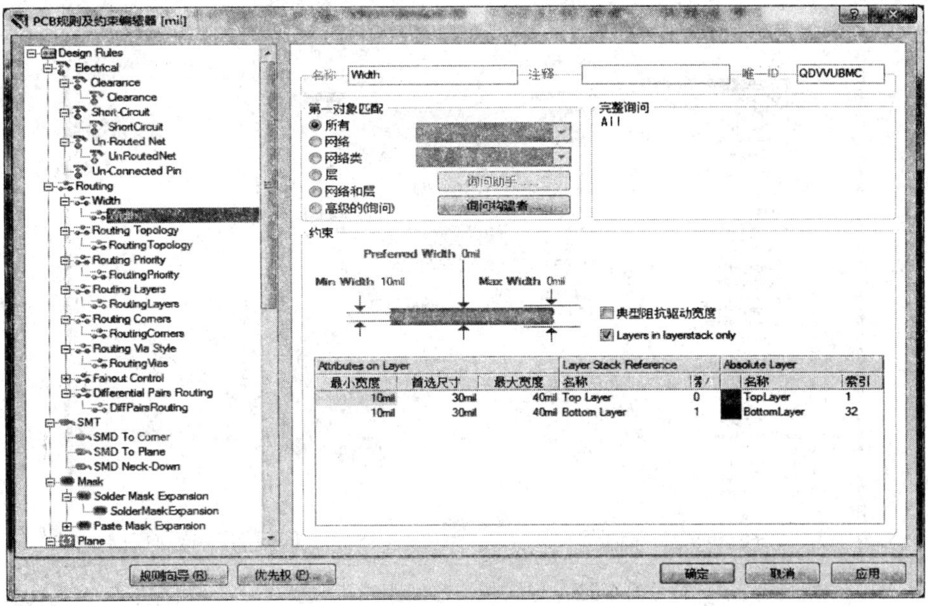

图 6-20　线宽设置

设置好后选择【Rounting Via】对过孔进行设置，如图 6-21 所示，过孔大小设置为首选 70 mil，最低为 50 mil，孔径设置为首选 25 mil。为了区别其他电子元器件焊盘，过孔外形设置为六边形；点击【Clearance】如图 6-22 所示，进行焊盘和导线之间安全间距的设置，此处设置为 15～30 mil 最好，其余设置项默认即可；点击【Rounting Corners】进行导线拐角规则设置如图 6-23 所示，通常情况下拐角有 3 种，即 45°，90°，180°，通常选择 45°模式；点击【Differential Pairs Rounting】进行设置走线的形式，如图 6-24 所示。设置好后即可布线。

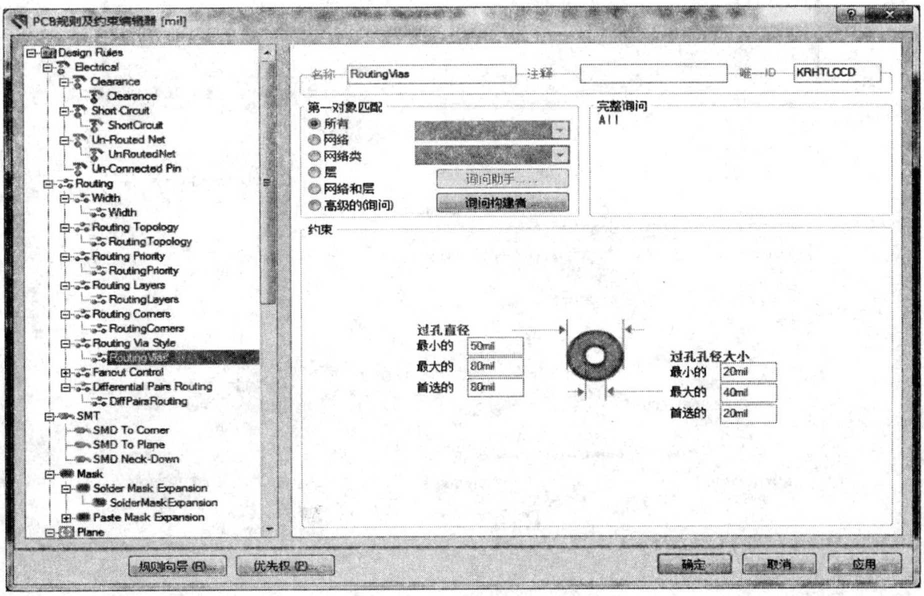

图 6-21　焊盘孔径大小设置

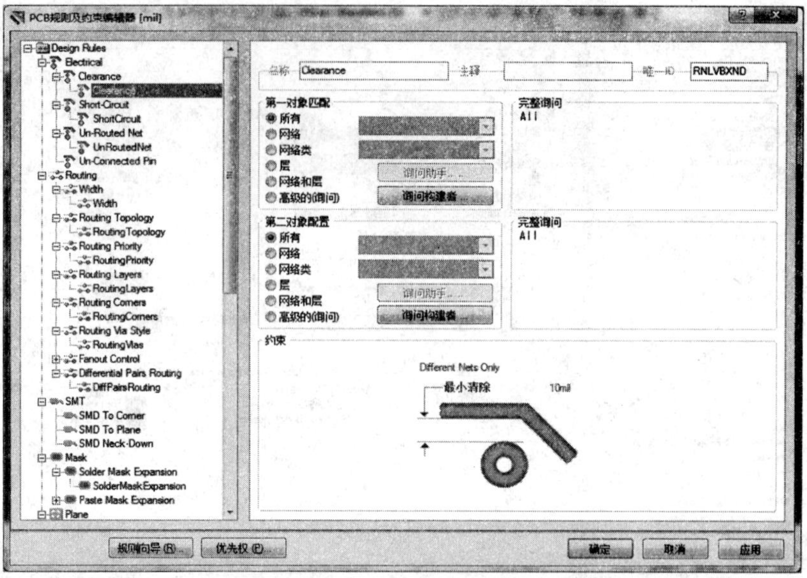

图 6-22　导线与焊盘间距约束设置

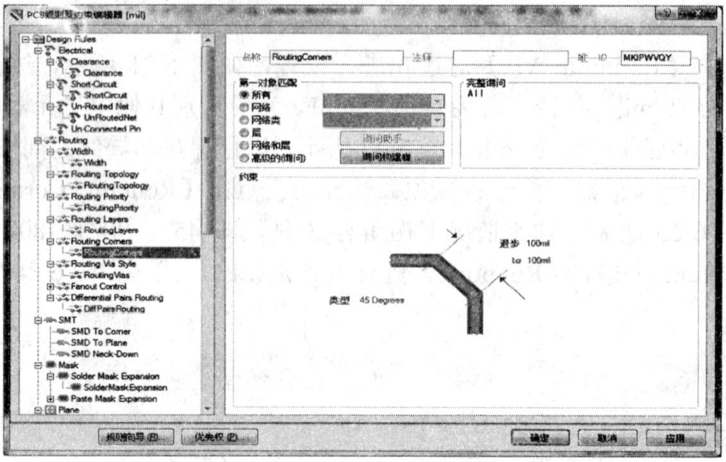

图 6-23　导线弯角约束设置

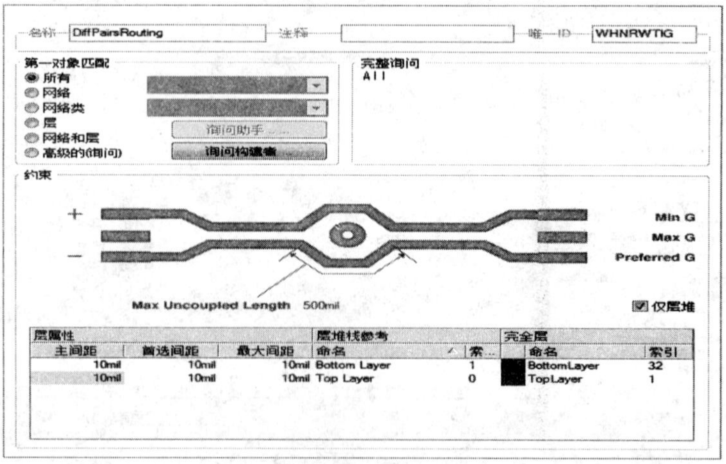

图 6-24　铺铜与导线间距设置

手动布线方法：在 PCB 编译环境下执行。

(1) 【放置】→【交互式布线】(P + T)。

(2) 【放置】→【差分对布线】(P + I)。

(3) 【放置】→【智能交互式布线】。

(4) 亦可通过工具菜单栏选择这三种布线方式，选中相应布线工具后，屏幕上将出现“十”字光标，利用该光标将连在一起的焊盘进行电气连接。

上述 3 种方法都可以实现布线，仅仅是布线方式不同而已。

6.5 自动布线

Altium Designer 软件的自动布线是一款优秀的电路设计所必需的辅助操作和特有的功能之一，对于电子元器件的散热、电磁干扰及低频信号等要求较低的电路设计来说，采用自动布线可以大大降低布线工作量。

在 Altium Designer 中自动布线主要通过以下步骤来实现。

执行【自动布线】后可以看到下拉菜单中有很多自动布线的方式，下面对几种常用的功能进行简单介绍：

(1) 全部。选择该功能后弹出如图 6-25 所示的状态行程策略窗口，在该窗口行程设置报告栏中可以点击【Rounting Widths】进行线的设置，点击【Rounting Via】等进行设置，此处设置和上一节中的规则设置一致，且可以继承，此处不再赘述。

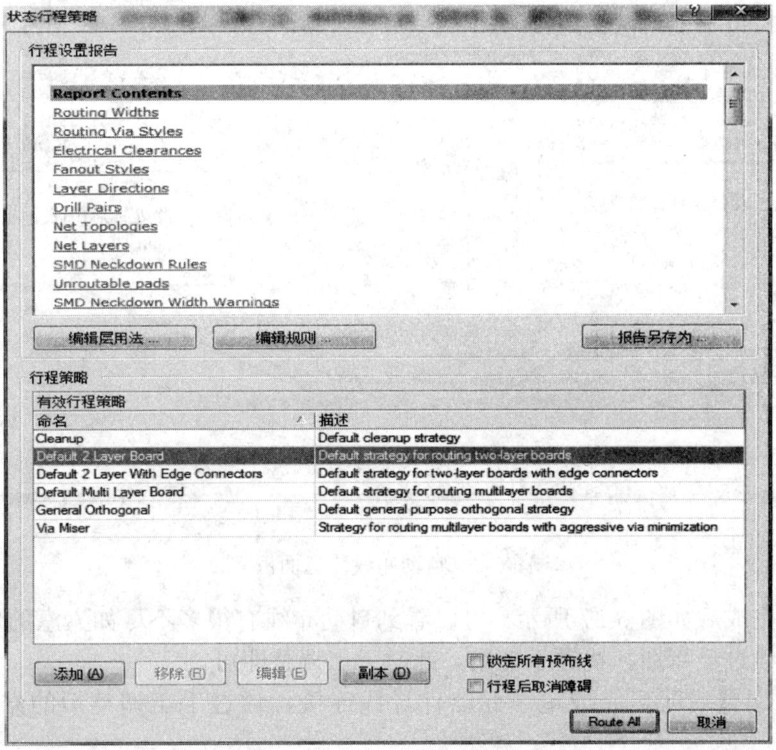

图 6-25 自动布线规则

在行程策略中可以选中不选布线策略，系统提供了 6 种默认策略：

① Cleanup：清除策略；

② Default 2 Layer Board：双面板布线策略；

③ Default 2 Layer Width Edge Connectors：具有边缘连接器的双面板布线策略；

④ Default Multi Layer Board：默认的多层板布线策略；

⑤ General Orthogonal：正交布线策略；

⑥ Via Miser：在多层板中尽量减少过孔使用策略：

以上 6 种策略可以通过选中后点击【编辑层用法】进行更改和设置，在该窗口中还有一个【锁定所有预布线】复选框，勾选后，重新自动布线将不改变这部分的布线。同时可以点击【添加】、【删除】、【修改】等按钮对规则进行修改。

⑦ 点击【Route on】后即可进行自动布线状态，如图 6-26 所示，自动布线中系统默认的是双面板布线，选中【Default 2 Layer Board】后点击【编辑层用法】把不需要的层设置为【No User】即可改为单面板布线。如果把 Bottom 层设置为“No User”，那么自动布线将只在 Top Layer 层进行，即单面板布线。当电子元器件布局不合理或者板子过小而电子元器件过于密集时自动布线将不能完成，此时自动布线不完善的地方则需要手动布线来配合。

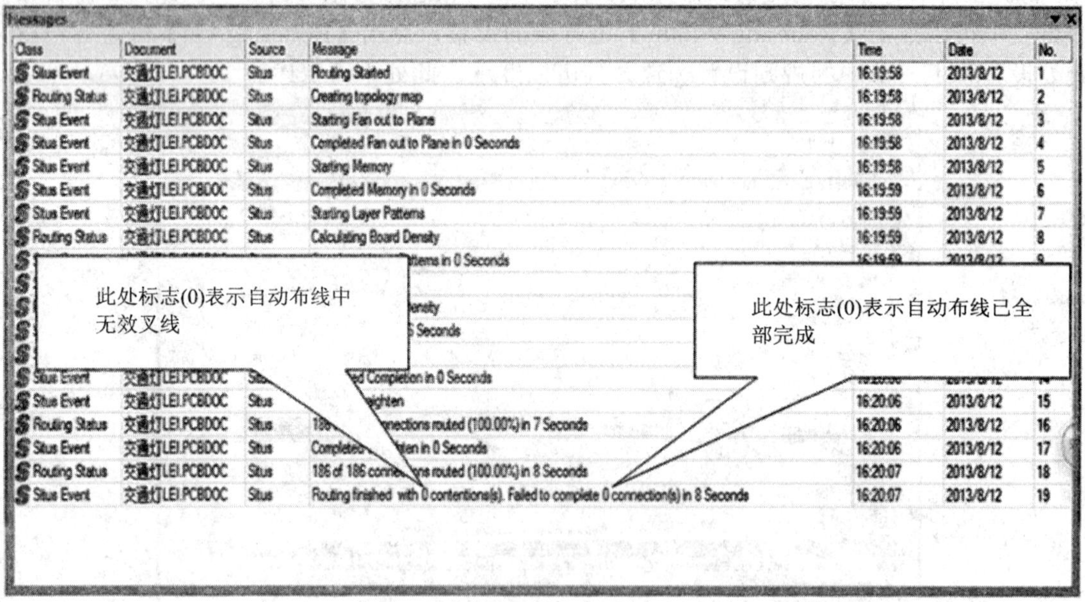

图 6-26 自动布线信息面板

自动布线完成后如图 6-27 所示，可以看到自动布线有很多不尽如人意的地方，如线连在了一起、导线过于弯曲、线过于密集，此时手工调整即可。

通过手工调整后即可完成电子元器件导线连接，通过手工调整后的结果如图 6-28 所示。

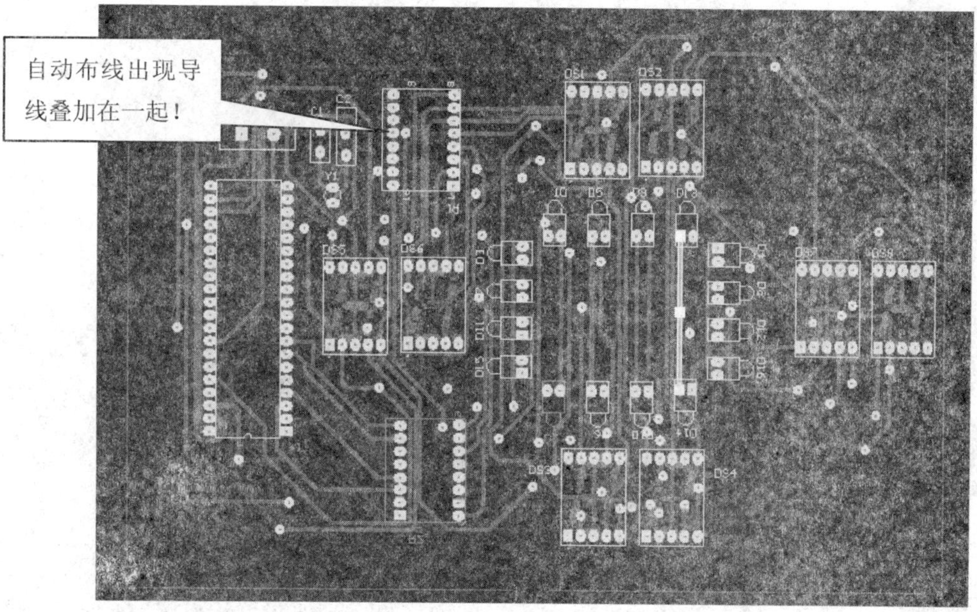

图 6-27　交通灯自动布线结果

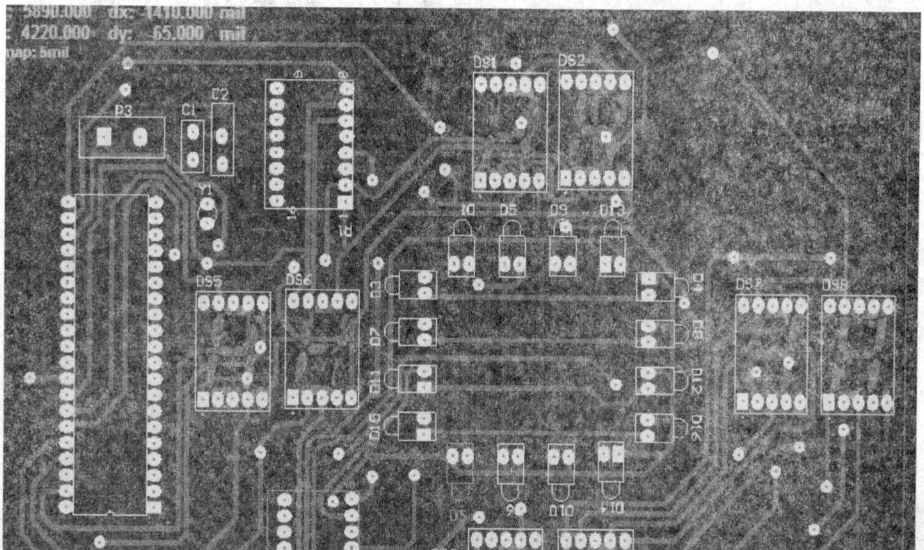

图 6-28　交通灯最终布线结果

(2) 网络。选择该功能后，自动布线将按照所参考的网络进行连接，如图 6-29 所示。选择后出现一个“十”字光标，使用该光标点击任何一个网络，都将能完成自动布线功能。

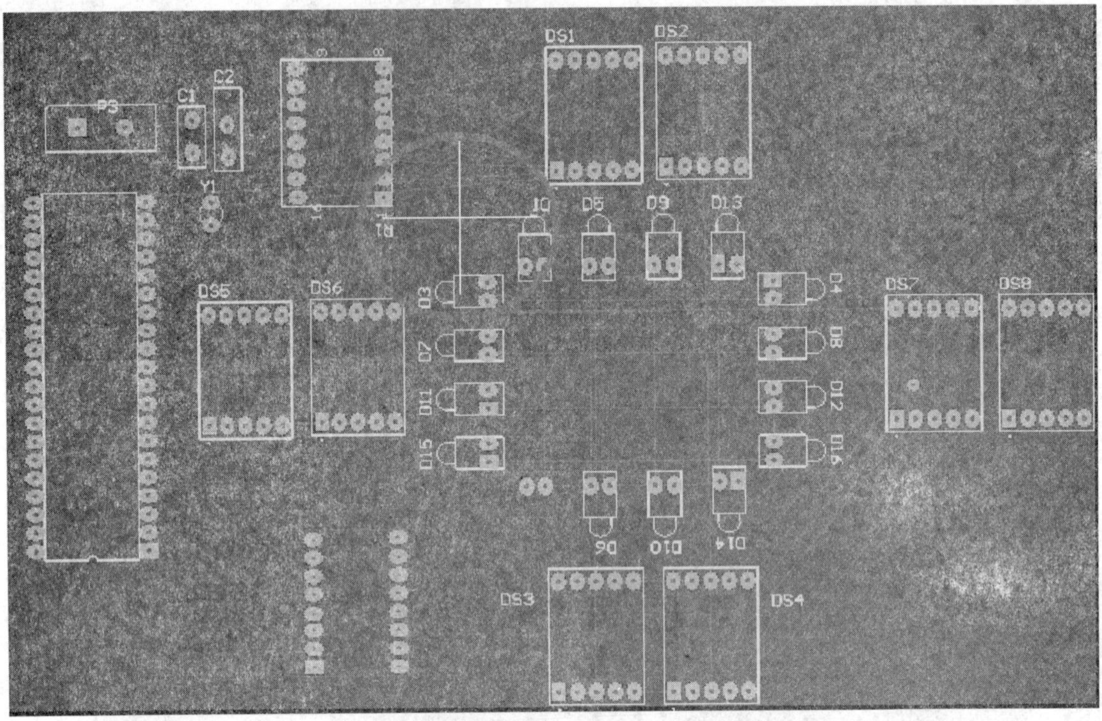

图 6-29　PCB[网络]自动布线光标

用该光标选中 DIP 1 这个网络标号后如图 6-30 所示，可见凡是有 DIP 1 这个网络标号的电子元器件都得到了连接。

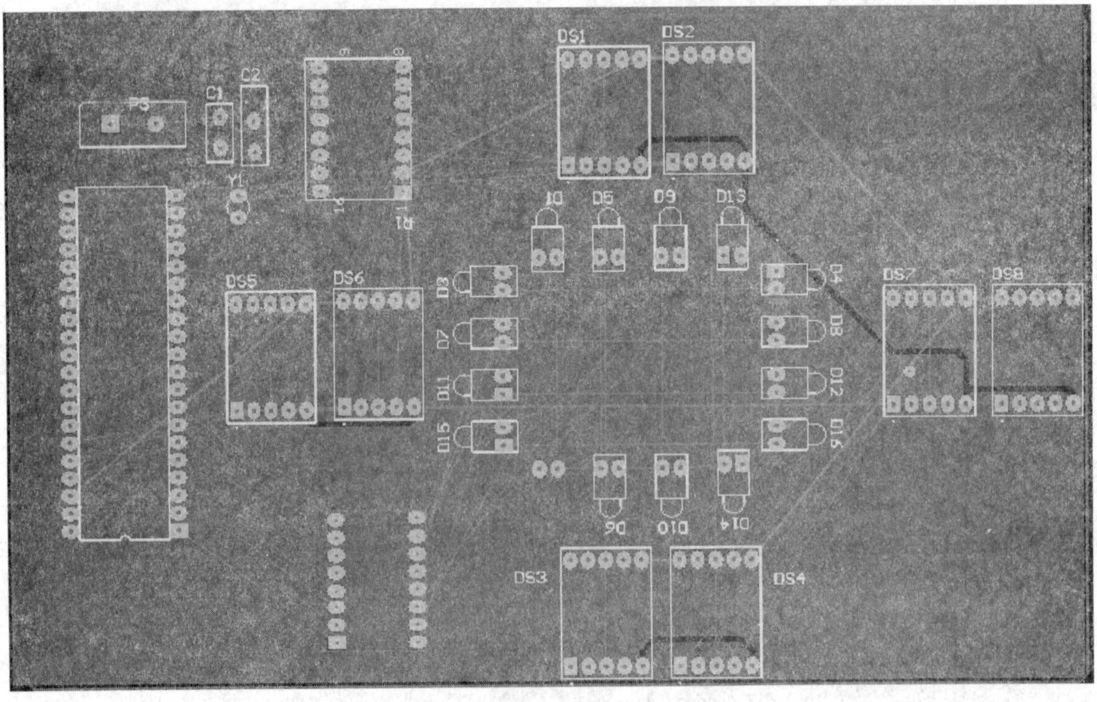

图 6-30　PCB[网络]自动布线结果

(3) 电子元器件。选中该功能后，屏幕上依然出现一个“十”字光标，如图 6-31 所示。利用该光标点击相应电子元器件后，系统将对该电子元器件进行自动布线，如图 6-32 所示，选 D4 后，D4 电子元器件被自动布线。

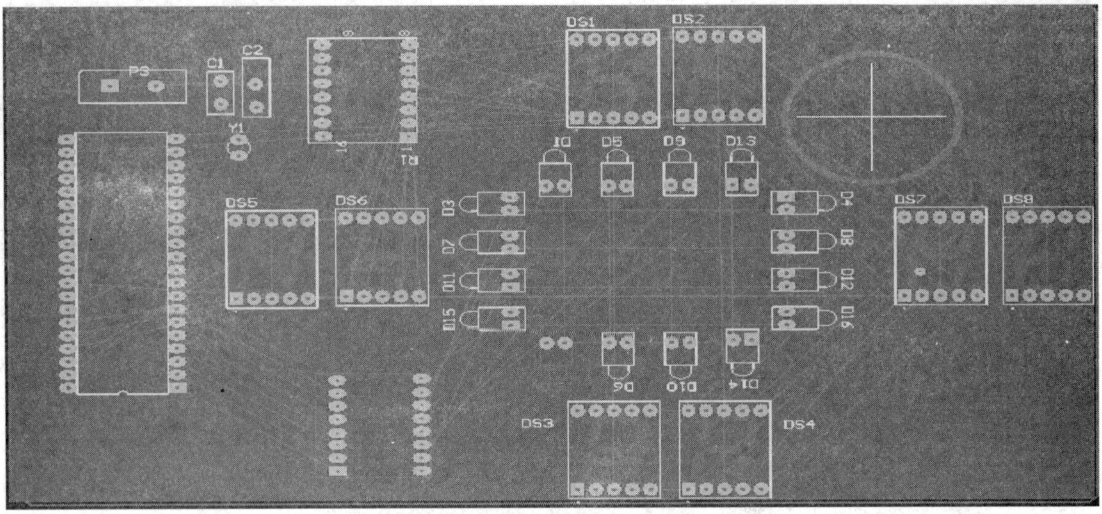

图 6-31　PCB[电子元器件]自动布线光标

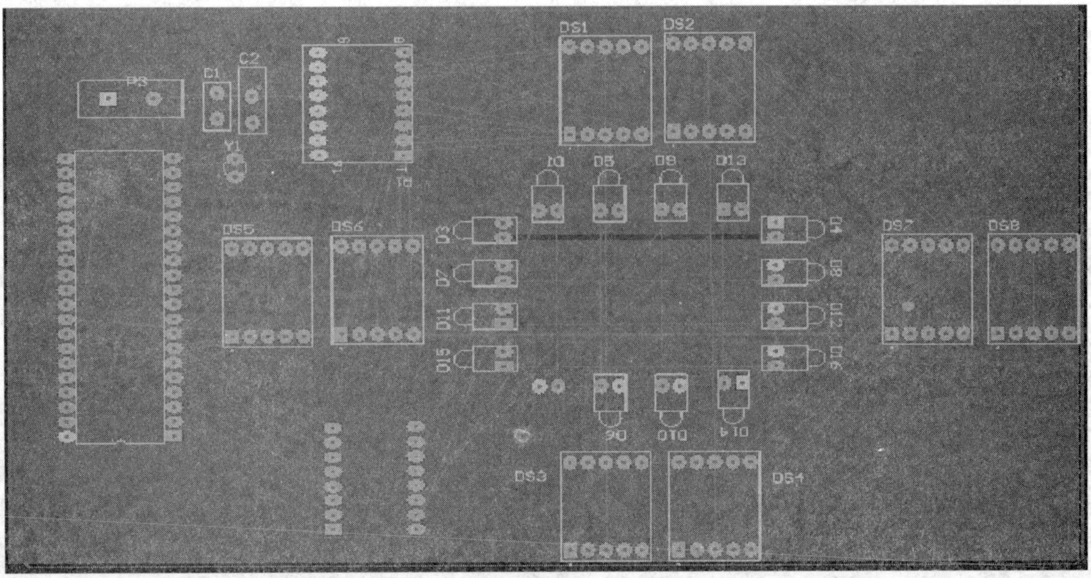

图 6-32　PCB[电子元器件]自动布线结果

(4) Room。选中该功能后系统依然会出现一个“十”字光标，用该“十”字光标选中相应的 Room 后系统将对选中的 Room 进行自动布线，如图 6-33 所示。(如果没有 Room 时，该功能将不执行，此时需要添加 Room)。

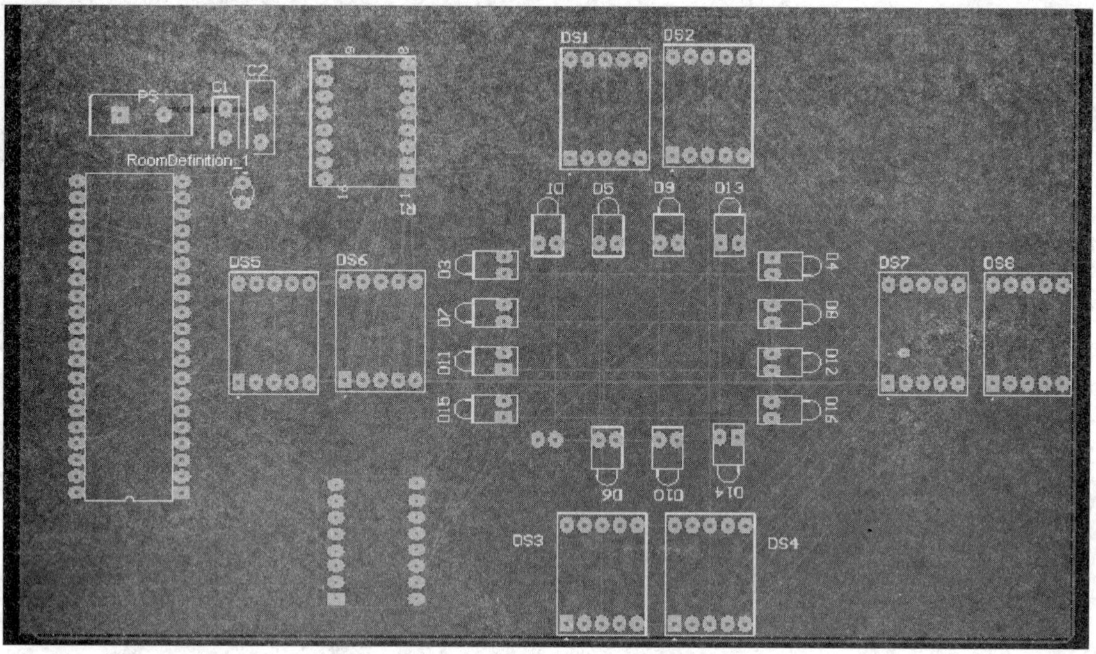

图 6-33　PCB[Room]自动布线结果

(5) 连接。选中该功能后，系统弹出一“十”字光标，用该光标选择相应的连接，即可进行自动布线，如图 6-34 所示，选中 DS5 第十个焊盘后与该焊盘相连接的导线被自动布线。

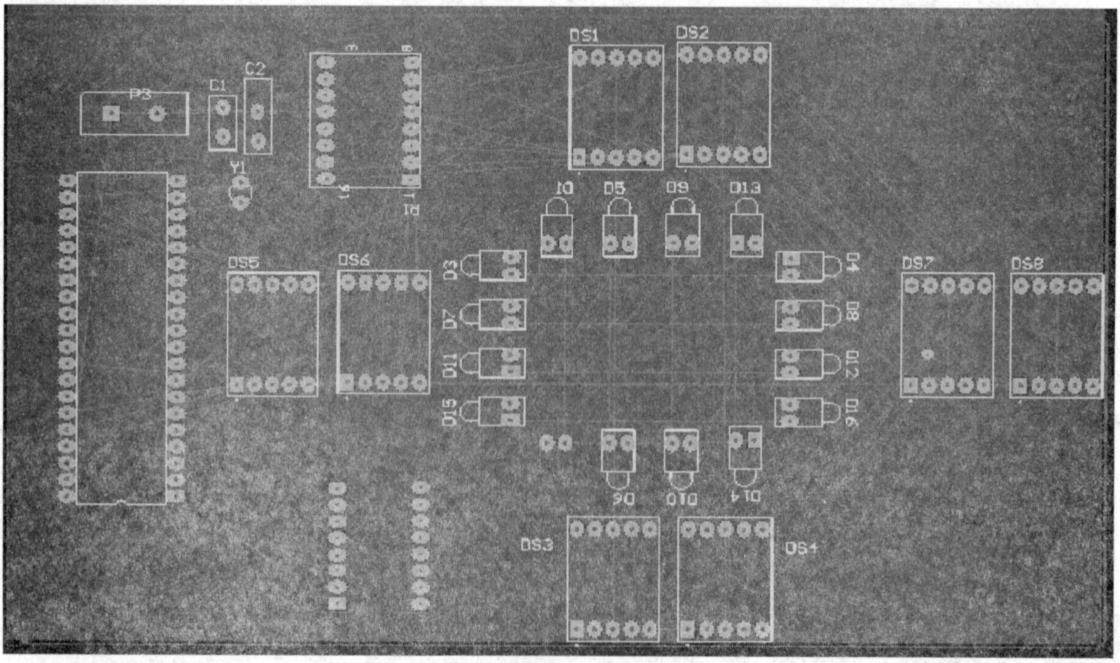

图 6-34　PCB[连线]自动布线结果

6.6 PCB 布线技巧

PCB 布线技巧如下：

(1) PCB 布局应按照信号流向遵循从左到右、从上到下的原则，即将信号输入端放在左边或者上方位置，而把输出放到右边或者下方位置。

(2) 对于低频电路设计时过孔不要太小，高频电路则尽量减少过孔且拐角应设为圆形。如果线多可以考虑多层板，尽量提高板子的电气性能。

(3) 绘制导线的时候尽量使用 45°折线，而不是 90°折线，以减少高频信号的自激振荡对工作电路的影响。

(4) 设计双面 PCB 板布线时，两面的导线宜相互垂直、斜角或者弯曲走线，避免相互平行，减小寄生耦合。

(5) 重要的信号线不允许从插座间穿过。

(6) 测试点不能选择在电子元器件的焊点上，应另加焊盘做测试点。

(7) 贴片焊盘上不允许有通孔，以避免焊膏流失造成电子元器件虚焊。

(8) 模拟信号和模拟信号地至少要保证单独的一层，电源也建议用单独一层。

(9) 走线和焊盘连接处的过渡要圆滑，避免出现小尖角。

(10) 高频信号布线时要注意信号线的阻抗匹配，保持信号线的空间隔离。

(11) 输入端和输出端尽量分离在电路板两端，避免平行走线。

(12) 对于地线尽量增加线宽，其中模拟地与数字地尽量分开，能铺铜更好。

(13) 核心电子元器件一般都放在电路板中心，其他电子元器件围绕核心器件布局。

(14) 蛇形走线有抗干扰的功能，同时具有感抗作用，合理利用可提高信号完整性。

(15) 设计连线最短的方法是理想的布局效果，布线时导线尽量不要绕远。

(16) 在单片机控制系统中，晶振、驱动电容要紧靠单片机芯片。

(17) 耦合电容、去耦电容要放置在合理位置。

(18) 双面板中尽量把线绘制在 DIP 电子元器件焊接增层中，以免焊装时出现问题。

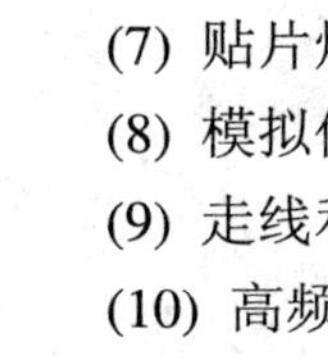

1. 请简述【全部】自动布线的步骤。

2. 自己设计一个简单的电路，完成电子元器件的布局与布线，考虑如何布局、布线最合理。

3. 使用交互式布线、差分对布线、智能交互式布线方式进行手工布线，体会各种布线方式的异同。

4. 绘制如图 6-35 所示原理图并将其导入到 PCB 文件中进行电子元器件布局布线，布局时紧紧围绕核心电子元器件布局，布线时采用自动布线(网络)方式完成。

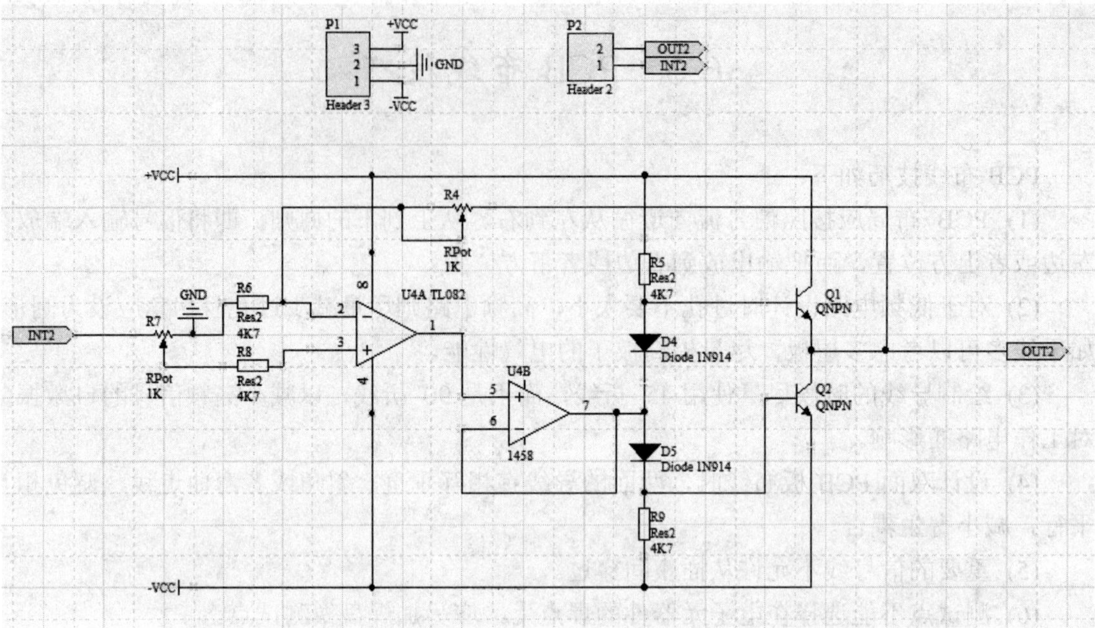
P1
+VCC
3
2
1
GND
Header 3
-VCC
P2
2
1
OUT2
INT2
Header 2
+VCC
R4
RPot
1K
R5
Res2
4K7
Q1
QNPN
GND
R6
R7
Res2
4K7
U4A TL082
INT2
RPot
1K
R8
Res2
4K7
D4
Diode 1N914
OUT2
U4B
1458
Q2
QNPN
D5
Diode 1N914
R9
Res2
4K7
-VCC

图 6-35

第 7 章　PCB 库文件的设计

[本章学习要点]

(1) 掌握 7-Pin MOSP 手工封装设计。
(2) 掌握利用封装向导绘制电子元器件封装的方法。
(3) 掌握 SMT 贴片 0805 系列封装绘制和使用。
(4) 了解复制法库文件制作方法。

第 4 章讲解了原理图库文件的操作设计，在绘制好原理图后进行封装添加，尽管在已安装库中有好多封装可以直接使用，比如 STC 系列单片机的封装可用一个 40 引脚 DIP 的封装(所有厂商芯片，相同封装的规格除了引脚数量有差别外，其他引脚间距都一致)，但对于那些比较个性的电子元器件在系统中基本没有属于它的封装，此时只有通过自己动手设计才能完成 PCB 设计工作。

本节中主要讲解直插和贴片的库文件设计，PCB 库编译环境下的工具条基本和原理图库文件编译环境一致。此外，在绘制库文件时系统提供了两种方法：手动绘制和向导绘制的方法。

7.1　手工封装设计

7.1.1　8-Pin MOSP 手动绘制

在绘制原理图库文件时，要绘制一个电子元器件的库，必须对该电子元器件的模型有所了解，通过查阅相关资料可知该电子元器件的模型如图 7-1 所示，此处主要绘制其贴片封装。

知道了图中所标信息后，即可绘制该封装，执行【新建】→【库】→【PCB 电子元器件库】，打开一个新的 PCB 库文件，点击【保存】并将其命名为“8-Pin MOSP.PCBLib”。在该编译环境下找到零点，若没找到零点可以通过执行【编辑】→【设置参数】→【定位】/【中心】重新设置零点，找到该零点后即可在零点位置处绘制封装。

按照图 7-1 所示先放置焊盘，焊盘长度为 0.9 mm (根据实际情况需要焊接的地方尺寸稍大一点，便于焊装)，焊盘中心间距为 0.65 mm。点击【放置】→【焊盘】(或者在工具栏处选择)选中后在待放置时按下 Tab 键进行属性更改，此处大小设置为如图 7-2 所示。

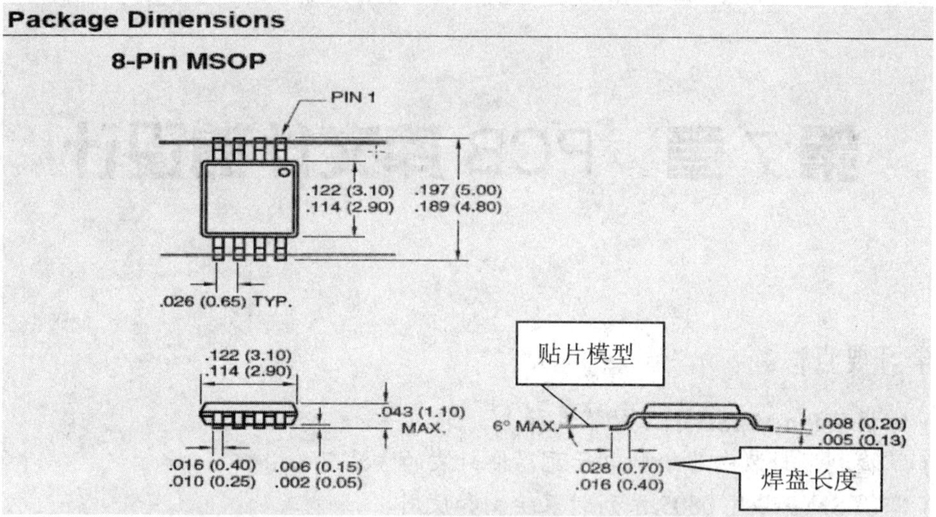

图 7-1　MSOP 封装规格技术文档

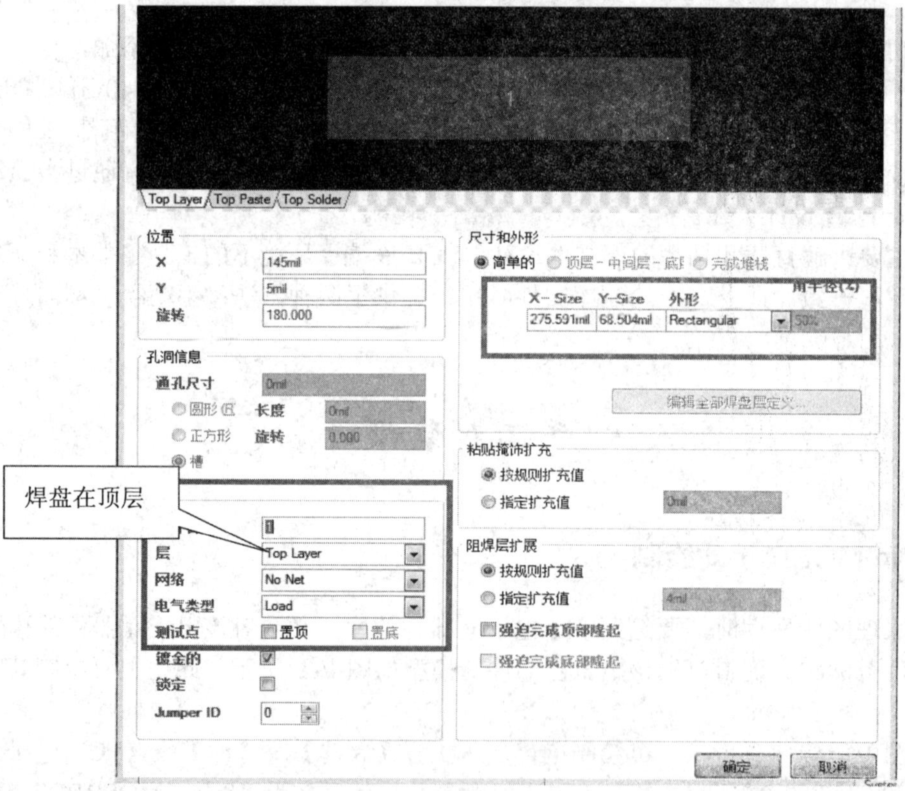

图 7-2　焊盘设置

注：此处在设置长度时更改单位可用 Ctrl + Q，若在放置焊盘时没有对齐零点可以通过文档属性进行设置 Snap，或者在工具栏处选择如图 7-3 所示的图标进行更改。此时应合理使用对齐工具，使所放置的焊盘都能对齐。

设置好后即可进行放置，最终放置如图 7-4 所示。

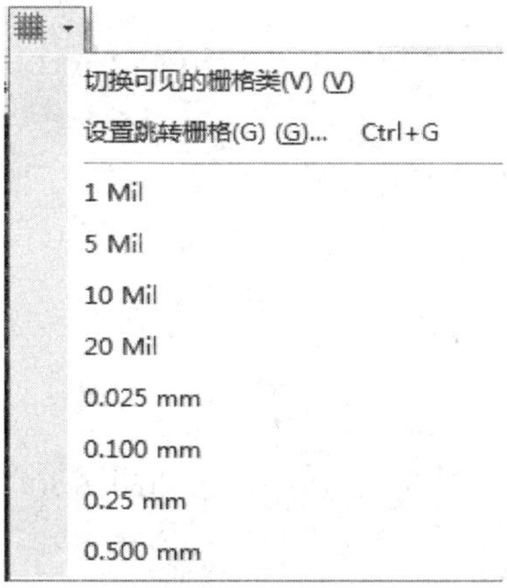

图 7-3　跳转栅格设置

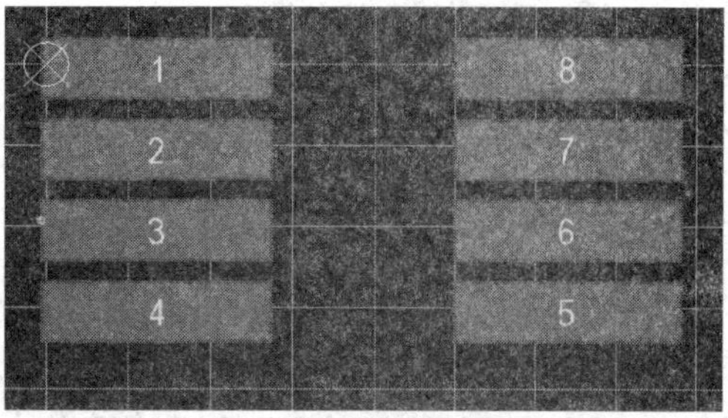

图 7-4　MSOP 焊盘放置

焊盘放置好后再放置边框，水平最大值可以为 197 mil，最小可以为 189 mil，平均值 193 mil。在 Altium Designer 中利用 Ctrl + M 可以测量实际距离，测量时从零点开始，如图 7-5 所示。

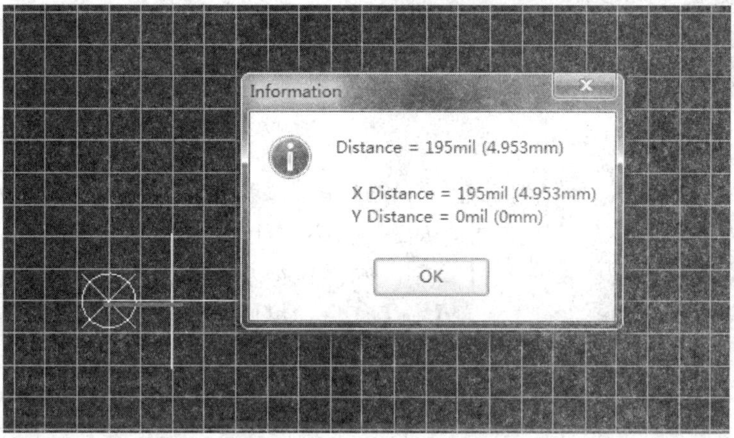

图 7-5　距离测量显示

测量好后点击【放置】→【走线】，在放置时点击【Tab】键更改线的属性，此处一般改为 Top Overlay 层线宽 20 mil，最终结果如图 7-6 所示。

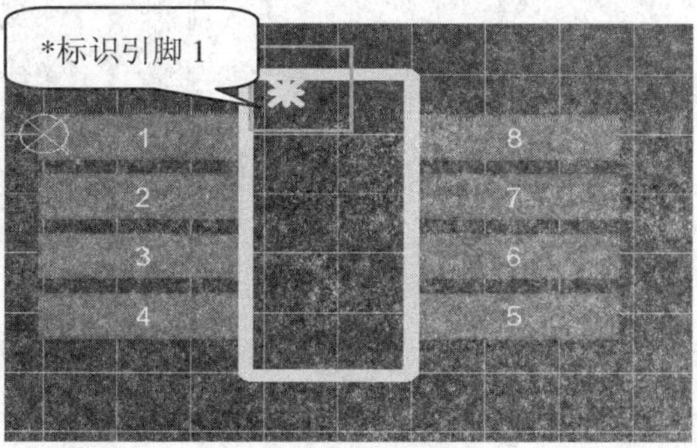

图 7-6　器件引脚标识

绘制好后即可点击【保存】，此处放置电子元器件的方法和原理图库一致。

注：原理图和 PCB 之间是通过特性中的指定值(原理图)与设计者(PCB)进行对应的，所以绘制原理图和 PCB 封装时一定注意一致性。

封装绘制中考虑到实际电路连接时不能和其他电子元器件相连的焊盘需要把属性中的指定者改为 0 或者删除(如 7.1.2 和 7.1.3 节所列举焊盘)，以免原理图与 PCB 互导时出错。

7.1.2 碳膜电位器 R2410NSXB1

在实际中往往会遇到带开关电位器，其外观如图 7-7 所示，具体结构如图 7-8(a)所示，原理图符号如图 7-8(b)所示，其封装画法具体讲解如下。

图 7-7 碳膜电位器实物图

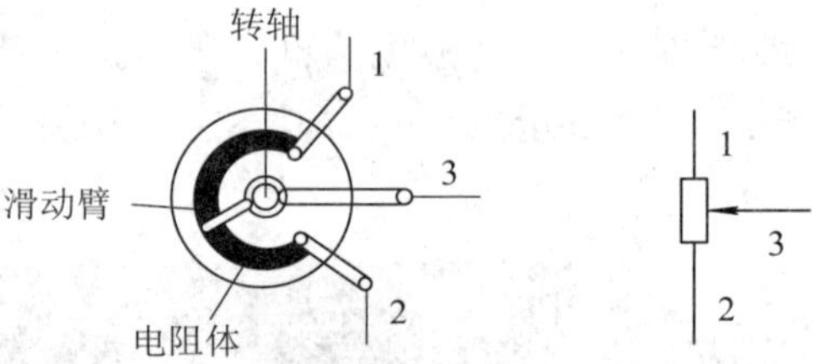

(a) 结构　　(b) 电路符号

图 7-8 碳膜电位器原理图

和 7.1.1 节方法一致，要绘制此电子元器件的封装，首先要了解其规范的结构和大小，通过查阅资料可得知其实际封装尺寸，如图 7-9 和 7-10 所示。依据该图即可绘制相应的封装，在绘制中主要针对图中圈内尺寸绘制。同样执行【新建】→【库文件】→【PCB 库】点击保存，打开该库文件，执行【放置】→【任意角度圆弧】，放置一个半径大小为 11.9 mm (11.3 + 1.2/2) mm 的圆(同样利用快捷键 Ctrl + M 确定距离)，再次在圆上方放置一个矩形，矩形长与圆直径相当(23.8 mm)，宽为 6 mm(11.9～17.9 mm)，最终结果如图 7-11 所示。

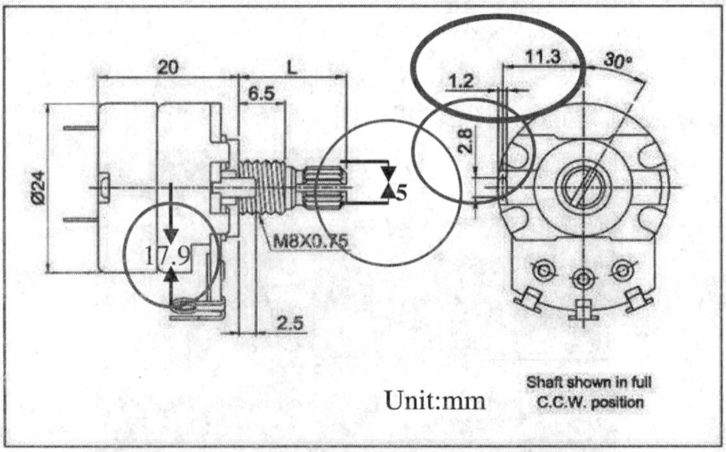

图 7-9 碳膜电位器技术指标

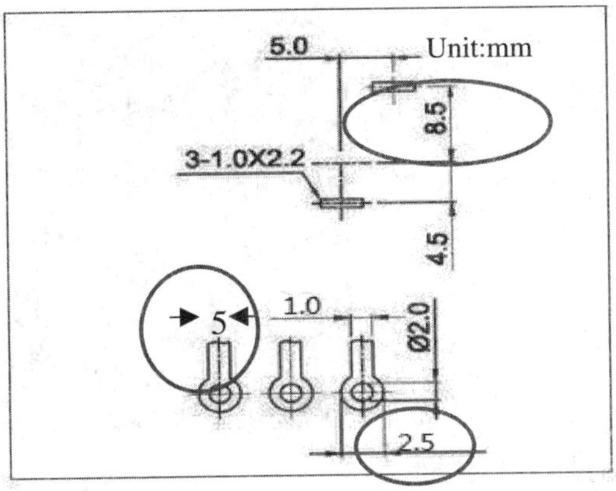

图 7-10　碳膜电位器焊盘规格

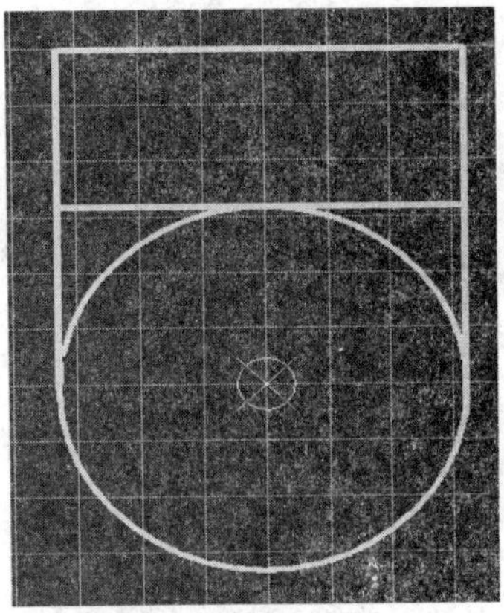

图 7-11　碳膜电位器 PCB 外观

绘制好放置焊盘，放置一个宽度为 1.2 mm、长度为 2.8 mm 的矩形槽焊盘，点击放置焊盘后，再按下【Tab】键，其属性设置为如图 7-12 所示。由于此焊盘在实际电路中仅仅起到稳固电位器的作用，不能与其他电子元器件相连，所以属性里面的设计者(指定者)改为 0 或者删除。

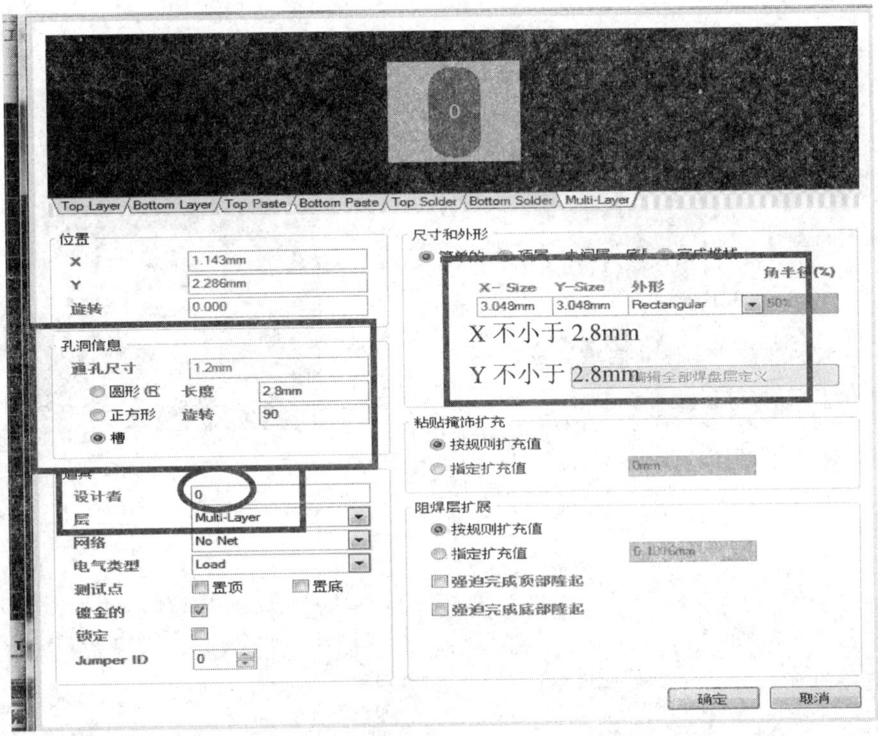

图 7-12　焊盘详细信息设置

设置好属性后点击【确定】即可放置焊盘到固定位置(与圆心一条水平线，而且与圆心距离为 11.3 mm 的左边)，如图 7-13 所示。放置好后再放置一个中心圆心焊盘，此焊盘主要通孔半径为 5 mm，设计者(指定者)改为 0 或者删除，其余选项不用设置，如图 7-14 所示，结果如图 7-15 所示。

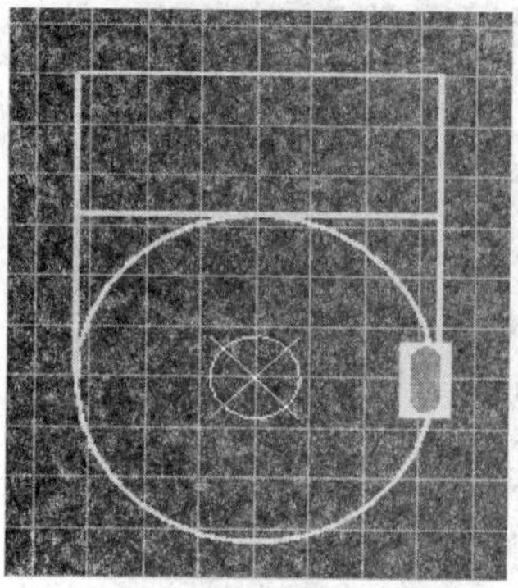

图 7-13　电位器 PCB 固定点

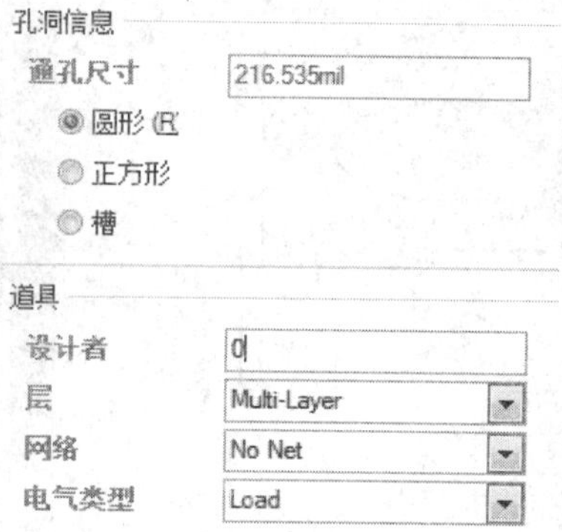

图 7-14　焊盘大小设置

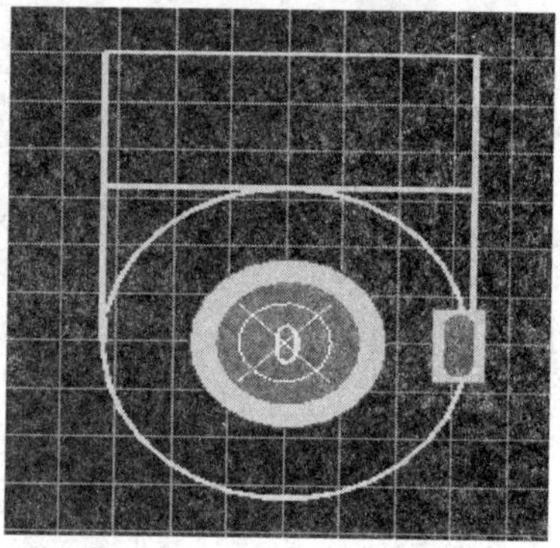

图 7-15　碳膜电位器 PCB 封装

接下来放置引脚焊盘，由图 7-10 可知，引脚焊盘有 3 个，间距为 5 mm，每个焊盘直径为 2.5 mm，通孔径为 1 mm，孔心间距为 9 mm，最终结果如图 7-16 所示。

注：这 3 个焊盘从左到右设计者依次改为 1，3，2。此点要特别注意，否则原理图与 PCB 封装连接会出错，此电子元器件原理图器件就用 RPOt 即可。

放置完成后可以加入相应的 3D Bodies，添加方法：选择电子元器件后点击【工具】→【Manage 3D Bodies for Current Component】进行添加，最终封装模型如图 7-17 所示。

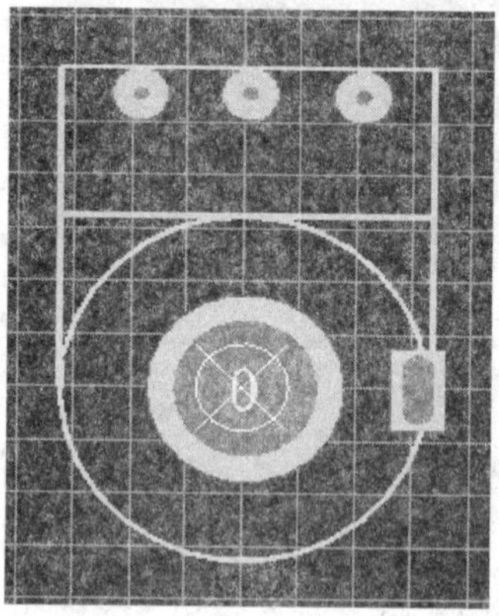

图 7-16　碳膜电位器 PCB 封装

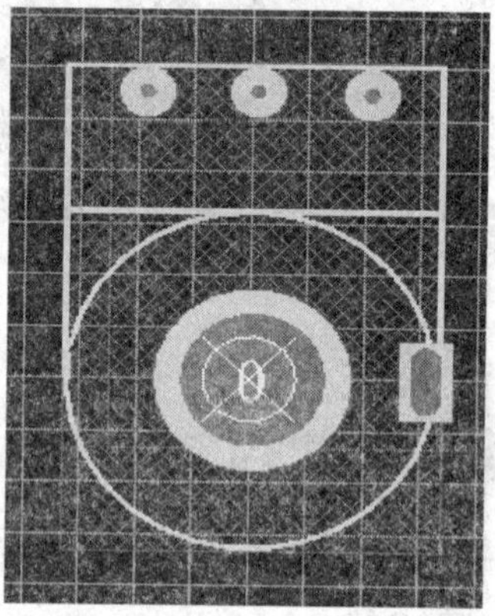

图 7-17　制作完成的 PCB 封装

7.1.3　散热器封装

对于一些功率大的电子元器件来说，散热一直是一个很大的问题，例如，对于集成直流稳压 LM78××系列三端器件，通常需要在芯片上加一个散热器。由于散热器型号很多，一般根据电路功率确定散热器尺寸。在此，可打开 7.1.2 节中所建立的库文件，执行【工具】→【新的空电子元器件】，按照图 7-18 所示尺寸绘制一个长为 23 mm、宽为 15 mm 的矩形(Ctrl + M 测距确定距离长短)。绘制完成后可以绘制散热器背后的方块模型，此时可以在任何一个 PCB 设计环境下找到“Miscellaneous Connector PCB.PCBLib”库文件，并找到 HDR1×9H 封装(Header 9H 所用封装)，将其复制到散热器库设计图纸上，如图 7-19 所示。将焊盘删除(需要剩余两个)，把所剩焊盘间距调整为 18.2 mm，焊盘直径大小设置为 120 mil，通孔直径为 50 mm，执行【工具】→【电子元器件属性】改为“Sanreq”(此命名可随意更改)，并可以添加注释，添加上 3D Bodies 后如图 7-20 所示。此电子元器件焊盘在与 LM78××相锁定时与 LM78××的 GND 相导通，通常不要让散热器与导线接触，且焊盘指定者都要改为 0，或者删除。

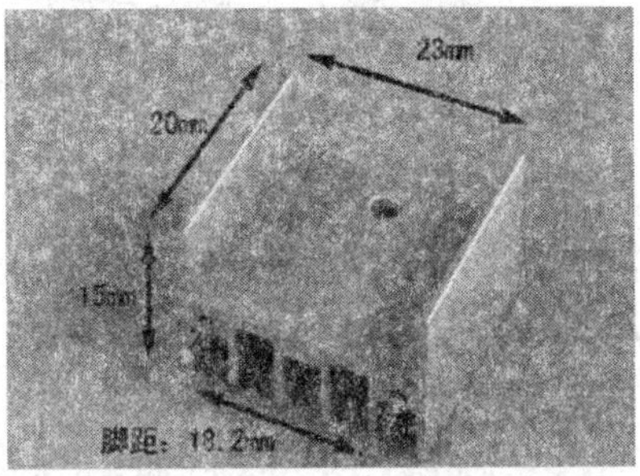

图 7-18　散热器外观尺寸

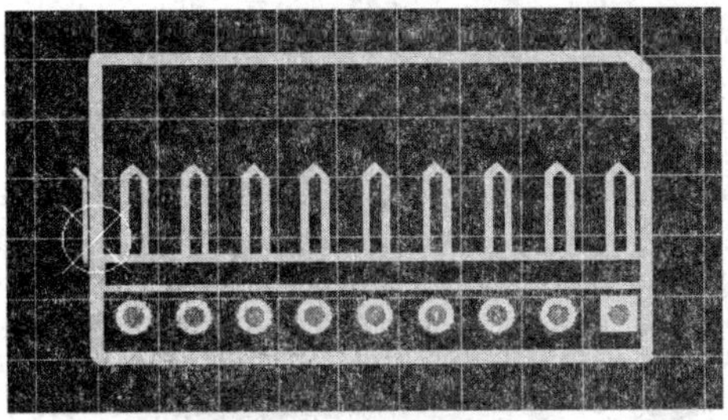
图 7-19　ADR1×9H 封装

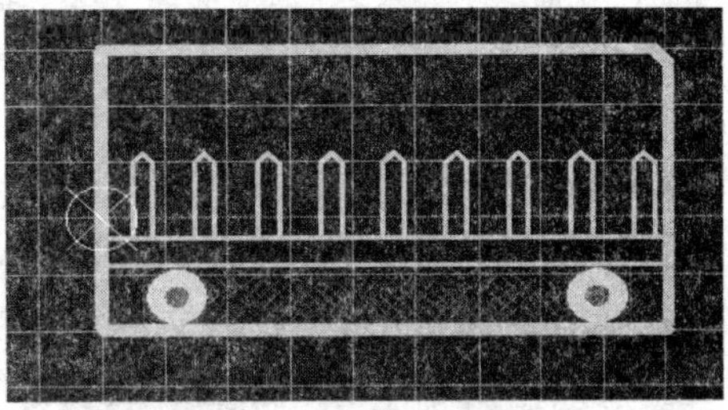
图 7-20　经过 HDR1×9H 修改后的散热器封装

7.1.4　SMT 贴片 0805 封装绘制

SMT(Surface Mounted Technology，表面组装技术)，是目前电子组装行业里最流行的一种技术和工艺。SMT 的出现让电子产品更趋于小型化、稳定化、自动化，其主要有以下优点：

(1) 有效节省 PCB 面积。

(2) 提供更好的电学性能。

(3) 对电子元器件的内部起保护作用，免受潮湿等环境影响。

(4) 提供良好的通信联系。

(5) 帮助散热并为信号传送和测试提供方便。

在实际应用中，电阻、电容、电感器件无处不在，其封装也是多种多样的。贴片电阻、电容、电感常见封装有 9 种(电容指无极性贴片)，有英制和公制两种表示方式。英制表示方法是采用 4 位数字表示的 EIA(美国电子工业协会)代码，前两位表示电阻或电容长度，后两位表示宽度，以英寸(in)为单位。这里常说的 0805 封装就是指英制代码。实际上公制很少用到，公制代码也由 4 位数字表示，其单位为毫米(mm)，与英制类似，下面就 Altium Designer 中 0805 系列封装进行简单讲解。

在 Altium Designer 的库文件“Miscellaneous Devices.IntLib”中通常都有自带的 0805 封装，如用户在使用过程中没有找到，则需要自己绘制，其封装尺寸如图 7-21 所示。

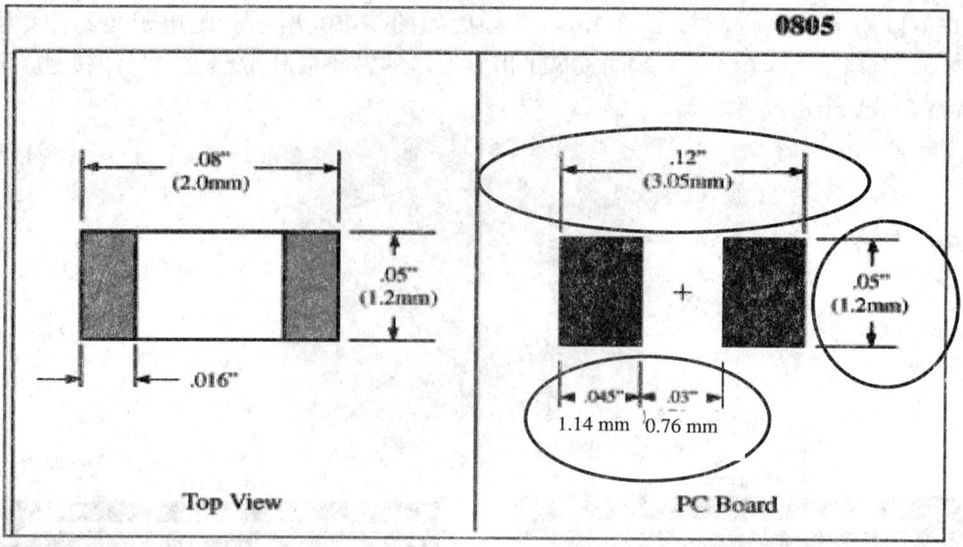

图 7-21　0805 封装尺寸

由图中 PCB Board 可知绘制时主要注意 4 点：焊盘长、宽，焊盘的间距和总的长度，清楚这些后即可创建相应的封装。

打开 Altium Designer 执行【文件】→【新建】→【PCB 库】后统一保存在一个文件夹下面，在 PCB 库编译环境下点击【放置】→【焊盘】(快捷键 P-P)，在放置过程中按下 Tab 键更改属性，如图 7-22 所示。实际绘制时需要把焊盘长度稍微绘制长一些(但焊盘间距为 0.76 mm 不能改变)，为便于焊接、调试，此处焊盘长度设置为 1.524 mm(标准尺寸为 1.14 mm)，宽度为 1.27 mm(标准尺寸为 1.2 mm)，并设置为 Top Layer 层。

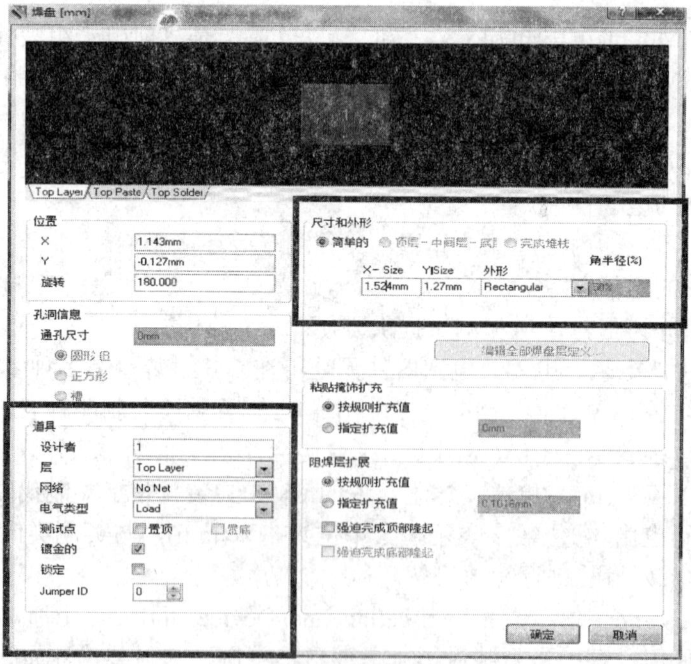

图 7-22　SMT 焊盘设置窗口

两个焊盘都放置完成后，即可简单绘制一下边框，最终结果如图 7-23 所示。

绘制结束后执行【工具】→【电子元器件属性】将名称更改为 0805，如图 7-24 所示，更改完成后保存即可。

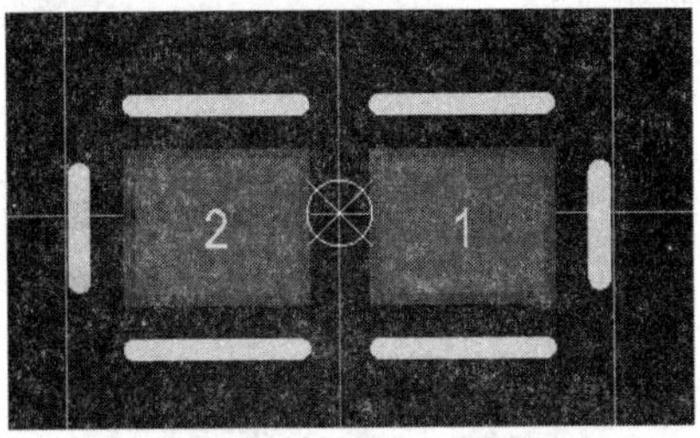

图 7-23　设计好的 0805 封装

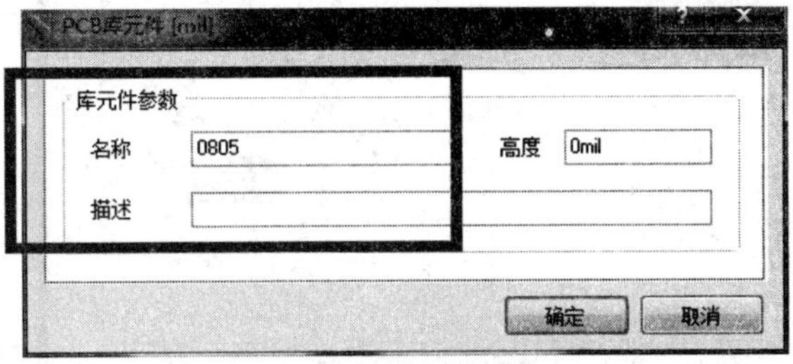

图 7-24　给制作好的封装命名

注：在利用贴片电子元器件绘制 PCB 电路时，注意连接贴片电子元器件引脚的导线须和引脚在一个层上，如引脚在顶层，则连接导线也应该在顶层。

7.2　利用封装向导绘制电子元器件封装图

7.1 节介绍了手动绘制电子元器件封装，其实在 Altium Designer 中系统自身就已提供了很多电子元器件的封装向导，特别对于芯片，下面进行讲解。

打开 Altium Designer 执行【文件】→【新建】→【PCB 库】后同样进行保存，保存后点击【工具】→【电子元器件向导】，打开后如图 7-25 所示。

点击【下一步】后如图 7-26 所示。

图 7-25　PCB 元器件制作向导

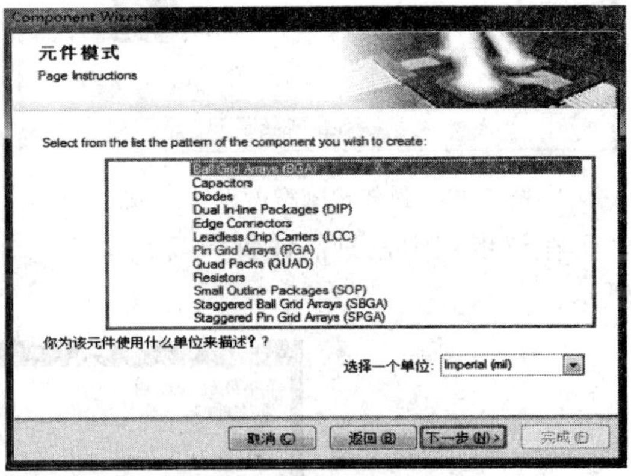

图 7-26　元件模式选择面板

如图 7-26 所示的电件模式中提供了各式各样的电子元器件(除了没有标准的电子元器件)，如 Capacitors(电容)、BGA、Diodes(二极管)、SOIC、PLCC 等模型的电子元器件封装，在 7.1 节中绘制的 SOP 封装也有，此处就利用向导模式进行绘制讲解。

在选择了 SOP 模式后继续选择单位(此处选择英制单位 mil)，点击【下一步】后如图 7-27 所示。依据资料此处应该设置为长 80 mil、宽 1.6 mil(最大值)，设置完成后点击【下一步】，如图 7-28 所示。

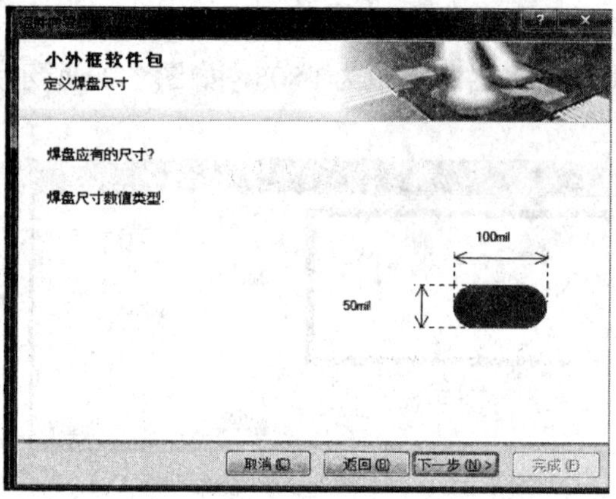

图 7-27　PCB 封装焊盘尺寸设置面板

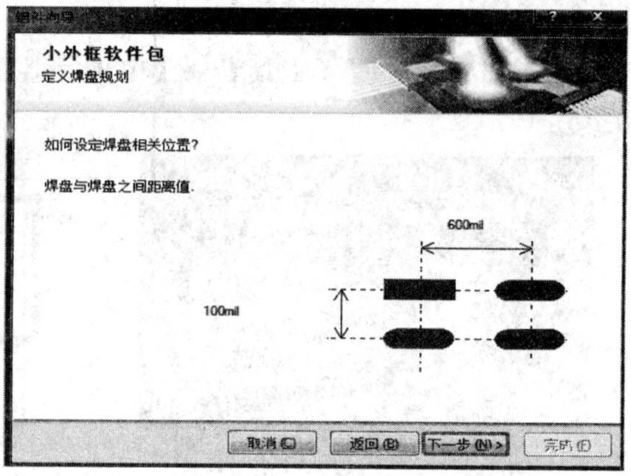

图 7-28　焊盘与焊盘之间大小设置面板

此处需要设置两个参数：一个是两焊盘之间的中心间距；一个是两列焊盘间的中心间距。

依据参数图此处分别取 26 mil 和 140 mil。设置好后点击【下一步】，如图 7-29 所示。

该步主要是设置线宽，此处默认即可。点击【下一步】如图 7-30 所示。

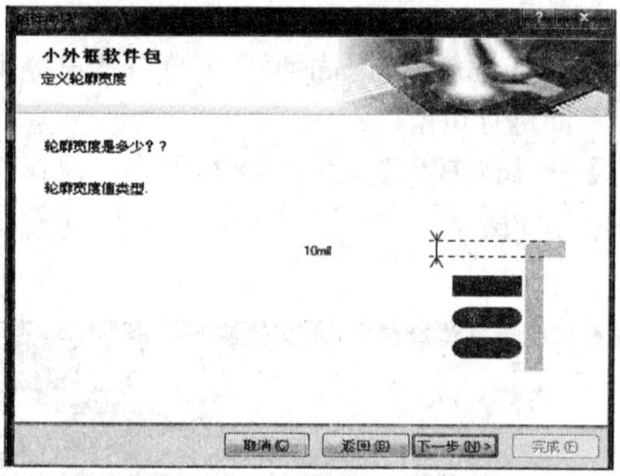

图 7-29　封装轮廓宽度设置面板

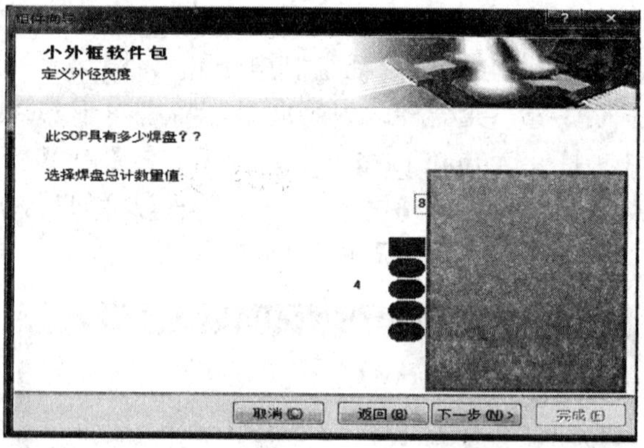

图 7-30　封装焊盘数量设置面板

在该步骤中，只需设置焊盘数量即可。此次所需焊盘数为 8，点击下一步，如图 7-31 所示。

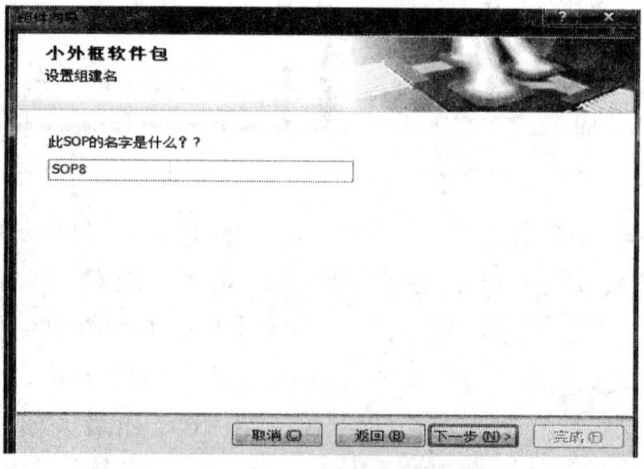

图 7-31　给封装命名

给所设计的封装命名后点击下一步完成设计，如图 7-32 所示。

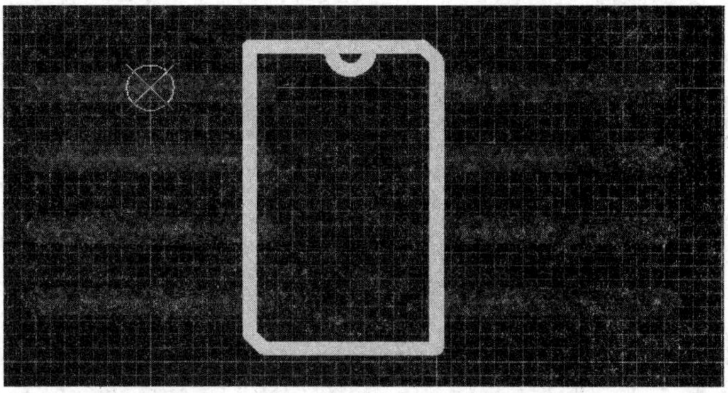

图 7-32　利用封装制作向导完成 SOP 封装

点击保存后即可完成设计，除了 SOP 封装外，其他自带封装学者都可以尝试生成，但值得注意的是，在绘制之前一定要很好地了解该电子元器件的模型，不然绘制出来的封装有偏差而导致最终设计的电路板无法焊接电子元器件，花费时间不说还耽误工程进度。另外，在绘制封装时尽量在零点处绘制，不然在放置时不易操作。

注：经过多年的调整，目前市场上大多的集成芯片规格都是一样的，因此对于那些没有封装的集成芯片来说，添加封装是易事。例如，40 引脚的 DIP (双列直插式)封装 PIC 单片机和 40 引脚的 DIP(双列直插式)封装 STC 52 单片机封装规格一致。此时，在封装管理中可以直接互换应用而无需再绘制单独封装。在此一再提示，希望读者注意，学会合理利用该方法可做到事半功倍。

1. 通过本章学习自己上网查资料完成一个电容、一个二极管的封装设计。

2. 完成一个 STC C51 单片机的封装设计，设计时请用两种方法(包括复制法设计)。

3. 完成色环电阻、瓷片电容的 0805 封装。

第 8 章　PCB 电路优化设计

[本章学习要点]

(1) 学会利用 DRC 检查项目文件。

(2) 掌握原理图电路优化方法。

(3) 掌握 PCB 电路优化方法。

(4) 掌握铺铜工艺流程。

通过第 6 章和第 7 章的学习，在完成布局布线之后基本已经完成了 PCB 的绘制，但是此时完成的PCB电路进行实际制作时会发现，制作出来的电路板存在着许多不理想的地方。如 PCB 线条较细导致腐蚀的时候连接导线被腐蚀而断开，PCB 电子元器件焊盘较小导致打孔的时候焊盘被打掉，或者是过孔太小导致电子元器件没有办法插入，连线时地线端太细导致所做出来的电路无法正常工作，没有达到 PCB 电路板设计的整体要求。本章主要对上述存在的问题进行讲解，对实际电路进行加注释、加测试点、加泪滴、批量更改焊盘、铺铜和增设电子元器件等操作，让初学者能深刻体会优化的概念和方法。

8.1　DRC 检 查

DRC 即设计规则检查，是在对电路板进行布线完成后需要进行一次完整性的设计规则检查，以便于设计的电路能正确地工作。

执行【工具】→【设计规则检查】命令，弹出如图 8-1 所示窗口，该窗口由两部分组成，左侧是该检查器的内容列表，右侧是该项目的具体内容，左侧对话框由报告和规则构成。

(1) DRC 报告栏。在窗口中点击【Report Options】，即可以打开 DRC 报告相关设置内容，此处一般保持默认即可。

(2) DRC 规则。在窗口点击【Rules To Check】，打开如图 8-2 所示，可以看到此处设置规则是多样的，包括线宽、过孔大小、网络拓扑结构、安全距离、引线长度、引线间距、信号完整性、电子元器件间距等规则，此处设置也可根据前面所讲的规则进行设置。在规则栏处有【在线】和【批量】两个选项，在线即实时检查，批量即手动进行检查。在线 DRC 可以通过【系统优选项】→【PCB Editor】进行设置，如图 8-3 所示。

此处应值得注意的是，批量 DRC 在未布线的状态下进行检查时需要将布线的规则进行禁止，否则将会产生过多的规则错误，导致不必要的麻烦。

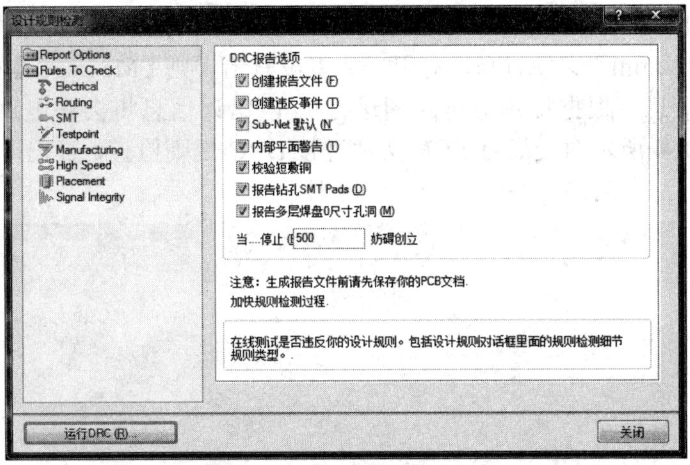

图 8-1　设计规则检查设置面板

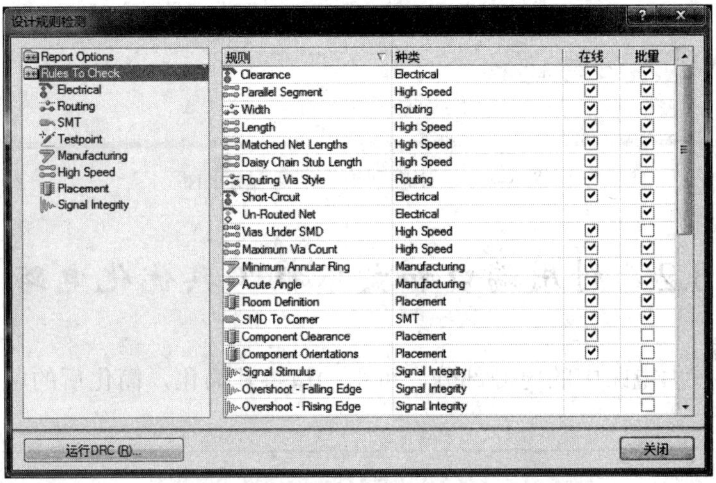

图 8-2　规则检查选择面板

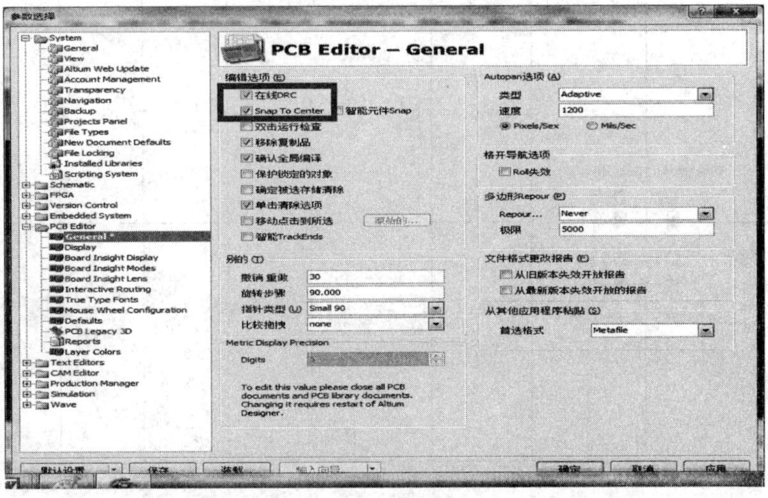

图 8-3　在线规则检查开关设置面板

设置规则后即可点击【运行 DRC】进行 DRC 检查，检查完毕后弹出【Messages】报告窗口，并生成“*.html”文件且自动打开。如果没有错误则【Messages】中没有信息出现，如出现提示错误信息可根据提示对电路图进行更正(错误信息将会在电路图中表示出错误提示颜色)。如图 8-4 所示对交通灯 PCB 文件进行 DRC 规则检查，弹出【Messages】信息，信息栏中没有提示，表明该电路图符合系统规则。

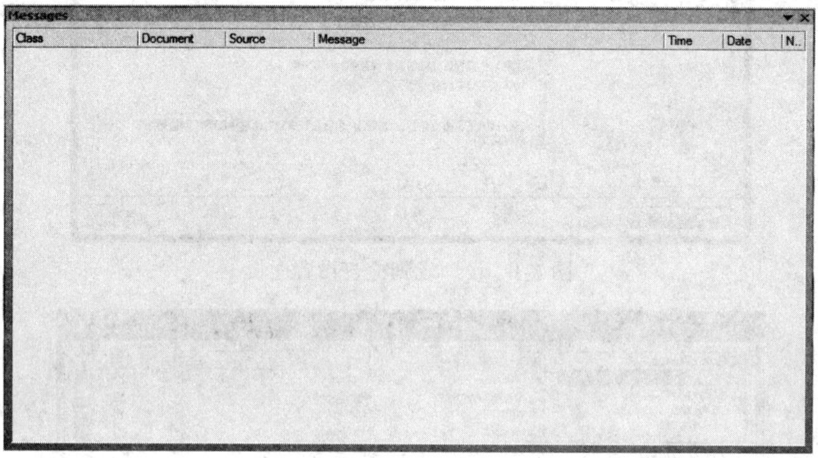

图 8-4　设计规则检查消息显示面板

8.2　利用端口和文本框工具优化电路

信号发生器放大电路中的电源部分，可用端口将其简化，简化后的电源电路如图 8-5 所示。

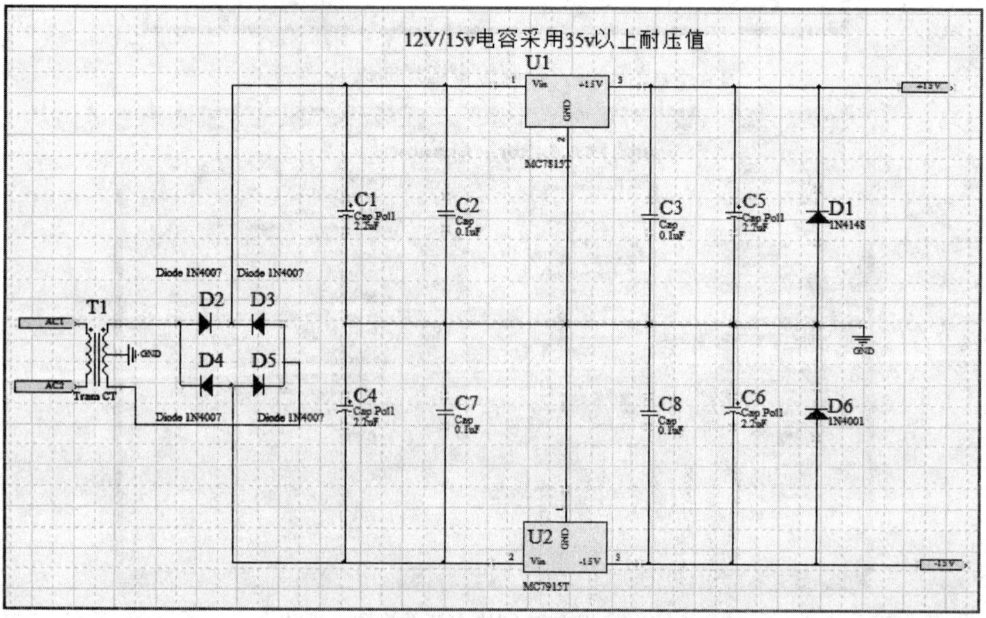

图 8-5　经过端口简化后的原理图

用户通过变压器给电源电路的 AC1 与 AC2 两端输入 18～20 V 的交流电压，接着信号进入桥式整流，通过桥式整流滤波后得到的直流输入电压分别接在 LM7815 与 LM7915 的输入端和公共端之间，此时在输出端即可得到稳定的输出电压。因此可在电源电路的输入端绘制同频率、相位相反的正弦波信号。执行【设计】→【文档选项】菜单命令，此时系统将弹出【文档选项】属性对话框，在对话框中设置【Snap】和【可见的】为 5，如图 8-6 所示。修改完成后，单击【确定】按钮确认修改。接下来绘制正弦波信号。单击【画图】工具栏中的【放置线】工具。

图 8-6　文档栅格设置面板

当鼠标将以“十”字形出现时，在期望绘制直线起始点的位置单击鼠标左键，然后拖动鼠标，可看到在绘图页上出现直线，并按照上述方式放置坐标系的纵坐标及箭头，接下来绘制正弦波信号如图 8-7 所示。单击【画图】工具栏中的【放置 Bezier】工具(此工具使用借鉴于参考文献[1])。

当鼠标以“十”光标出现，在期望绘制曲线起始点的位置单击鼠标左键，确定曲线的起始点，如图 8-8 所示。

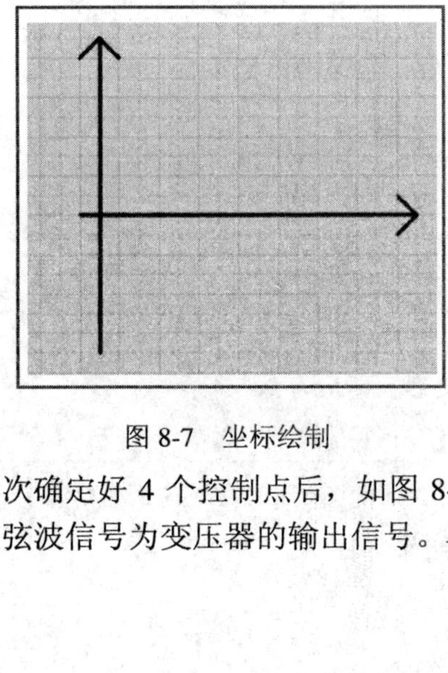

图 8-7　坐标绘制

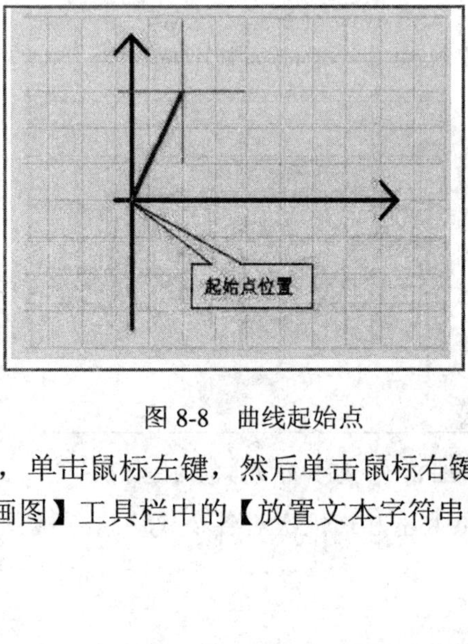

图 8-8　曲线起始点

依次确定好 4 个控制点后，如图 8-9 所示，单击鼠标左键，然后单击鼠标右键退出，此时正弦波信号为变压器的输出信号。单击【画图】工具栏中的【放置文本字符串】工具，可看到鼠标下出现一个“Text”文本编辑框，如图 8-10 所示。按下【Tab】键，此时系统将弹出【注释】对话框，如图 8-11 所示。

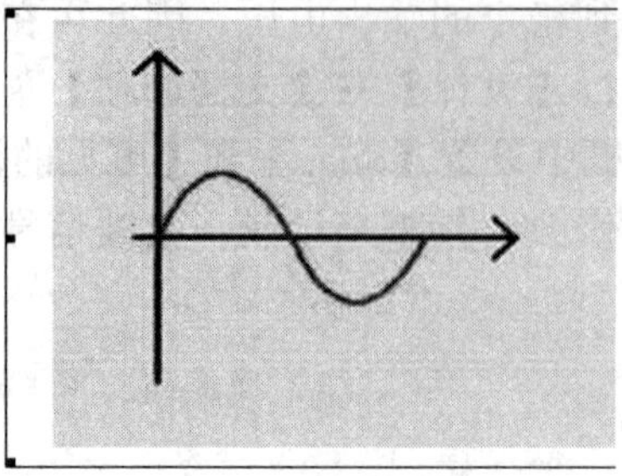

图 8-9　绘制曲线完成

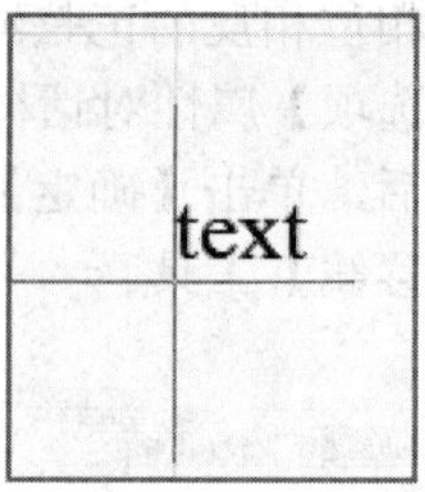

图 8-10　放置文本

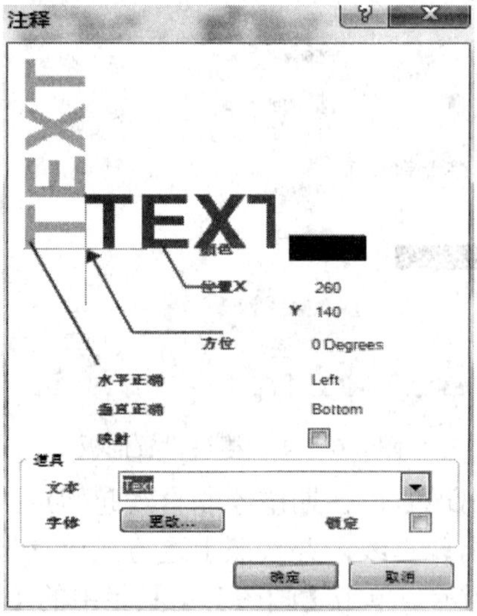

图 8-11　文本设置面板

在【文本】对话框中输入“变压器输出信号”字段，其他选项采用系统的默认设置，设置完成后单击【确认】按钮，确认设置。此时在期望放置字段的位置单击鼠标左键即可放置标注文本，如图 8-12 所示。

对坐标轴进行说明。其中横轴为 *t*/S，纵轴为 *U*/V，如图 8-13 所示。

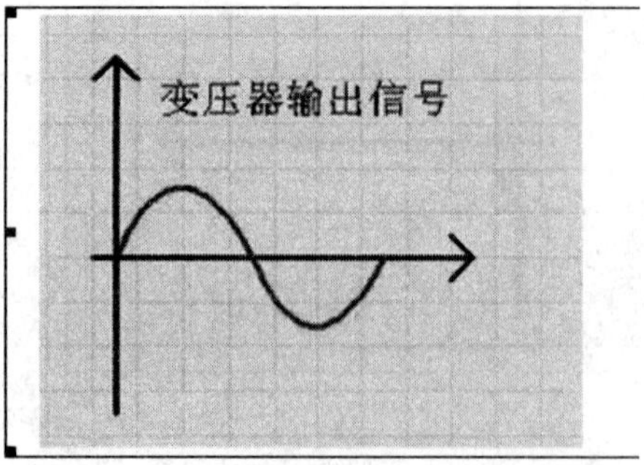

图 8-12　添加好文本的曲线标识

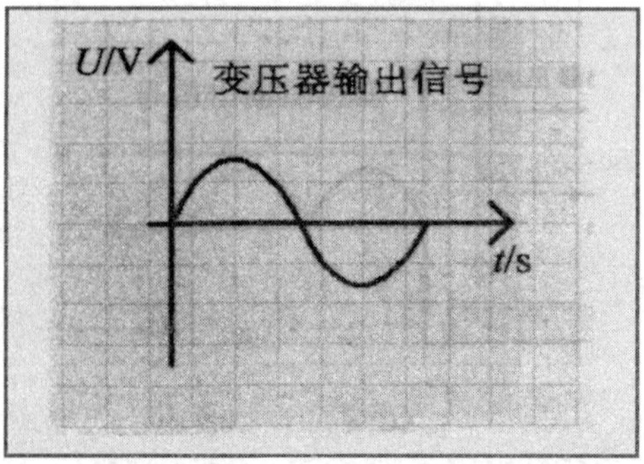

图 8-13　最终完成的标识

按照上述方式依次对各个模块进行标识，最后结果如图 8-14 所示。

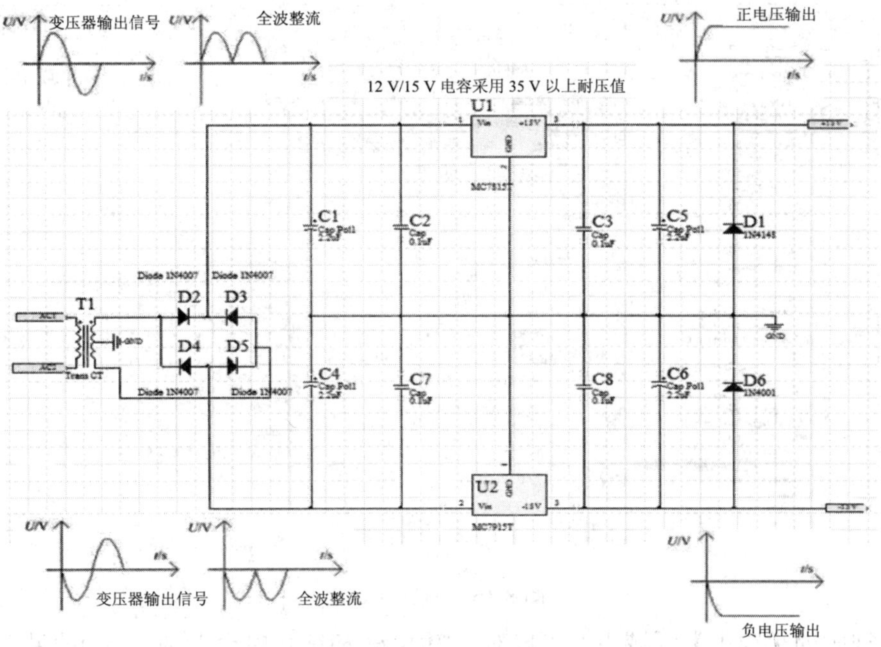

图 8-14　添加有输入输出波形的原理图

8.3　添加测试点

电路板完成后，设计者需要根据设计功能对电路板检查，测试其能否正常工作。测试可以分为两种：第一种在没有焊接电子元器件的时候进行测试，此法称为裸板测试，主要测试导线是否导通、短路；第二种则在电子元器件焊装好后进行测试，称为组合板测试，主要测试整个电路的工作情况，确定性能是否满足设计需求。在测试过程中选择好测试点是很重要的，下面讲解测试点的添加。

8.3.1　测试点规则

执行【设计】→【规则】菜单命令，打开【PCB 规则和约束编辑器】对话框，在左边的规则列表中，单击【Testpoint】前面的加号，可以看到需要设置的测试点子规则有两项，如图 8-15 所示。规则介绍见参考文献[2]。

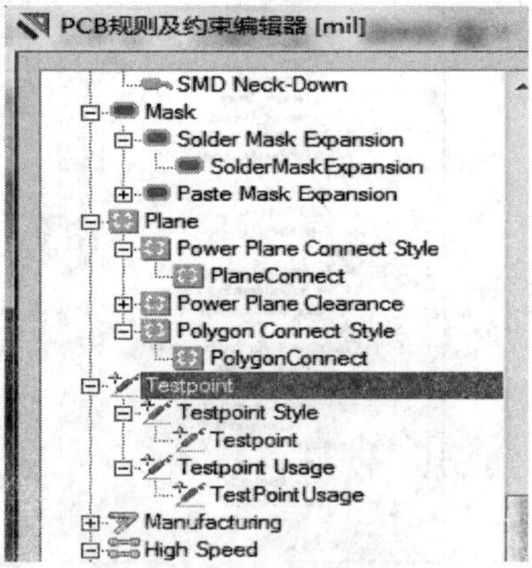

图 8-15　PCB 规则编辑器

1.【Testpoint Style】(测试点样式)子规则

【Testpoint Style】子规则用于设置 PCB 中测试点的样式，如测试点的大小、测试点的形式、测试点允许所在层面和次序等，其设置窗口如图 8-16 所示。

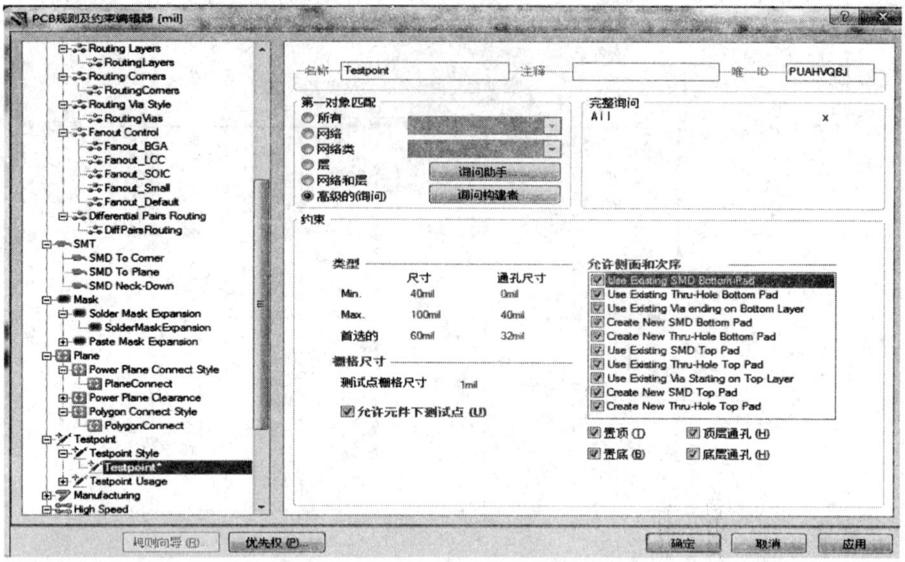

图 8-16 测试点设置

在该规则的【约束】区域内，可以对铜膜(Size)和钻孔内径(Hole Size)的最大尺寸、最小尺寸及首选尺寸进行设置。还可以对测试点的形式进行设置，其中顶部为顶层 SMD(表面贴装器件)焊点，底部为底层 SMD 焊点，穿孔顶部为顶层穿透式钻孔，穿孔底部为底层穿透式钻孔。

2.【Testpoint Usage】(测试点使用)子规则

【Testpoint Usage】子规则用于设置测试点的有效性，其设置窗口如图 8-17 所示。在约束区域内包含 3 个单选按钮，其意义如下所述。

(1) 当用户选择【Required】选项时，表示适用范围内的每一条网络布线都必须生成测试点。

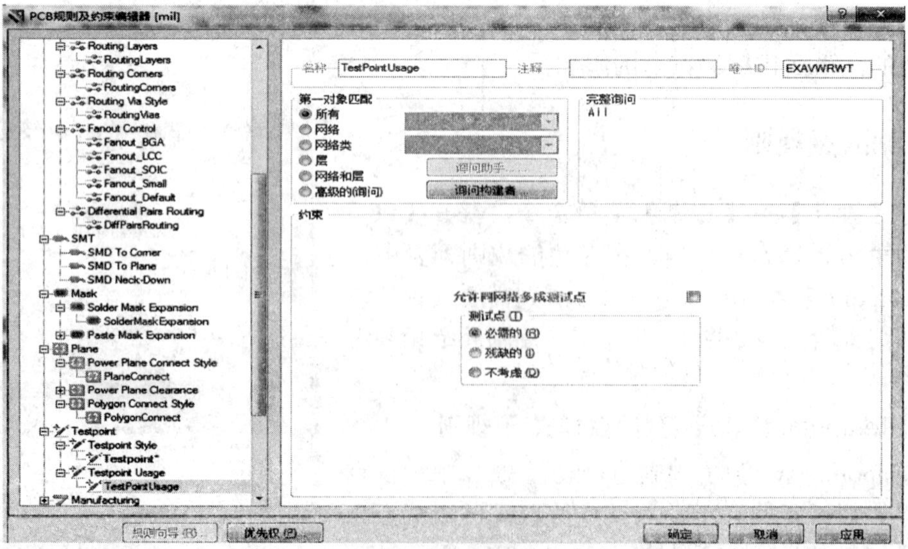

图 8-17 测试点范围设置

(2) 当用户选择【Invalid】选项时，表示适用范围内的每一条网络布线都不可以生成测试点。

(3) 当用户选择【Don't Care】选项时，表示适用范围内的网络布线可以生成测试点，也可以不生成测试点。

如果选中【Allow Multiple Test Points On Same Net】复选框，表示可以在同一网络上放置多个测试点。

8.3.2 自动搜索并创建合适的测试点

执行【工具】→【发现和设置测试点】菜单命令，如图 8-18 所示。

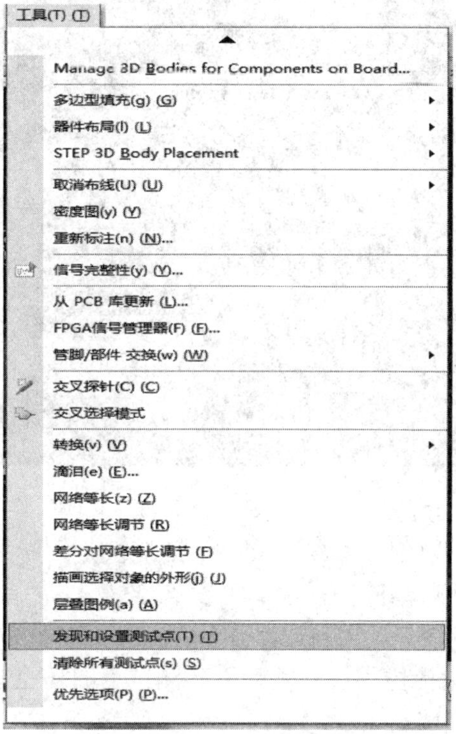

图 8-18 自动创建测试点入口

此时系统将弹出如图 8-19 所示的信息窗口。此窗口的意义为系统将为电路板中的 29 条网络布线搜索并创建测试点。单击【Yes】按钮，系统将自动搜索并创建测试点，创建完成后，会给出提示信息，如图 8-20 所示。

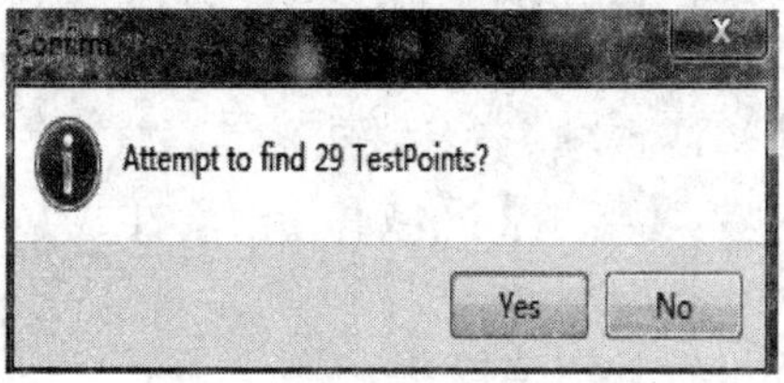

图 8-19 自动测试点创建提示信息

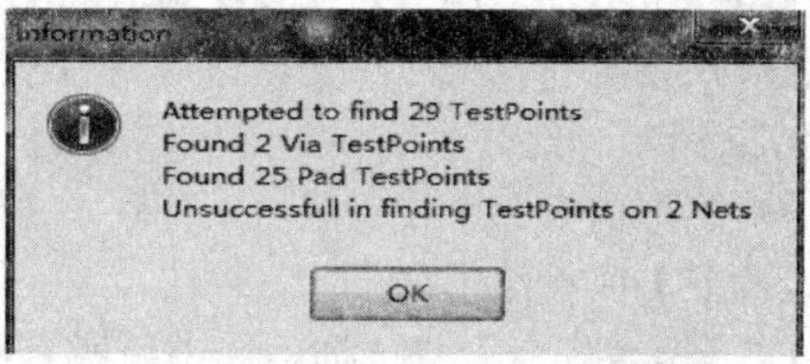

图 8-20 自动创建测试点完成信息

在这一提示信息中包含如下内容：

“Attempted to Find 27 TestPoints”：试图搜索并创建 27 个测试点；

“Found 0 Via TestPoints”：搜索并创建 0 个过孔测试点；

“Found 47 Pad TestPoints”：搜索并创建 27 个焊盘测试点。

单击【OK】按钮确认，用户可看到图 8-21 中黑色的焊盘或过孔即为系统自动创建的测试点。

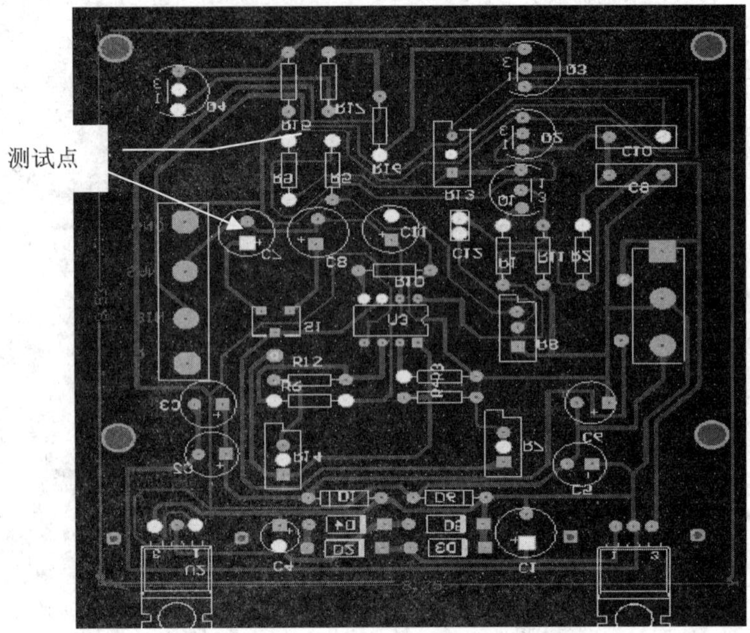

图 8-21　在 PCB 图中添加测试点的地方

单击【保存】按钮，即可保存系统自动生成的测试点。此外，执行【工具】→【清除所有测试点】菜单命令，即可清除所创建的测试点。

自动创建测试点过程简单，不用自己添加，但此时所添加的测试点不一定是最合适的，因此，在 Altium Designer 中提供了用户手动创建测试点的功能。执行【工具】→【自动创建测试点】即可手工放置测试点。

8.4　加　泪　滴

在电路板中加泪滴通常用于去除连接处的直角，加大连接面，防止机械制板时焊盘和导线之间用铜膜布置一个过渡区，让焊盘更加坚固，执行【工具】→【泪滴】菜单命令，如图 8-22 所示。此时系统将弹出如图 8-23 所示的【泪滴选项】对话框。

该对话框内有 3 个设置区域，分别是【概要】区域、【作用】区域和【泪滴样式】区域。

【概要】区域选项如下：

(1) 【所有焊盘】复选框。选中后所有的焊盘都进行补泪滴操作。

(2) 【所有过孔】复选框。选中后对所有的过孔都进行补泪滴操作。

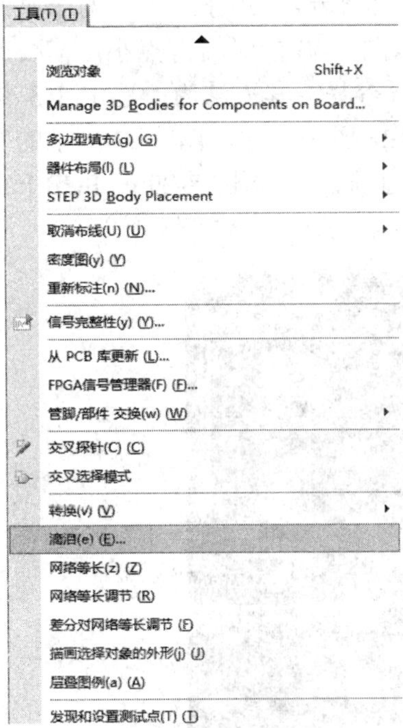

图 8-22 泪滴添加入口

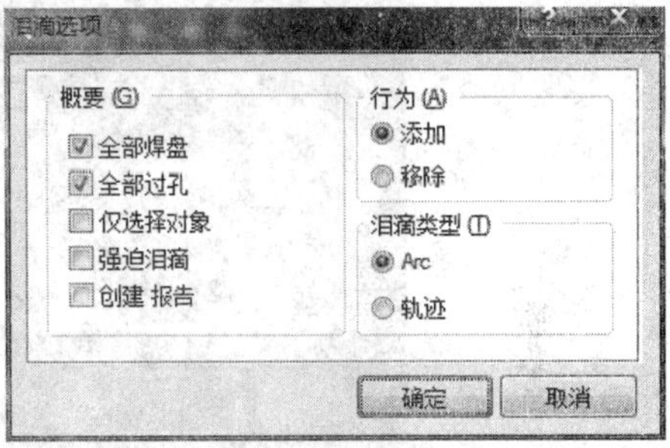

图 8-23 泪滴添加设置选项

(3) 【仅选择对象】复选框。将选中的电子元器件进行补泪滴。

(4) 【强制泪滴】复选框。选中之后将会强制所有焊盘和过孔加泪滴，此项操作可能导致 DRC 违规。

(5) 【创建报告】。用于设置补泪滴操作结束后是否生成补泪滴的报告文件。

【作用】区域选项如下：

(1) 【添加】单选按钮。泪滴的添加操作。

(2) 【移除】单选按钮。泪滴的删除操作。

(3) 【泪滴样式】区域选项如下：

(4) 【弧】单选按钮。用圆弧形补泪滴。

(5) 【线迹】单选按钮。用导线形补泪滴。

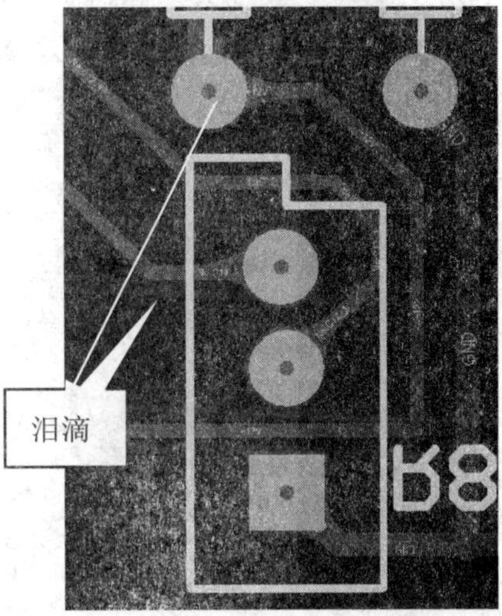

图 8-24 泪滴添加完成后的 PCB 电路图

设置完成后，单击【确定】按钮即可进行补泪滴操作。使用圆弧形补泪滴的方法操作的结果如图 8-24 所示，单击【保存】按钮保存文件。

8.5 批量更改

在绘制 PCB 电路时，应先设计好一些基本的规则，如线宽、走线间距、焊盘和线的间距、电子元器件间距等。但很多情况下规则不一定与每条线每个电子元器件标准相符，此时可以通过设置局部规则或者在绘制结束后修改。此时的修改可逐条进行，对于某一局部区域则可进行批量修改。例如对于图 8-25 所示电子元器件 U3 的焊盘有点小，需要改大一些，此时如果逐个修改将会很慢，此时通过批量修改很容易。其方法为：选中 U3 中的任意一个焊盘后单击右键选择【查找相似对象】，如图 8-26 所示，弹出图 8-27 所示的发现相似目标对话框，进行如图 8-28 所示的设置后点击【确定】，此时弹出图 8-29 的 PCB Inspector 面板，且可以看到 U3 的焊盘都被选中。

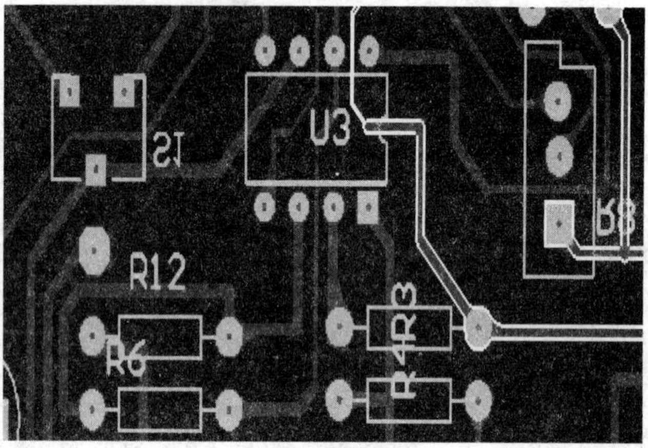

图 8-25　PCB 电路图

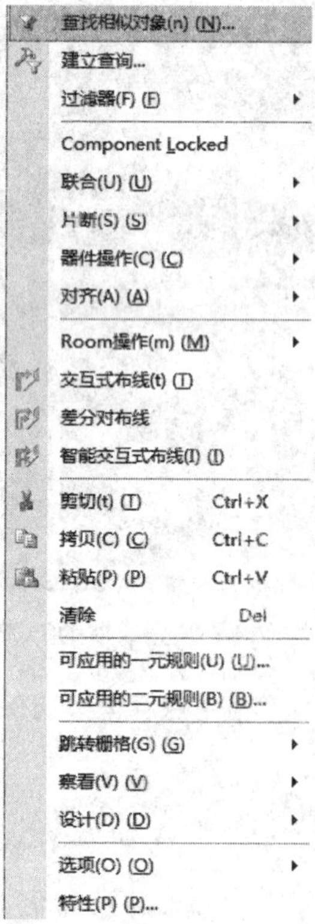

图 8-26　查找相似器件入口

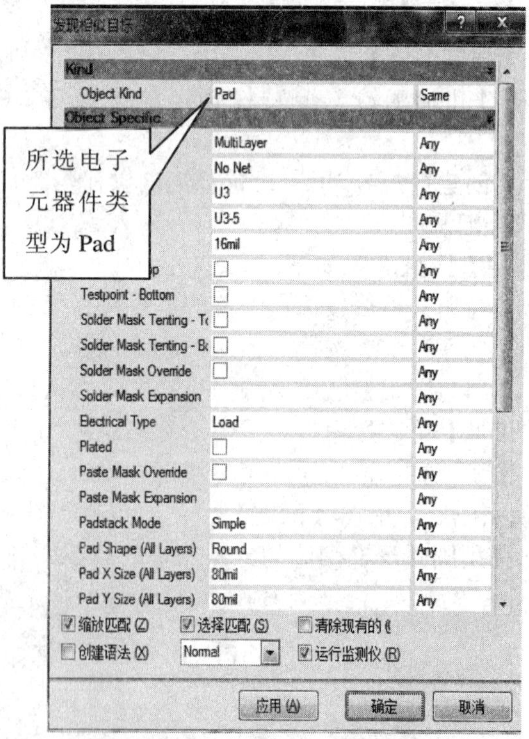

图 8-27　相似目标设置 KIND 面板

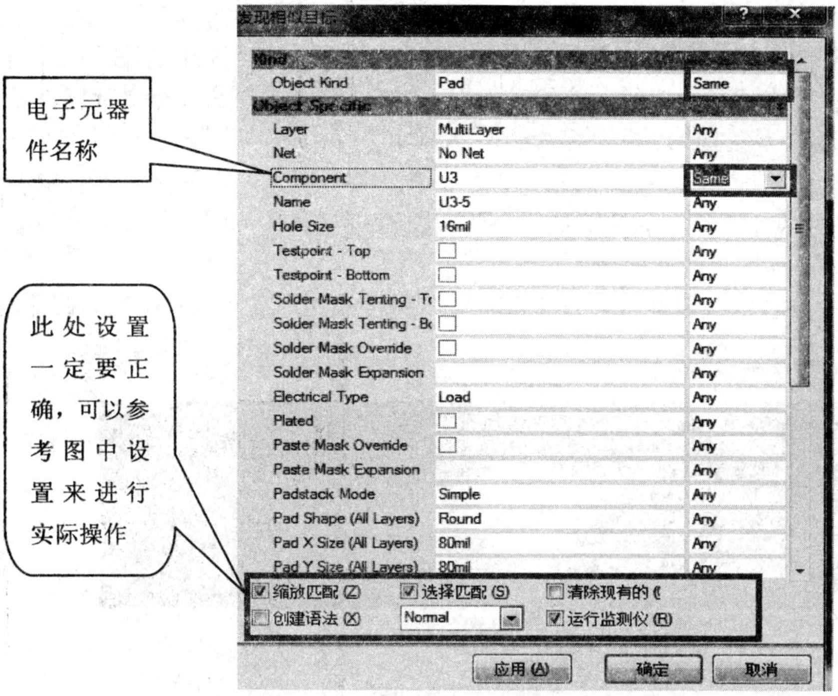

图 8-28　相似目标设置总面板

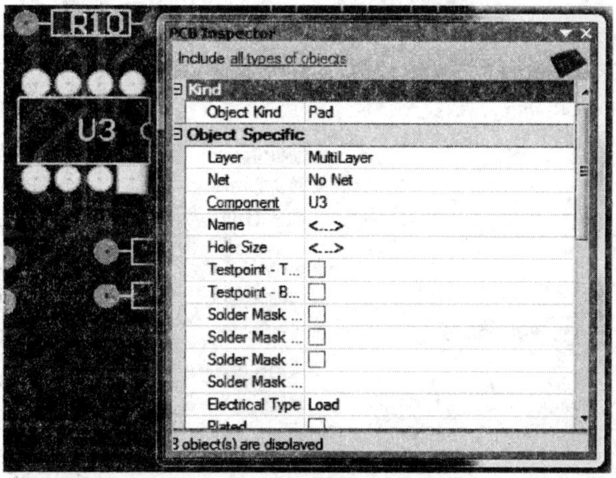

图 8-29　执行[查找相似器件]得到的结果

此时在 PCB Inspector 面板上可以对该焊盘做任意修改，此处仅需要更改焊盘大小，更改 Hole Size 即可，把原来的 10 mil 改为 16 mil 后，点击键盘上的【Enter】即可看到效果。

8.6　增设电子元器件、焊盘

很多时候依据原理图对 PCB 设计完成后，并不一定得到自己想要的理想结果。例如，当电源部分原理图上没有 LED 指示灯时，直接通过原理图转换过来的 PCB 电路中也就没有指示灯，此时为了满足需求可通过直接在 PCB 电路中添加一个指示灯和限流电阻。方法是：通过在 Library 中选择 LED 后直接拖拽到 PCB 面板处放置，同样选择电阻后直接拖拽到 PCB 电路中，放置完成后开始连线，连线时由于 PCB 电路中的导线具有电气属性导致不能直接连线，此时通过改变 LED、电阻焊盘的电器属性即可。如果需要把电阻放置到 +12 V 电压线，可通过双击电阻焊盘，打开焊盘属性，如图 8-30 所示，在网络后下拉框中从 No Net 选择到 +12 V 后点击确定。设置完成后该焊盘具有电气属性，此时即可通过拉动导线直接相连。

注：在 PCB 电路中只有电气属性相同或者没有电气属性的两焊盘才可直接用导线相连。

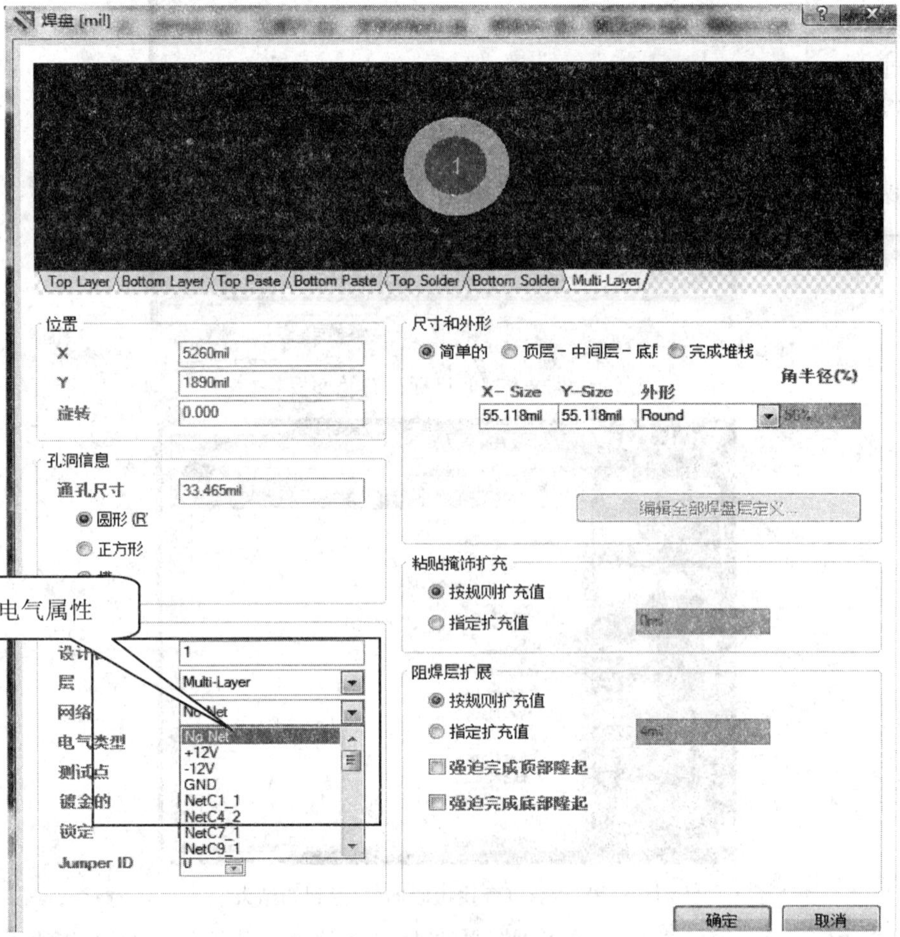

图 8-30　焊盘电器属性设置面板

8.7 铺　　铜

铺铜是 PCB 设计中的一种工艺方法，铺铜其实就是将 PCB 上闲置的空间作为基准面，然后用固体铜填充，这些铜区又称为灌铜。对于大面积的地或电源，铺铜能起到屏蔽作用，可减少电磁干扰，增强印制电路板的强度。另外铺铜是信号完整性的要求，它可给高频信号一个完整的回流路径，减少直流网络的布线。

其次，铺铜是 PCB 工艺要求的一部分，其作用可使制作后的 PCB 电路板减少变形，同时还可起到散热的作用。经过铺铜的电路板抗干扰能力得到增强，但有时候铺铜不合理也会造成电路上的干扰而影响电路的正常工作。特别在高低频电路设计中，合理的铺铜设计可有效地抑制干扰，所以铺铜应根据电路结构要求而定。

在 Altium Designer 中有多种进入铺铜规则编辑区域的方法。下面介绍一种快捷的，在 PCB 编译环境下单击布线工具栏中的【铺铜】工具，如图 8-31 所示，即可进入铺铜规则专区【多边形灌铜】编辑区域。在该对话框中包含【填充模式】、【特性】和【网络选项】3 个区域的设置内容，下面分别讲解。

图 8-31　铺铜入口

(1) 【填充模式】在该区域内有 3 种铺铜的填充模式：

【实心的(铜皮区域)】：表示选定区域全铜铺设。

【栅格装(走线/圆弧)】：表示选定区域铺铜为网络状的。

【什么都没有(只有外型)】：表示只保留铺铜的边界，内部无填充。

(2) 【特性】在该区域内有 3 种铺铜规则：

【层】：用于设定铺铜所在工作层面。

【最小整洁的长度】：设置最小图元的长度。

【锁定原始的】：选择锁定原始即可以将铜皮组合在一起不能单独移动。

(3) 【网络选项】在该区域可以进行与铺铜有关的网络设置：

【去掉死铜】：用于设置是否去除死铜*。

【连接到网络】：用于设定铺铜所要连接的网络，可以在下拉菜单中进行选择。

该区域中还包含一个下拉菜单，下拉菜单中的各项命令意义如下。

【Don’t Pour Over Same Net Objects】：选中该选项时，铺铜将仅仅对相同网络的焊盘进行连接，其他如铺铜、导线不连接。

【Pour Over All Same Net Objects】：选中该选项时，铺铜将对于相同网络的焊盘、导线以及铺铜全部进行连接和覆盖。

【Pour Over Same Net Polygons Only】：选中该选项，铺铜仅仅对相同网络的焊盘、铺铜进行连接，其他如导线不连接。

在本例中设置铺铜的网络为 GND 网络进行讲解，在设计中最好选择铺铜网络。

按照上述设计规则设置完成后，单击【确定】按钮完成设置。此时，鼠标以“十”字形显示，按下鼠标左键，并拖动鼠标即可画线。单击【确定】按钮后出现一个画线的“十”字光标，在 PCB 板的边缘进行规划，如图 8-32 所示绕板画一圈后，点击右键退出，稍等片刻即可看到铺铜后的效果，如图 8-33 所示。如果要删除铺铜可选中铜层后点击 Delete，此时出现图 8-34 所示的对话框，点击 Yes 即可删除铜层。

---

* 所谓死铜，就是指没有连接到指定网络图元上的封闭区域内的铺铜。

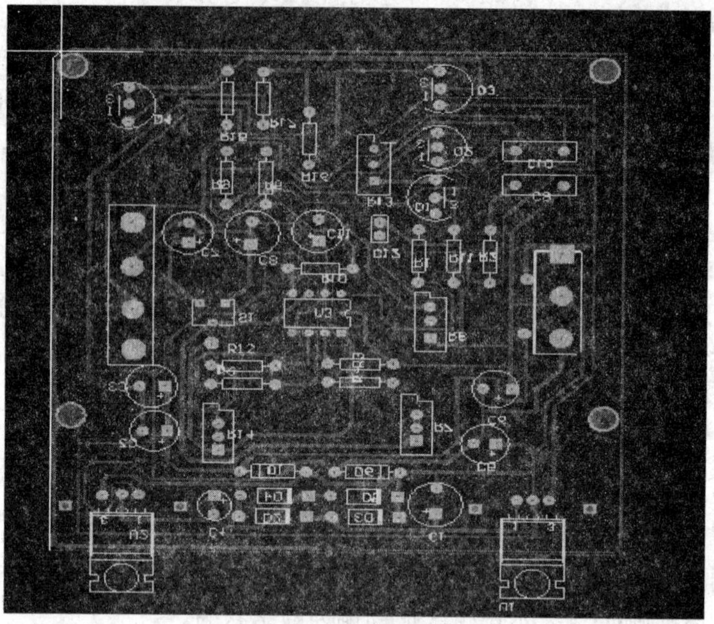

图 8-32　铺铜边界

图 8-33　移除铜的提示信息

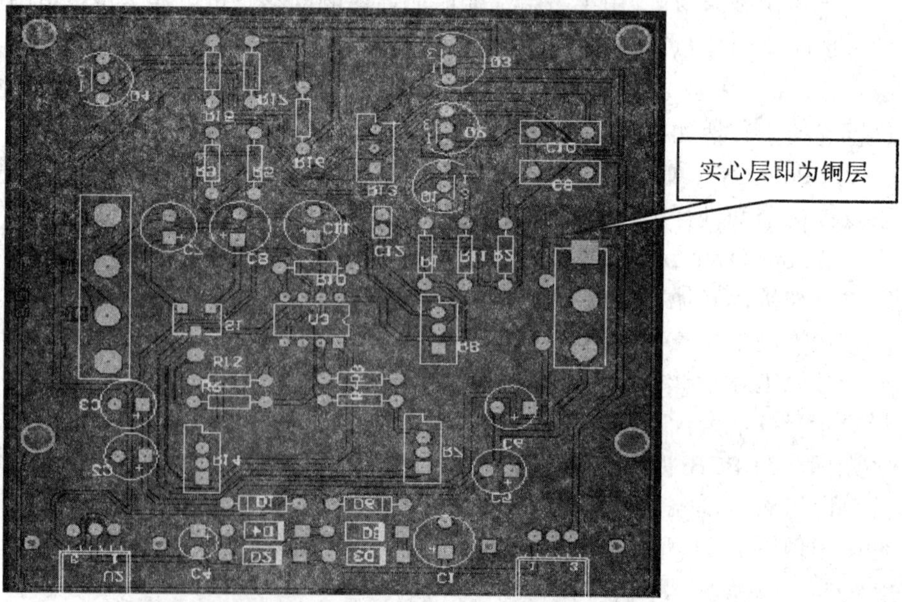

图 8-34　完成铺铜的 PCB 电路

课堂练习

1. 完成 8-35 音调控制原理图的 PCB 图文件，并添加定位孔(孔径 4 mm)，添加泪滴、铺铜，添加测试点。

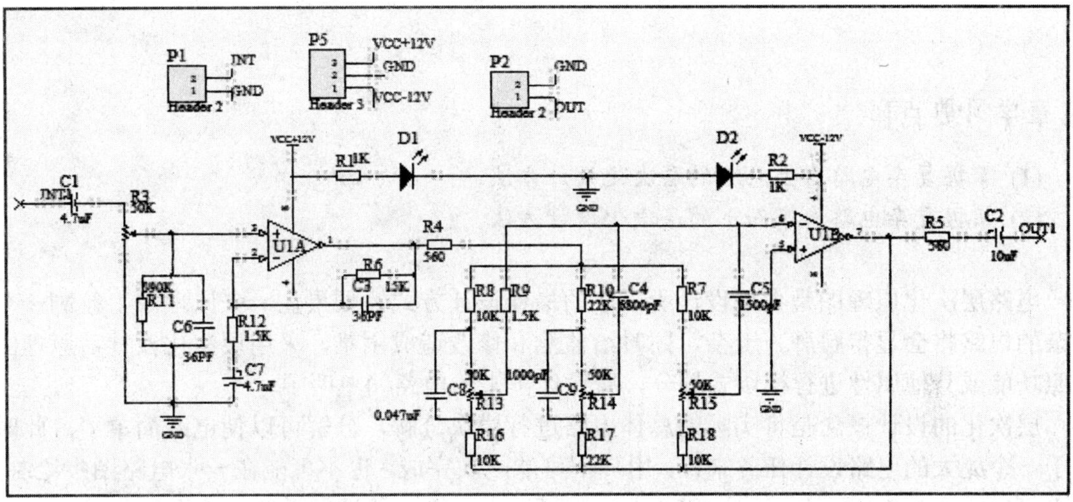

图 8-35　音调控制电路

2. 完成 8-36 有源滤波器原理图的 PCB 图文件，并添加定位孔，孔径为 4 mm，添加泪滴、铺铜，其中端子口 P1，P2，P3 分别采用 4，3，2 位中型接线端子，对其进行铺铜。铺铜类型采用网格铺铜，要求电子元器件布局时要尽量规则、对齐。

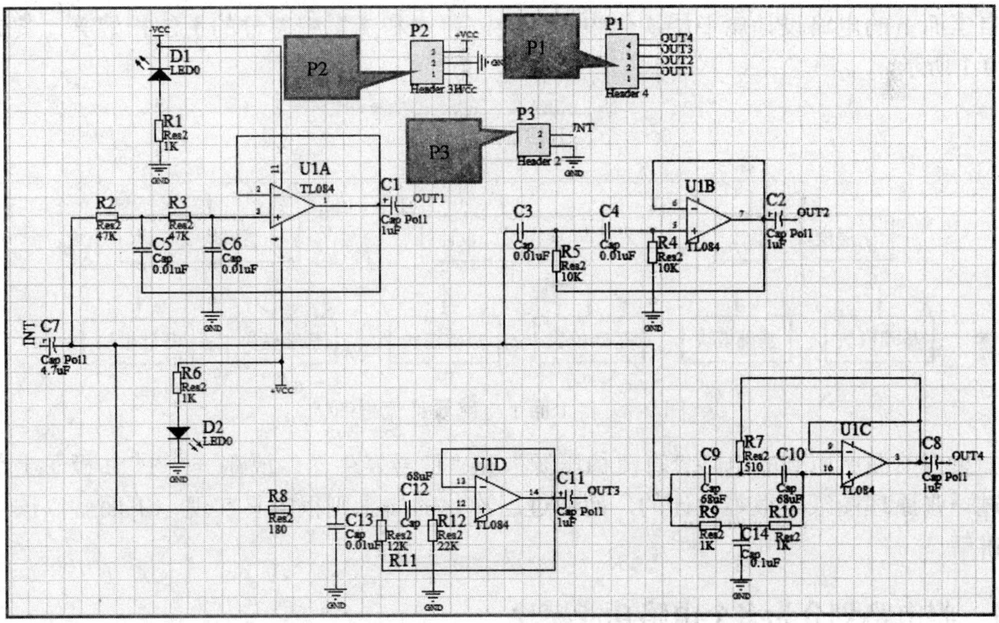

图 8-36　有源滤波器电路

第 9 章　电路的层次化设计

[本章学习要点]

(1) 掌握复杂电路自上而下的层次化设计方法。

(2) 掌握复杂电路自下而上的层次化设计方法。

电路层次化原理图是大型设计所采取的最佳设计方式，如果在一张原理图上绘制一个复杂的电路将会显得臃肿、庞杂，同时给监测和修改造成困难，采用层次化设计后原理图按照功能或其他属性进行模块式划分，所设计出来的电路简单明了。

层次化的设计概念是将实际的总体电路进行模块分解，分解可以使电路简单了。此时对于一个庞大的电路设计任务来说，用户不可能一次完成，也不可能在一张电路图中绘制，更不可能一个人完成，利用层次化的理念则可以方便快捷地进行系统电路设计。

9.1　自上而下的层次化电路设计

自上而下的电路设计属于层次化中的一类，可以和文章中总分的手法相媲美，其流程如图 9-1 所示。

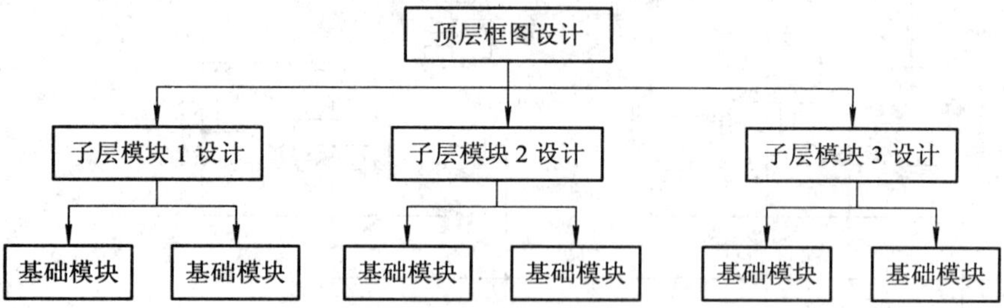

图 9-1　自上而下电路设计流程图

如果把前面所用到的电路“直流稳压源”和“信号发生器”放在一个 PCB 板子上，此时通过一张原理图纸是很难设计的，而通过层次化的概念则很容易实现，下面就以该实例进行讲解。

9.1.1　将电路划分为多个电路功能模块

可将该电路分为两个功能模块：电源模块和信号发生模块。

9.1.2 创建工程

利用前面所学知识进行创建工程并加入一个原理图文件和一个 PCB 文件，保存所创建工程，并命名为“cengci.prjPCB”。

9.1.3 主(顶层)原理图绘制

打开原理图进行电路顶层设计，在原理图编译环境下单击工具栏中的放置图表符，进行放置顶层子电路模块，点击该图标后到原理图设计区域进行绘制，出现如图 9-2 所示的图标，放置时按下【Tab】键，此时系统将弹出如图 9-3 所示的子电路块设置对话框。该对话框中包含对子电路块名称、大小和颜色等参数的设置。单击鼠标左键，拖动鼠标到合适大小再次单击鼠标左键，完成子电路块的放置，如图 9-4 所示，最终按照需求所绘制结果如图 9-5 所示。

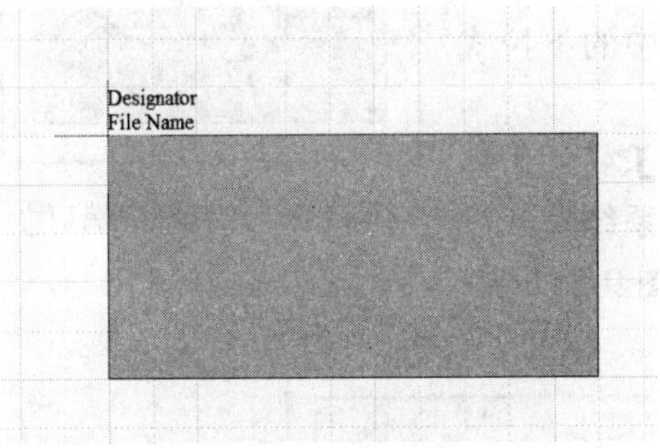

图 9-2　顶层框图设计

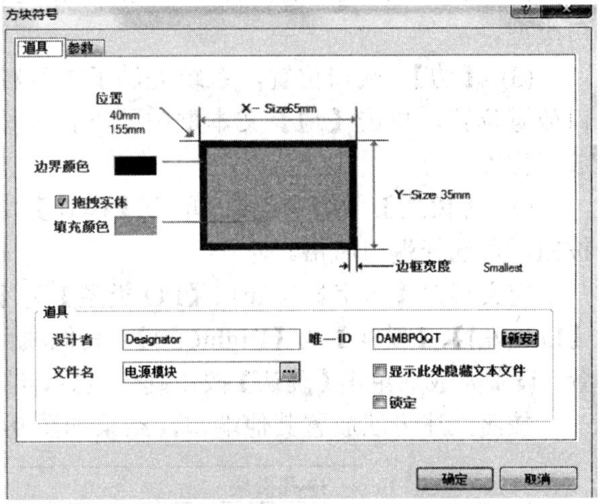

图 9-3　框图属性设置面板

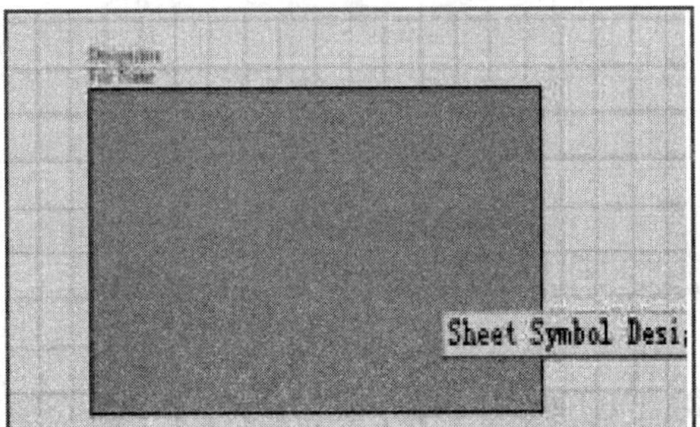

图 9-4　放置完成的框图

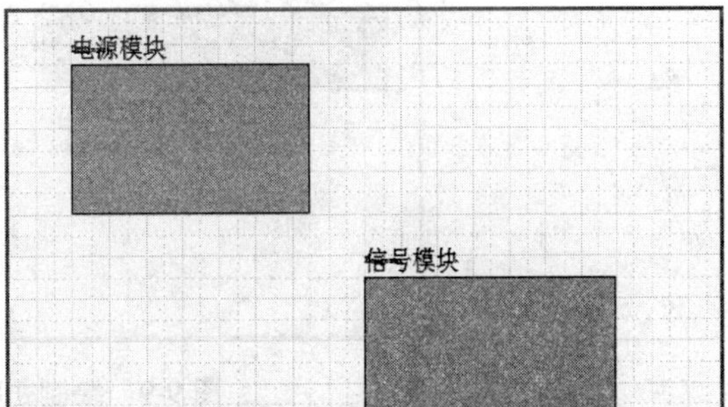

图 9-5　设计好的顶层框图

放置好顶层接下来就是放置端口，依据设计所需，电源部分需要四个端口、两个输入、两个输出，信号发生部分需要两个输入和三个输出。

单击【布线】工具栏中的【放置子电路块】端口工具，如图 9-6 所示。将鼠标放置到子电路模块上，单击鼠标左键，此时鼠标下将出现如图 9-7 所示的子电路模块端口。

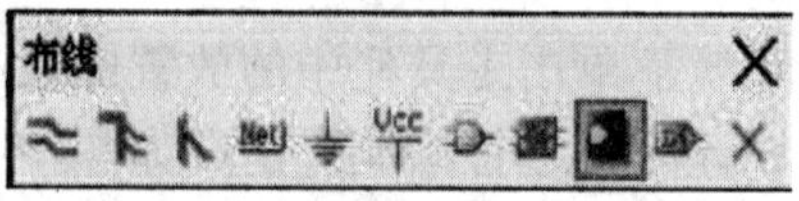

图 9-6　顶层框图端口绘制工具

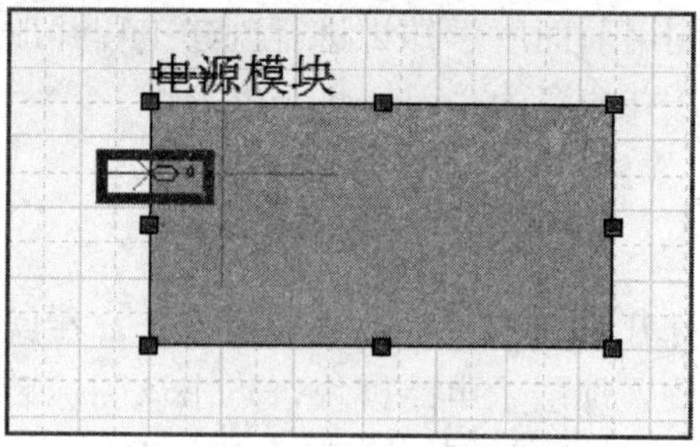

图 9-7　放置顶层框图端口

按下【Tab】键，此时系统将弹出如图 9-8 所示的子电路块端口设置对话框。

(1) 【名字】：设置端口名称。

(2) 【I/O 类型】：端口类型设置，单击【I/O 类型】文本框中的下拉式按钮，可选择端口类型。

(3) 【边】：端口位置，系统提供了左、右、上、下 4 种端口放置位置，单击【边】文本框中的下拉式按钮，可选择端口放置位置。

(4) 【模式】：端口模式。单击【模式】文本框中的下拉式按钮，可选择端口风格。

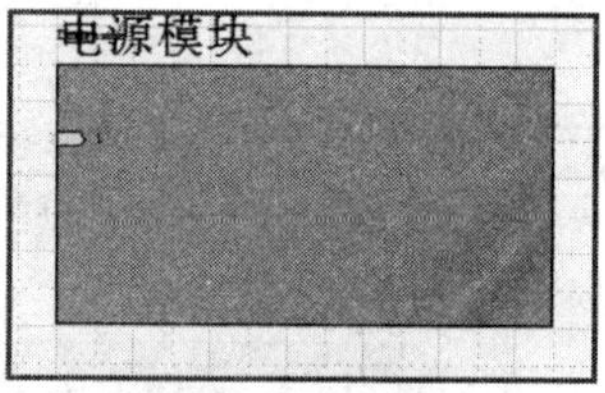

图 9-8　放置好的端口

定义端口【名字】为 In1、【I/O 类型】为【Input】、【边】为【Left(左)】、【模式】为【Right(右)】，其他项目采用系统默认设置，设置完成后单击【确认】按钮确认设置，结果如图 9-8 所示。

按照上述方法放置其他端口，结果如图 9-9 所示。

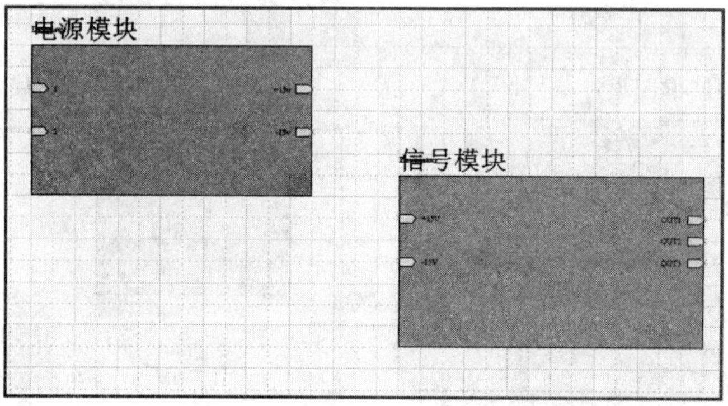

图 9-9　绘制完成的顶层电路框图

9.1.4　连线

放置好端口后，需要用导线表示端口的关系，有关系的端口就连在一起，单击工具栏中的布线工具 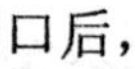，连接后如图 9-10 所示。

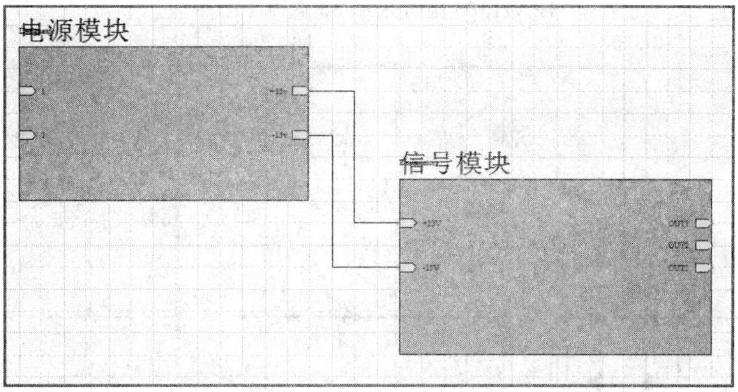

图 9-10　连线完成后的顶层框图

9.1.5　在子电路模块中输入电路原理图

在顶层子电路模块绘制完成后，需要用户为子电路模块输入具体电路原理图。具体绘制方法：首先，须建立子电路模块与电路图的连接(Altium Designer 中子电路模块与电路原理图通过 I/O 端口匹配)。因而可以利用 I/O 端口连接方式建立顶层底层连接通道，这样就简化了用户的操作，执行【设计】→【产生图纸符号】菜单命令，如图 9-11 所示。此时鼠标为“十”字形状，移动鼠标到电源电路模块，单击鼠标左键，图纸就会跳转到一个新打开的原理图编辑器中，其名称为“电源模块”，如图 9-12 所示，可以看到，在系统中会自动生成 I/O 端口。

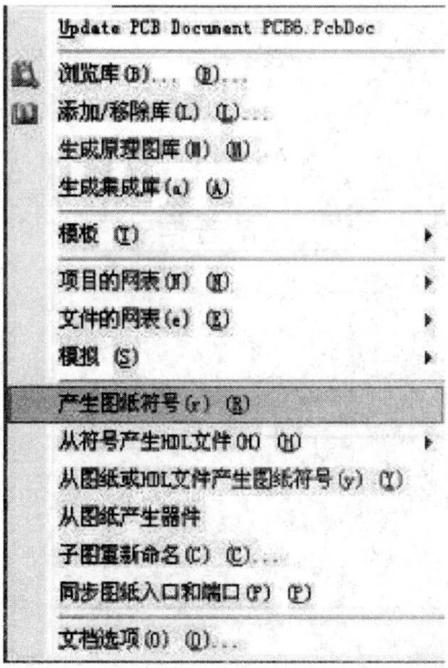

图 9-11　底层生成入口

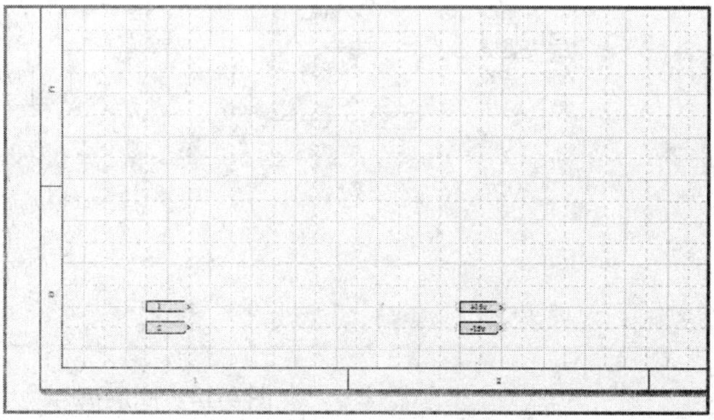

图 9-12　产生的底层

在该原理图中绘制电源部分的原理图，最终如图 9-13 所示。

12 V/15 V 电容采用 35 V 以上耐压值

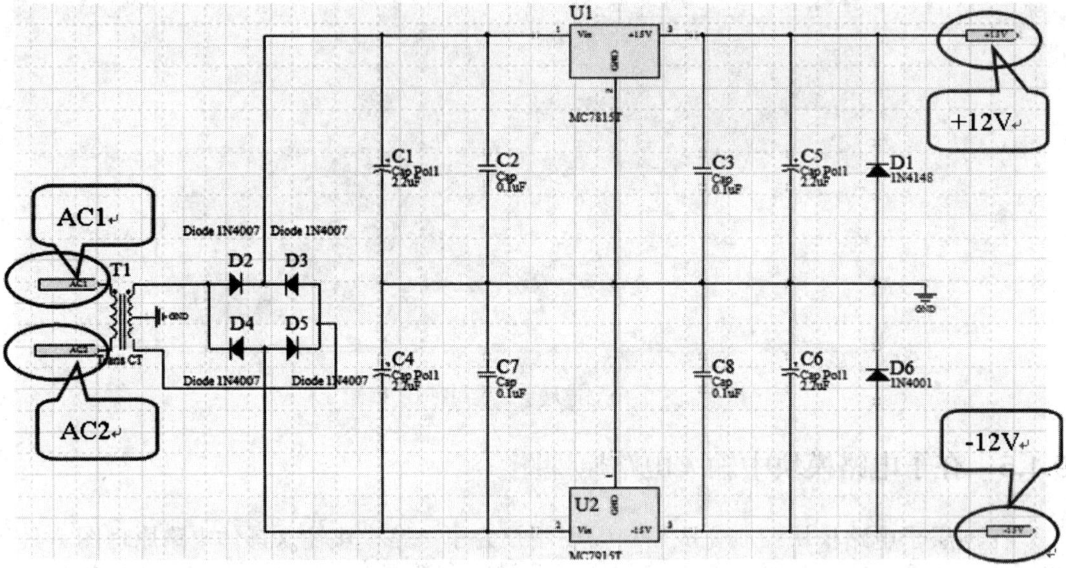

图 9-13　底层电源原理图

同样再点击【工具】→【产生图纸符号】后出现“十”字光标，用该“十”字光标点击“信号模块”，产生“信号模块”的新图纸，在图纸上绘制相应的电路图，最终如图 9-14 所示。

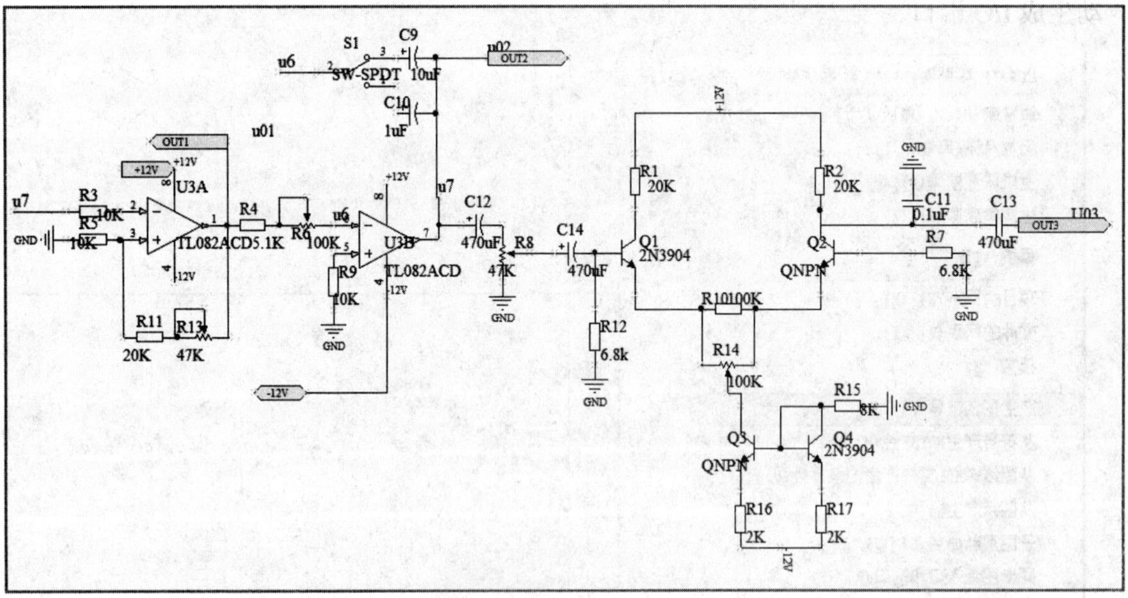

图 9-14　底层信号发生器原理图

至此，采用自上而下方法设计的层次电路完成。

执行【工具】→【上/下层次】菜单命令，如图 9-15 所示。

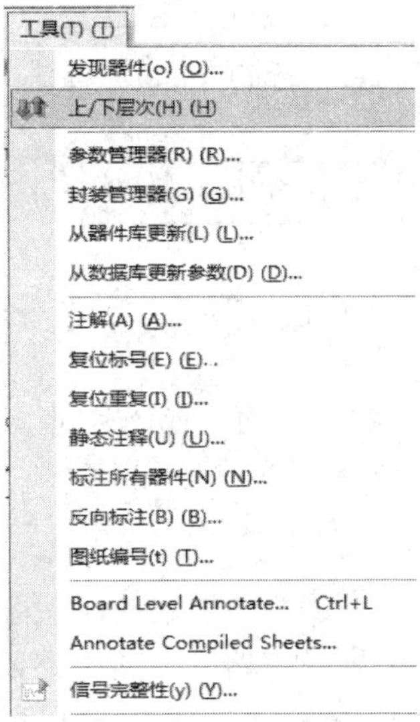

图 9-15　上下层切换入口

此时鼠标变为“十”字形，电路中的端口即可实现上层到下层或下层到上层的切换。

9.1.6　使用网络表查看网络连接

执行【设计】→【项目的网表】→【Protel】菜单命令，此时系统将生成该原理图的网络表，如图 9-16 所示。

图 9-16　网络表

从图中可以看出，U6 和 R7 的 1 引脚相连和 S1 的 2 引脚相连和 U3 的 6 引脚相连和原理图一致。

9.2　自下而上的层次化电路设计

使用自下而上的电路设计方法，即先子模块后主模块，先底层后顶层，先部分后整体。自下而上设计电路流程如图 9-17 所示。

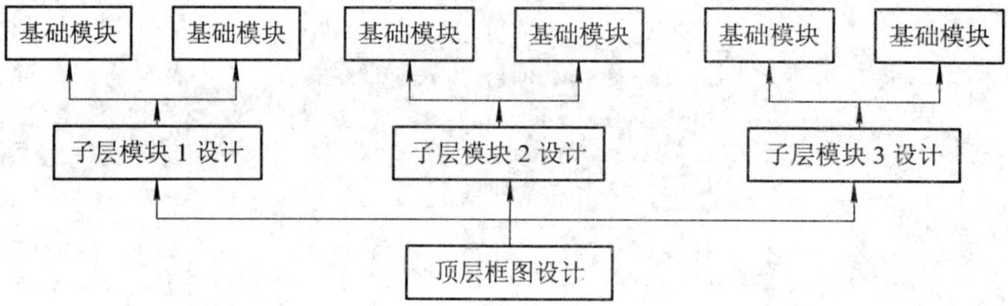

图 9-17　自下而上设计框图

9.2.1　创建项目

利用上述方法创建一个新的项目，并添加新的原理图文件和 PCB 文件，点击保存。

因为已经画好了电源部分和信号发生器部分的电路，此时直接复制到创建的文件中即可。复制电路完成后点击【保存】。执行【文件】→【新建】→【原理图】，并保存到刚才所建项目目录下，在该新原理图下点击在新建原理图编辑环境中，点击【设计】→【从图纸或 HDL 文件产生图纸符号】菜单命令，如图 9-18 所示。

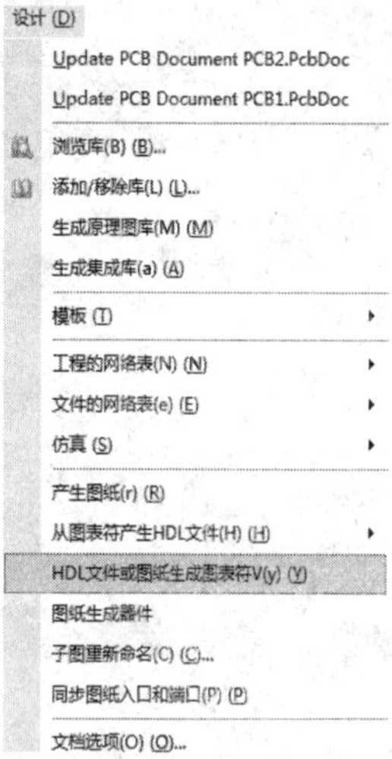

图 9-18　顶层产生入口

此时，系统将弹出如图 9-19 所示的选择文件窗口。

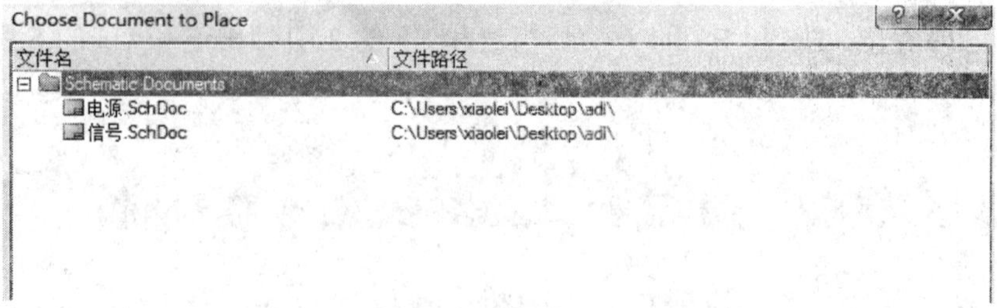

图 9-19　选择要产生顶层对应的底层文件

选中电源.SchDoc 文件后，单击【确认】按钮，此时鼠标下出现子电路模块，如图 9-20(a)

所示。在期望放置子电路模块的位置单击鼠标左键，即可放置子电路模块，结果如图 9-20(b)所示。

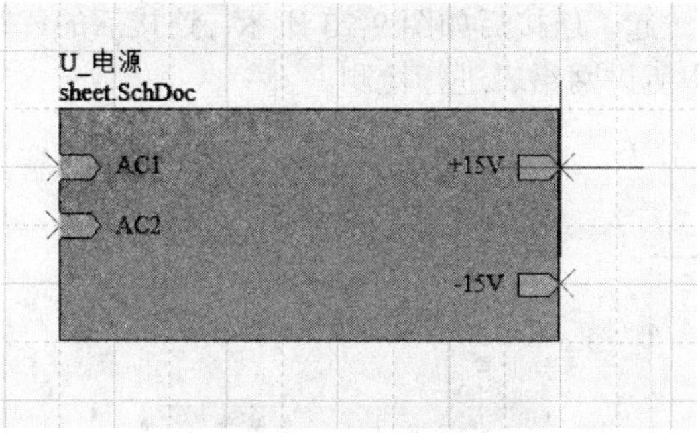

(a) 自动生成的电源框图

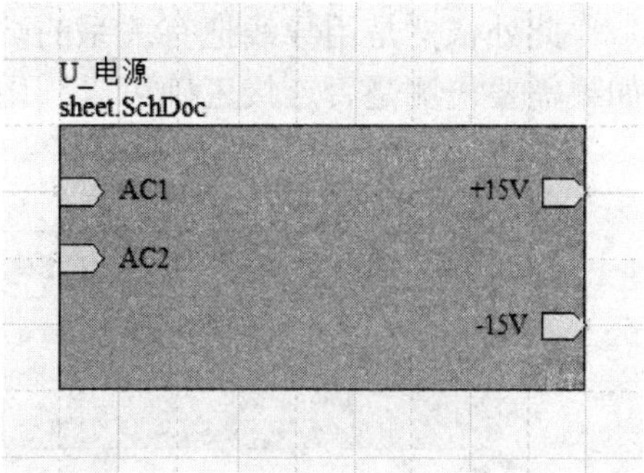

(b) 加入端口的电源框图

图 9-20 绘制好的电源顶层框图

系统自动创建的子电路模块不美观，因此单击子电路模块，子电路模块四周出现绿色手柄，拖动绿色手柄即可改变模块尺寸，如图 9-21 所示。按照上述方法生成信号.SchDoc模块，并对其进行调整，结果如图 9-22 所示。

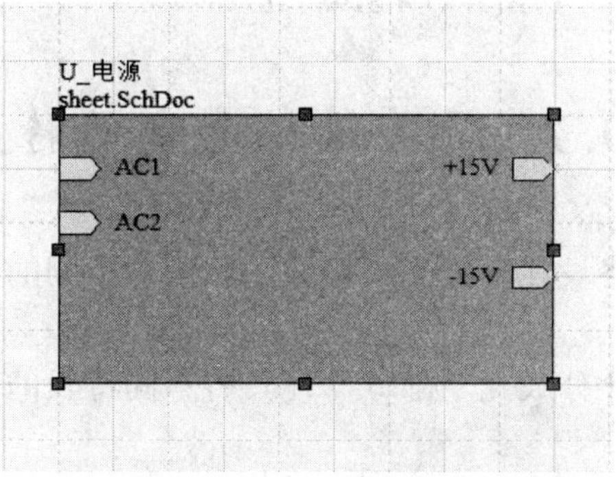

图 9-21 绘制完成的电源顶层框图

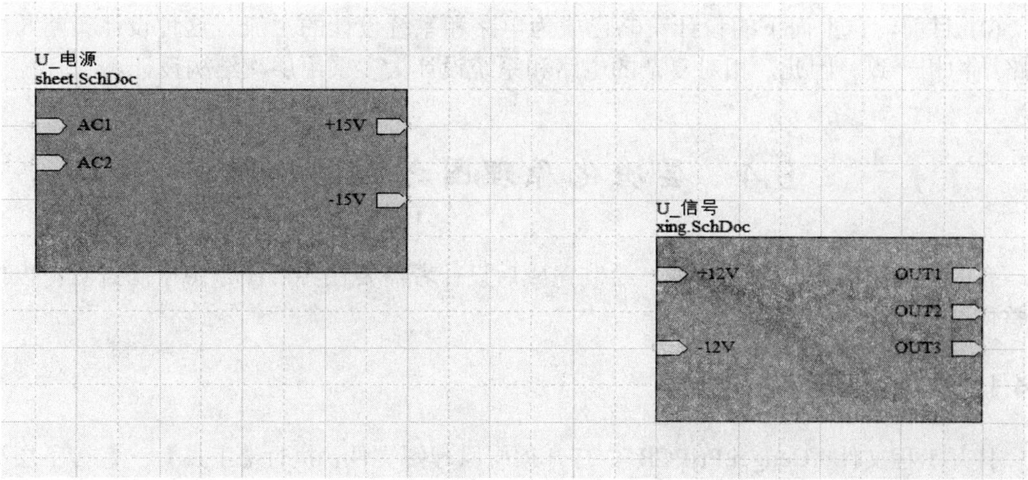

图 9-22 绘制完成的系统顶层框图

9.2.2 连线

此处依然是用导线把有关系的端口连接在一起，连接后如图 9-23 所示。连接后的线路如果需要检测是否连接正确可以利用 9.1.2 节中所讲网络表进行检测。

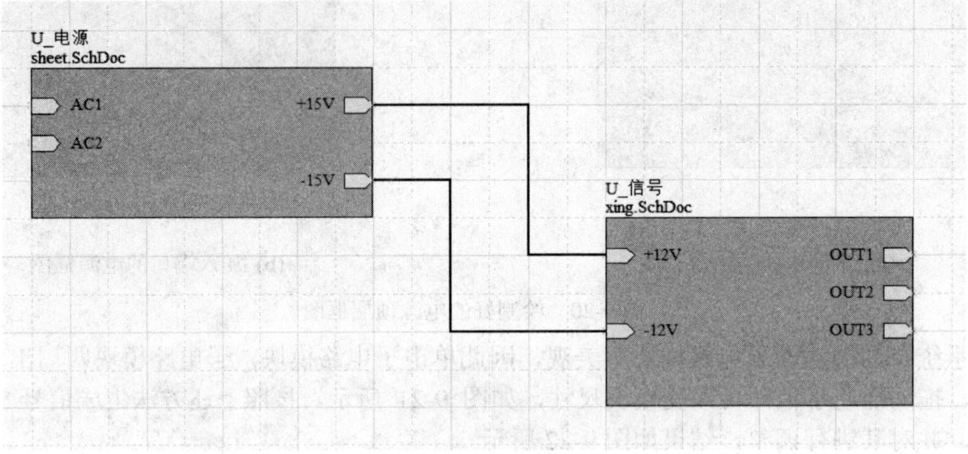

图 9-23 建立好连接的顶层框图

9.3 层次设计电路的特点

(1) 把一个复杂的电路设计分为几个模块，分配给不同的技术人员同时进行设计，大大缩短了设计周期。

(2) 按功能将电路设计分成几个部分，使具有不同特长的设计人员负责不同部分的设计，降低了设计难度。

(3) 复杂电路图需要很大的页面绘制图纸，当版图导出时也要采用很大的图纸，层次化后可减少打印费用，方便用户。

(4) 目前，自上而下的设计策略已成为电路和系统设计的主流，这种设计策略与层次电路结构相一致。因此，相对复杂的电路和系统设计大多采用层次结构设计。

9.4 层次化原理图之间的切换

有的电路可能有几十张图纸，绘制完成后设计者需要在各层图纸中来回查看，以便了解整体结构。

9.4.1 从顶层切换到子图层

打开工程文件“Cengci.PrjPCB”，打开顶层原理图文件，执行【工具】→【上/下层次】，或者点击⇅，此时光标变为“十”字，移动鼠标到欲查看的子原理图相对应的方块图处单击即可，若点击相应的端口，则在打开的子图中该端口显示高亮。

如要查看电源模块，则用该“十”字光标点击电源方框图，如图 9-24 所示，点击后即可切换到相应的子模块中，如图 9-25 所示，切换后单击右键即可退出。

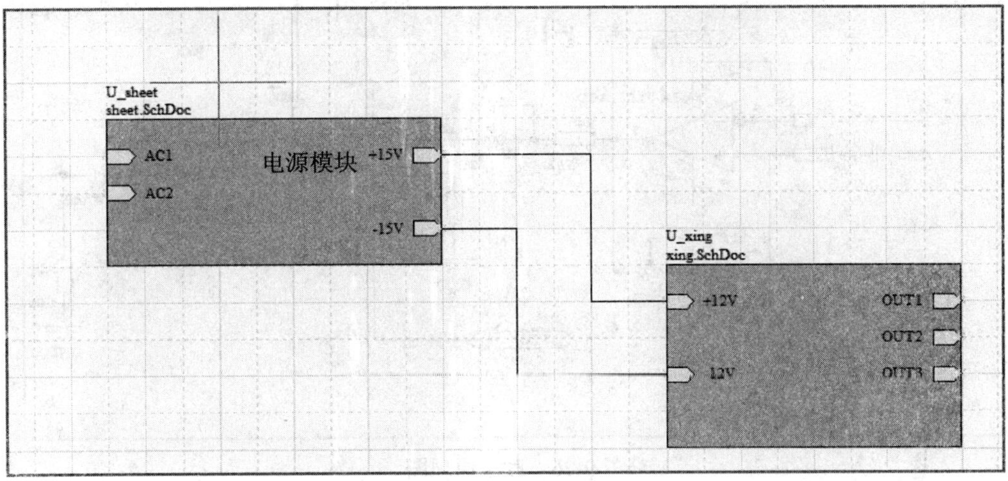

图 9-24　系统顶层框图

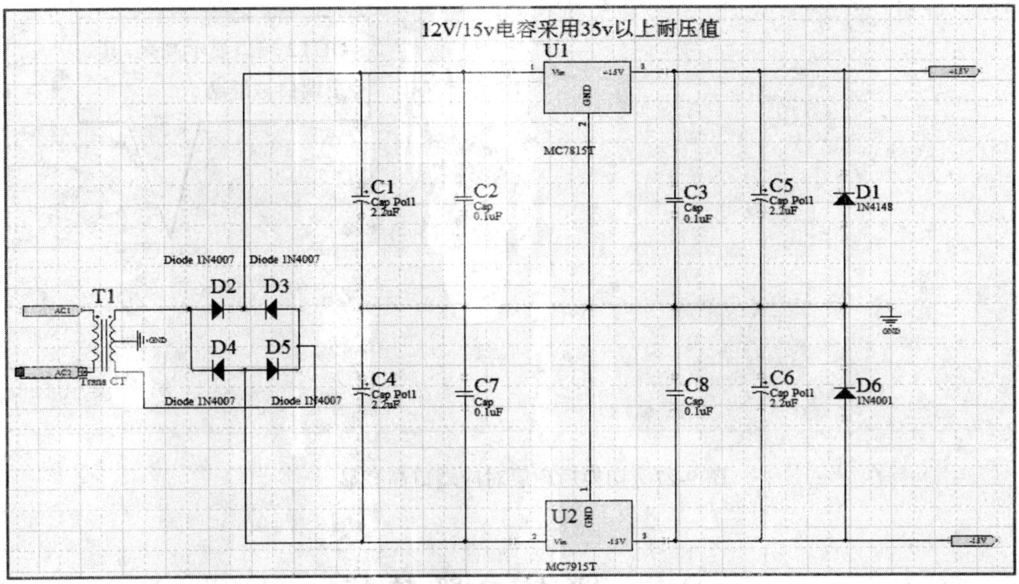

图 9-25　切换到底层原理图

9.4.2　从子图层切换到顶层

打开工程文件“cengci.PrjPCB”，打开子层原理图文件，执行【工具】→【上/下层次】，或者点击，此时光标变为“十”字，移动鼠标到欲查看的顶层端口处单击即可。

如需查看信号原理图中的 OUT2 在顶层的位置，则用该“十”字光标点击信号原理图中的 OUT2 端口，如图 9-26 所示，即可切换到顶层 OUT2 处且 OUT2 显示为高亮，如图 9-27 所示。

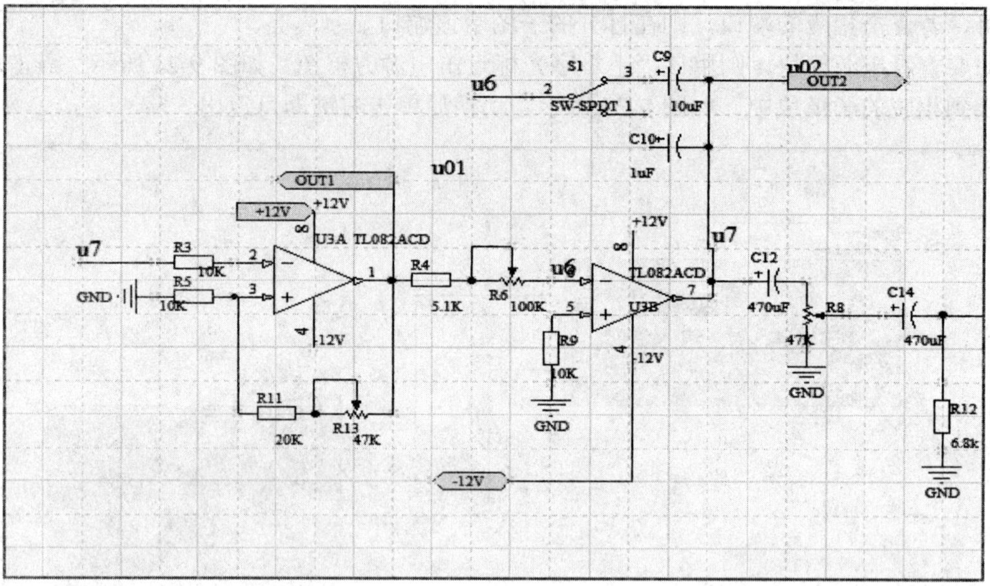

图 9-26　底层原理图

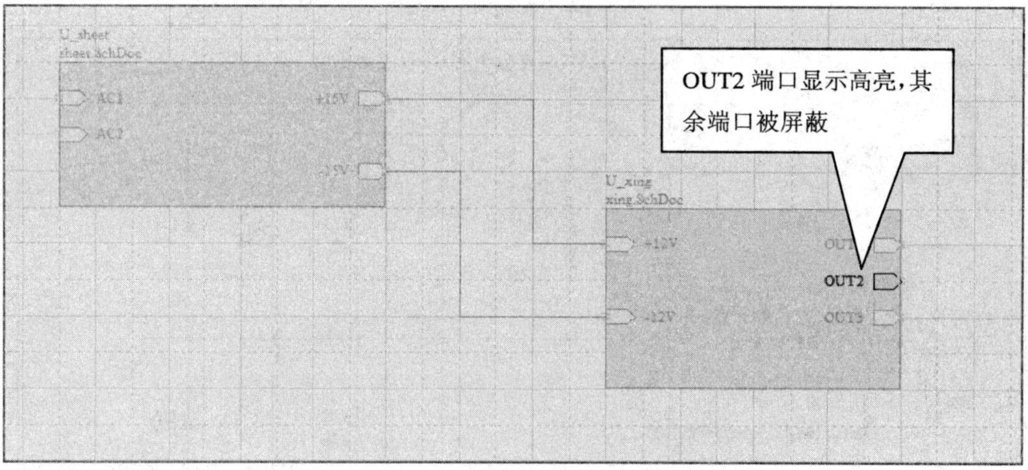

图 9-27　切换后顶层对应端口高亮显示

9.5　PCB 电路转换

利用上述层次化方法设计好电路后依然可以用前面所讲的原理图转换为PCB方法来实现，下面进行简单叙述。

对设计好原理图电路的工程文件进行 PCB 文件添加，添加后保存。对原理图中的电子元器件进行封装的选择，此时可以通过执行【工具】→【封装管理器】进行查看和更改封装，更改方法参考 3.9.1 节中所述。封装设置好后进行原理图文件编译，编译通过即可执行【设计】→【Update PCB Document **】进行 PCB 文件转换，转换成功后如图 9-28 所示。

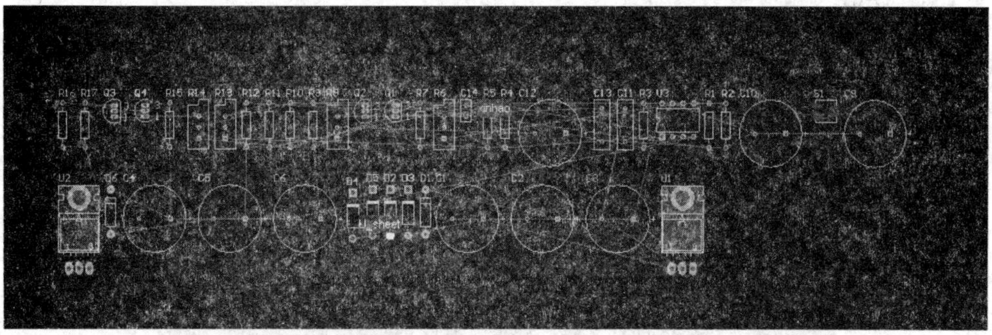

图 9-28　PCB 导入成功后的电路图

转入成功后利用第 5 章规划板子大小方法进行板子形状设计(9.6 cm × 9.7 cm)，设计好后如图 9-29 所示。

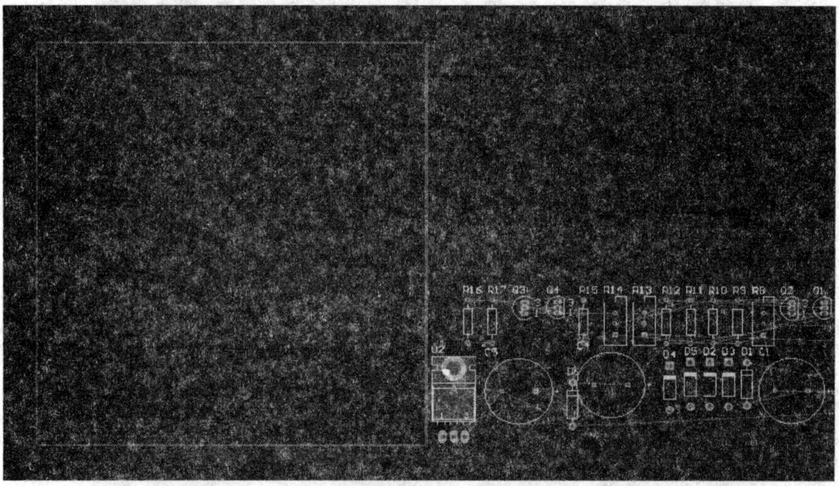

图 9-29　规划好的 PCB 电路板

在将电子元器件放入板子内之前，应该对电子元器件位置和板子走势进行规划，如图 9-30 所示。

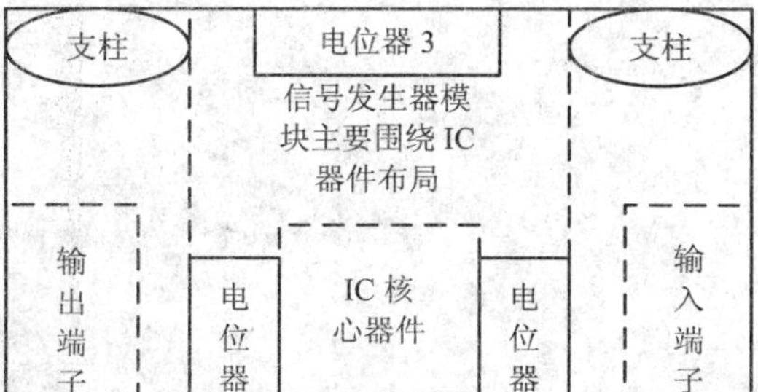

图 9-30　布局草图

按照规划图进行电子元器件布局，布局完成后进行布线和优化。最终设计完成结果如图 9-31 所示，三维图如图 9-32 所示。

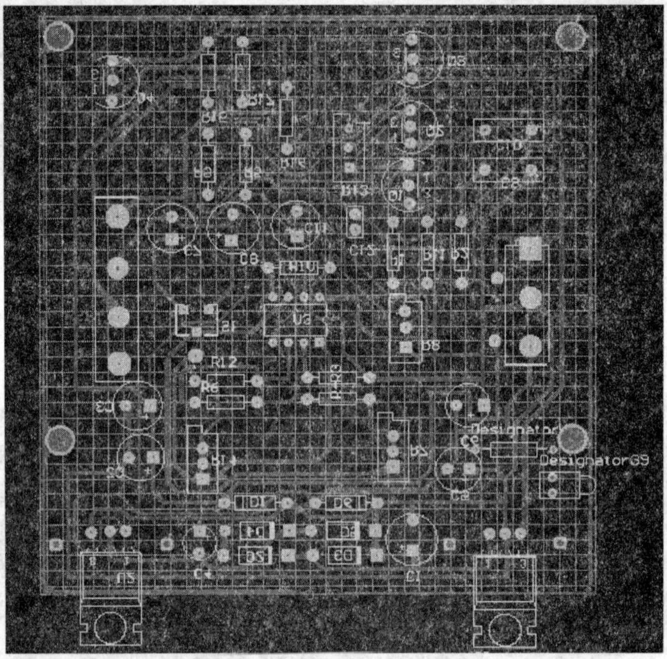

图 9-31　设计完成好的 PCB

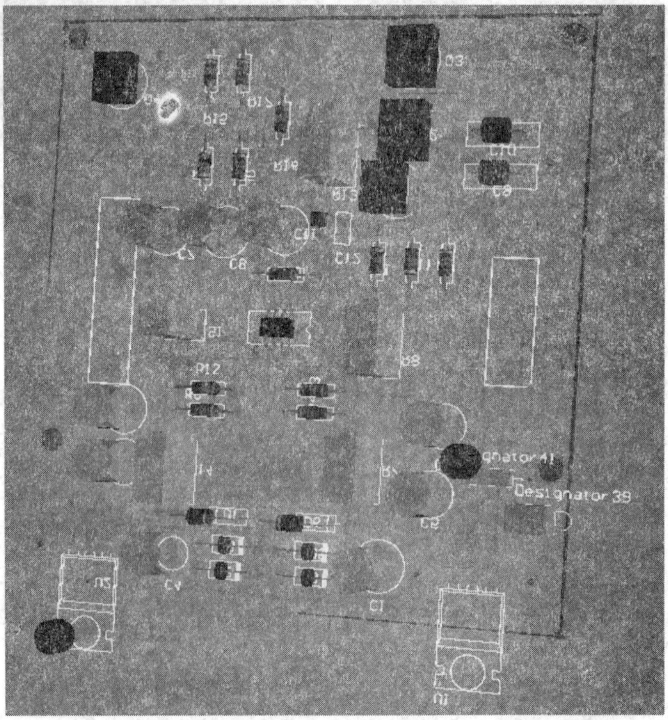

图 9-32　PCB 三维图

注：实际中电源部分的LM78××芯片需要改为有外加散热器的封装模式(7.1.2节所绘制封装)，输入、输出模块的接线端子封装也要根据实际模型进行设计。输出电压控制可用电位器实现，也可用微型可调电阻(7.1.3 节所绘制的封装模型)，如需更换则在封装管理器中更改即可。原理图可除了利用 6.6 节所讲合理布局、布线技巧外，还须注意该电路中电源模块电源线要故意加粗，40～50 mil 比较合适。

电路板设计好后，接下来就是进行PCB电路板的制作，PCB制作是一项复杂的技术性工艺制作过程，此部分内容将在第10章详细介绍。

9.6 PCB 图纸打印软件设置

首先打开 Altium Designer 软件，并打开设计好的电路图，执行【文件】→【页面设计】如图 9-33 所示。

在该窗口中进行相关的打印设置：

(1) 设置打印机纸张尺寸为 A4、肖像模式。

(2) 页边空白处设置为水平居中、垂直居中。

(3) 刻度模式为 ScaLED Print，刻度(比例)为 1.00，修正为 X(1.00)，Y(1.00)。

(4) 颜色设置为灰白色。

设置好后点击【高级的】进入高级设置，如图 9-34 所示。

图 9-33　打印设置

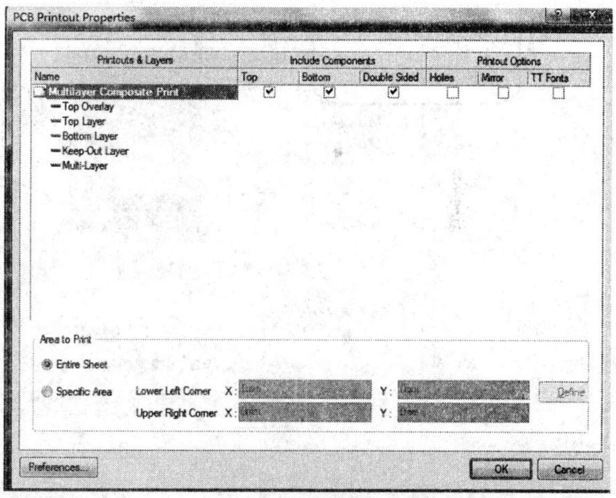

图 9-34　打印图层设置

图中 Name 栏下设置为 MultiLayer Composite Print 模式，并在其下添加相应的层(添加层的方法将在下面讲解)，在 Include Component 栏处设置相应打印电子元器件，在 Printout Options 处进行打印设置。

Top：顶层打印；Bottom：底层打印；Double Sided：双边打印；Hole：过孔打印；Mirror：镜像打印；TT Fonts：字体打印。

层的添加\删除：选中需要删除的层单击右键如图 9-35 所示。

图中经常用的选项有两个：Insert Layer 用来加入所需打印的层；Delete 用来删除不需要打印的层。此时，如点击 Insert Layer 出现如图 9-36 所示的界面，选中所需要添加的层，点击【确定】即可。

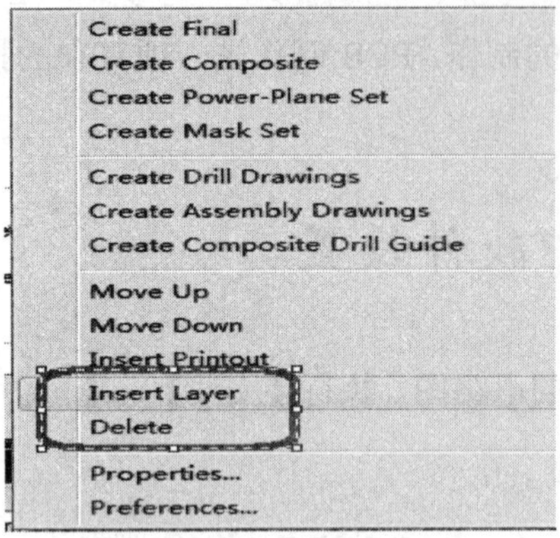

图 9-35　打印层的添加/删除

图 9-36　打印层类型选择

完成层的添加，选中所要删除的层，点击 Delete，即可删除不需要的层。

点击【Preference】，其窗口如图 9-37 所示，在该窗口下即可进行层的打印颜色设置。

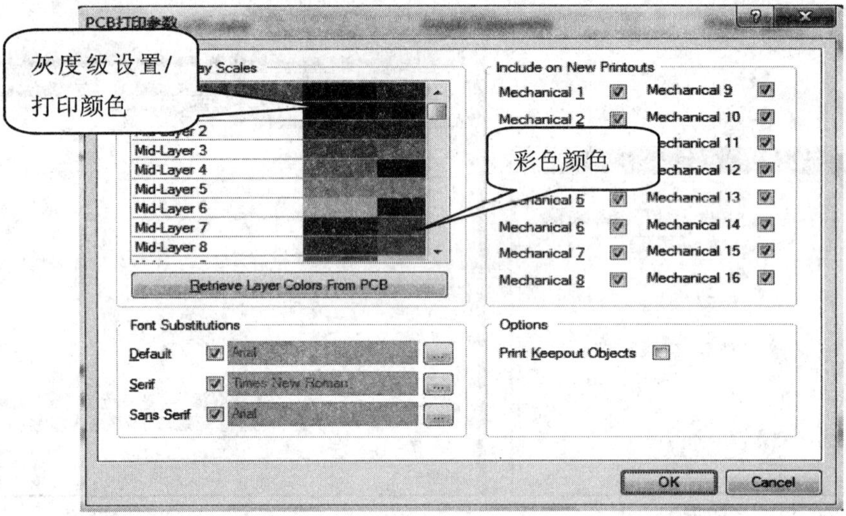

图 9-37　打印颜色设置

9.7　打印案例分析(一)

通过上述的讲解，已基本了解如何对图纸的打印进行设置，下面通过一个实际案例进行讲解，在实践中理解消化理论知识。

选用前面完成的稳压源信号发生器(Single-sided Boards 单面板)进行讲解，首先打开工程文件“直流稳压源-信号发生器.PrjPCB”，接着打开该工程中的PCB文件，执行【文件】→【页面设计】，对页面进行设置如图 9-38 所示。如果电路图不大则在【页面空白】栏处不宜选中居中，这样会造成图纸浪费，而应在“水平的”和“垂直的”后面填入图纸打印坐标，即可把电路图打印到图纸坐标指定位置，从而节约纸张。

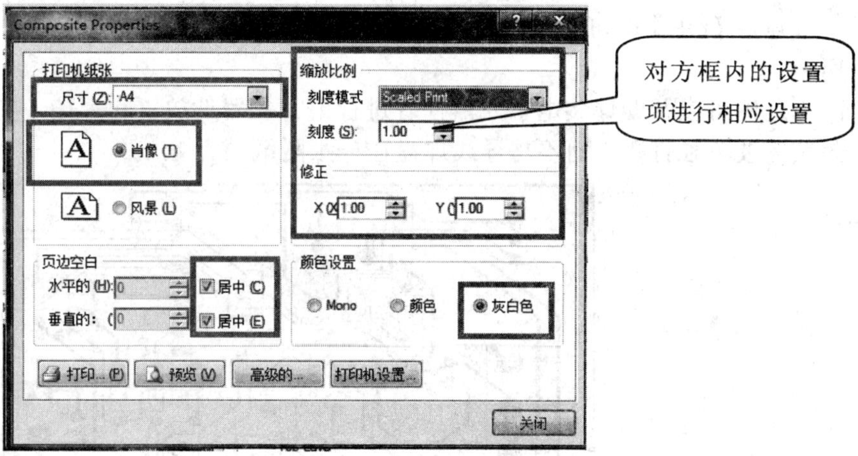

图 9-38　打印基础设置

页面设置好后点击【高级的】按钮进行图层设置，如图 9-39 所示，由于该电路是单层单面板电路，所以打印时只需要设置一次。在电路设计时仅用到 Top Layer(导线)、Top Solder(焊盘)(注焊盘在电子元器件属性中是 Multi-Layer 层，但打印时需理解为掩膜层)、Keep-out Layer(边框)、和 Top Overlay(电子元器件封装)4 个层，因此打印时仅需添加这 4 个层，并在 TOP、Double Sided、Holes、TT Fonts 下的框里打勾(见图 9-39)，如不需电子元器件封装和边框线，则仅需添加 Top Layer 层和 Top Solder 层即可。点击【Preference】把用到的层都调为深黑色，如图 9-40、图 9-41 和图 9-42 所示。

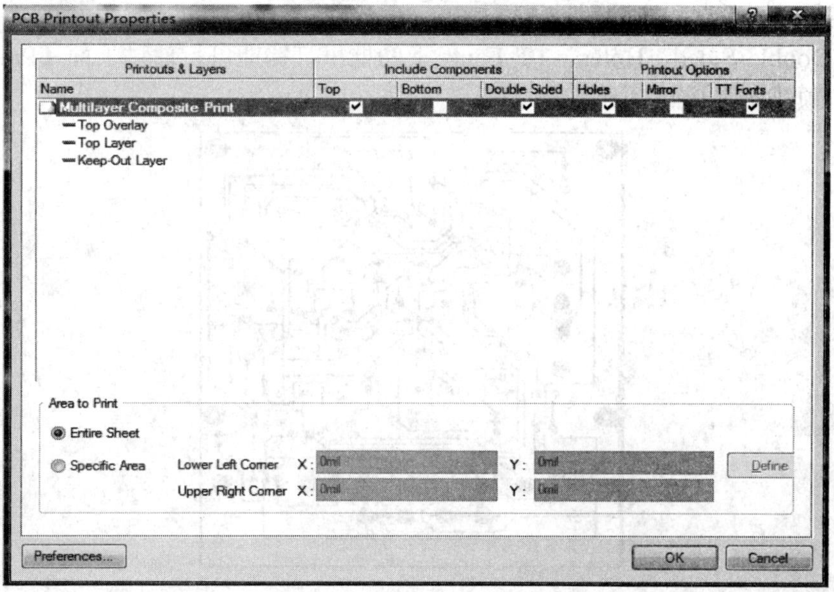

图 9-39　打印类型设置

图 9-40　顶层颜色设置

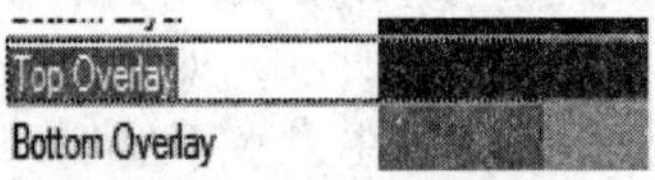

图 9-41　顶层丝印层设置

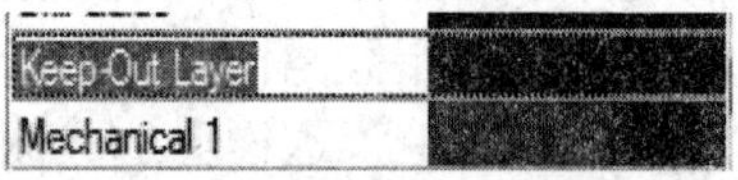

图 9-42　禁止布线设置

点击【OK】即可完成设置，此时点击打印预览即可查看打印出来的电路图，如图 9-43 所示。

此图可以帮助焊装电子元器件者进行电子元器件放置和焊接，实际过程中电子元器件封装需要单独打印，而不与导线焊盘在一张图纸中。

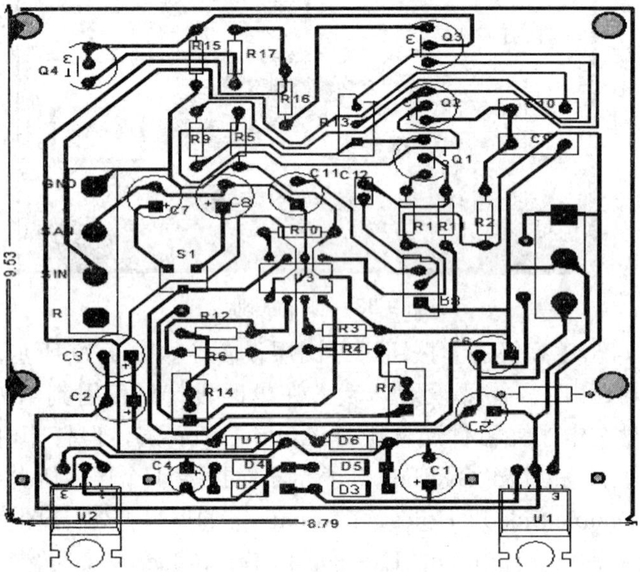

图 9-43　打印预览

若仅需导线、焊盘和边框则只用添加 Top Layer 层、Top Solder 层和 Keep-out Layer 层，并在 Top，Double Sided，Holes，TT Fonts 下的框里打钩即可，通过上面【Preference】设置后其打印预览如图 9-44 所示。

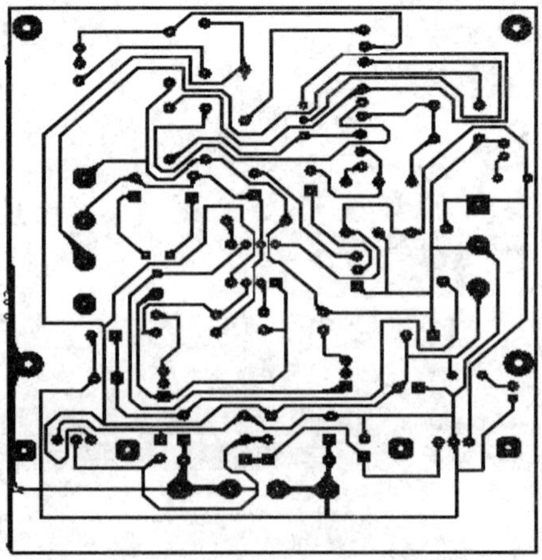

图 9-44　打印预览

若仅需焊盘则只需要添加 Top Solder 层即可，并在 Top，Double Sided，Holes 下打钩，其结果如图 9-45 所示。

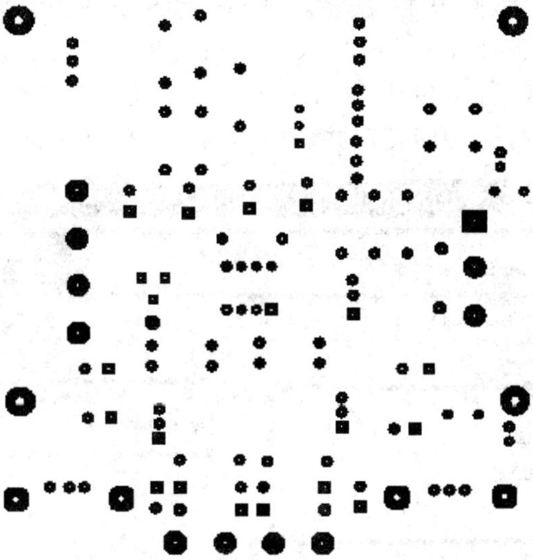

图 9-45　焊盘打印预览

如仅需打印电子元器件封装，则只需添加 Top Overlay 层即可，并在 Top TT Fonts 下打钩，其结果如图 9-46 所示。

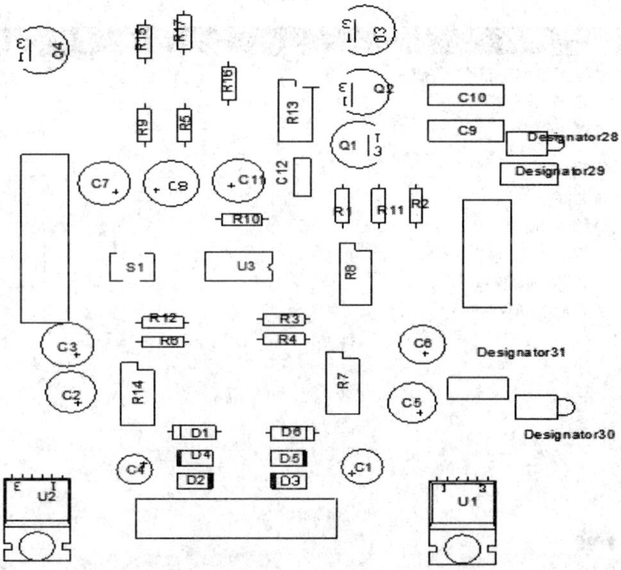

图 9-46　丝印层打印预览

同理，如果需要打印边框则只需添加 Keep-out Layer，并在 Top 下打钩即可。

综上所述，需要打印什么就添加该电子元器件所在的层，在放置该电子元器件的层

(Top，Bottom)、相应电子元器件名称(字体、过孔)和打印方式(镜像)下打钩，并把相应层的打印颜色设置合理后即可打印。

上面讲解了如何设置打印相应层，下面讲解在相应层设置好后如何打印到图纸中，点击【打印】(Ctrl+P)按钮，如图 9-47 所示。选择打印机名称、打印份数并设置好后，点击【道具】切换到效果面板下并设置为实际尺寸，如图 9-48 所示。此处【道具】工具可以设置亦可不设置，实际尺寸在图 9-39 中“刻度”框中已经设置了一次，但如果需要双面打印，则必须点击【道具】框，打开相应窗口并切换到高级面板下进行设置。

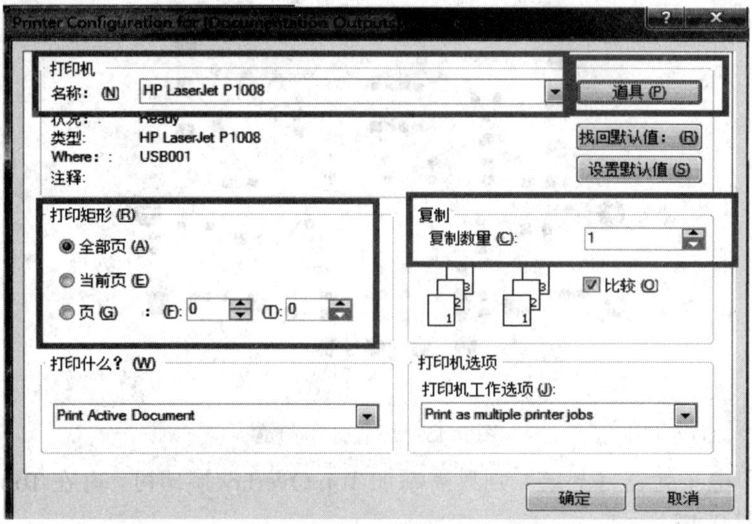

图 9-47　打印设置

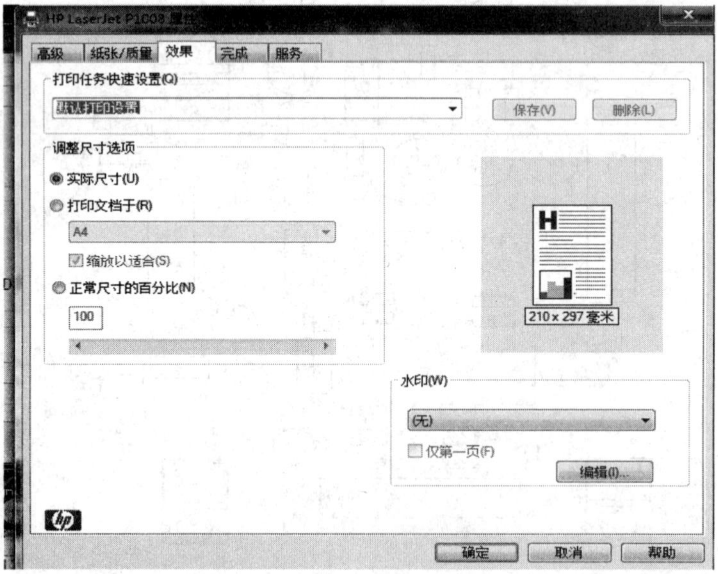

图 9-48　页面设置

设置好后点击确定即可打印。(注意打印时必须保证打印机里有热转印纸，热转印纸只能用光滑一面)。

9.8 打印案例分析(二)

上面对单面板(Single-Sided Boards)打印进行了讲解，下面看一下(Double-Side Boards)双面板的打印设置，打开 PCB 文件“交通灯 LEI.PCBDOC”(双面板))执行【文件】→【页面设计】，对页面进行设置如图 9-49 所示。

图 9-49 打印基础设置

设置好后点击【高级的】按钮进行图层设置，由于该电路是双面板电路，所以打印时需要设置两次，在电路设计时用到 Top Layer(顶层)、Bottom Layer(底层)、Keep-out Layer(边框)、Top Solder(顶层焊盘)、Bottom Solder(底层焊盘)和 Top Overlay(电子元器件封装)6 个层。

第一次设置：先打印顶层、焊盘和过孔，因而要添加 Top Layer(顶层导线)、Top Solder(焊盘)、Keep-out Layer(边框)，并在 Top，Double Sided，Holes 和 TT Fonts 下的框里打钩(注：此处 Mirror 不打勾)，如图 9-50 所示。

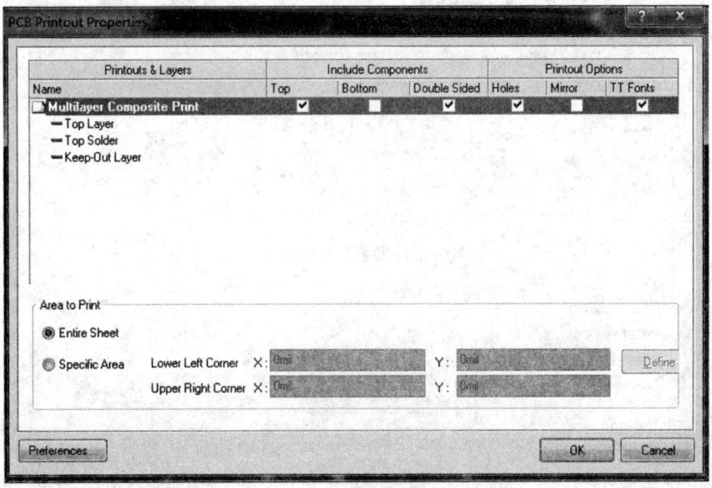

图 9-50 顶层打印设置

点击【Preference】把 Top Layer 层、Top Solder 层和 Keep-out Layer 层都调为深黑色，如图 9-51、图 9-52 和图 9-53 所示。

图 9-51　顶层颜色设置

图 9-52　顶层丝印层颜色设置

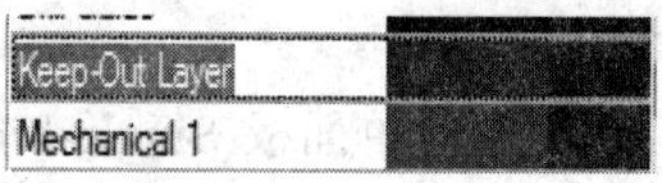

图 9-53　禁止布线层颜色设置

点击【OK】即可完成设置，此时点击打印预览即可查看打印出来的电路图，如图 9-54 所示。

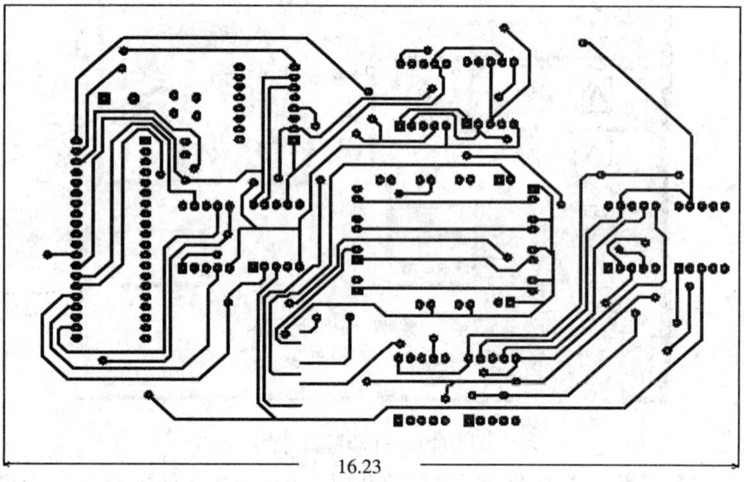

图 9-54　顶层打印预览

设置好后点击打印(Ctrl+P)，即可完成顶层打印。

第二次设置：此时需打印底层、焊盘和过孔，因而要添加 Bottom Layer(底层导线)、Bottom Solder(底层焊盘)、Keep-out Layer(边框)，并在 Top，Bottom，Double Sided，Holes，Mirror 和 TT Fonts 下的框里打钩(注：此处 Mirror 必须打钩)，如图 9-55 所示。

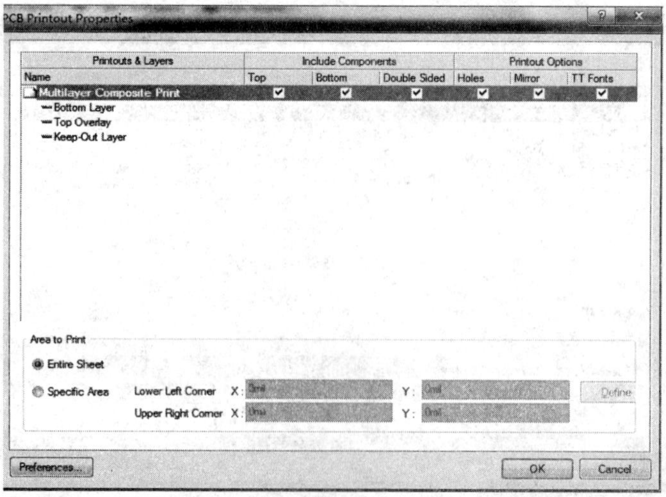

图 9-55　底层打印设置

点击【Preference】把 Bottom Layer 层的灰度级调为黑色，把 Bottom Layer 和 Keep-out Layer 层都调为深黑色，如图 9-56、图 9-57、图 9-58 所示。

图 9-56　底层打印颜色设置

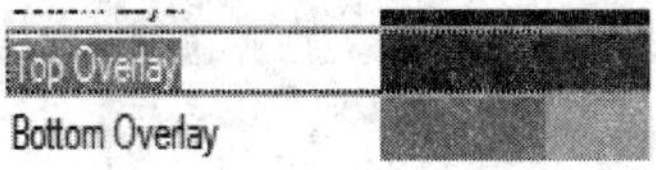

图 9-57　底层丝印层颜色设置

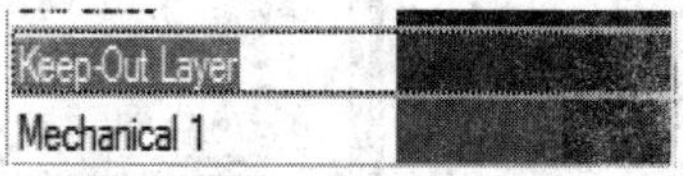

图 9-58　禁止布线层颜色设置

点击【OK】即可完成设置，此时点击【打印预览】查看打印出来的电路图，如图 9-59 所示。

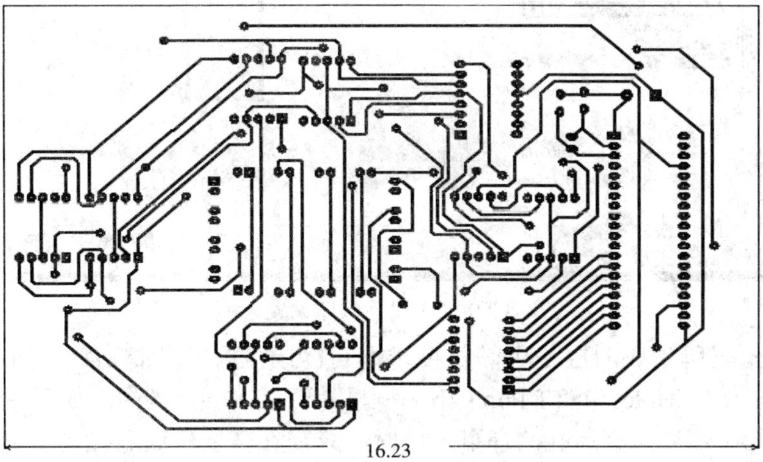

图 9-59　底层打印预览

设置好后点击打印(Ctrl+P)即可完成底层导线层的打印，其余层(焊盘层、丝印层等)打印设置和案例一中讲解一致，不用正反打印，此处不再讲解。

此时两层都已打印，正反相反，刚好和顶、底相对，通过定位孔后则可以制作实际的 PCB 板，PCB 物理电路板的制作就是紧接下来的重要工作，该步骤将在第 10 章进行详细讲解。

在实际中也可以利用系统自带打印设置方式进行图纸打印，下面简单介绍。打开页面设置(快捷键 F—U)点击【高级】打开【PCB Printout Properties】页面，在该页面内单击右键如图 9-60 所示，点击 Create Final，此时弹出确认对话框，如图 9-61 所示。点击【Yes】后即可创建相应的打印图层栏(包含了所有需要打印的图层)，如图 9-62 所示。

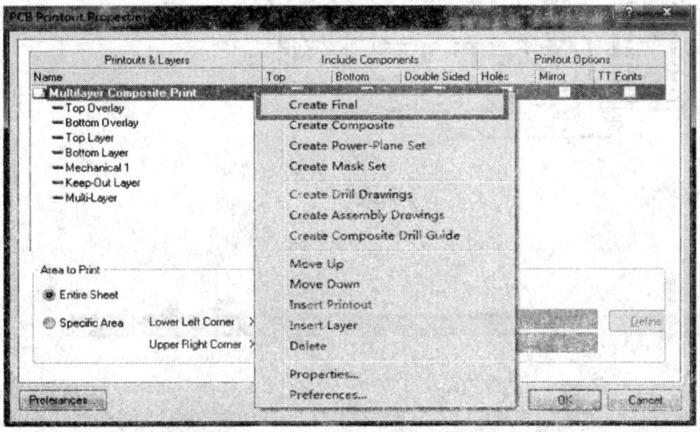

图 9-60　创建打印图层入口

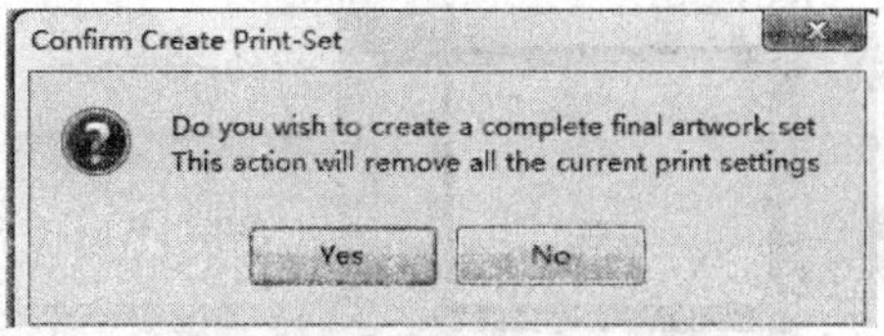

图 9-61　创建打印图层确认信息

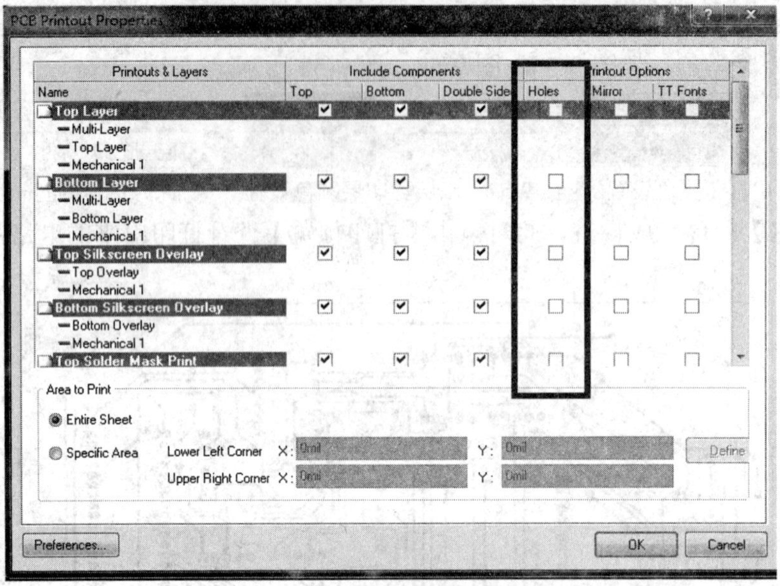

图 9-62　过孔打印设置

此时只需检查所生成图层是否满足要求即可(可通过预览图检查)，如不符合再查看 TOP，Double Sided，Holes 和 TT Fonts 下的框里是否有需要打钩的。如所有生成的图层焊盘都没有通孔而又需要带有通孔的焊盘，此时，只需在需要生成通孔的图纸层中把 Holes 下的方框勾中即可，通过预览可以看出所有打印图层的模样，如图 9-63 所示，此时选择相应预览图打印即可。

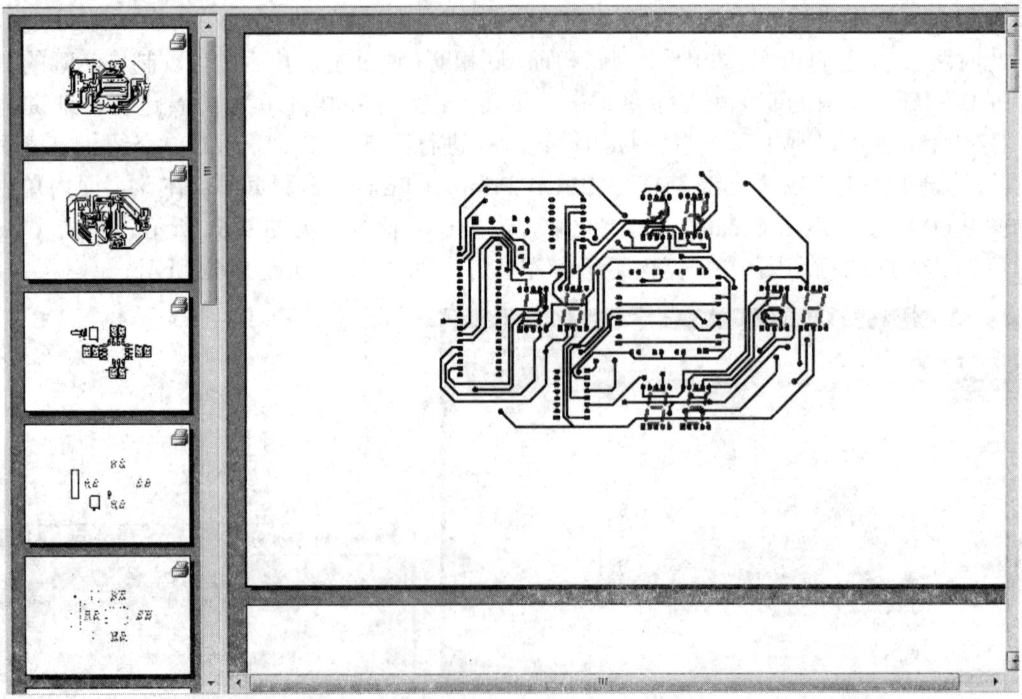

图 9-63　打印预览

1. 利用层次化的方法自己设计一个电路，并阐述其步骤。

2. 利用自上而下的方法绘制电源+信号发生器的原理图并转化为PCB文件，PCB板子大小设置为9 cm×9 cm。

3. 按照超声波测距报警原理图(见图9-64)绘制并将其转换为PCB文件，设计好PCB文件后按照规定打印出来，绘制时注意利用6.6节中的布局布线技巧。

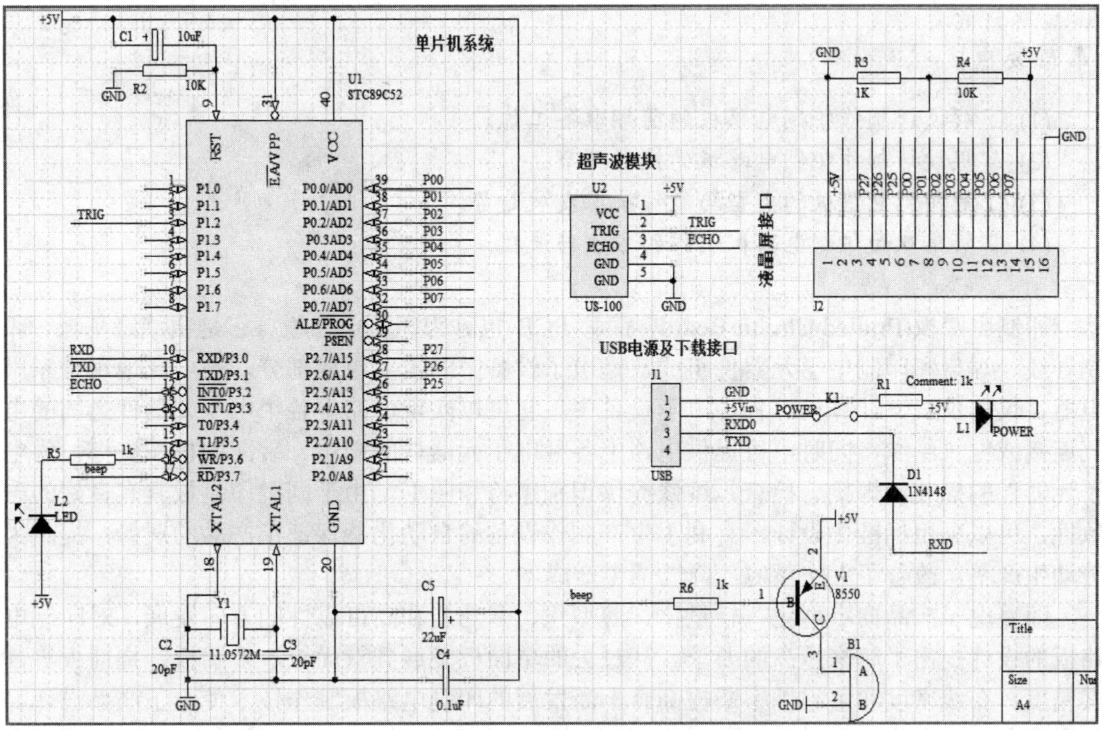

图9-64　超声波测距报警原理图

第 10 章　印制电路板制作技术

[本章要点]

(1) 了解设计制作印制电路板的前期准备工作。

(2) 掌握设计制作印制电路板的技术环节。

(3) 了解印制电路板的类型与制作技术发展趋势。

(4) 掌握单双面印制电路板制作的方法与流程。

印制电路板(Printed Circuit Board，简称 PCB)也称为印刷电路板，它是由绝缘基板、印制导线、焊盘和印制电子元器件组成，是电子设备中的重要组成部分，被广泛地用于家用电器、仪器仪表、计算机等各种电子设备中。它可以实现电路中各个电子元器件之间的电气连接或电气绝缘，同时，可提供电路中各种电子元器件的固定、装配的机械支撑，为电子元器件的插装、焊接、检查、维修提供识别字符和图形。由于同类印制板具有良好的一致性，可以采用标准化设计，有利于生产制作设备的自动化，保证了产品的质量，提高了劳动生产率，改善了工作环境，降低了生产成本。

随着电子产品向小型化、轻量化、薄型化、多功能和高可靠性的方向发展，对印制电路板的设计提出了越来越高的要求。从过去的单面板发展到双面板、多层板、挠性板等，其精度、布线密度和可靠性不断提高。不断发展的印制电路板制作技术使电子产品设计、装配走向了标准化、规模化、机械化和自动化。所以，掌握印制电路板的基本设计方法和制作工艺，了解生产过程是学习印制电路板工艺制作技术的基本要求。

10.1　设计印制电路板基础

印制电路板最早使用的是单面纸基覆铜板，自从半导体晶体管出现以来，对印制电路板的需求量急剧上升。特别是集成电路的迅速发展及其广泛应用，使电子设备的体积越来越小，电路布线密度及难度越来越大，对覆铜板的要求越来越高。覆铜板也由原来的单面纸基覆铜板发展到环氧覆铜板、聚四氟乙烯覆铜板和聚酰亚胺柔性覆铜板。新型覆铜板的出现，使印制电路板不断更新，结构和质量不断提高。目前，计算机设计印制电路板的应用软件已经普及推广，在专业化的印制板生产厂家中，新的设计方法、材料、工艺不断出现。机械化、自动化生产已经完全取代了手工印制电路的生产操作。

目前，印制电路板设计通常有两种方式：一种是人工设计；另一种是计算机辅助设计。

无论采用哪种方式，都必须符合原理图的电气连接和产品电气性能、机械性能的要求，符合相应的国家标准要求。

10.1.1 印制电路板的材料及分类

在绝缘基材的覆铜板上，按预定设计用印制的方法制成印制线路、印制电子元器件或两者组合而成的电路，称为印制电路。完成了印制电路或印制线路加工的板子，称为印制电路板。制造印制电路板的主要材料是覆铜板。所谓覆铜板，就是经过黏结、热挤压工艺，使一定厚度的铜箔牢固地附着在绝缘基板制作材料。基板材料及厚度各有不同，铜箔与黏合剂也各有差异，制造出来的覆铜板在性能上就有很大差异。板材通常按增强材料类别和黏合剂类别或板材特性分类，常用的增强材料有纸、玻璃布、玻璃毡等。黏合剂有酚醛、环氧树脂、聚四氟乙烯和聚酰亚胺等。在设计选用时，应根据产品的电气特性和机械特性及使用环境，选用不同种类的覆铜板。同时，应满足国家(部)标准。

1．覆铜板的种类

(1) 酚醛纸基覆铜箔层压板。酚醛纸基覆铜箔层压板是由绝缘浸渍纸或棉纤维浸以酚醛树脂，两面为无碱玻璃布，在其一面或两面覆以电解紫铜箔，经热压而成的板状纸品。此种层压板的缺点是机械强度低、易吸水和耐高温性能差(一般不超过 100℃)，但由于价格低廉，广泛用于低档民用电器产品中。

(2) 环氧纸基覆铜箔层压板。环氧纸基覆铜箔层压板与酚醛纸基覆铜箔层压板不同的是，它所使用的黏合剂为环氧树脂，性能优于酚醛纸基覆铜板。由于环氧树脂的黏结能力强，电绝缘性能好，又耐化学溶剂和油类腐蚀，机械强度、耐高温和潮湿性较好，但价格高于酚醛纸板。广泛应用于工作环境较好的仪器、仪表及中档民用电器中。

(3) 环氧玻璃布覆铜箔层压板。此种覆铜箔板是由玻璃布浸以双氰胺固化剂的环氧树脂，并覆以电解紫铜，经热压而成的。这种覆铜板基板的透明度好，耐高温和潮湿性优于环氧纸基覆铜板，具有较好的冲剪、钻孔等机械加工性能。被用于电子工业、军用设备、计算机等高档电器中。

(4) 聚四氟乙烯玻璃布覆铜箔层压板。此种覆铜板具有优良的介电性能和化学稳定性，介电常数低，介质损耗低，是一种耐高温、高绝缘的新型材料。应用于微波、高频、家用电器、航空航天、导弹、雷达等产品中。

(5) 聚酰亚胺柔性覆铜板。其基材是软性塑料(聚酯、聚酰亚胺、聚四氟乙烯薄膜等)，厚度约 0.25～1 mm。在其一面或两面覆以导电层以形成印制电路系统。使用时将其弯成适合形状，用于内部空间紧凑的场合，如硬盘的磁头电路和数码相机的控制电路。

2．覆铜板的非电技术标准

覆铜板质量的优劣直接影响印制板的质量，衡量覆铜板质量的主要非电技术标准有以下几项。

(1) 抗剥强度。使单位宽度的铜箔剥离基板所需的最小力(单位为 kg/mm)，用这个指标来衡量铜箔与基板之间的结合强度，此项指标主要取决于黏合剂的性能及制造工艺。

(2) 翘曲度。单位长度的扭曲值称为翘曲度。这是衡量覆铜板相对于平面的不平度指标，取决于基板材料和厚度。

(3) 抗弯强度。覆铜板所承受弯曲的能力称为抗弯强度，以单位面积所受的力来计算(单位为 Pa)。这项指标取决于覆铜板的基板材料和厚度，在确定印制板厚度时应考虑这项指标。

(4) 耐浸焊性。将覆铜板置入一定温度的熔融焊锡中，停留一段时间(一般为 10 s)后，铜箔所承受的抗剥能力称为耐浸焊性。一般要求铜板不起泡、不分层。如果浸焊性能差，印制板在经过多次焊接后，可能使焊盘及导线脱落。此项指标对电路板的质量影响很大，其好坏主要取决于绝缘基板材和黏合剂。

除上述几项指标外，衡量覆铜板的技术指标还有表面平滑度、光滑度、坑深、介电性能、表面电阻和耐氰化物等，其相关指标可参考相关手册。

3．印制电路板的分类

印制电路板的种类很多，一般情况下可按印制电路的分布和机械特性划分。

1) 按印制电路的分布划分

(1) 单面印制板。只在绝缘基板的一面覆铜，另一面没有覆铜的电路板，单面板只能在覆铜的一面布线，另一面放置电子元器件。它具有不需要打过孔、成本低的优点，但因其只能单面布线，使实际的设计工作往往比双面板或多层板困难得多，它适用于电性能要求不高的收音机、电视机、仪器仪表等。

(2) 双面印制板。在绝缘基板的两面都有覆铜，中间为绝缘层。双面板两面都可以布线，一般需要由金属化孔连通。双面板可用于比较复杂的电路，但设计工作并不一定比单面板困难，因此被广泛采用，是现在最常见的一种印制电路板。它适用于电性能要求较高的通信设备、计算机和电子仪器等产品，由于双面印制电路的布线密度高，所以可减小设备的体积。

(3) 多层印制板。多层印制板是指具有 3 层或 3 层以上导电图形和绝缘材料层压合而成的印制板，包含了多个工作层面，它是在双面板的基础上增加了内部电源层、内部接地层及多个中间布线层。当电路更加复杂，双面板已经无法实现理想的布线时，采用多层板就可以很好地解决这一困扰，多层板可以使集成电路的电气性能更合理，使整机小型化程度更高。

2) 按机械特性划分

(1) 刚性板。刚性板具有一定的机械强度，用它装成的部件具有一定的抗弯能力，在使用时处于平展状态，主要在一般电子设备中使用。酚醛树脂、环氧树脂、聚四氟乙烯等覆铜板都属刚性板。

(2) 柔性板。柔性板也叫挠性板，柔性板是以软质绝缘材料(如聚酰亚胺或聚酯薄膜)为基材而制成的，铜箔与普通印制板相同，使用黏合力强、耐折叠的黏合剂压制在基材上。表面用涂有黏合剂的薄膜覆盖，防止电路和外界接触引起短路和绝缘性下降，并能起到加固作用，使用时可以弯曲，减小使用空间。

(3) 刚挠(柔)结合板。该板采用刚性基材和挠性基材结合组成的印制电路板，其刚性部分用来固定电子元器件作为机械支撑，其挠性部分折叠弯曲灵活，可省去插座等电子元器件。

10.1.2　设计印制电路板前的准备工作

印制电路板作为电子设备中一个重要的组装部件，是整机工艺设计中的重要环节。设计质量不仅关系到电子元器件在焊接装配、调试中是否方便，而且直接影响到整机的技术性能。印制板设计主要是排版布局设计，设计印制电路板不像设计电路原理图那样需要严谨的理论和精确的计算，但在设计中应遵守一定的规范和原则。

1．设计印制电路板的准备

在研制电子产品时，设计印制电路板的前提，是按照产品的设计目标要求，包括电路功能、电气性能指标要求，进行电路试验，确定电路方案。

1) 采用 Multisim 仿真软件进行电路试验

其特点是原理图的设计输入快捷、电子元器件丰富、软件中具备多种电子元器件模型或虚拟的电子设备，分析工具广泛，可帮助设计者全面了解电子电路的性能指标，实现低成本、高效率的电子电路系统设计与研发为一体的工作目标。

2) 电路方案确定

对于电路中电子元器件数目比较少的简单电路和成熟电路，可以把整个电路一次搭接出来，甚至可以跳过试验，根据电路原理直接设计印制电路板。而对于电路中电子元器件数目较多的复杂电路，一般是把整个电路分割成若干个电路功能模块，分别进行电路仿真试验，待每块电路都得到验证以后，再把它们连接起来，试验整机的效果。

3) 根据电路方案进行试验

它是通过一块电路板进行电子元器件的装载、固定、连接实现电路功能的作用。目前，常见的商品电路试验板有两大类：一种是插接电路试验板；另一种是印制电路试验板。它们的共同特点是采用标准的 2.54 mm 为孔间距离，可以插装集成电路和小型电子元器件实现电器互连。

(1) 插接电路试验板。插接电路试验板俗称面包板，如图 10-1 所示，它的主要优点是使用方便，进行电路试验时不需要焊接，可以随时根据电路的要求改变连线或更换电子元器件。其布线结构可根据电路结构进行布局，很适合于插装集成电路及其他小型电子元器件试验，也可以使用多块试验板进行组合，分别实现不同的功能电路，包括整机电路的统一调试。

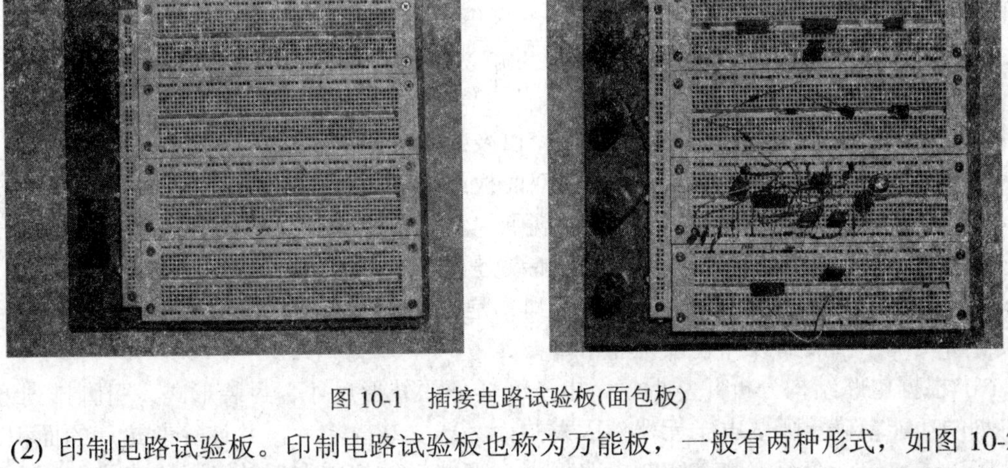

图 10-1　插接电路试验板(面包板)

(2) 印制电路试验板。印制电路试验板也称为万能板，一般有两种形式，如图 10-2 所示。左侧的一种与插接电路板很相似，只能在一个方向上插装集成电路；右侧的一种比较灵活，集成电路和其他电子元器件可以水平放置，也可以垂直放置。在进行电路试验时，可以把电子元器件焊接在试验板上，并用导线把各焊点连接起来。电子元器件的布局和连接比较接近实际产品，电路连接可靠，特别是在制作单件电子产品时，使用万能印制电路板可以节省设计时间和制板费用。

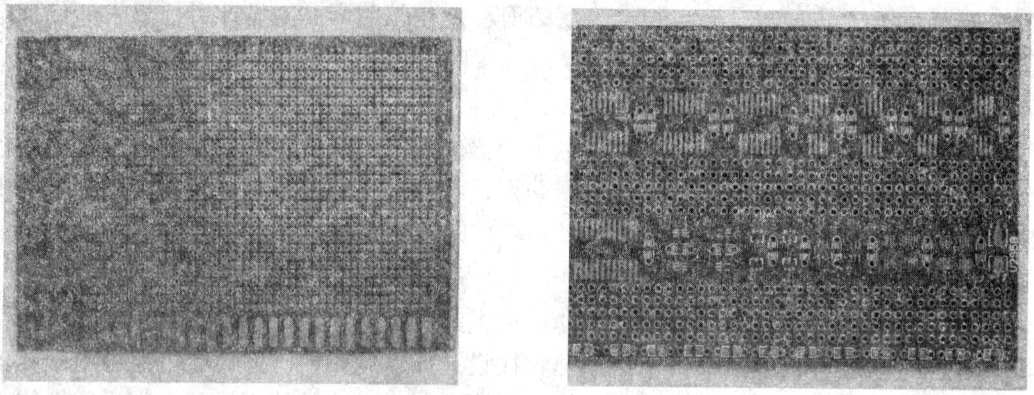

图 10-2　印制电路试验板(万能板)

4) 电路试验时电子元器件的选用

仔细查阅所用电子元器件的技术资料，使之工作在合理的工作状态下。特别是对于集成电路和其他新型电子元器件，应该在使用前了解它们的各种特性、规格和参数及外形封装，熟悉它们的引脚排列。在试验中要掌握电子元器件的技术参数、工作环境、承受的工作电压、工作电流及消耗功率等指标，要注意留有一定的裕量。

5) 审查电路

每个电子元器件是否存在多余的功能部分，在电路设计中尽量选用集成电路，使电子元器件的数量及焊接点的数量最少。在数字电路中，按照正确的方法利用同一集成电路中多余的逻辑门，实现不同逻辑门的组合转换，可以使设计达到最小型化经济设计。

6) 电路试验结果分析

任何电路都存在着自身及外界的干扰，这些干扰对电路的正常工作将造成一定的影响。设计前必须对电路原理进行认真的分析，并了解电路的性能及工作环境。充分考虑可能出现的各种干扰，提出设计 PCB 中抑制干扰的解决方案，做到心中有数，通过对原理图的分析应明确以下几点。

(1) 找出原理图中可能产生的干扰源，以及易受外界干扰的敏感电子元器件。

(2) 确定印制电路板种类，单面板、双面板或多面板。

(3) 确定电子元器件安装方式，排列规则、焊盘及印制导线布线形式。

(4) 确定印制电路板对外连接方式，主要是 PCB 电路板电子连接器的实用类型。

(5) 了解这些电子元器件是否容易买到、是否是长线产品、能否保证批量供应、这一点对于研发电子产品的设计者来说非常重要。

(6) 根据电路结构分析并掌握每个电子元器件的外形尺寸、封装形式、引脚排列方式、各引脚的功能，确定哪些电子元器件因发热而需要安装散热片，并计算散热片的面积。考虑哪些电子元器件应该安装在印制电路板上，哪些必须安装在板外，最终确定印制电路板的材料、结构、形状、尺寸和厚度。

2. 印制电路板设计目标要求

对于印制电路板的设计通常有以下 4 个方面的要求。

(1) 正确性。这是印制电路板设计最基本、最重要的要求，准确实现电路原理图的连接关系，避免出现“短路”和“断路”这两个简单而又非常致命的错误。这一基本要求在手工设计和用简单 CAD 软件设计的印制电路板中并不容易做到，一般较复杂的产品都要经过两轮以上试制修改，而功能较强的计算机软件则有检验功能，可以保证电气连接的正确性。

(2) 可靠性。这是印制电路板设计中较高层次的要求，连接正确的印制电路板不一定可靠性就好。例如：板材选择不合理，板厚及安装固定不正确，电子元器件布局布线不当等都可能导致印制电路板不能可靠地工作，早期失效甚至根本不能正确工作。再如多层板和单、双面板相比，设计时要容易得多，但就可靠性而言就不如单、双面板。从可靠性的角度讲，结构越简单，使用电子元器件越少，板子层数越少，可靠性也就越高。

(3) 合理性。这是印制电路板设计中更深一层次的要求，一个设计精良的印制电路板，无不与印制电路板设计的合理性息息相关。从印制电路板的制造、检验、装配、调试到整机装配，直到使用维修。例如，板子形状选得不好会造成加工困难，引线孔太小会造成装配困难，没留测试点会造成调试困难，板外连接选择不当会造成维修困难等。每一个困难都可能导致成本增加，工时延长。造成困难的原因都源于设计者的失误，所以没有绝对合理的设计，只有不断合理化的过程设计，它需要设计者的责任心和严谨的工作作风，以及实践中不断总结，提高经验。

(4) 经济性。板子尺寸尽量小，连接用直焊导线，表面涂覆用最便宜的，选择价格最低的加工厂等，印制电路板制造价格就会下降。但是不要忘记，这些廉价的选择可能造成工艺性和可靠性变差，使制造费用、维修费用上升，总体经济性不一定合算。

3. 板材、形状、尺寸和厚度的确定

(1) 确定板材。板材是指印制电路板基板材料的选择，不同板材的力学性能与电气性能有很大差别。确定板材主要是依据整机的性能要求、使用条件以及销售价格。例如，袖珍晶体管收音机，由于机内电路板本身尺寸小，印制线条宽度较大，使用环境良好，整机价格低廉，因此选用酚醛纸质基板即可，没有必要选用高性能的环氧玻璃布基板。否则，既没有明显提高整机的性能，又大幅度提高了生产成本。又如，在微型计算机等高档电子设备中，由于电子元器件的装配密度高，印制线条窄，板面尺寸大，电路板的制造费用只在整机的成本中占有很小的比例，所以在设计选材时，应该以覆铜板的各项技术性能作为考虑的主要因素，不能片面地要求成本低廉。否则，必然造成整机质量下降，而成本并无明显的降低。对于印制板的种类，一般应该选用单面板或双面板。分立电子元器件的电路常用单面板，因为分立电子元器件的引线少，排列位置便于灵活变换。双面板多用于集成电路较多的电路，特别是双列直插式封装的集成电子元器件，因而引线的间距小而数目多。

(2) 印制板的形状。印制电路板的形状由整机结构和内部空间位置的大小决定，外形应该尽量简单，一般为矩形。印制电路板生产厂家的收费标准是根据制板的工艺难度和制板面积以平方厘米作为计价单位的，按照整板矩形来计算制板面积。采用矩形，还可以大大简化板边的成形加工量。但是在收录机、电视机等大批量生产的产品中，在整机的不同部位上往往需要几块大小不一的印制电路板。为了降低电路板的制作成本，提高自动装配焊接的比例，通常把两三块面积较小的印制电路板与主电路板接拼接成一个大的矩形，制作成一块整板，待装配、焊接以后，再沿着工艺孔或工艺槽分开，如图 10-3(a)所示。

还有一种印制电路板的形状被称为“邮票”板，如图 10-3(b)(c)所示。为了适合自动装配焊接设备的需要，把若干块面积较小的印制电路板拼在一起，制成一块加工了工艺孔或工艺槽的大板，整块印制电路板看起来就像一整版邮票。待装配、焊接以后，再把整板分开成多块小板，分别安装到每台设备中去。

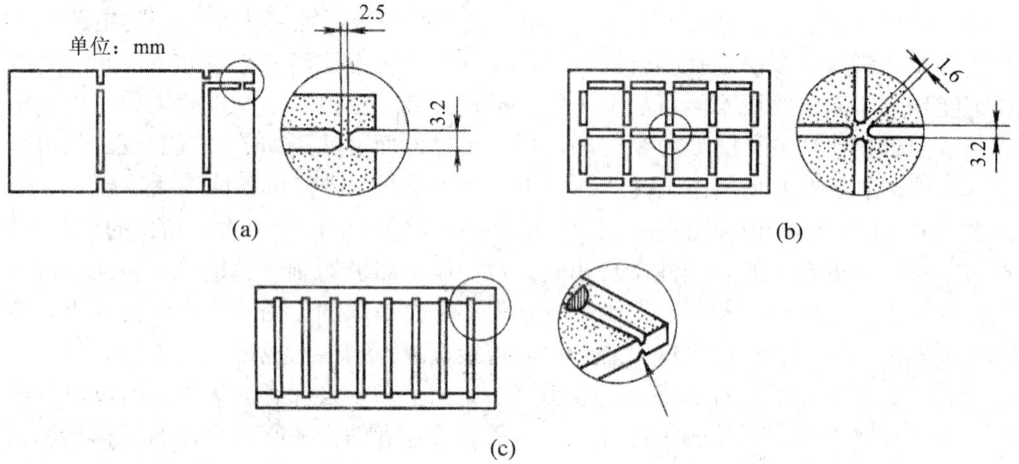

图 10-3　几块印制板组成的拼板

(3) 印制板尺寸。印制电路板的尺寸应该接近标准系列值，要从整机的内部结构和板上电子元器件的数量、安装和排列方式来决定。电子元器件之间要留有一定间隔，特别是在高压电路中，更应该留有足够的间距。在考虑电子元器件所占用的面积时，要注意发热电子元器件安装散热片的尺寸。在确定了板的净面积以后，还应当向外扩出 5～10 mm，便于印制板在整机中的安装固定。如果印制电路板的面积较大、电子元器件较重或在振动环境下工作，应该采用边框、加强筋或多点支撑等形式加固。当整机内有多块印制电路板，特别当这些印制板是通过导轨和插座固定时，应该使每块板的尺寸整齐一致，有利于它们的固定与加工。

(4) 板的厚度。当确定印制电路板的厚度时，主要考虑对电子元器件的承重和振动冲击等因素：如果印制电路板的尺寸过大或板上的电子元器件过重(如大容量的电解电容器或大功率电子元器件等)，都应该适当增加板的厚度或对电路板采取加固措施，否则电路板容易产生翘曲。按照电子行业的部颁标准，覆铜板材的标准厚度有 0.2 mm，0.5 mm，0.7 mm，0.8 mm，1.5 mm，1.6 mm，2.4 mm，3.2 mm，6.4 mm 等多种。另外，当电路板对外通过插座连线时，如图 10-4 所示，必须注意插座槽的间隙一般为 1.5 mm。若板材过厚则插不进去，过薄则容易造成接触不良。

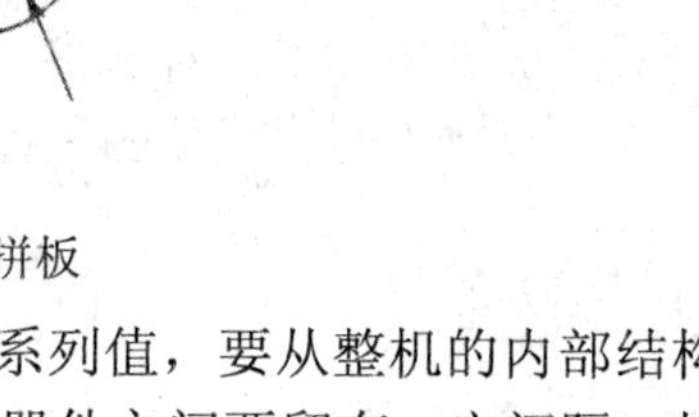

图 10-4　电路板对外通过插座连接方式

4．印制电路板对外连接方式的选择

印制电路板只是整体机的一个组成部分，必然存在对外连接的问题。例如，印制电路板之间、印制电路板与板外电子元器件、印制电路板与设备面板之间，都需要电气连接。当然，这些连接引线的总数要尽量少，并根据整机结构选择连接方式，总的原则应该使连接可靠，安装、调试、维修方便，成本低廉。对外连接方式可以有很多种，要根据不同特点灵活选择。

1) 导线焊接方式

这是一种最简单、廉价而可靠的连接方式，不需要任何接插件，只要用导线将印制电路板上的对外连接点与板外的电子元器件或其他部件直接焊牢即可。采用导线焊接方式应该注意以下几点：

(1) 印制电路板的对外焊点尽可能引到整板的边缘，并按照统一尺寸排列，便于焊接与维修，如图 10-5 所示。

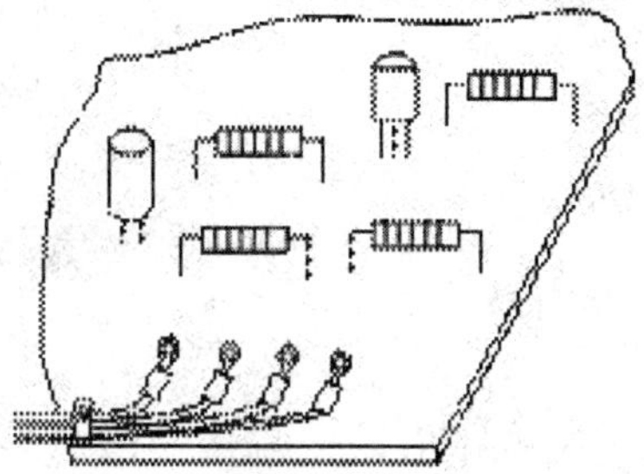

图 10-5　电路板对外通过导线焊接连接方式

(2) 为提高导线连接的机械强度，避免因导线受到拉扯将焊盘或印制线条拽掉，应该在印制电路板上焊点的附近钻孔，让导线从电路板的焊接面穿绕过通孔，再从电子元器件面插入焊盘孔进行焊接，采用固定件加焊接提高导线的机械强度方式，如图 10-6 所示。

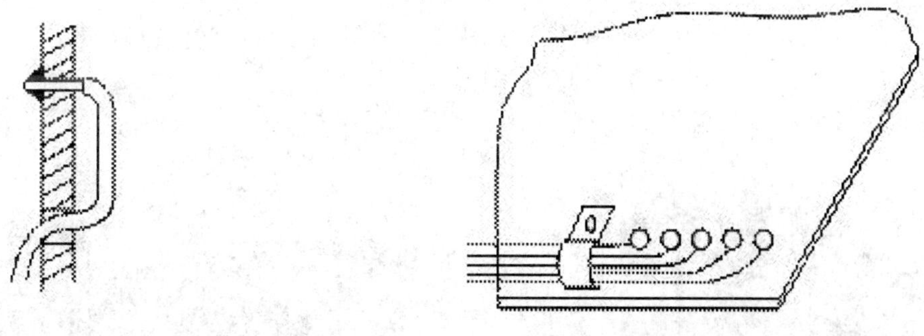

图 10-6　采用固定件加焊接提高导线的机械强度方式

2) 插接器连接方式

在较复杂的电子仪器设备中，常常有十几块甚至几十块印制电路板。当整机发生故障时，维修人员不必检查到某一电子元器件，只要判断是哪一块电路板不正常即可立即对其进行更换，以便在最短的时间内排除故障。接插件的品种繁多，下面介绍常见的几种。

经常采用插接器的连接方式如图 10-7 所示。这是在电子设备中经常采用的连接方式，这种连接是将印制电路板边缘按照插座的尺寸、接点数、接点距离、定位孔的位置进行设计做出印制电路板插头，使其与专用印制电路板插座相配。

这种连接方式的优点是可保证批量产品的质量，调试、维修方便。缺点是因为触点多，所以可靠性比较差。在印制电路板制作中，为提高性能，插头部分根据需要可进行覆涂金属处理。

适用于印制电路板对外连接的插头、插座的种类很多，其中常用的几种为矩形连接器、方形连接器、圆形连接器等，如图 10-8 所示。一块印制电路板根据需要可选用一种或多种连接方式。

图 10-7　插接器连接方式

图 10-8　多种连接方式

(1) 印制电路板插座。把印制电路板的一端作为插头，插头部分按照插座的尺寸、接点数、接点距离、定位孔的位置等进行设计。设计中应当严格控制引线间的距离，保证与插座的引线间距一致。制板时，引线部分需要镀金处理，提高耐磨性能并减小接触电阻。这种方式装配简单、维修方便，但可靠性稍差，常因插头部分被氧化或插座簧片老化而接触不良。为了提高对外连接的可靠性，可以把同一条引出线通过印制电路板上同侧或两侧的接点并联引出，如图 10-9 所示。

(2) 其他接插件。有很多种接插件可以用于印制电路板的对外连接。例如，在小型仪器中采用插针式接插件，将插座装焊在印制板上，如图 10-10 所示。又如，随着大规模集成电路技术与微型计算机的发展，带状电缆接插件已经得到广泛的应用。

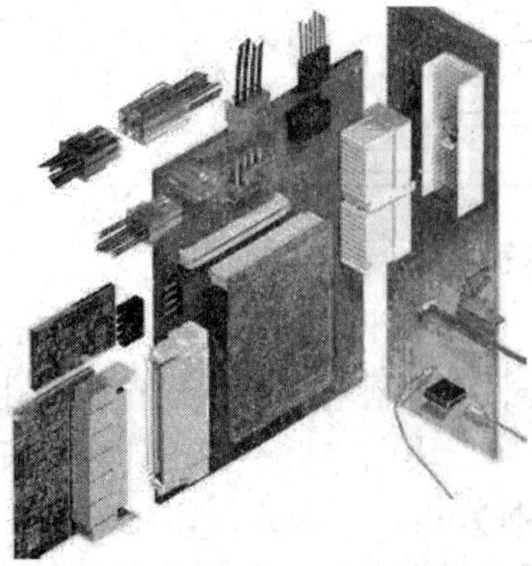

图 10-9　印制板插座对外连接方式

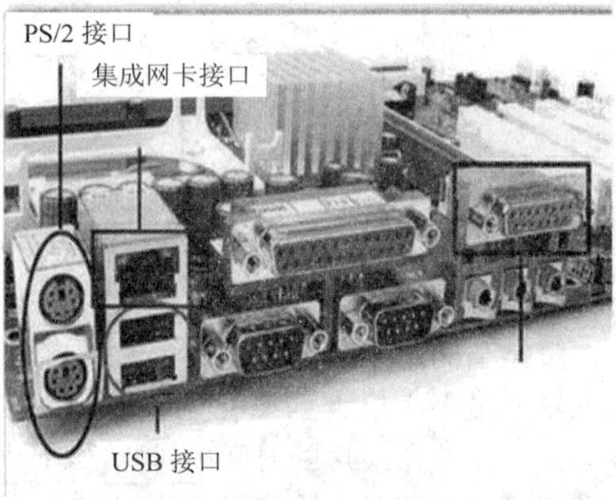

图 10-10　其他接插件与印刷板连接方式

(3) 导线接线端子焊接。如图 10-11 所示是一种操作简单、价格低廉且可靠性高的连接方式。连接时采用不同类型的接线端子，用接线端子焊接在电路板上，再用导线将印制板上的对外连接点与板外其他电子元器件或其他部件直接焊牢即可。其优点是成本低、可靠性高、维修调试方便，可避免因接触不良而造成的故障。

(a) 线路板上用接线端子的对外连接

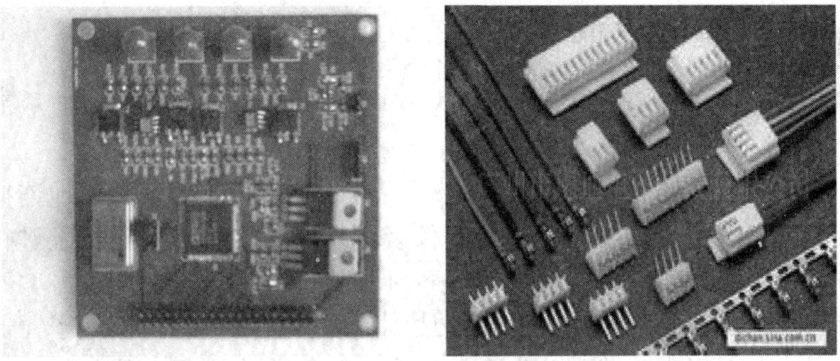

(b) 线路板上用排针的对外连接

图 10-11　线路板上的导线连接方式

(4) 排线焊接。如图 10-12 所示，两块印制电路板之间采用排线连接，既可靠又不易出现连接错误，且两块印制电路板的相对位置不受限制。

(5) 印制电路板之间直接焊接。如图 10-13 所示，常用于两块印制电路板之间为 90° 夹角的连接，连接后成为一个整体印制电路板部件。

图 10-12　排线焊接

图 10-13　印制电路板之间直接焊接

如果印制电路板上有大电流信号对外连接，可以采用矩形接插件。这种插座的体积较大，不宜直接焊接在印制电路板上。为保证足够的机械强度和可靠的对外连接，需要另做支架同时固定印制电路板和插座。

10.2 印制电路板的排版布局设计

一台性能优良的仪器，除选择高质量的电子元器件和合理的电路外，印制电路板的组件布局和电气连线方式、正确的结构设计也是决定仪器能否正常工作的一个关键问题。对同一种组件和参数的电路，由于电子元器件布局设计和电气连线方式(方向)的不同会产生不同的结果。因而，必须把如何正确设计印制电路板和正确选择布线及整体仪器的工艺结构三方面联合起来考虑。合理的工艺结构，既可消除因布线不当而产生的干扰，同时也便于生产中的焊接、安装、调试与检修等。

10.2.1 印制电路板的排版布局

印制电路板设计的主要内容是排版设计，把电子元器件设计在一定制板面积上，合理地布局排版，是设计印制板的第一步。

排版设计，不单纯是按照电路原理把电子元器件通过印制线条简单地连接起来的。为使整机能够稳定可靠地工作，要对电子元器件及其连接件在印制电路板上进行合理的排版布局。如果排版布局不合理，就有可能出现各种干扰，以致合理的原理方案不能实现或使整机技术指标下降。有些排版设计虽然能够达到原理的技术参数，但电子元器件的排列疏密不匀、杂乱无章，不仅影响美观，也会给装配和维修带来不便。这样的设计当然不能算是合理的。本节将介绍排版与布局的一般原则，力求使设计者掌握普通印制电路板设计的知识，使排版设计尽量合理。但是这些因素并非印制电路本身固有的，而是通过合理设计、正确地选择制作材料、懂得先进的制造技术和工艺方法，才能使整个系统符合理想的技术指标要求。

1．按照电信号流走方向的布局原则

对整机电路的布局原则是，把整个电路按照功能划分成若干个电路单元，按照电信号的流向，逐个依次安排各个功能电路单元在板上的位置，使布局便于信号流通，并使信号流向保持一致。在多数情况下，信号流向按从左到右(一般左输入、右输出)或从上到下(上输入、下输出)确定。输入、输出端直接相连的电子元器件应当放在靠近输入、输出接插件或连接器的地方。以每个功能电路的核心电子元器件为中心，围绕它来进行布局。例如：一般以晶体管或集成电路等半导体电子元器件作为核心电子元器件，根据它们各引线脚的位置，排布其他外围电子元器件。要考虑每个电子元器件的形状、尺寸、极性和引线脚数目，以缩短连线为目的，不断调整它们的方向及位置。

2．优先确定特殊电子元器件的位置

所谓特殊电子元器件是指那些从电、热、磁、机械强度等方面对整机性能产生影响的电子元器件。电子元器件在印制电路板上布局时，要根据电子元器件确定印制板的尺寸。

在确定 PCB 尺寸后，再确定特殊电子元器件的位置。最后，根据电路的功能单元，对电路的全部电子元器件进行整体布局，并遵守以下几项原则：

(1) 高频电子元器件之间的连线应尽可能缩短，以减少它们的分布参数和相互间的电磁干扰，易受干扰的电子元器件之间不能距离太近。

(2) 对某些电位差较高的电子元器件或导线，应加大它们之间的距离，以免放电引起意外短路。带高压的电子元器件应尽量布置在调试时手不易触及的地方。

(3) 重量较大的电子元器件，安装时应加支架固定，或应装在整机的机箱底板上。对一些发热电子元器件应考虑散热方法，热敏电子元器件应远离发热电子元器件。

(4) 对可调电子元器件的布局应考虑整机的结构要求，其位置布设应方便调整。

(5) 在印制电路板上应留出定位孔及固定支架所占用的位置。

(6) 按照电路的流程安排各个功能电路单元的位置，使布局便于信号流通，并使信号尽可能保持方向一致。

(7) 以每个功能电路的核心电子元器件为中心，围绕它来进行布局。

(8) 在高频下工作的电路，要考虑电子元器件之间的分布参数，减少干扰。

3. 操作性能对电子元器件位置的要求

(1) 对于电位器、可调电容器或可调电感线圈等调节电子元器件的布局，要考虑整机结构的安排。如果是机外调节，其位置要与调节旋钮在机箱面板上的位置相适应，如果是机内调节，则应放在印制电路板上能够方便调节的地方。

(2) 为了保证调试、维修的方便安全，特别要注意带高电压的电子元器件。例如显示器的阳极高压，尽量布置在操作时人手不易触及的地方。

4. 一般电子元器件的安装与排列

1) *电子元器件的安装布局*

在印制板的排版设计中，布设电子元器件应该遵循以下原则：

(1) 电子元器件在整个版面上分布均匀、疏密一致。

(2) 电子元器件不要占满板面，注意板边四周要留有一定空间，留空的大小要根据印制板的面积和固定方式来确定。位于印制电路板边上的电子元器件，距离印制板的边缘应该大于 2 mm。电子仪器内的印制板四周，一般每边都留有 5～10 mm 空间。

(3) 一般电子元器件应该布设在印制板的一面，并且每个电子元器件的引出脚要单独占用一个焊盘。

(4) 电子元器件的布设不能上下交叉，相邻的两个电子元器件之间，要保持一定间距。间距不得过小，避免相互碰接。相邻电子元器件的电位差较高，应当保持安全距离，一般环境中的间隙安全电压是 200 V/mm。

(5) 电子元器件的安装高度要尽量低，一般电子元器件体和引线离开板面不要超过 5 mm，过高则使承受振动和冲击的稳定性变差或与相邻电子元器件碰接。

(6) 根据印制板在整机中的安装位置及状态，确定电子元器件的轴线方向。规则排列的电子元器件，应该使体积较大的电子元器件的轴线方向在整机中处于竖立状态，可以提高电子元器件在印制电路板上固定的稳定性。

(7) 电子元器件两端焊盘的跨距应该稍大于电子元器件体的轴向尺寸，引线不要齐根弯折，弯脚时应该留出一定距离(至少 2 mm)，以免损坏电子元器件。

5．布线的原则

目前，电子设备仍然以印制电路板为主要装配方式。实践证明，即使电路原理图设计正确，印制电路板设计不当，也会对电子设备的可靠性产生不利影响。例如，如果印制电路板两条细平行线靠得很近，则会形成信号波形的延迟，在传输线的终端形成反射噪声，影响设备正常工作。这里将介绍印制电路板设计与布局的一般原则，力求使设计者掌握印制电路板设计的基础知识，使排版设计趋于合理。

(1) 印制电路板上的导线的宽度要满足电流的要求且布设应尽可能短，高频电子产品中更应如此。

(2) 印制电路板上的导线拐弯应成圆角，直角或尖角在高频电路和布线密度高的情况下会影响电气性能。

(3) 高频电路应采用岛形焊盘，并采用大面积接地布线。

(4) 当双面板布线时，两面的导线宜相互垂直、斜交或弯曲走线，避免相互平行，以减小寄生耦合。

(5) 电路中的输入及输出印制电路板上导线应尽量避免相邻平行，以免发生干扰，在这些导线之间最好加接地线。

(6) 充分考虑可能产生的干扰，并同时采取相应的抑制措施，良好的布线方案是仪器可靠工作的重要保证。

10.2.2 印制电路板干扰的产生及抑制

干扰现象在电器设备的调试和使用中经常出现，其原因是多方面的，除外界因素造成干扰外，印制电路板布线不合理、电子元器件安装位置不当等都可能产生干扰。如果这些干扰在设计时不给予重视并加以解决的话，将会使设计失败，造成电器设备不能正常工作。因此，在设计安装印制电路板上的电子元器件时，就应对可能出现的干扰及抑制方法加以重视。

1．地线干扰的产生及抑制

任何电路都存在一个自身的接地点(不一定是真正的大地)，电路中接地点在电位的概念中表示零电位，其他电位均相对这一点而言。但是在印制电路中，印制电路板上的地线并不能保证是绝对零电位，而往往存在一定数值，虽然电位可能很小，但是由于电路的放大作用，这小小的电位就可能产生影响电路性能的干扰。

为克服地线干扰，在印制电路板的设计中，应尽量避免不同回路电流同时流经某一段共用地线，特别是在高频电路和大电流电路中，更要注意地线的接法。在印制电路板的地线设计中，首先要处理好各级电路的内部接地，同级电路的几个接地点要尽量集中(称一点接地)，以避免其他回路的交流信号窜入本级，或本级中的交流信号窜到其他回路中。

在处理好同级电路接地后，还要设计好整个印制电路板上的地线。防止各级电流干扰的主要方法有以下几种。

(1) 正确选择接地方式。在高增益、高灵敏度电路中，可采用一点接地法来消除地线干扰。如一块印制板上有几个电路(或几级电路)时，各电子电路(各级)地线应分别设置(并联分路)，并分别通过各处地线汇集到电路板的总接地点上，如图 10-14(a)所示。这只是理论上的接法，在实际设计时，印制电路的地线一般设计在印制板的边缘，并较一般印制导线宽，各级电路采取就近并联接地。

(2) 将数字电路地与模拟电路地分开。在一块印制电路板上，如同时有模拟电路和数字电路，两种电路的地线应完全分开，供电也要完全分开，以抑制它们的相互干扰。

(3) 尽量加粗接地线。若接地线很细，则接地点电位随电流的变化而变化，致使电子设备的定时信号电平不稳，抗噪声性能变坏。因此，应将接地线尽量加粗，使它能通过三倍于印制电路板的允许电流。

(4) 大面积覆盖接地。在高频电路中，设计时应尽量扩大印制板上的地线面积，以减少地线中的感抗，从而削弱在地线上产生的高频信号，同时，大面积接地还可对电场干扰起到屏蔽作用，如图 10-14(b)所示。

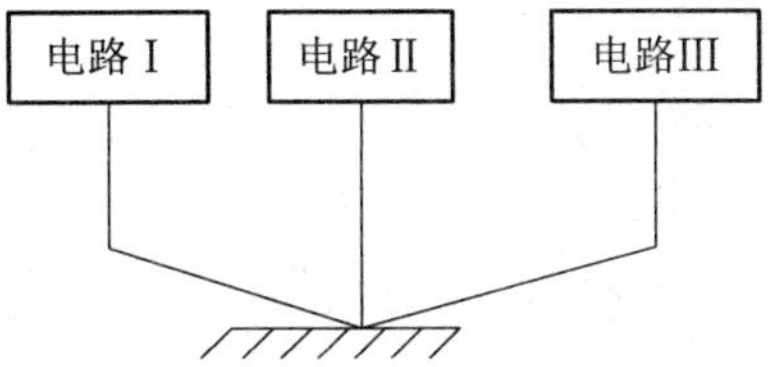

(a) 并联分路式接地

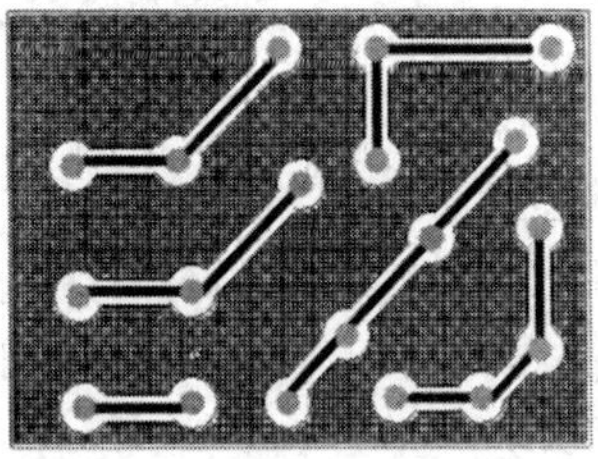
(b) 大面积覆盖接地

图 10-14　各种接地形式

2. 电源干扰及抑制

任何电子设备(电子产品)都需要电源供电，并且绝大多数直流电源是由交流电通过变压、整流、稳压后供电的。供电电源的质量会直接影响整机的技术指标。而供电质量除了电源电路原理设计是否合理外，电源电路的工艺布线和印制电路板设计不合理都会产生干扰，这里主要包含交流电源的干扰和直流电源电路产生的电场对其他电路造成的干扰。所以，印制电路布线时，交直流回路不能彼此相连，电源线不要平行大环形走线；电源线与信号线不要靠得太近，并避免平行。必要时，可以在供电电源的输出端和用电器之间加滤波器。如图 10-15 所示就是由于布线不合理，致使交直流回路彼此相连，造成交流信号对直流产生干扰，从而使质量下降的例子。

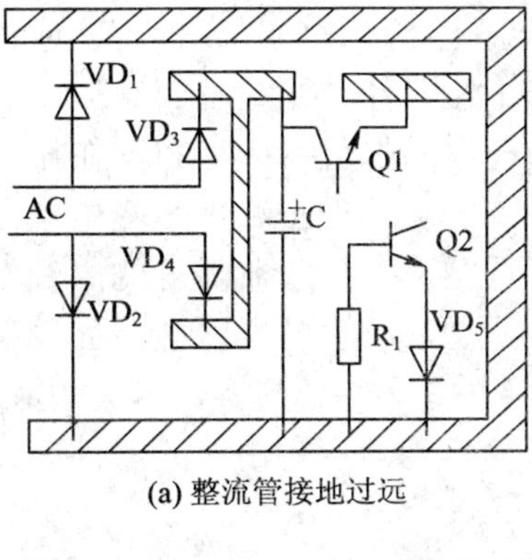

(a) 整流管接地过远

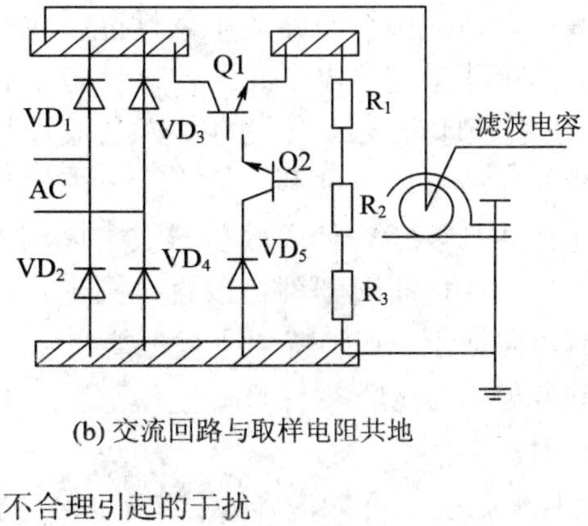

(b) 交流回路与取样电阻共地

图 10-15　电路布线不合理引起的干扰

3. 电磁场的干扰及抑制方法

电磁干扰是在整机工作和调试中经常发生的现象，其原因也是多方面的。除了外界因素(如空间电磁波)造成干扰以外，印制电路板布线不合理，电子元器件安装位置不恰当等，都可以引起干扰。这些干扰因素，如果在排版设计中事先予以重视，完全可以避免。相反，如果在设计中考虑不周全便会出现干扰，造成设计失败。这里，就印制电路板设计过程中可能造成的几种电磁干扰及其抑制方法进行说明。

1) 采取屏蔽措施排除干扰

相互可能产生影响或干扰的电子元器件，应当尽量分开或采取屏蔽措施。要设法缩短高频部分电子元器件之间的连线，减小它们的分布参数和相互间的电磁干扰。强电部分(220 V)和弱电部分(直流电源供电)、输入级和输出级的电子元器件应当尽量分开。直流电源引线较长时，要增加滤波电子元器件，防止 50 Hz 干扰。

扬声器、电磁铁、永磁式仪表等电子元器件会产生恒定磁场，高频变压器、继电器等会产生交变磁场。这些磁场不仅对周围电子元器件产生干扰，同时对周围的印制导线也会产生影响。这类干扰要根据情况区别对待，一般应注意如下几点：

(1) 减少磁力线对印制导线的切割。

(2) 当确定两个电感类电子元器件的位置时，应使它们的磁场方向相互垂直，减少彼此间的耦合。

(3) 对干扰源进行磁屏蔽，屏蔽罩应良好接地。

(4) 使用高频电缆直接传输信号时，电缆的屏蔽层应一端接地。

2) 加大距离，避免干扰

由于某些电子元器件或导线之间可能有较高电位差，应该加大它们的距离，以免因放电击穿引起意外短路。金属壳的电子元器件要避免相互触碰。例如：NPN 型晶体管的外壳或大功率管的散热片一般接管心的集电极 c，在电路中接电源正极或高电位。电解电容器的外壳为负极，在电路中接地或接低电位。如果两者的外壳都不带绝缘，设计电路板时就必须考虑它们的距离，否则当电路工作时，两者相碰就会造成电源短路事故。

4. 抑制热干扰设计

温度升高造成的干扰，在印制电路板设计中也应该引起注意。例如，晶体管是一种温度敏感电子元器件，特别是锗材料的半导体电子元器件，更容易受环境温度的影响而使其工作点漂移，造成整个电路的电气性能发生变化。在印制电路板排版设计的时，应该首先分析、区别哪些是发热电子元器件，哪些是温度敏感电子元器件。

(1) 安装在印制电路板上的发热电子元器件，如功耗大的电阻，应当布置在靠近外壳或通风较好的地方，以便利用机壳上开凿的通风孔散热。尽量不要把几个发热电子元器件放在一起，并且要考虑使用散热器或小风扇等装置进行散热，使电子元器件的温升不超过允许值。大功率电子元器件可以直接固定在机壳上，利用金属外壳传导散热；如果必须安装在印制电路板上，则要特别注意不能将它们紧贴在板上安装，而要配置足够大的散热片，还应该同其他电子元器件保持一定距离，避免发热电子元器件对周围电子元器件产生热传导或热辐射。

(2) 对于温度敏感的电子元器件，如晶体管、集成电路和其他热敏电子元器件、大容量的电解电容器等，不宜放在热源附近或设备内的上部，因为电路长期工作引起温度升高，会影响这些电子元器件的工作状态及性能。

5．增加机械强度的考虑

要注意整个印制电路板的重心平衡与稳定，对于那些又大又重、发热量较多的电子元器件，如电源变压器、大电解电容器和带散热片的大功率晶体管等，一般不要直接安装固定在印制电路板上。应当把它们固定在机箱底板上，使整机的重心降低，稳定性好。否则，这些大型电子元器件不仅要大量占据印制电路板上的有效面积和空间，而且在固定时，往往可能使印制电路板弯曲变形，导致其他电子元器件受到机械损伤，引起对外连接的接插件接触不良。质量为 15 g 以上的大型电子元器件，如果必须安装在电路板上，不能只靠焊盘焊接固定，必须采用支或卡子等辅助固定措施。

当印制电路板的板面尺寸大于 200 mm × 150 mm 时，考虑到印制电路板所承受重力和振动产生的机械应力，应该采用机械边框对它加固，以免变形。在印制电路板上留出固定支架、定位螺钉连接插座所用的位置。

10.2.3　电子元器件排列安装定位方式

1．电子元器件的排列方式

电子元器件在印制电路板上的排列方式分为不规则与规则两种方式，在印制电路板上可单独采用一种方式，也可以同时采用两种方式。

(1) 不规则排列。电子元器件不规则排列也称随机排列，如图 10-16 所示。电子元器件轴线方向彼此不一致，排列顺序无一定规则。以这种方式排列电子元器件时，看起来杂乱无章，但由于电子元器件不受位置与方向的限制，因而印制导线布设方便，可以减少和缩短电子元器件的连接，这对于减少印制板的分布参数、抑制干扰特别对高频电路极为有利，这种排列方式常在立式安装中采用。

(2) 规则排列。电子元器件轴线方向排列一致，并与板的四边垂直或平行，如图 10-17 所示。以这种方式排列电子元器件时，可使印制板电子元器件排列规范、整齐、美观、方便焊接、调试易于生产和维修。但由于电子元器件排列要受一定方向和位置的限制，因而印制板上的导线布设可能复杂一些，印制导线也会相应增加。这种排列方式常用于板面较大，电子元器件种类相对较少而数量较高的低频电路中，电子元器件卧式安装时一般均以规则排列为主。

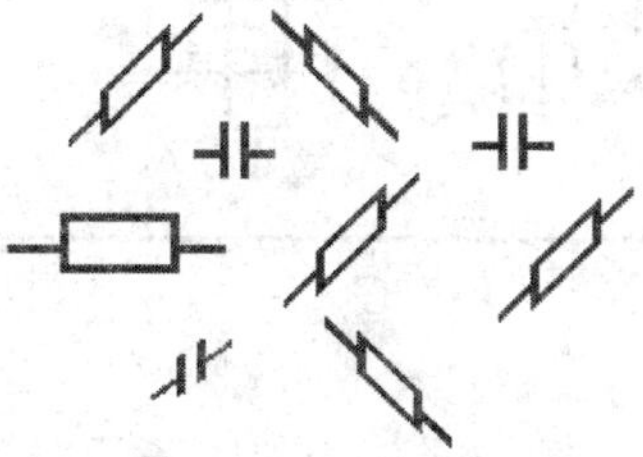

图 10-16　不规则排列

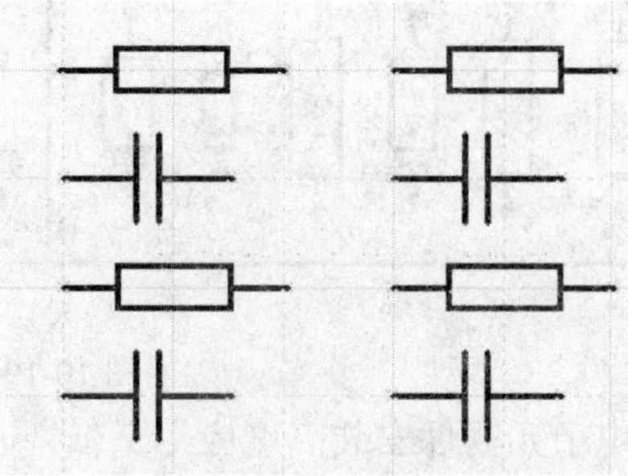

图 10-17　规则排列

3. 电子元器件的安装方式

电子元器件在印制电路板上的安装方式有立式、卧式两种，如图 10-18 所示。卧式安装是指电子元器件的轴线方向与印制板平行，立式安装则指电子元器件的轴线与印制板面垂直，两种方式特性各异。

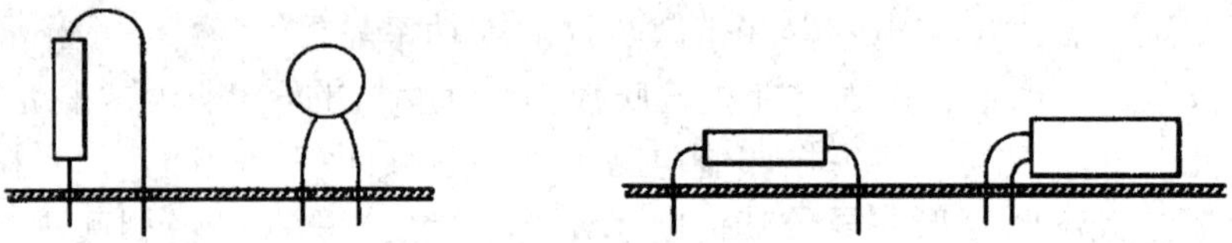

(a) 立式　　(b) 卧式

图 10-18　电子元器件安装方式

(1) 立式安装。电子元器件占用面积小，单位容纳电子元器件数量多，适合要求电子元器件排列紧凑密集的产品，如半导体收音机和小型便携式仪器。电子元器件过大、过重不宜采用立式安装，否则，整机的机械强度变差，抗振动能力减弱，电子元器件容易倾倒造成相互碰接，降低电路的可靠性。

(2) 卧式安装。电子元器件卧式安装具有机械稳定性好、排列整齐等优点。卧式安装由于电子元器件跨距大，两焊点间走线方便，对印制导线的布设十分有利，对于较大电子元器件，装焊时应采取固定措施。

4. 电子元器件的定位布局

电子元器件的布局在印制板的设计中至关重要，它决定板面的整齐、美观程度和印制导线的长短与数量，对整机的可靠性也能起到一定作用，电子元器件在印制电路布设中应遵循以下原则。

(1) 电子元器件在整个板面上应布设均匀，疏密一致。

(2) 电子元器件不要布满整个板面，板的四周要留有一定余量(5～10 mm)，余量大小应根据印制电路板的大小及固定的方式决定。

(3) 电子元器件应布设在印制电路板的一面，并且每个电子元器件引出脚应单独占用一个焊盘。

(4) 电子元器件的布设不能上下交叉，如图 10-19 所示。相邻电子元器件之间要保持一定间距，不能过小或碰接。相邻电子元器件如电位差较高，则应留有安全间隙，一般环境中安全间隙电压为 200 V/mm。

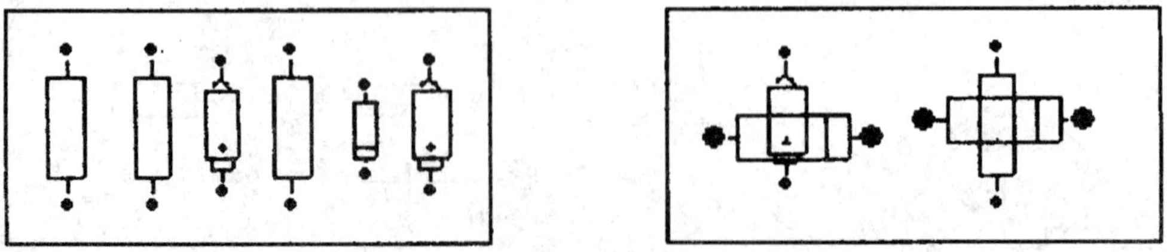

合理　　不合理

图 10-19　电子元器件布局

(5) 电子元器件安装高度应尽量低，过高则安全性差，易倾倒或与相邻电子元器件碰接。

(6) 根据印制电路板在整机中的安装状态确定电子元器件的轴向位置，规则排列的电子元器件应使电子元器件轴线方向在整机内处于竖立状态，从而提高电子元器件在印制电路板上的稳定性，如图 10-20 所示。

图 10-20　较大电子元器件布设方向

(7) 电子元器件两端跨距应稍大于电子元器件的轴向尺寸，如图 10-21 所示。弯引脚时不要齐根弯折，应留出一定距离(至少 2 mm)，以免损坏电子元器件。

图 10-21　电子元器件安装

5. 电子元器件焊盘的定位

电子元器件的每个引出线都要在印制板上占据一个焊盘，焊盘的位置随电子元器件的尺寸及其固定方式而改变。对于立式固定和不规则排列的版面，焊盘的位置可以不受电子元器件尺寸与间距的限制。对于规则排列的版面，要求每个焊盘的位置及彼此间的距离应该遵循一定标准。无论采用哪种固定方式或排列规则，焊盘的中心(即引线孔的中心)距离印制电路板的边缘不能太近，一般距离应在 2.5 mm 以上，至少应该大于印制电路板的厚度。

焊盘的位置一般要求落在正交网格的交点上，如图 10-22 所示。

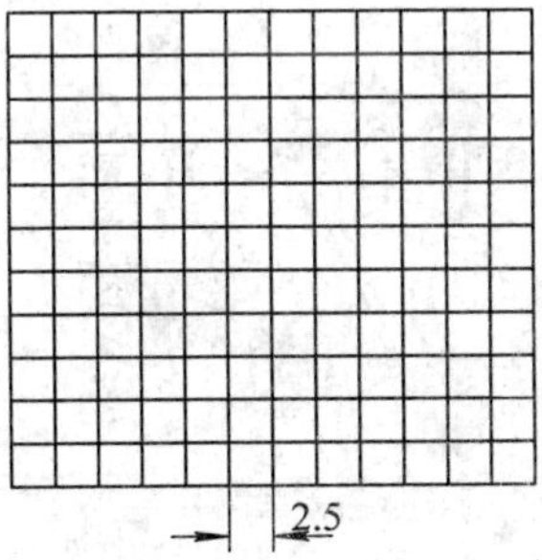

图 10-22　正交网格的交点

在国际 IEC 标准中，正交网格的标准格距为 2.54 mm；国内的标准是 2.5 mm。对于一般人工钻孔和手工装配，除了双列直插式集成电路的引脚以外，其他电子元器件焊盘的位置都可以不受此格距的严格约束。在版面设计中，焊盘位置应该尽量使电子元器件排列整齐一致，尺寸相近的电子元器件，其焊盘间距应该力求统一(焊盘中心间距不得小于板的厚度)。这样，不仅整齐、美观，而且便于电子元器件装配及引线弯脚。当然，所谓整齐一致也是相对而言的，特殊情况要因地制宜，如图 10-23 所示。

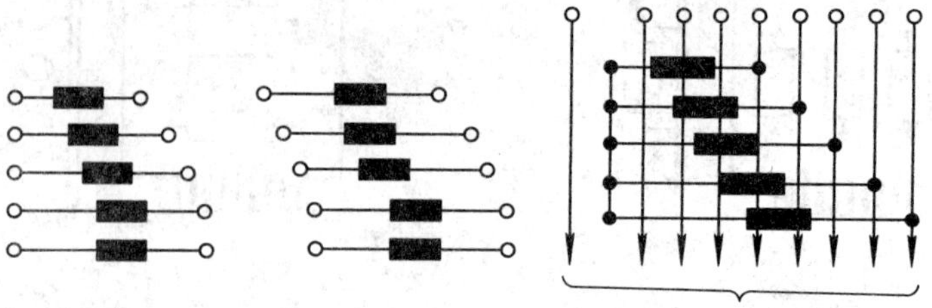

图 10-23　规则排列的灵活性

如图 10-24 所示是一个两级晶体管放大电路的布局实例，其中图 10-24(a)所示是电路原理图，图 10-24(b)所示是一种正确的布局，而图 10-24(c)所示是不好的布局，它不利于与前后级电路的连接，并且版面形状复杂，在制板时难免会有较大浪费。

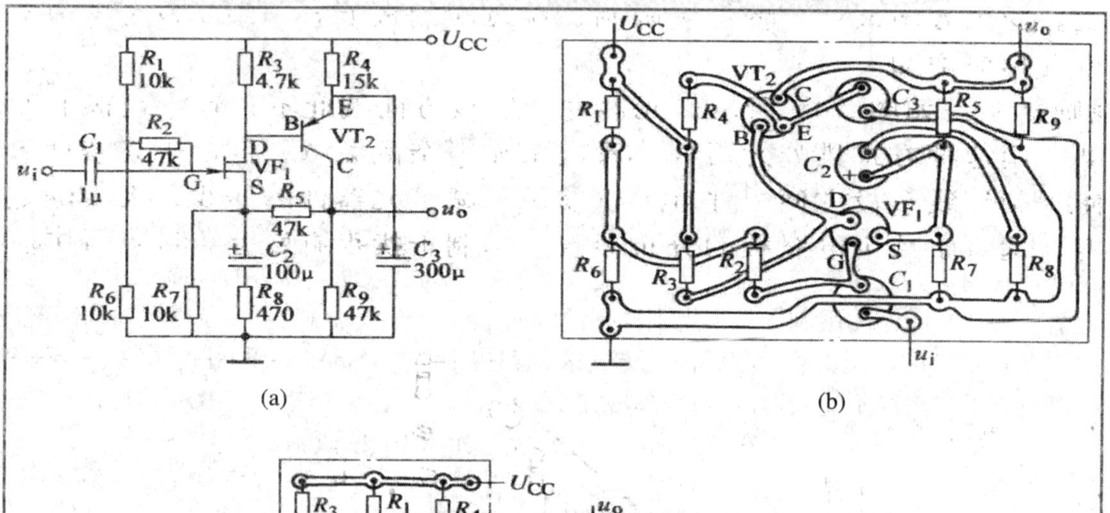

图 10-24　两级晶体管放大电路的布局实例

如图 10-25 所示的是由 TDA2030 组成的功率放大器原理图与 PCB 设计制作实例图，其中有电路原理图(a)、电子元器件布局图(b)、PCB 电路板图(c)和 3D 效果图(d)，仅提供参考。

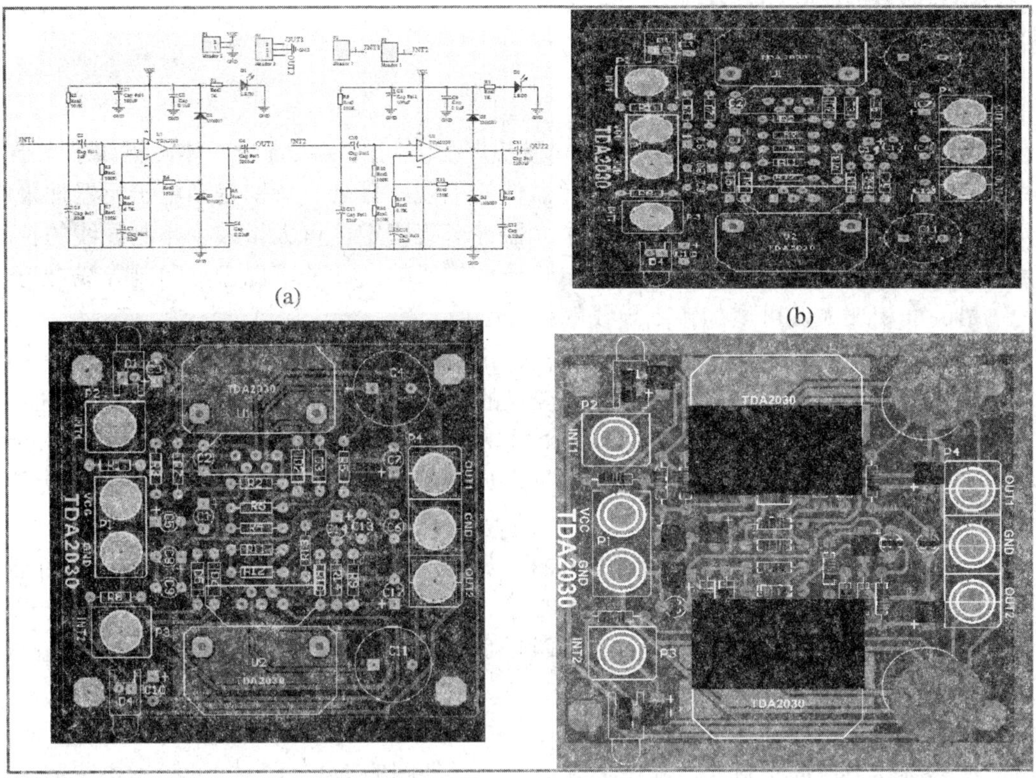

(c)　　(d)

图 10-25　TDA2030 组成的功率放大器 PCB 布局设计

10.2.4　焊盘及孔的设计

焊盘也叫连接盘，是由引线及其周围的铜箔组成的，在印制电路中起到固定电子元器件和连接印制导线的作用。特别是金属化孔的双面印制板，连接盘要使两面印制导线联通，焊盘的尺寸、形状将直接影响焊点的外观与质量。

1．焊盘的尺寸

焊盘的尺寸与钻孔设备、钻孔孔径、最小孔的孔径有关，为了便于加工和保持焊盘与基板之间有一定的黏附强度，应尽可能增大焊盘的尺寸。但是，对于布线密度高的印制电路板，若其焊盘的尺寸过大，就得减少导线宽度与间距。例如，引线中心距离为 2.5 mm(或 2.54 mm)的双列直插式集成电路的焊盘，当焊盘之间要通过一条 0.3～0.4 mm 宽的印制导线时，焊盘的直径为 1.5～1.6 mm，当通过两条或三条印制导线时，焊盘的直径也不能小于 1.3 mm，一般焊盘的环宽不小于 0.3 mm。表 10-1 列出了建议使用的不同钻孔直径所对应的最小连接焊盘直径。

表 10-1　钻孔直径与最小连接盘直径

钻孔直径/mm		0.4	0.5	0.6	0.8	0.9	1.0	1.3	1.6	2.0
最小连接焊盘直径/mm	Ⅰ级	1.2	1.2	1.3	1.5	1.5	2.0	2.5	2.5	3.0
	Ⅱ级	1.3	1.3	1.5	2.0	2.0	2.5	3.0	3.5	4.0

在单面板上，焊盘的外径一般可取比引线孔径大 1.3 mm 以上，即焊盘直径为 D，引线孔径为 d，应有 $D \geqslant d + 1.3$ mm。

2．焊盘的形状

(1) 岛形焊盘。如图 10-26(a)所示，焊盘与焊盘之间的连线合为一体，犹如水上小岛，故称为岛形焊盘。岛形焊盘常用于电子元器件的不规则排列，特别是当电子元器件采用立式安装时更为普遍。这种焊盘适合于电子元器件密集固定，可大量减少印制导线的长度与数量，在一定程度上能抑制分布参数对电路造成的影响。此外，焊盘与印制导线合为一体后，铜箔的面积加大，可增加印制导线的抗剥强度。

(2) 圆形焊盘。由图 10-26(b)所示，焊盘与引线孔是同心圆。其外径一般为 2～3 倍孔径。设计时，如板面允许，应尽可能增大焊盘的尺寸，以方便加工制造和增强抗剥能力。

(3) 方形焊盘。如图 10-26(c)所示，当印制板上电子元器件体积大、数量少且印制线路简单时，多采用方形焊盘。这种形式的焊盘设计制作简单，精度要求低，容易制作，手工制作常采用这种方式。

(4) 椭圆焊盘。这种焊盘既有足够的面积以增强抗剥能力，又在一个方向上尺寸较小，利于中间走线。常用于双列直插式电子元器件，如图 10-26(d)所示。

(5) 泪滴式焊盘。这种焊盘与印制导线过渡圆滑，在高频电路中有利于减少传输损耗，提高传输速率，如图 10-26(e)所示。

(6) 钳形(开口)焊盘。如图 10-26(f)所示，钳形焊盘上钳形开口的作用是为了保证在波峰后，使焊盘孔不被焊锡封死，其钳形开口应小于外圆的 1/4。

(7) 多边形焊盘和异形焊盘。如图 10-26(g)所示，多边形和异形焊盘一般用于区别某些焊盘外径接近而孔径不同的焊盘。

(a) (b) (c) (d) (e) (f) (g)

图 10-26　各式焊盘

3．孔的设计

印制电路板上孔的种类主要有引线孔、过孔、安装孔和定位孔。

(1) 引线孔。引线孔即焊盘孔，有金属化和非金属化之分，引线孔有电气连接和机械固定双重作用。引线孔过小，电子元器件引脚安装困难，焊锡不能润湿金属孔。引线孔过大，容易形成气泡等焊接缺陷，若电子元器件引线直径为 d_1，引线孔直径为 d，则有

$$d_1 + 0.2 < d \leqslant d_1 + 0.4$$

(2) 过孔。过孔也称连接孔，过孔均为金属化孔，主要用于不同层间的电气连接。一般电路过孔直径可取 0.6～0.8 mm，高密度板可减少到 0.4 mm，甚至用盲孔方式，即过孔完全用金属填充，孔的最小极限受制板技术和设备条件的制约。

(3) 安装孔。安装孔用于大型电子元器件和印制板的固定，安装孔的位置应便于装配。

(4) 定位孔。定位孔主要用于印制板的加工和测试定位，也可用安装孔代替定位孔，

常用于印制板的安装定位，一般采用三孔定位方式，孔径根据装配工艺确定。

10.2.5 印制导线设计

印制导线用于连接各个焊点，是印制电路板最重要的部分，印制电路板设计都是围绕如何布置导线来进行的。因此，在设计时，除了要考虑印制导线的机械、电气因素外，还要考虑干扰小、布线美观等问题。

1．印制导线的宽度

在印制电路板中，印制导线的主要作用是连接焊盘和承载电流，它的宽度主要由铜箔与绝缘基板之间的黏附强度和流过导线的电流决定，导线宽度应以能满足电气性能要求而又便于生产为宜，它的最小值以承受的电流大小而定，但最小不宜小于 0.2 mm。在高密度、高精度的印制线路中，导线宽度和间距一般可取 0.3 mm。单面板实验表明，当铜箔厚度为 50 μm、导线宽度为 1～1.5 mm、通过 2 A 电流时，温度升高小于 3℃。由于印制导线具有一定的电阻，当电流通过时，要产生热量和一定的压降，因此，选用合适宽度的印制导线是很重要的，一般选用 1～1.5 mm 宽度导线就可能满足设计要求而不致引起温升过高。根据经验值，印制导线的载流量可按 20 A/mm^2(电流/导线截面积)计算，即当铜箔厚度为 0.05 mm 时，1 mm 宽的印制导线允许通过 1 A 电流，因此可以确定，导线宽度的毫米数值等于负载电流的安培数。对于集成电路的信号线，导线宽度可以选用 0.2～1 mm，但是为了保证导线在板上的抗剥强度和工作可靠性，线不宜太细，只要印制电路板的面积及线条密度允许，应尽可能采取较宽的导线，特别是电源线、地线及大电流的信号线更要适当加宽，可能的话线宽应大于 2～3 mm，另外，对于特别宽的印制导线和为了减少干扰而采用的大面积覆盖接地时，对焊盘的形状要做如图 10-27 所示的特殊处理。这是出于保证焊接质量的考虑。因为大面积铜箔的热容量大而需要长时间加热、热量散发快而容易造成虚焊，在焊接时受热量过多会引起铜箔鼓起或翘起。

图 10-27　大面积导线上的焊盘

2．印制导线的间距

印制导线之间的距离将直接影响电路的电气性能，导线之间间距的确定必须能满足电气安全要求，同时考虑导线之间的绝缘强度、相邻导线之间的峰值电压、电容耦合参数等。而且为了便于操作和生产，间距也应尽量宽些。最小间距至少要能适合承受的电压。这个电压一般包括工作电压、附加波动电压及其他原因引起的峰值电压。

当频率不同时，间距相同的印制导线，其绝缘强度也不同。频率越高时，相对绝缘强度就会下降。导线间距越小，分布电容就越大，电路稳定性就越差。在布线密度较低时，信号线的间距可适当地加大，对高、低电平悬殊的信号线应尽可能的短且加大间距。因此，设计者在考虑电压时应把这种因素考虑进去。表 10-2 给出的间距、电压参考值在一般设计中是安全的。

表 10-2　印制导线间距最大允许工作电压

导线间距/mm	0.5	1	1.5	2	3
工作电压/V	100	200	300	500	700

3. 印制导线走向与形状

如图 10-28 所示是印制导线走向的基本形状，印制电路板布线是按照原理图要求进行的。将电子元器件通过印制导线连接成电路，在布线时，“走通”是最起码的要求，“走好”是经验和技巧的表现。由于印制导线本身可能承受附加的机械应力，以及局部高电压引起的放电作用，实际设计时，要根据具体电路选择并注意以下环节内容。

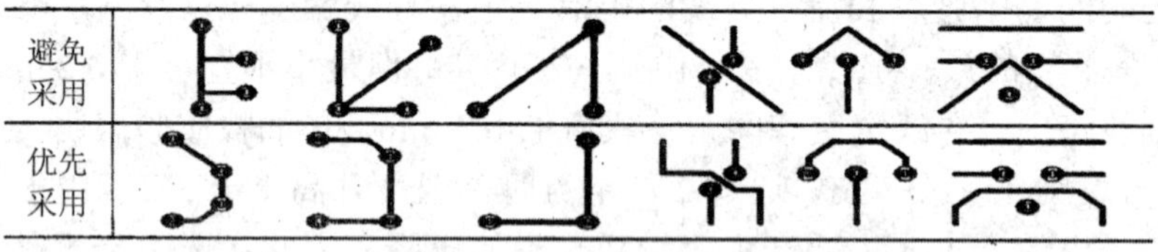

图 10-28　印制导线的形状

(1) 印制导线的走向不能有急剧的拐弯和尖角，拐角不得小于 90°。这是因为很小的内角在制板时难于腐蚀，而在过尖的外角处，铜箔容易剥离或翘起。在高频电路中，内角处还会产生极间电容，从而影响电路的正常工作。最佳的拐弯形式是平缓的过渡，所以拐角的内角和外角最好都是圆弧或 45°角。

(2) 导线通过两个焊盘之间而不与它们连通的时候，应该与它们保持最大而相等的间距；同样，导线与导线之间的距离也应当均匀地相等并且保持最大。

(3) 导线与焊盘的连接处的过渡也要圆滑，避免出现小尖角。

(4) 焊盘之间导线的连接。当焊盘之间的中心距小于一个焊盘的外径 D 时，导线的宽度可以和焊盘的直径相同；如果焊盘之间的中心距比 D 大时，则应减小导线的宽度；如果一条导线上有 3 个以上焊盘，它们之间的距离应该大于 $2D$。

4. 印制导线的屏蔽与接地

印制导线的公共地线应尽量布置在印制电路板的边缘。在高频电路中，印制电路板上应尽可能多地保留铜箔做地线，最好形成环路或网状，这样不但屏蔽效果好，还可减小分布电容。多层印制电路板可采取其中若干层做屏蔽层，电源层、地线层均可视为屏蔽层，一般地线层和电源层设计在多层印制电路板的内层，信号线设计在内层和外层。

5. 跨接线的使用

在单面的印制电路板设计中，有些电路无法连接时，常会用到跨接线(也称飞线)。跨接线常是随意的，有长有短，这会给生产带来不便。放置跨接线时，其种类越少越好，通常情况下只设 6 mm，8 mm，10 mm 3 种，超出此范围的会给生产带来不便。

6. 导线的布局顺序

在印制导线布局的时候，应该先考虑信号线，后考虑电源线和地线。因为信号线一般比较集中，布置的密度也比较高，而电源线和地线比信号线宽很多，对长度的限制要小一些。

10.3 印制电路板设计文件与制板工艺文件

目前，印制电路板一般都由专业化的生产厂家制造。这样不仅可以提高印制电路板的生产制造工艺水平，提高专用设备的使用效率和经济效益，也有利于环境保护，减少酸、碱及其他有毒、有害物质的污染。作为电子工程技术人员，在完成了印制电路板的版面设计之后，应该向厂方提供制板的技术文件，技术文件包括黑白底图或是计算机设计版面图以及相关技术要求的说明。

1. 草图设计

所谓草图，是指能够准确反映电子元器件在印制电路板上的位置与连接的设计图样，是绘制黑白底图(也称墨稿图，用于照相制版)的依据。在草图中，要求焊盘的位置及间距、焊盘间的相互连接、印制导线的走向及形状、整板的外形尺寸等，均应按照印制电路板的实际尺寸(或按一定比例)绘制出来。在草图设计完成之后，再根据它绘制印制电路板的黑白底图；也可以把草图送到专业制板厂家，由那里的技术人员按照它绘制黑白底图，作为后续生产过程的原始依据。

绘制草图是印制电路板设计图形化的关键和主要的工作量，设计过程中考虑的各种因素都要在草图上体现出来。电子工程技术人员应该全面掌握设计印制板的原则，才能设计出成功的草图。即使采用计算机设计印制电路板，虽然可以不用在纸上设计草图，直接在计算机上绘制黑白底图，但草图的设计原则仍然要体现在 CAD 软件的应用过程中。

1) 草图设计的原则

完成前面介绍的准备工作以后，就可以开始绘制草图。除了应该注意处理各类干扰并解决接地问题以外，草图排版设计的主要原则是保证印制导线不交叉地连通。要做好这一点并不容易，草图设计的主要工作量也在于绘制不交叉单线草图。

在绘制原理图时，一般只要表现出信号的流程及电子元器件在电路中的作用，便于分析与阅读电路原理，从而不用去考虑电子元器件的尺寸、形状以及引出线的排列顺序。因此，原理图中走线交叉的现象很多，这对读图毫无影响。而在印制电路板上，导线交叉现象是不被允许的。所以，在草图设计时，首先要绘制不交叉单线图并考虑以下问题：

(1) 通过重新排列电子元器件的位置，使电子元器件在同一平面上按照电路原理接通，并且彼此之间的连线不能交叉。如果遇到交叉，就要重新调整电子元器件的排列位置与方向，来解决或避免这种情况，如图 10-29 所示。总之，在设计过程的开始阶段，不要过早地定死每个电子元器件的排列顺序和方向。对于比较复杂的电路，有时想完全不交叉是困难的。如果为了保证两条引线不交叉，让其中的一条线拐弯抹角地拉得很长，这也是不恰当的，在设计中要尽量避免。因为这不仅增加了印制导线的密度，而且很可能因为导线过长而产生电路干扰。为此，可以采用“飞线”来解决这个问题。“飞线”即跨接导线，在印制导线的交叉处切断一根，用一根跨接线从板的电子元器件面跨接过去。当然，这种跨接导线只有在迫不得已的情况下偶然使用，如果“飞线”过多，便会影响板的设计质量，不能算是成功之作。

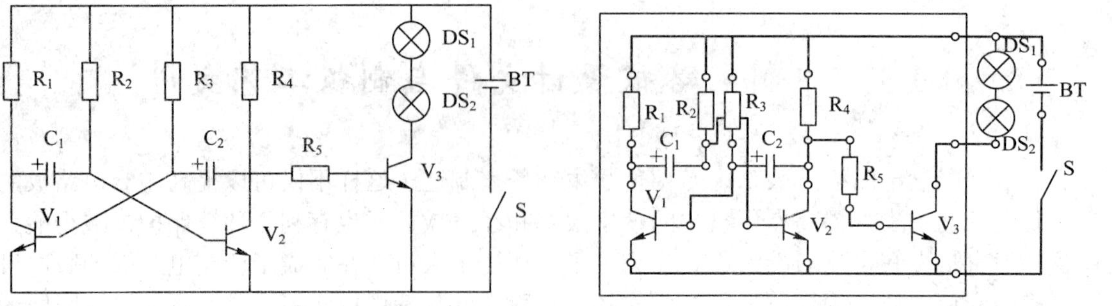

图 10-29　原理图单面不交叉图

(2) 电子元器件在印制电路板上的分布应尽量均匀，密度一致，排列应整齐美观，一般应做到横平竖直排列，不允许斜排，不允许立体交叉和重叠排列。

(3) 不论单面印制电路板还是双面印制电路板，所有电子元器件都应布置在同一面，特殊情况下的个别电子元器件可布置在焊接面。

(4) 安全间隙一般不应小于 0.5 mm，电子元器件的电压每增加 200 V 时，间隙增加 1 mm，对易于受干扰的电子元器件加装金属屏蔽罩时，应注意屏蔽罩不得与电子元器件或引线相碰。

(5) 在特殊的情况下，电子元器件需要并排贴紧排列时，必须保证电子元器件外壳彼此绝缘良好。

(6) 对于面积大的印制电路板，应采取边框加固或用加强筋加固的措施。

(7) 电子元器件在印制电路板的安装高度要合理。对发热电子元器件、易热损坏的电子元器件或双面印制电路板电子元器件，电子元器件的外壳应与印制电路板有一定的距离，不允许紧贴印制电路板安装，同一种电子元器件的安装高度应一致。

2) 草图设计的步骤

印制电路板草图设计通常先绘制单线不交叉图，在图中将具有一定直径的焊盘和一定宽度的直线分别用一个点和一根单线条表示。在单线不交叉图基本完成后，即可绘制正式的排版草图，此图要求板面尺寸、焊盘的尺寸与位置、印制导线宽度、连接与布设、板上各孔的尺寸位置等均需与实际板面相同并明确标注出来。同时应在图中注明印制板的各项技术要求，图的比例可根据印制电路板上图形的密度和精度要求而定，可以采用 1∶1，2∶1，4∶1 等比例绘制，草图绘制的步骤如下。

(1) 按草图尺寸选取网格纸或坐标纸，在纸上按草图尺寸画出板面外形尺寸；并在边框尺寸下面留出一定空间，用于标准技术要求的说明，如图 10-30(a)所示。

(2) 在单线不交叉图上均匀、整齐地排列电子元器件，并用铅笔画出各电子元器件的外形轮廓，电子元器件的外形轮廓应与实物相对应，如图 10-30(b)所示，使用较多的小型电子元器件可不画轮廓。

(3) 确定并标出各焊盘位置，有精度要求的焊盘要严格按尺寸标出，布置焊盘的位置时，不要考虑焊盘的间距是否整齐一致，而要根据电子元器件的大小形状确定，保证电子元器件在装配后分布均匀，排列整齐，疏密适中，如图 10-30(c)所示。

(4) 为简便起见，勾画印制导线只需要用细线标明导线走向及路径即可，不需按导线的实际宽度画出，但应考虑导线间距离，如图 10-30(d)所示。

(5) 将铅笔绘制的单线不交叉图反复核对无误后，再用铅笔重描焊点和印制导线，电子元器件用细实线表示，如图 10-30(e)所示。

(6) 标注焊盘尺寸及线宽，注明印制电路板的技术要求，如图 10-30(f)所示。

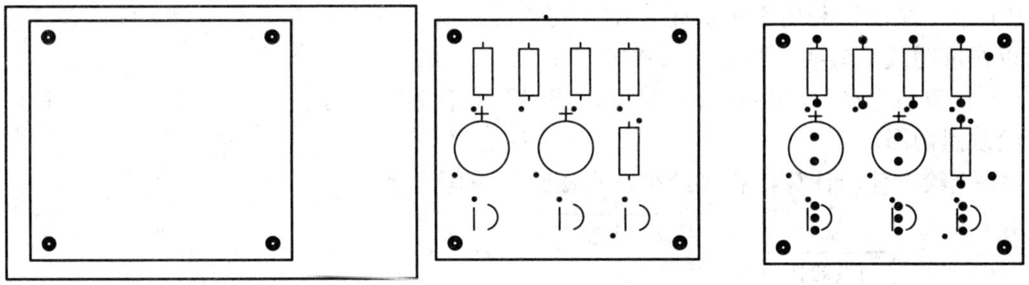

(a) 画版面外形尺寸及固定孔　(b) 布设元器件画外形尺寸　(c) 确定焊盘位置

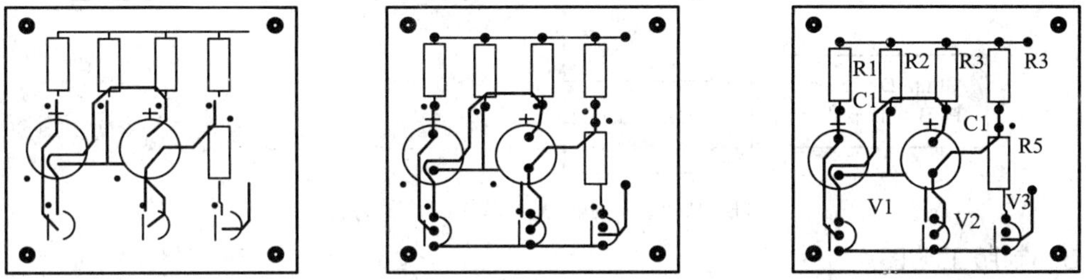

(d) 勾画印制导线　(e) 整理印制导线　(f) 标注尺寸及技术要求

图 10-30　图绘制过程

(7) 对于双面印制板设计，还应考虑以下几点：

① 草图可在图的两面分别画出，也可用两种颜色在纸的同一面画出以示区别。无论用哪种方式画，都必须让两面的图形严格对应。

② 电子元器件布设在板的一面，主要印制导线布设在无电子元器件面，两面的印制线尽量避免平行布设，应当力求相互垂直，以便减少干扰。

③ 印制导线最好分别画在图纸的两面，如果在同一面上绘制，应该使用两种颜色以示区别，并注明这两种颜色分别表示哪一面。

④ 两面对应的焊盘要严格地一一对应，可以用针在图纸上扎穿孔的方法，将一面的焊盘中心引到另一面。

⑤ 两面上需要彼此相连的印制线，在实际制板过程中采用金属化孔实现。

⑥ 在绘制电子元器件面的导线时，注意避让电子元器件外壳和屏蔽罩等可能产生短路的地方。

2．制板底图绘制的要求

制板底图绘制也称为黑白图绘制，它是依据预先设计的布线草图绘制而成的，是为生产提供照相使用的黑白底图。印制电路板面设计完成后，在投产制造时必须将黑白图转换成符合生产要求的 1∶1 原版底片。所以说，黑白图的绘制质量将直接影响印制板的生产质量。获取原版底片与设计手段有关，如图 10-31 所示是目前经常使用的几种方法示意图。由图可见，除光绘可直接获得原版底片外，采用其他方式时都需要通过照相制版获得整版底片。

(1) 手工绘图。手工绘图就是用墨汁在白铜板纸上绘制照相底图，其方法简单、绘制灵活。在新产品研制或小批量试制中，常用这种方法。

(2) 手工贴图。利用不干胶带和干式转移胶黏盘可直接在覆铜板上粘贴焊盘和导线，也可以在透明或半透明的胶片上直接贴制 1∶1 黑白图。

(3) 计算机绘图。利用计算机辅助电路设计软件设计印制板图，然后采用打印机或绘图机绘制黑白图。

(4) 光绘。使用计算机和光绘机，直接绘制出原版底片。

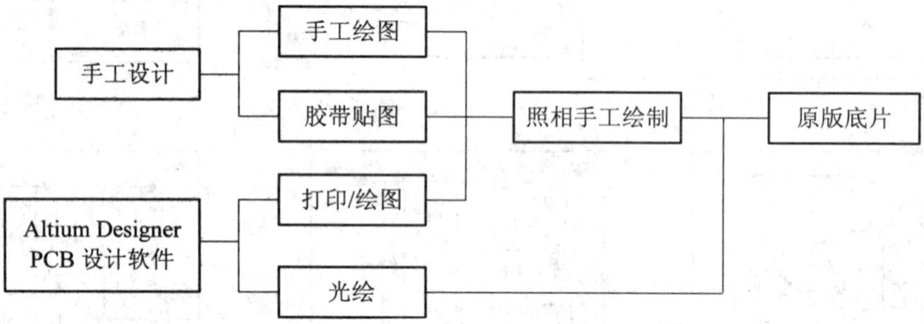

图 10-31　制取原版底片的几种方法

3. 制版工艺图

制作一块标准的印制板，根据不同的加工工序，应提供不同的制版工艺图。

(1) 机械加工图。它是供制造工具、模具及加工孔及外形(包括钳工装配)用的图纸。图上应注明印制板的尺寸、孔位和孔径及形位公差、使用材料、工艺要求等。如图 10-32 所示是机械加工图样，采用 CAD 绘图，打印时选择机械层(Mech 层)。

(2) 线路图。为区别其他印制板制作工艺图，一般将导电图形和印制电子元器件组成的图称为线路图。如图 10-33 所示采用 CAD 绘图时，打印时选顶层打印(TOP 层)。

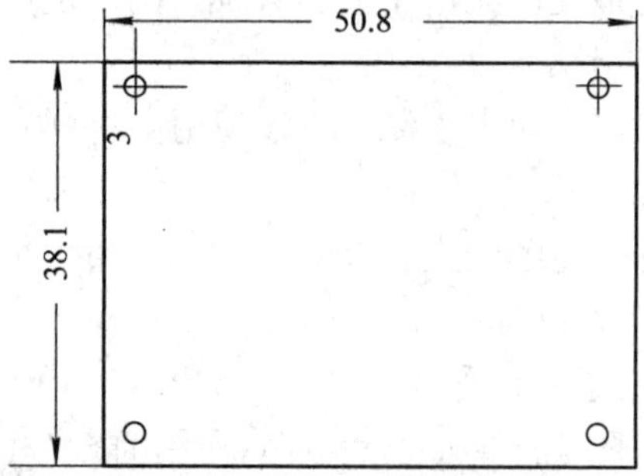

图 10-32　机械加工样图

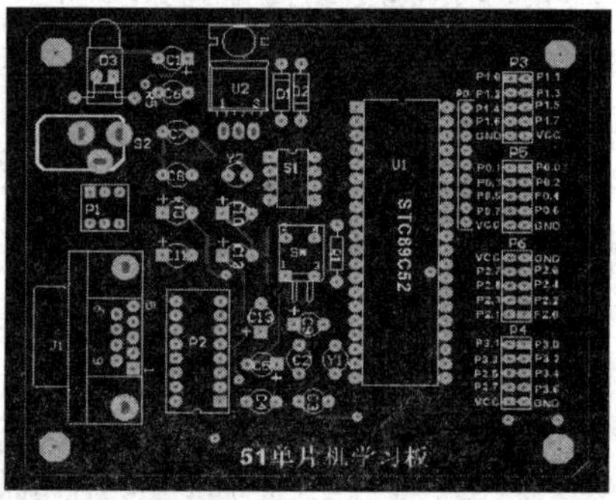

图 10-33　线路图

(3) 字符标记图(装配图)。为了装配和维修方便，常将电子元器件标记、图形或字符印制到板上，其原图称为字符标记图，因为常采用丝印方法，所以也称丝印图，如图 10-34 所示包括丝印图形和字符，可通过制版照相或光绘获得底片。

(4) 阻焊图。采用机器焊接印制电路板时，为防止焊在非焊盘区桥接而在印制板焊点以外的区域印制一层阻止锡焊的涂层(绝缘耐锡焊涂料)或干膜，这种印制底图称为阻焊图，与印制板上全部焊点形状对应，略大于焊盘的图形构成。如图 10-35 所示，阻焊图可手工绘制，采用 CAD 时可自动生成标准阻焊图。

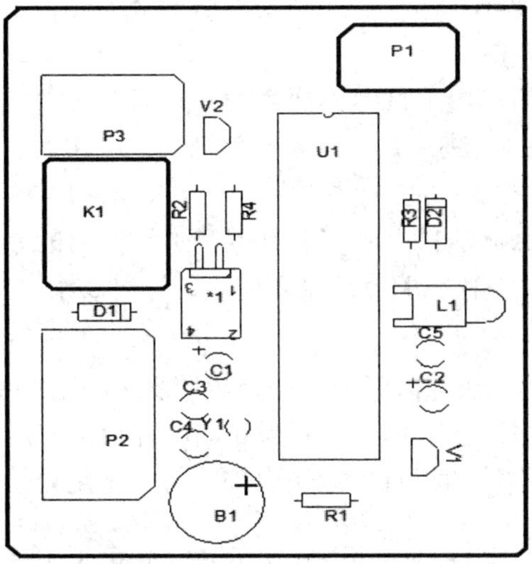

图 10-34　印制板丝印图

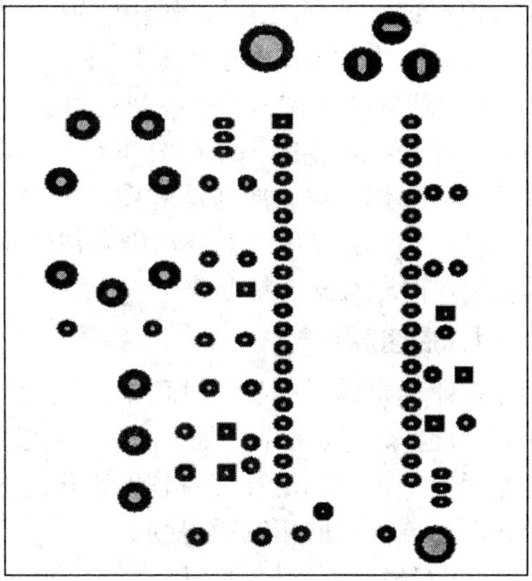

图 10-35　印制板阻焊图

4．制板工艺文件

在委托专业厂家制作印制电路板的时候，要向厂家提交印制板的技术要求。这些技术要求不仅要作为与厂家签订合同的附件，成为厂家决定收费标准、安排生产计划、制订制板工艺过程的依据，也将作为双方交接的质量认定标准之一。

制板的技术要求应该用文字准确、清晰、条理地写出来，主要内容包括：

(1) 板的材质、厚度，板的外形及尺寸、公差。

(2) 焊盘外径、内径、线宽、焊盘间距及尺寸、公差。

(3) 焊盘钻孔的尺寸、形状及孔金属化的技术要求。

(4) 印制导线和焊盘的镀层要求(指镀金、银、铅锡合金等)。

(5) 板面助焊剂、阻焊剂的使用。

如果采用计算机设计印制板，一般可以把装有绘图文件(包括布线图、阻焊图、版面印字图等)的软盘交给厂家；也可以提供已经绘(贴)好的黑白底图，由厂家直接照相制作胶片；还可以提供草图，让厂家的技术人员代为绘制黑白底图。

10.4　印制电路板制造工艺简介

由于电子工业的发展，特别是微电子技术和集成电路的飞速发展，对印制板的制造工艺和精度也不断提出新要求。印制板种类从单面板、双面板发展到多层板和挠性板，印制板的线条越来越细，现在印制导线可做到 0.2 mm 以下宽度的高密度印制板。但现阶段应用最为广泛的还是单、双面印制板，本节将重点介绍这类印制板的制造工艺。

10.4.1 印制电路板生产制造过程

印制电路板的制造工艺技术发展很快，不同类型和不同要求的印制电路板采取不同工艺，但在这些不同的工艺制造流程中，有许多必不可少的基本环节是类似的。制作工艺基本上可以分为减成法和加成法两种。

(1) 减成法工艺。该方法就是在覆满铜箔的基板上按照设计要求，采用机械的或化学的方法除去不需要的铜箔部分来获得导电图形的方法。如用电脑雕刻机雕刻电路板、丝网漏印法、光化学法、胶印法和图形电镀法。

(2) 加成法工艺。就是在没有覆铜箔的层压板基材上采用某种方法敷设所需的导电图形，如丝网电镀法、粘贴法等。在生产工艺中用得较多的方法是减成法。其工艺流程如下：

1．底图胶片制版

在印制电路板的生产过程中，无论采用什么方法都需要使用符合质量要求的1∶1的底图胶片(也称原版底片，在生产时还要把它翻拍成生产底片)。获得底图胶片通常有两种基本途径：一种是利用计算机辅助设计系统和光学绘图机直接绘制出来；另一种是先绘制黑白底图，再经过照相制版得到。

(1) CAD光绘法。CAD光绘法就是应用CAD软件布线后，把获得的数据文件用来驱动光学绘图机，使感光胶片曝光，经过暗室操作制成原版底片。CAD光绘法制作的底图胶片精度高、质量好，但设备比较昂贵，需要复杂的设备和一定水平的技术人员进行操作，所以成本较高，这也是CAD光绘法至今不能迅速取代照相制版法的主要原因。

(2) 照相制版法。用绘制好的黑白底图照相制版，版面尺寸通过调整相机的焦距准确达到印制电路板的设计尺寸，相版要求反差大、无砂眼。整个制版过程与普通照相大体相同，如图10-36所示。具体过程不再详述。需要注意的是，在照相制版以前，应该检查核对底图的正确性，特别是那些经过长时间放置的底图；曝光前，应该确保焦距准确，才能保证尺寸精度；相版干燥后需要修版，对相版上的砂眼进行修补，用刀刮掉不需要的搭接和黑斑。制做双面板的相版，应使正、反面两次照相的焦距保持一致，保证两面图形尺寸的完全吻合。

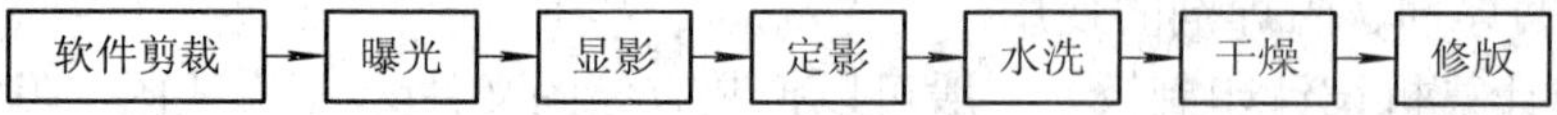

图10-36 照相制版流程

2．图形转移

把相版上的印制电路图形转移到覆铜板上，称为图形转移。具体方法有丝网漏印法和光化学法等。

1) 丝网漏印法

用丝网漏印法在覆铜板上印制电路图形，与油印机在纸上印刷文字相类似，如图10-37所示。在丝网上涂敷、黏附一层漆膜或胶膜，然后按照技术要求将印制电路图制成镂空图形(相当于油印中蜡纸上的字形)。现在，漆膜丝网已被感光膜丝网或感光胶丝网取代。经过贴膜(制膜)、曝光、显影、去膜等工艺过程，即可制成用于漏印的电路图形丝网。漏印时，只需将覆铜板在底座上定位，使丝网与覆铜板直接接触，将印料倒入固定丝网的框内，用橡皮刮板刮压印料，即可在覆铜板上形成由印料组成的图形。漏印后需要烘干、修版。

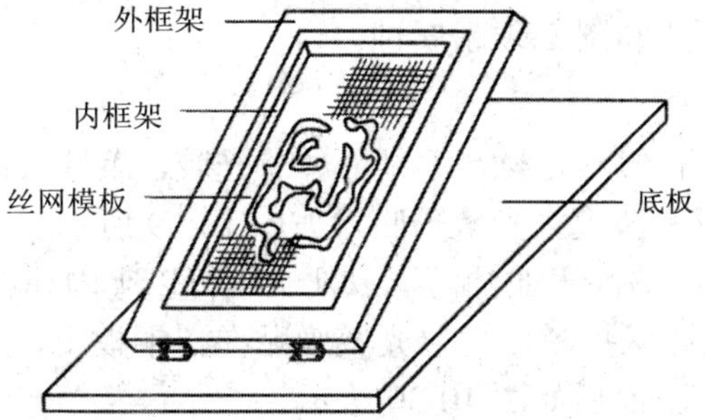

图 10-37　丝网漏印法

漏印机所用丝网材料有真丝绢、合成纤维绢和金属丝 3 种，规格以目为单位。常用绢为 150～300 目，即每 mm^2 上有 150～300 个网孔。绢目数越大，则印出的图形越精细。丝网漏印多用于批量生产，印制单面板的导线、焊盘或版面上的文字符号。这种工艺的优点是设备简单、价格低廉、操作方便；缺点是精度不高。漏印材料要求耐腐蚀，并有一定的附着力。在简易的制版工艺中，可以用助焊剂和阻焊涂料作为漏印材料。即先用助焊剂漏印焊盘，再用阻焊材料套印焊盘之间的印制导线。待漏印材料干燥后，助焊剂随焊盘、阻焊涂料随印制导线均留在板上。自然，这是一种简捷的印制电路板的制作工艺。

2) 直接感光法(光化学法之一)

直接感光法适用于品种多、批量小的印制电路板生产，它的尺寸精度高，工艺简单，对单面板或双面板都能应用。直接感光法的主要工艺流程如图 10-38 所示。

图 10-38　直接感光制版法的工艺流程

(1) 表面处理。用有机溶剂去除覆铜板表面上的油脂等有机污物，用酸去除氧化层。通过表面处理，可以使感光胶在铜箔表面牢固地黏附。

(2) 上胶。在覆铜板表面涂覆一层可以感光的液体材料(感光胶)。上感光胶的方法有离心式甩胶、手工涂覆、滚涂、浸蘸、喷涂等。无论采用哪种方法，如图 10-36 所示直接感光制板法的主要工艺流程都应该使胶膜厚度均匀，否则会影响曝光效果。胶膜还必须在一定温度下烘干。

(3) 曝光(晒版)。将照相底版置于上胶烘干后的覆铜板上，置于光源下曝光。光线通过相版，使感光胶发生化学反应，引起胶膜理化性能的变化。曝光时，应该注意相版与覆铜板的定位，特别是双面印制板，定位更要严格，否则两面图形将不能吻合。

(4) 显影。曝光后的板在显影液中显影后，再浸入染色溶液中，将感光部分的胶膜染色硬化，显示出印制板图形，便于检查线路是否完整，为下一步修版提供方便。未感光部分的胶膜可以在温水中溶解、脱落。

(5) 固膜。显影后的感光胶并不牢固，容易脱落，应使之固化，即将染色后的板浸入固膜液中停留一定时间。然后用水清洗并置于 100%～120%的恒温烘箱内烘干 30～60 min，使感光膜进一步得到强化。

(6) 修版。固膜后的板应在化学蚀刻前进行修版，以便修正图形上的粘连、毛刺、断线、砂眼等缺陷。修补所用材料必须耐腐蚀。

3) 光敏干膜法

这也是一种光化学法，但感光材料不是液体感光胶，而是一种由聚酯薄膜、感光胶膜、聚乙烯薄膜三层材料组成的薄膜类光敏干膜，如图 10-39 所示。干膜的使用方法如下：

(1) 覆铜板表面处理。清除表面油污，以便干膜可以牢固地粘贴在板上。

(2) 贴膜。揭掉聚乙烯保护膜，把感光胶膜贴在覆铜板上，一般使用滚筒式贴膜机。聚酯薄膜、聚乙烯薄膜贴膜前后如图 10-39 所示。

(3) 曝光。将相版按定位孔位置准确置于贴膜后的覆铜板上进行曝光，曝光时应控制光源强弱、曝光时间和温度。

(4) 显影。曝光后，先揭去感光胶膜上的聚酯薄膜，再把板浸入显影液中，显影后去除板表面的残胶。显影时，也要控制显影液的浓度、温度及显影时间。

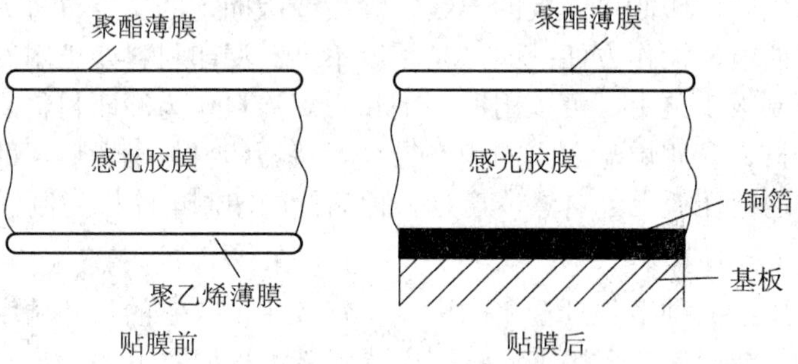

图 10-39　光敏干膜的构成

3. 化学蚀刻

蚀刻在印制电路板生产线上也俗称烂板。它是利用化学方法去除印制板上不需要的铜箔，留下组成焊盘、印制导线及符号等的图形。为确保质量，蚀刻过程应该严格按照操作步骤进行，在这一环节中造成的质量事故将无法挽救。

1) 蚀刻溶液

常用的蚀刻溶液为三氯化铁($FeCl_3$)。它蚀刻速度快，质量好，溶铜量大，溶液稳定，价格低廉。蚀刻机理为氧化-还原反应。方程式如下：

$$2FeCl_3 + Cu = 2FeCl_2 + CuCl_2$$

此外，还有适用于不同场合的其他类型的蚀刻液，如：

(1) 酸性氯化铜蚀刻液($CuCl_2$-NaCl-HCl)；

(2) 碱性氯化铜蚀刻液($Cucl_2$-NH4Cl-NH_3H_2O)；

(3) 过氧化氢・硫酸蚀刻液(H_2O_2-H_2SO_4)；

注意：在大量使用蚀刻液时，应注意环境保护，需要采取措施处理废液并回收废液中的金属铜。

2) 蚀刻方式

(1) 浸入式。将印制电路板浸入蚀刻液中，用排笔轻轻刷扫即可。这种方法简便易行，但效率低，对金属图形的侧腐蚀严重，常用于数量很少的手工操作制板。

(2) 泡沫式。以压缩空气为动力，将蚀刻液吹成泡沫，对板进行腐蚀。这种方法工效高，质量好，适用于小批量制板。

(3) 泼溅式。利用离心力作用将蚀刻液泼溅到覆铜板上，达到蚀刻目的，这种方式的生产效率高，但只适用于单面板。

(4) 喷淋式。用塑料泵将蚀刻液压送到喷头，呈雾状微粒高速喷淋到由传送带运送的覆铜板上，可以进行连续蚀刻。这种方法是目前技术较先进的蚀刻方式，得到广泛应用。

4．孔金属化与金属涂覆

1) 孔金属化

双面印制板两面的导线或焊盘需要连通时，可以通过金属化孔实现。即把铜沉积在贯通两面导线或焊盘的孔壁上，使原来非金属的孔壁金属化。金属化了的孔称为金属化孔，在双面和多层印制电路板的制造过程中，孔金属化是一道必不可少的工序。

孔金属化是利用化学镀技术，即用氧化-还原反应产生金属镀层。基本步骤是先使孔壁上沉淀一层催化剂金属(如钯)，作为在化学镀铜中铜沉淀的结晶核心，然后浸入化学镀铜溶液中。化学镀铜可使印制板表面和孔壁上产生一层很薄的铜，这层铜不仅薄而且附着力差，一擦即掉，因而只能起到导电的作用。化学镀铜以后进行电镀铜，使孔壁的铜层加厚并附着牢固。

孔金属化的方法很多，它与整个双面板的制作工艺相关，主要有板面电镀法、图形电镀法、反镀漆膜法、堵孔法、漆膜法等。但无论采用哪种方法，在孔金属化过程中都需要下列各个环节：钻孔、孔壁处理、化学沉铜、电镀铜加厚。

金属化孔的质量对双面印制板是至关重要的，在电子产品整机电路中，许多故障的原因出自金属化孔。因此，对金属化孔的检验应给予重视。检验内容一般包括如下几方面：

(1) 外观检查。孔壁金属层应完整、光滑、无空穴、无堵塞。

(2) 电性能检查。金属化孔镀层与焊盘的短路与断路；孔与导线间的孔线电阻值。

(3) 孔的电阻变化率。环境例行试验(高低温冲击、浸锡冲击等)后，不得超过 5%～10%。

(4) 机械强度(拉脱强度)检查。即孔壁与焊盘的结合力应超过一定值。

(5) 金相剖析试验。检查孔的镀层质量、厚度与均匀性，镀层与铜箔之间的结合质量等。

2) 金属涂覆

为提高印制电路的导电、可焊、耐磨、装饰性能，延长印制电路板的使用寿命，提高电气连接的可靠性，可以在印制电路板图形铜箔上涂覆一层金属，金属镀层的材料有金、银、锡、铅锡合金等，涂覆方法可用电镀或化学镀两种。

(1) 电镀法。可使镀层致密、牢固、厚度均匀可控，但设备复杂、成本高。此法用于要求高的印制板和镀层，如插头部分镀金等。

(2) 化学镀。虽然设备简单，操作方便，成本低，但镀层厚度有限且牢固性差，因而只适用于改善可焊性的表面涂覆，如板面铜箔图形镀银等。

为提高印制板的可焊性，浸银是镀层的传统方式。但由于银层容易发生硫化而发黑，往往反而降低了可焊性和外观质量。为了改善这一工艺，目前较多采用浸锡或镀铅锡合金的方法，特别是把铅锡合金镀层经过热熔处理后，使铅锡合金与基层铜箔之间获得一个铜锡合金过渡界面，大大增强了界面结合的可靠性，更能显示铅锡合金在可焊性和外观质量方面的优越性。近年来，各制板厂普遍采用印制板浸镀铅锡合金-热风整平工艺代替电镀铅锡合金工艺，可以简化工序，防止污染，降低成本，提高效率。经过热风整平的镀铅锡合金印制板具有可焊性好、抗腐蚀性好、长期放置不变色等优点。目前，在高密度的印制电路板生产中，大部分采用这种工艺。

10.4.2 印制电路板生产工艺

在印制电路板的生产过程中，虽然都需要上述各个环节，但不同印制板具有不同的工艺流程。在这里，主要介绍最常用的单、双面印制板的工艺流程。

1. 单面印制电路板的生产流程

单面印制电路板的生产流程如图 10-40 所示。

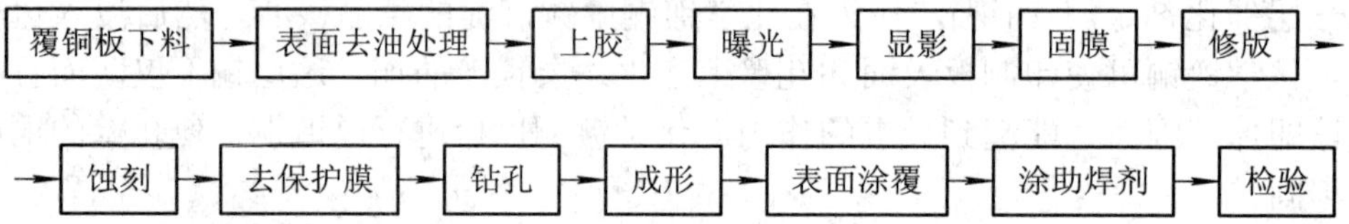

图 10-40 单面印制板的生产流程

2. 双面印制电路板的生产流程

双面印制电路板的生产流程如图 10-41 所示。双面板与单面板的主要区别在于，增加了孔金属化工艺，即实现两面印制电路的电气连接。由于孔金属化的工艺方法较多，相应双面板的制作工艺也有多种方法。概括分类有先电镀后腐蚀和先腐蚀后电镀两大类。

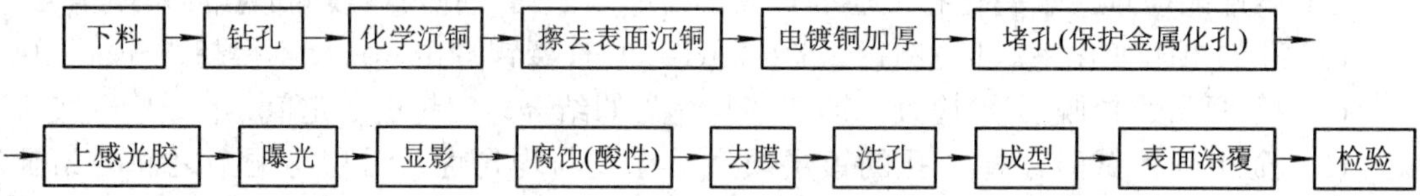

图 10-41 双面印制板的生产流程

1) 先电镀的方法

先电镀的方法有板面电镀法、图形电镀法和反镀漆膜法。

2) 先腐蚀的方法

先腐蚀的方法有堵孔法和漆膜法。

常用的堵孔法和图形电镀法工艺介绍如下：

(1) 堵孔法。这是较为老式的生产工艺，制作普通双面印制板可采用此法。堵孔可用松香酒精混合物。各道工序示意如图 10-42 所示。

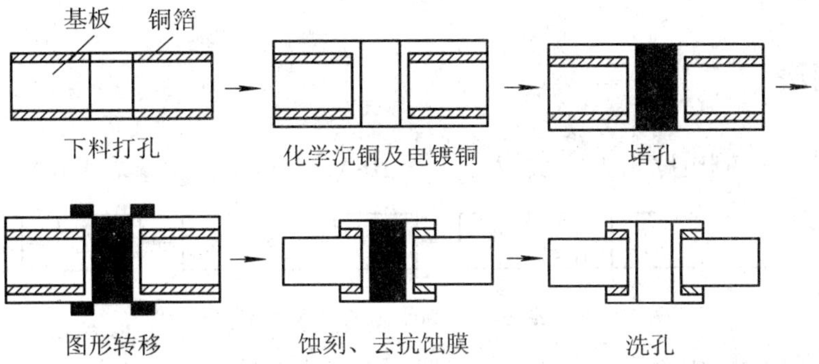

图 10-42　堵孔法工序示意

(2) 图形电镀法。这是较为先进的制作工艺，特别是在生产高精度和高密度的双面板中更能显示出优越性。它与堵孔法的主要区别在于采用光敏干膜代替感光液、表面镀铅锡合金代替浸银、腐蚀液采用碱性氯化铜溶液取代酸性三氯化铁。采用这种工艺可制作线宽和间距在 0.3 mm 以下的高密度印制板。目前，大量使用集成电路的印制板大都采用这种生产工艺。图形电镀法的工艺流程框图如图 10-43 和图 10-44 所示。

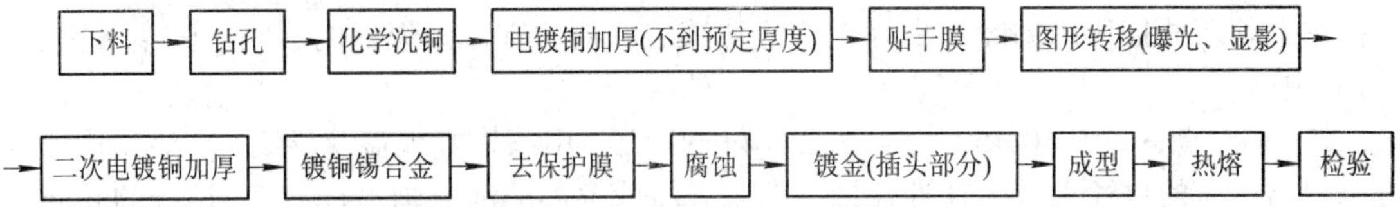

图 10-43　图形电镀法工艺流程框图

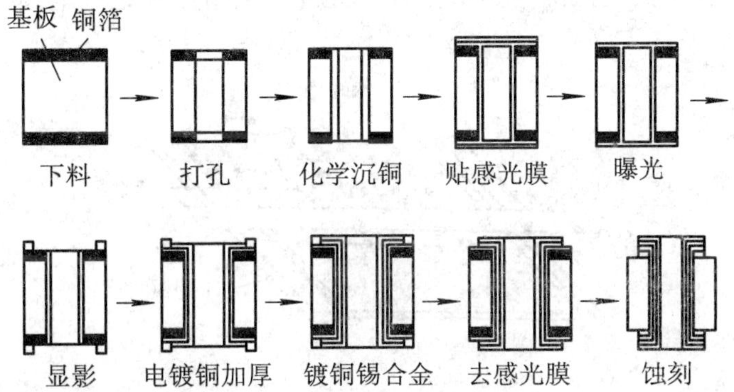

图 10-44　图形电镀法工艺流程图

10.5　手工自制印制电路板的几种方法

在电子产品样机尚未设计定型的试验阶段，或当爱好者进行业余制作的时候，经常只需要制作一两块供分析测试使用的印制电路板。按照正规的制作工艺步骤，要绘制出黑白底图以后，再送到专业制板厂去加工。这样制出的板子当然是高质量的，但往往因加工周期太长而耽误时间，并且，从经济费用考虑也不太合算。因此，掌握几种在非专业条件下手工自制印制电路板的简单方法是必要的。

10.5.1 漆图法

用漆图法自制印制电路板的主要步骤如图 10-45 所示。各步骤简单说明如下。

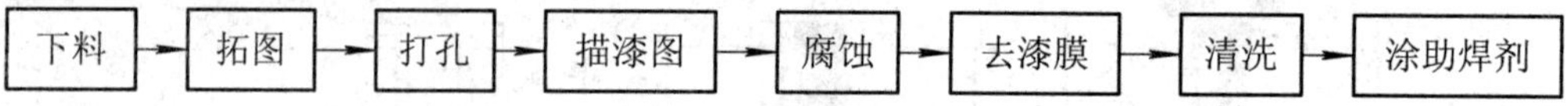

图 10-45 漆图法自制印刷电路板工艺流程图

(1) 下料。按板面的实际设计尺寸剪裁覆铜板，去掉四周毛刺，清洗覆铜板表面污垢。

(2) 拓图。用复写纸将已设计好的印制板布线草图拓印在覆铜板的铜箔面上。拓图时为保证两面定位准确，可用胶带纸把草图固定在覆铜板的铜箔面上，上下左右张贴好，复写纸放在草图与覆铜板之间，在覆铜板与草图上设 4 个定位孔，之后可进行拓图。

(3) 打孔。拓图后，在板上打出样冲眼，按样冲眼定位，用小型台式钻床根据需要的孔径打出焊盘上的通孔，确保后期电子器件焊接装配尺寸符合要求。

(4) 调漆。在描图之前应先把所用的漆调配好。要注意漆的稀稠适宜，以免描不上或在描图之前应先把所用的漆调配好。要注意漆的稀稠适宜，画焊盘的漆应比画线条用的漆稍稠一些。

(5) 描漆图。如图 10-46 所示，按照拓好的图形，用漆描好焊盘及导线。应该先描焊盘，可以根据焊盘的直径大小选择外径稍细的硬导线或笔芯蘸漆点画，注意应与钻好的孔同心，大小尽量均匀。然后用鸭嘴笔与直尺描绘导线，注意直尺不要将未干的图形蹭坏，可将直尺两端垫高架起。双面板应把两面图形描好。此外，采用油性记号笔画线填图效果也非常好，而且十分方便。

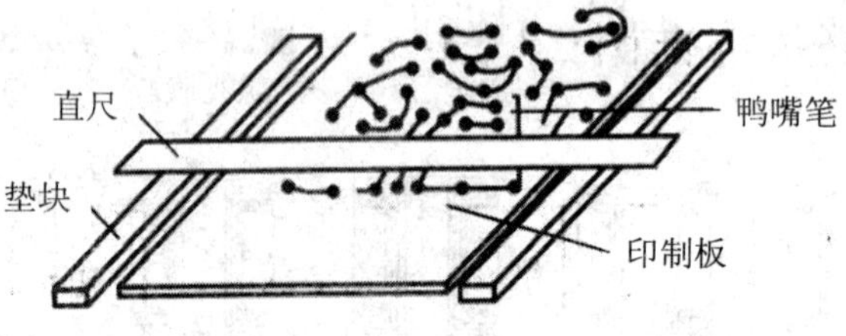

图 10-46 描漆

(6) 腐蚀。腐蚀前应检查图形质量，修整线条、焊盘。腐蚀液一般使用三氯化铁水溶液，浓度在 28%～42%之间，将覆铜板全部浸入腐蚀，把没有被漆膜覆盖的铜箔腐蚀掉。在冬季，也可以对腐蚀溶液适当加温，但温度也不宜过高，以防将漆膜泡掉。待完全腐蚀以后，取出板子用水清洗。

(7) 去漆膜。用热水浸泡后，可将板面的漆膜剥掉，未擦净处可用稀料清洗。

(8) 清洗。漆膜去除干净以后，用细砂纸在板面上反复擦拭，去掉铜箔的氧化膜，使线条及焊盘露出铜的光亮本色。擦拭后用清水冲洗、晾干。

(9) 涂助焊剂。把已经配好的松香酒精溶液立即涂在洗净晾干的印制电路板上，作为助焊剂。助焊剂可使板面受到保护，提高可焊性，有条件的情况下可使用镀锡液进行表面处理。

10.5.2 贴图法

在用漆图法自制印制电路板的过程中，图形靠描漆或其他抗蚀涂料描绘而成，虽然简单易行，但描绘质量很难保证，往往是焊盘大小不均，印制导线粗细不匀。近年来，电子器材商店已有一种薄膜图形出售，这种具有抗蚀能力的薄膜厚度只有几微米，图形种类有几十种，都是印制电路板上常见的图形，有各种焊盘、接插件、集成电路引线和各种符号等。

这些图形贴在一块透明的塑料软片上，使用时可用刀尖把图形从软片上挑下来，转贴到覆铜板上。焊盘和图形贴好后，再用各种宽度的抗蚀胶带连接焊盘，构成印制导线。整个图形贴好以后即可进行腐蚀。用这种方法制作的印制板效果极好，与照相制版所做的板子几乎没有质量的差别。这种图形贴膜为新产品的印制板制作开辟了新的途径。

10.5.3 铜箔粘贴法

铜箔粘贴法是手工制作印制电路板最简捷的方法，既不需要描绘图形，也不需要腐蚀。只要把各种所需的焊盘及一定宽度的导线粘贴在绝缘基板上，就可以得到一块印制电路板。具体方法与图形贴膜法很类似，只不过所用的贴膜不是抗蚀薄膜，而是用铜箔制成的各种电路图形。铜箔背面涂有压敏胶，使用时只要用力挤压，就可以把铜箔图形牢固地粘贴在绝缘板材上。目前，我国已有一些电子器材商店出售这种铜箔图形，但因价格较高，使用并不广泛。

10.5.4 刀刻法

对于一些电路比较简单，线条较少的印制板，可以用刀刻法来制作。在进行布局排版设计时，要求导线形状尽量简单，一般把焊盘与导线合为一体，形成多块矩形。由于平行的矩形钢图形具有较大的分布电容，所以刀刻法制板不适合高频电路。

刻刀可以用废的锋钢锯条自己磨制，要求刀尖既硬又韧。制作时，按照拓好的图形，用刻刀沿钢尺刻划铜箔，使刀刻深度把铜箔划透。然后，把不要保留的铜箔的边角用刀尖挑起，再用钳子夹住把它们撕下来，如图 10-47 所示。

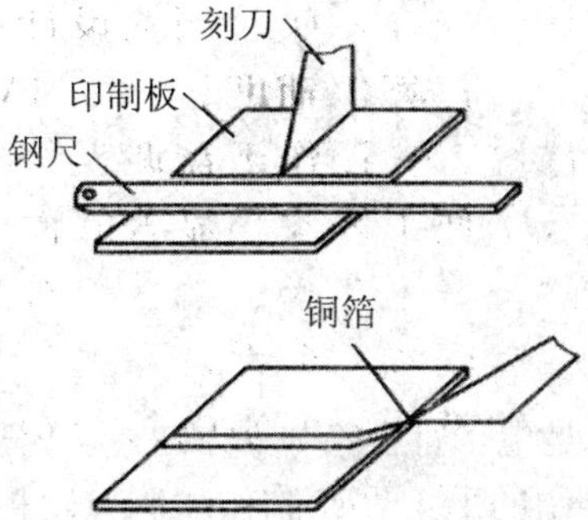

图 10-47　刀刻法

如图 10-48(a)所示是一个直放式低阻四管收音机的原理图。如图 10-48(b)所示是用刀刻法制作的印制电路板。

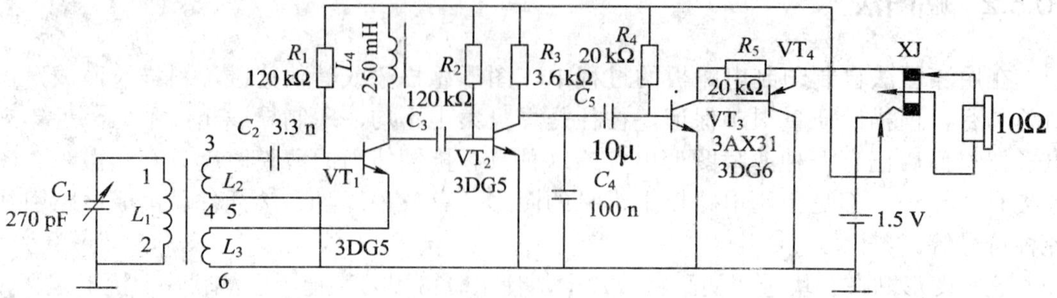

(a)

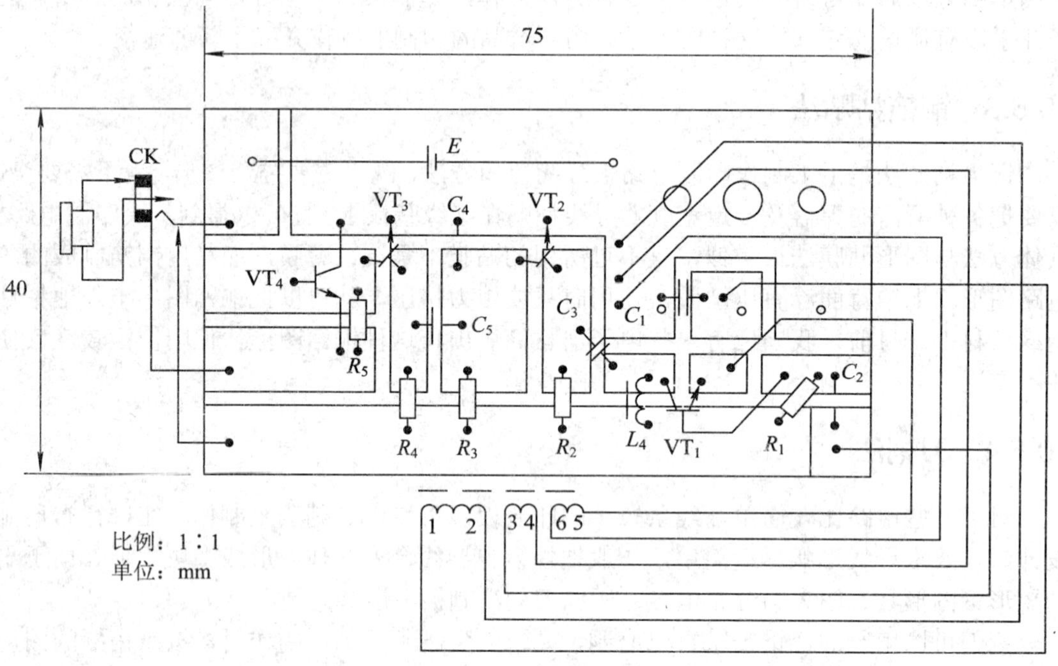

(b)

图 10-48　刀刻法制版实例

10.6　现代印制电路板制板技术简介

10.6.1　概述

印制电路板的设计与制作是电子行业特别是 PCB 设计技术人员和业余爱好者都应该掌握的一项基本技能。10.5 节介绍的手工设计制作印制电路板的方法，只能适用于一些比较简单电路的制作方法。但是，在电子技术迅速发展的今天，如果只是依靠传统的手工 PCB

制作方法是远远跟不上印制电路板设计制作时代发展要求的。所以，要求设计制作者应改变思维理念，利用现代制造技术，采用新工艺、新方法、新材料、新设备、传统手工制作方法与现代制作方法相结合，设计制作出符合时代要求的印制电路板。

设计印制电路板的人，都可能有这样的体会：一张稍微复杂的设计图接近完工时，常常会感到剩余的部分电路难以连通，或者会发现已经画好的局部电路不够合理，只好尽弃前力重新另画图样，并在设计制作过程中总要小心谨慎。

计算机辅助设计印制电路板软件的发展，为印制电路的设计与生产开辟了新的途径。操作键盘调动光标，在计算机显示屏幕上绘图，与传统方式制作印制电路板比较，修改方便是显著的优点。利用计算机绘图软件，可以随心所欲地按照自己的想法进行布局、走线设计，有了初稿以后，可再统观全局，不断完善设计过程。修改时只需要按一个键即可删除一条线段或一个焊盘，远比用橡皮擦除图样上的笔迹快捷干净得多。这样，可以很方便地将电路原理图与 PCB 设计图保存下来，并通过绘图机、打印机、激光光绘机根据印制电路板制作方法的需要打印出来，根据要求完成印制电路板下一工艺制作环节。另外，还可以通过计算机与 PCB 雕刻机进行连接，一次完成 PCB 电路板的雕刻、打孔、镂空等制作环节。

10.6.2 计算机辅助设计

计算机技术在飞速发展，硬件速度的提高和功能的增强令人赞叹，软件也日益庞大并向智能化方向发展。特别是 Altium Designer 软件的出现开创了 PCB 设计制作的先河。它的出现不容置疑地使计算机辅助设计向着多功能、智能化程度、设计制作快捷、更能发挥计算机资源的方向发展，加之 Altium Designer 软件友好的用户界面与操作环境，越来越受到电子电路与 PCB 设计制作者的青睐。

1. 印制板 CAD

计算机只是一种工具，而人是设计工作的主体，作为电子产品设计工作者必须掌握应用计算机辅助设计的基本功，并在实践过程中不断积累经验，提高应用水平。目前，由计算机完成印制电路板的自动布线，其合理性和质量无法和经验丰富的设计者设计出的产品相比。特别是在模拟电路及特殊要求的电路中，计算机只能接受人输入的设计信息，依靠计算机的速度和存储记忆，对设计方案进行模拟、检验、数据处理，当出现错误或不理想效果情况时还必须由有经验的人去处理解决。

不可能有适用于各种领域的万能软件，真正高效实用的软件还是各自领域内适用的产品。例如，数字系统与模拟系统，低频与高频系统，其设计思路，原则上均有很大差别，很难找到两者均适用的设计软件。对于电子设计人员来说被商业炒作牵着走是不明智的，最适合自己工作的才是首选。

2. CAD 与 EDA

随着 CAD(Compuer Aided Design，计算机辅助设计)技术的日益发展，当今有速度更快、功能更强、储量更大的硬件平台和更加完善的软件应用支持，在电子设计领域代替 CAD 的 EDA(Electronic Design Automatic，电子设计自动化)越来越被广泛地应用在不同的领域并发挥着越来越大的作用。

虽然，EDA与CAD之间没有截然的分界线，但现代EDA的特征是明显的：

(1) EDA在自动化、智能化程度方面更高、功能更完善，人机界面更友好。越来越智能地发挥直觉、综合、创造的优势，并将尽可能多的工作交给机器去完成。

(2) EDA的开放性和数据交换性好，可以将不同厂商的相关产品集成在一起，构成设计、模拟、验证、布局、布线直到生产加工等一整套产品设计生产制作系统。

(3) EDA直接面向设计对象，贴近实践。EDA是电子设计人员对整个产品设计过程和生产实践环节充分研究、透彻理解的产物。它不是一种简单的工具，而是一种综合的产品开发系统，将最大限度保证产品的工作性能、可靠性和工艺性，可信程度高。

3. 第三代印制电路板CAD

第三代印制电路板CAD软件是EDA系统中主要设计工具之一。WindowsXP/Win7系统具有直观、方便的操作，高效率的局域布局和总体布局。采用无网格布线和推挤式布线的高性能布线器，数据格式开放等。再加上其他EDA工具如逻辑模拟、电路分析验证等，组成高效自动化的设计系统。实现了电子产品从构思、电路设计到物理结构设计与PCB设计的全过程。

10.6.3 印制电路板技术的发展趋势

电子信息产品的小型化、轻量化、多功能、高可靠、低成本以及绿色化趋势，促使印制电路板技术向高密度、高精度、细孔径、细导线、小间距、多层化、高速传输、轻薄型及有利于环保的方向发展。以下是未来印制电路板技术的方向发展。

1. 环保与特殊基材

耐高温和热冲击、热稳定性高的基材是当前适应无铅化的要求；而绿色环保型基材(无卤素、无磷)将是未来发展方向；同时适应高密度组装、高速电路应用以及耐离子迁移的特殊基材，适用于HDI的覆树脂铜箔等都将是今后基材发展的重要方向。

2. 高密度互连

(1) 导线宽度与间距将达到0.05～0.10 mm甚至0.03 mm以下。

(2) 孔径：导通孔孔径小于0.3 mm；埋孔和盲孔孔径为0.05～0.15 mm，甚至在0.03 mm以下。

(3) 积式多层板(BUM)具有埋孔和盲孔、孔径不大于0.01 mm、孔环宽小于0.25 mm、导线宽度和间距小于0.1 mm或更小的积层式薄型高密度互连(HDI板)的多层板。

(4) 超薄型多层印制板，例如6层板的厚度只有0.450～0.6 mm。

3. 电子元器件埋入技术

为了缩小体积，比较复杂的印制电路板都采用多层板技术。把一部分电子元器件埋入多层PCB的内部，这样可以减少印制电路板面积，提高组装密度。这种技术称为电子元器件埋入技术或集成电子元器件印制板(Integrated Component Board，IB)，目前已经可以把主要无源电子元器件(电阻、电容或电感)以制造方式埋入到PCB，随着技术的发展，一部分有源电子元器件也可以埋入，是很有发展前途的电路技术，如图10-49所示。

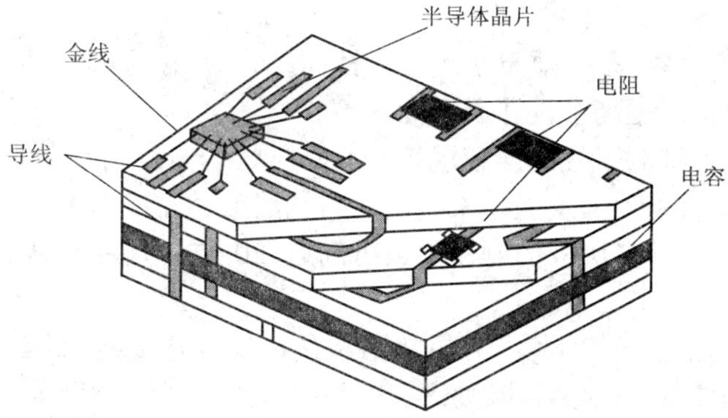

图 10-49　电子元器件埋入技术(集成电子元器件印制板)

4. 打印印制板技术

采用喷墨打印原理实现加法制造印制板。只需 CAD 布图→钻孔→前处理→喷墨印制→固化等简单工序即可完成印制板的制作。由于不用印制、照相、蚀刻等复杂过程，打印技术十分灵活，几乎无三废(污染)，线条精细，可适用于刚性板和挠性基体，可用卷到卷的生产方式，能高度自动化、多喷头并行动作可获得高生产能力，可用于三维封装，实现有源和无源等功能件的集成。这种技术的关键是含金属微粒的“墨水”及喷墨系统，由于工艺简单，而且节能环保，是未来电子制造技术中极具发展潜力的新技术。

5. 光电印制板与光路板

由于传统电子技术信息传输速度和工作频率提高而面临“瓶颈”，越来越受到光电子技术的挑战。一种光电混合的印制板技术正在兴起，未来将代替相当一部分电路板的应用，甚至出现以光代电的可能。因此，光电路混合的光电印制板与完全由光电子元器件和材料组成的光路板将是信息技术发展的趋势。

6. 多层板

随着微电子技术的发展，大规模集成电路应用日趋广泛，为适应一些特殊应用场合，如导弹、遥测系统、航天、航空、通信设备、高速计算机、微小型化计算机等产品对印制电路不断提出的新要求，多层印制电路板在近几年得到了推广应用。多层印制电路板也称多层板，它是由 3 层以上相互连接的导电图形层，层间用绝缘材料相隔，经黏合后形成的印制电路板。其剖面示意如图 10-50 所示。

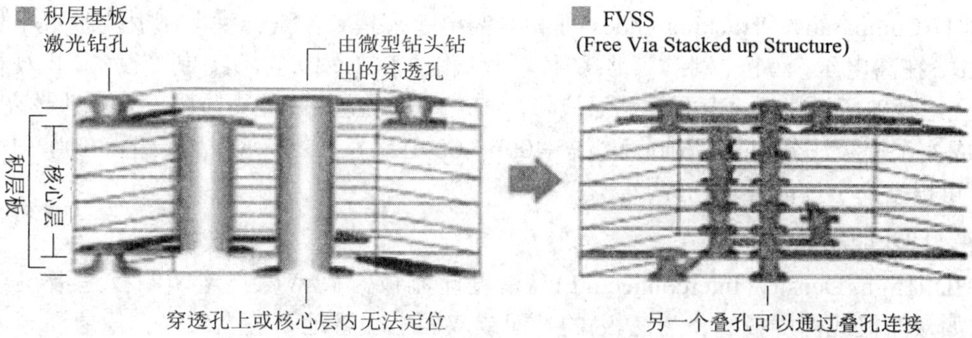

图 10-50　多层板剖面示意图

多层板具有如下特点：

(1) 装配密度高，体积小，质量小，可靠性高。

(2) 增加了布线层，提高了设计灵活性。

(3) 可对电路设置抑制干扰的屏蔽层等。

多层板是在双面板基础上发展起来的，在布线层数、布线密度、精度等方面都得到了迅速的提高。目前，国外多层板的制板层数可高达 20 层，印制导线的宽度及间距可达到 0.2 mm 以下。

多层板方便了电路原理的实现，可在多层板的内层设置地网、电源网、信号传输网等，适应了某些电路在实际应用中的特殊要求。

10.6.4 环保与高性能电路板

1. 耐热印制板

由于目前应用的无铅焊料焊接温度提高，耐热印制板成为无铅化技术关键之一。

耐热印制板的要求：

(1) 较高的玻璃化温度 Tg(一般要求 Tg≥170℃，称为 Tg 印制板)。

(2) 较高的树脂材料的热裂解温度 T_d。

(3) 厚板方向的热膨胀系数 α_2 小。

耐热印制板不仅耐热性好，而且耐潮湿性、耐化学性、耐稳定性等特征都会得到提高和改善，对无铅化工艺和产品最终质量具有重要作用。

2. 无卤印制板

传统印制电路板中以含有卤素多溴化苯(PBB)和多溴化联苯乙醚(PBDE)作为阻燃剂。

根据欧盟环保 RoHS 指令和我国《电子信息产品污染防治管理办法》，禁止使用这些物质，但目前还没有规定不得使用除 PBB 和 PBDE 以外的溴阻燃材料。而目前常用的印制板材料中阻燃剂多使用溴化环氧树脂，不是无卤基材。

由于含溴型覆铜板仍然还是有危害的，目前，业内积极推动完全废止除 PBB 和 PBDE 外的所有含溴阻燃材料。就是说，覆铜板的阻燃剂应当是无卤素的，使用无卤基材做成的印制板叫做无卤印制板。

3. 高 CTI 印制板

CTI(Comparative Tracking Index)即相对漏电起痕指数，是一种印制板抗恶劣环境能力的指数。在高电压、污秽、潮湿等恶劣环境下使用的 PCB(如洗衣机、制冷设备、电视机等)，会出现绝缘破坏、起火、表面碳化等故障，CTI 越大，抗故障能力越强，安全性越高。CTI 值分成 4 个等级，分别是≥600(Ⅰ级)，400～600(Ⅱ级)，175～400(Ⅲa 级)，100～175(Ⅲb 级)，可根据安全性能要求选择。

4. HDI 印制板

HDI(High Density Interconnecting)高密度印制板。高密度互连印制板是指在常规的 PCB(如双面板或四层板等作为芯板)的一面或双面上交替地积层上绝缘介质层和导电层等而形成的更高密度的印制板。这种电路板主要用于移动电话、数码相机等领域，IPC(信息处理中心)协会对 HDI 的定义是，非机械钻孔，孔直径≤0.15 mm，多为盲孔。孔环直径≤0.25 mm，微孔或微导通孔。接触密度≥130 点/平方英寸，布线密度为 117 点/平方英寸；线宽/间距≤0.075 mm。

5．埋孔和盲孔印制板

通常埋、盲孔印制板都是多层板。盲孔指的是仅延伸到印制板一个表面的导通孔，通常孔径≤0.4 mm，是金属化孔。基于电子设备体积小型化、电子元器件的集成化、IC 的高密度化，使许多层印制板被设计成埋、盲孔多层板。

10.6.5 特殊电路板

在高频电路及高密度装配中用普通印制板往往不能满足要求，因而各种特殊印制板应运而生并在不断地发展。

1．挠性印制电路板

电子产品的装配密集度、可靠性和小型化，正以极快的速度不断提高，与半导体集成电子元器件有着密切关系的挠性印制电路板应运而生。已经普及的双面板金属化通孔技术和产品尺寸容量及材料规格的进步，都为挠性印制电路板的发展奠定了良好的基础。现在，挠性电路板正开始被多种产品广泛应用，特别是高档电子产品，如笔记本、微型计算机、袖珍式电话机和通信设备、军事仪器设备、汽车仪表电路以及照相机等，都使用了挠性电路板。挠性电路板未来的应用范围和发展前景是不可估量的。

挠性印制电路板又称软性印制板，如图 10-51 所示。与一般印制板相同，挠性电路板也分为单面板、双面板和多层板，它的显著优点包括下列数点：软性材料电路能够弯曲、卷缩、折叠，可以沿着 X，Y，Z 三个平面移动或盘绕，软性板连接可以自如伸缩 7×10^5 次而不断裂。能够同电路板与机械活动部件进行连接，在三维空间里实现立体布线。它的体积小，质量小，装配方便，与其他电路板相比较安装更加灵活，容易按照电路要求成形，提高了装配密度和版面利用率。

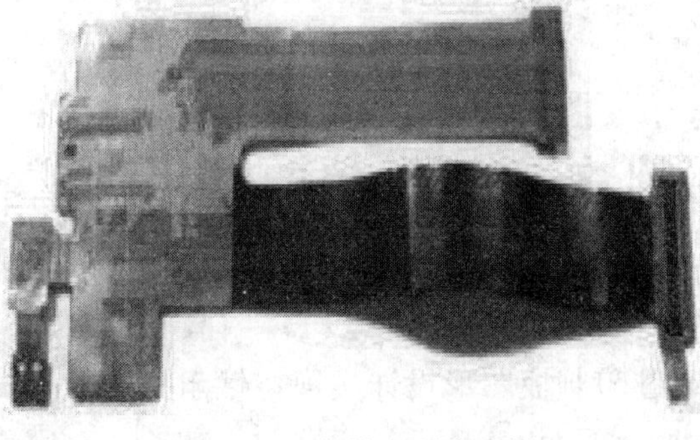

图 10-51　挠性印制电路板

2．陶瓷电路板

陶瓷电路板的基板材料通常是用纯度为 96%左右的氧化铝(Al_2O_3)烧结而成的。制造陶瓷电路板的材料还有氮化铝(AlN)、氧化铍(BeO)、碳化硅(SiC)等，如图 10-52 所示，但由于成本及环境保护的缘故，这几种材料至今未有大量采用。

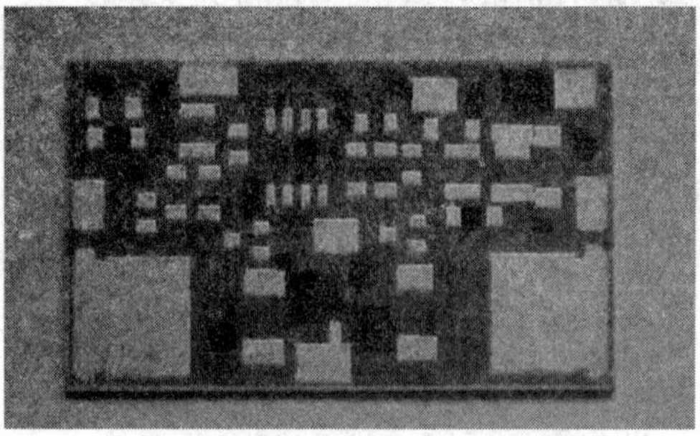

图 10-52　陶瓷电路板

陶瓷电路板的基板与导电金属(铜、银等)材料的连接与普通印制板(通常指有机材料PCB)不同，它是采用薄膜或厚膜制作工艺，即利用真空蒸发或溅射或丝网印刷金属浆料后烧结而成的，因而具有可靠的连接，并且可以通过激光蚀刻或氧化等方法调整阻值，可以直接在 PCB 板上制造无源电子元器件，特别适合各种模块电路的制造。

3. 金属芯电路板

金属芯电路板又称金属基电路板，如图 10-53 所示。它可以看作一种含有金属层的多层板，主要解决高密度安装引起的散热问题，且金属层有屏蔽作用，有利于解决干扰问题。是由金属(常用金属板有铝板、钢板、铜板等)基板为底层或内芯，在金属板上覆盖有绝缘层，最外层为铜箔，三者复合而制得的。不同种类和规格金属芯电路板，金属板的厚度从 0.3～2.0 mm 不等，起到支撑与散热的作用。

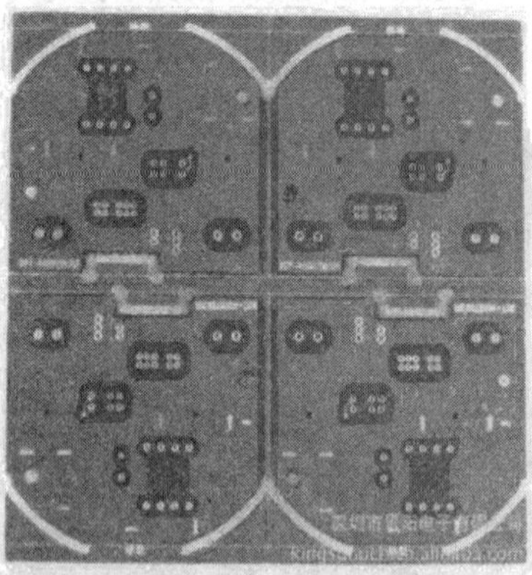

图 10-53　金属芯电路板

4. 阻抗特性印制板

阻抗特性印制板是通过印制板图形设计实现特性阻抗控制(Characteristic Impedance Control)的一种电路板，如图 10-54 所示。由于 IC 集成度的提高和应用，其信号传输频率和速度越来越高，因而在 PCB 导线中信号传输(发射)高到某一定值后，便会受到 PCB 导线本身的影响，造成传输信号的失真或丧失。这表明，此时 PCB 导线上所“流通”的“东西”并不是电流，而是方波信号或脉冲。这种电路

图 10-54　阻抗特性印制板

板从设计到材料和制造与普通电路板有许多不同。近年来，特性阻抗印制板的应用越来越普遍，多为计算机、通信行业内高速、高频信号传输所需要的多层印制板。

5．高频微波印制板

高频微波印制板是电子信息科技产业必不可少的配套产品，如图 10-55 所示。近年来需求迅速增多，如高频的定义是 300 MHz 以上，即波长在 1 m 以下的短波频率范围。在高频条件下工作的印制板，对材料、布线布局都有特殊要求，例如，印制导线线间和层间分布参数的作用以及利用印制板制作出电感、电容等“印制电子元器件”。高频通信、高频传输、高保密性、高传送质量，要求移动通信、汽车电话、无线通信向高频高速发展，使高频通信卫星在卫星接收、基站、导航、医疗、运输、仓储各个领域大显身手，因而对印制板提出了更高高频特性要求。这类印制板须选用低介电常数的覆铜板基材制作，制造工艺同传统方法也有所不同。低介电常数基材所使用的树脂包括聚四氟乙烯、聚酰亚胺(PI)、聚苯醚(PPE 或 PPO)、双马来酰亚胺三嗪(BT)、氰酸酯树脂(CE)等。

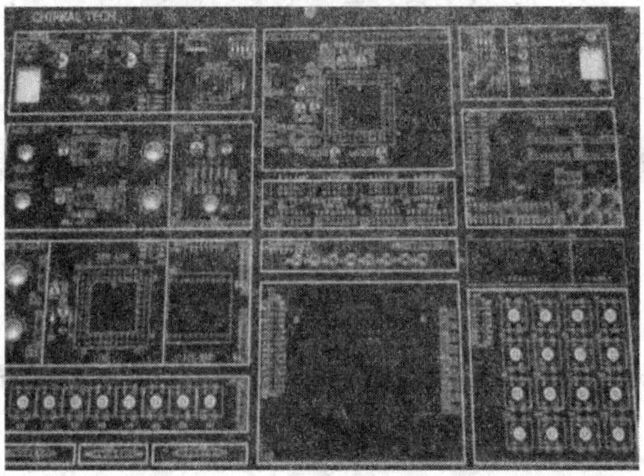

图 10-55　高频微波印制板

6．碳膜印制板

碳膜印制板是在普通单面印制板上制成导线图形后，再印制一层碳膜形成跨接线或触点(电阻值符合设计要求)的印制板，如图 10-56 所示。它是一种加成法和减成法结合的电路板制造方式。它可使普通单面板和双面板实现较高密度、低成本、良好的电性能及工艺性，适用于电视机、电话机、遥控器、计算机键盘、计算机等对性能价格比要求高、而可靠性要求一般的家用、娱乐和办公类电器。

图 10-56　碳膜印制板

7. 印制电路与厚膜电路的结合

将电阻材料和铜箔顺序黏合到绝缘板上，用印制板工艺制成需要的图形，在需要改变电阻的地方用电镀加厚的方法减小电阻，用腐蚀方法增加电阻，制造成印制电路和厚膜电路结合的新的内含电子元器件的印制板，如图 10-57 所示。从而在提高安装密度，降低成本上开辟出新的途径。

图 10-57 印制电路与厚膜电路的结合

10.7 印制电路板制作设备解决方案

在电子设计与制作样机尚未确定阶段或在科技创新活动中，往往需要制作少量的印制电路板供实验与调试使用。若按照正规加工工艺标准制作 PCB 电路板，需要送专业生产厂加工制造，不仅加工费用高，而且加工时间还较长。因此，掌握自制 PCB 电路板加工方法，选择什么样的制作设备就显得很有必要。在前面讲到了许多制作印制电路板的方法，从中看出手工自制印制板的方法有很多，但是采用什么样的设备讲得较少，本节为设计制作 PCB 的加工制作设备提供几种可行方案。

10.7.1 实验室解决方案

1. 制作设备

制作设备主要以热转印方法考虑，此方法简单、易操作，投入成本较低，而且精度较高，可满足单面、双面印制电路板设计制作要求，如图 10-58 所示。

(1) 电脑。用于完成电路原理图与 PCB 图设计，连接打印机后打印设计图形。

(2) 打印机。采用热转印纸，打印电脑设计完成的原理图与 PCB 图。

(3) 剪板机。用于裁剪 PCB 电路板的原材料覆铜板。

(4) 热转印机。用于转印原理图与 PCB 图。

(5) 腐蚀液。腐蚀电路板的溶液，一般采用三氯化铁或者是其他溶液。

(6) 塑料箱。作为腐蚀电路板的容器装置，大小可根据制作电路板的尺寸决定。

(7) 小台钻。主要用于印制电路板上的钻孔，一般选择转速较高的为好。

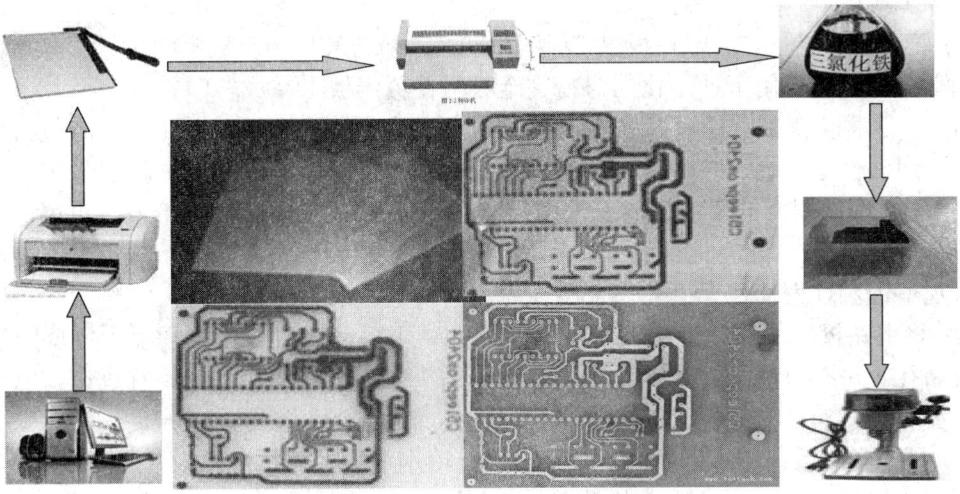

图 10-58　实验室 PCB 制作设备

2．热转印单面板制作流程

实验室 PCB 制作基本流程如图 10-59 所示。

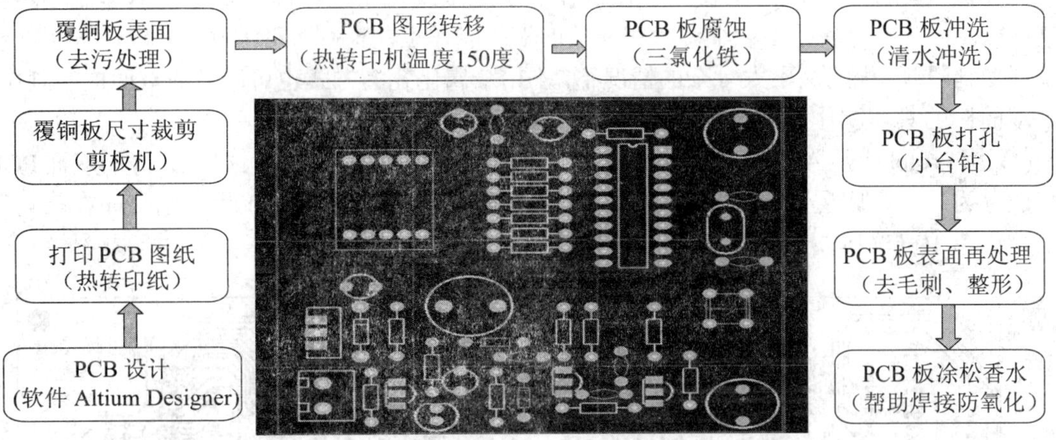

图 10-59　实验室 PCB 制作基本流程

3．单面板制作方法

(1) 用 Protel 或是 Altium Designer 设计软件绘制电路图与 PCB 图，把设计好的“单面 PCB 图”用激光打印机(HP1020，HP1008)打印在热转印纸上。

(2) 根据转印好的 PCB 需要尺寸，在剪板机上裁剪“单面覆铜板”大小。

(3) 把裁剪好的覆铜板进行表面去污处理，可先用洗洁精或是 400～600 号细砂纸在覆铜板表面及四周轻轻擦洗，擦洗完后再用清水冲洗干净后烘干水分。

(4) 图形转移就是把打印好的 PCB 图纸，有图形的一面贴到清洗处理好的覆铜板上进行热转印。为了保证转印效果可用两小条胶带纸把热转印纸与覆铜板张贴好，张贴部分一般选择在 PCB 电路板的顶端，等热转印机的温度到达 120～150℃时就可以进行 PCB 图形转移(热转印)了。

(5) 把张贴好的 PCB 电路板(贴有胶带纸的一端)送入热转印机来回压二次，热转印纸上的图形在高温的作用下使熔化的墨粉完全吸附在覆铜板上完成转印。

(6) 等覆铜板冷却后轻轻揭去热转印纸，检查焊盘与导线是否有转印不清楚的地方。如有，可用油性记号笔、胶带纸将图形、焊盘、导线直接在覆铜板上重新填图并处理好。

(7) 将转印处理好的覆铜板放入浓度为 28%～42% 的三氯化铁水溶液，也可以用溶液为(过氧化氢 + 盐酸 + 水，比例为 2∶1∶2 混合液)。覆铜板全部浸入溶液后，不停地晃动溶液，观察蚀刻过程，待焊盘孔完全腐蚀后，取出电路板用清水冲洗。

(8) 将电路板上的腐蚀液用清水冲洗干净并烘干后，就可以根据焊盘上需要的孔径尺寸进行钻孔。钻孔时注意钻床转数应取高速，钻头应刃磨锋利，进刀不宜过快，以免将铜箔挤出毛刺。

(9) 打孔完成后再用水砂纸(400～600 号)在清水下轻轻擦拭电路板，去掉转印墨粉、毛刺与铜箔氧化膜，直到电路板露出铜的光亮本色为止。

(10) 冲洗烘干后的 PCB 电路板应立即做防氧化处理，如镀锡、涂助焊剂与阻焊剂，助焊剂可用已配好的松香酒精溶液，阻焊剂可用绿油完成电路板制作。

4．双面板制作流程

双面板与单面板生产的主要区别在于增加了孔金属化工艺，即实现了两面印制电路的电气连接。由于孔金属化工艺很多，相应双面板的制作工艺也有多种方法。但是，如果在制作条件受到限制，电路又不太复杂的情况下，不用金属化孔的方式也可以完成双面板的制作。

双面板的具体制作方法与单面板制作方法相似。

(1) 用 Protel 或是 Altium Designer 设计软件绘制电路图与 PCB 图，把设计好的双面 PCB 图一般分为顶层、底层和可自定义层，用激光打印机(HP1020，HP1008)分别打印在热转印纸上，如图 10-60(a)、(b)所示。

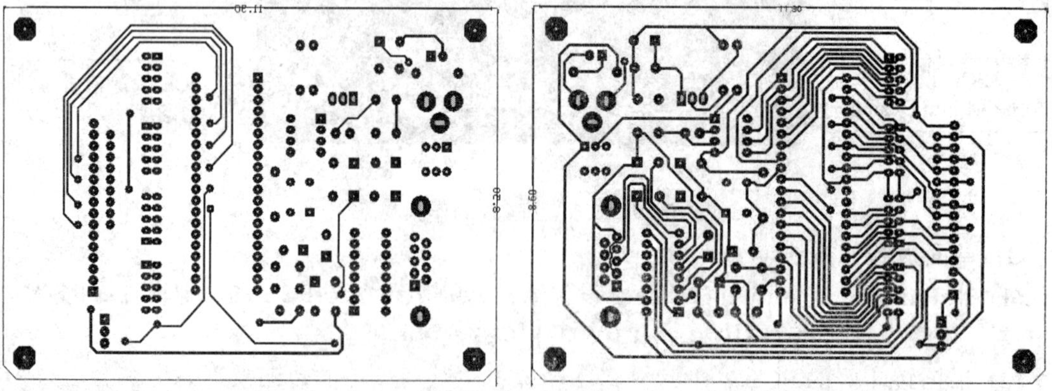

(a) 顶层图纸　　　　(b) 底层图纸

图 10-60　打印好的双面板图纸

(2) 根据转印好的 PCB 尺寸，在剪板机上裁剪“双面覆铜板”大小。

(3) 把裁剪好的覆铜板进行“双面”去污处理，可先用洗洁精或是 400～600 号细砂纸在覆铜板“双表面”及四周轻轻擦洗，擦洗完后再用清水冲洗干净后烘干水分。

(4) 图形转移就是把打印好的PCB图的“顶层图”贴到处理好的覆铜板上一面(顶层或自定义层)进行图形转移。热转印前需要在转印好的转印纸上找到 4 个定位孔(建议在设计PCB电路板前就把定位孔设计好，一般是在电路板的4个脚)，电路板的中心位置也找1个定位点，共5个定位孔。此时，需要在顶层图纸的定位孔上穿5个眼孔，其目的是为了保证在第2次转印时与底层图形对应。同样，为了保证转印效果可用两小条胶带纸把热转印纸与覆铜板张贴好，张贴部分一般选择在PCB电路板的顶端，等热转印机的温度到达120～150℃时就可以进行PCB图形转移(热转印)了。

(5) 顶层转印好后，不要立即揭去热转印纸，这点很重要。这时根据制作方法的第 4 项要求在“顶层”面的定位孔上，连同覆铜板用小台钻打孔。

(6) 把“底层”转印纸贴到覆铜板的“底层”面，根据定位孔的孔位，在贴“底层”面转印纸时需要按双面板的设计要求把“顶层”与“底层”的导电图形相对应。方法是，用大头针把“顶层”(连同覆铜板)与“底层”图纸定位穿孔贯通(也可将集成电路的第1脚与N脚对应)。同样，为了保证转印效果可用2小条胶带纸把“底层”热转印纸与覆铜板张贴好，检查无误时再把贴有“顶层、底层”的覆铜板送入热转印机来回压二次，热转印纸上的图形在高温的作用下使熔化的墨粉完全吸附在覆铜板上完成转印。

(7) 等覆铜板冷却后轻轻揭去“顶层、底层”热转印纸，检查焊盘与导线是否有转印不清楚的地方。如有，可用油性记号笔、胶带纸将图形、焊盘、导线直接在覆铜板上重新填图并处理好。

(8) 将转印处理好的覆铜板放入浓度为 28%～42% 的三氯化铁水溶液，也可以用溶液为(过氧化氢 + 盐酸 + 水，比例为 2∶1∶2 混合液)。覆铜板全部浸入溶液后，不停地晃动溶液，观察蚀刻过程，待焊盘孔完全腐蚀后，取出电路板再用清水冲洗。

(9) 将电路板上的腐蚀液用清水冲洗干净并烘干后，就可以根据焊盘上需要的孔径尺寸进行钻孔。钻孔时注意钻床转数应取高速，钻头应刃磨锋利，进刀不宜过快，以免将铜箔挤出毛刺。

(10) 打孔完成后用水砂纸(400～600 号)在清水下轻轻擦拭电路板，去掉转印墨粉、毛刺与铜箔氧化膜，直到电路板露出铜的光亮本色为止。

(11) 冲洗烘干后的PCB电路板应立即做防氧化处理，如镀锡、涂助焊剂与阻焊剂，助焊剂可用已配好的松香酒精溶液。

(12) 制作好的双面板电路板上的过孔，可以用导线进行手工连通焊接，也可参考前面讲到的孔金属化方式处理，双面印制电路板就这样制作完成了。

5. 印制电路板制作后的检查

根据上述方法制作单、双面印制电路板的制作工艺就比较简单，质量容易得到保证。但在进行焊接前还应进行下列检验：

(1) 导线焊盘、字与符号是否清晰、无毛刺，是否有桥接或断路。

(2) 镀层是否牢固、光亮，是否喷涂助焊剂。

(3) 焊盘孔是否按尺寸加工，有无漏打或打偏。

(4) 板面及板上各加工的孔尺寸是否准确，特别是印制板插头部分。

(5) 板厚是否合乎要求，板面是否平直无翘曲等。

10.7.2 PCB 线路板雕刻机解决方案

1. 制作设备

如图 10-61(a)所示是雕刻机设备，如图 10-61(b)所示是雕刻机雕刻的 PCB 线路板。

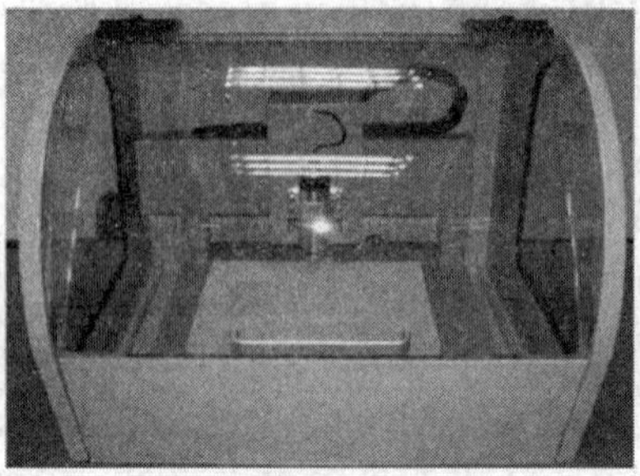

(a) 雕刻机

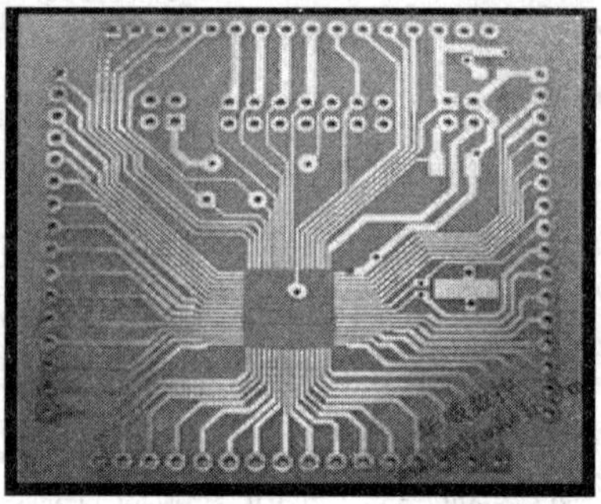

(b) 雕刻机雕刻的 PCB 线路板

图 10-61　雕刻机及 PCB 线路板

2. 制作原理

线路板雕刻机是一种机电、软硬件互相结合的高新科技产品。它利用 PCB 线路设计软件(用 Protel 或是 Altium Designer)生成的 PCB 文件信息，通过雕刻机控制器转换为国际通用的 G 代码加工文件，也可通过 U 盘直接将 G 代码读入到雕刻机的手持控制器，来控制雕刻机自动完成雕刻、钻孔、切边等工作。它利用物理雕刻方法，在空白的覆铜板上把不必要的铜箔铣去，留下需要的导电图形、文字，形成用户设计需要的线路板。

3. 制作方法

覆铜板是在绝缘基体上粘贴覆盖一层导电的铜。从原理上看，制作一张线路板的过程，就是利用铣刻的原理，把线路板上多余的不必要覆铜部分铣去。这一过程跟传统的雕刻过程相似，区别在于传统雕刻利用手工完成，而现代雕刻则利用数控原理让机器自动完成线路板雕刻。

PCB 线路板雕刻机可根据设计软件设计生成的线路文件，自动、精确地制作单、双面印制电路板。用户只需在计算机上完成 PCB 文件设计并据其生成加工文件后，通过电脑与雕刻机连接，或是通过 USB 通信接口传送给雕刻机的控制系统，雕刻机就能快速自动完成雕刻、钻孔、切边的全部功能，制作出一块精美的线路板。真正实现了低成本、高效率又环保的自动化印制电路板制板。

4. 制作流程

(1) 用 Protel 或是 Altium Designer 设计原理图与 PCB 图，把设计好的“单面”或是“双面”PCB 图进行保存。

(2) 根据设计的 PCB 尺寸，选择单面板或是双面板在剪板机上裁剪，为了便于雕刻过程中的操作，一般覆铜板的尺寸应比设计尺寸多预留 2 cm 大小。

(3) 把裁剪好的覆铜板用双面胶粘贴在雕刻机平台上，在根据雕刻机操作程序完成单面、双面电路板的雕刻，包括打孔等处理。

(4) 雕刻后的电路板同样要进行去污处理，可先用洗洁精或是400～600号细砂纸在覆铜板表面及四周轻轻擦洗，擦洗完后再用清水冲洗干净后烘干水分。

(5) 冲洗烘干后的PCB电路板应立即做防氧化处理，如镀锡、涂助焊剂与阻焊剂，助焊剂可用已配好的松香酒精溶液。

(6) 制作好的双面板电路板上的过孔，可参考前面讲到的孔金属化方式处理，也可以用导线进行连通焊接，单面板则不需要。印制电路板就这样制作完成了。

从雕刻机制作电路板的操作流程来看，该设备操作简单，可靠性高，是高校电子、机电、计算机、控制、仪器仪表等相关专业实验室、电子产品研发企业及科研院所、军工单位等的理想工具。

10.7.3 多功能环保PCB快速制板系统

1．功能介绍

图10-62所示是多功能制板机，该快速制板系统具有真空单/双面曝光、显像、环保线路板蚀刻、环保线路板过孔、线路板脱膜、线路板阻焊、绿油层显影、线路板镀锡、线路板OSP防氧化为一体的功能。其中，显影、蚀刻、过孔、退膜、镀锡、OSP采用环保无污染药剂。显影槽、蚀刻槽、过孔槽、退膜槽、镀锡槽、阻焊绿油层显示槽、OSP槽均采用透明材料制成，可以清晰观察显影、蚀刻、过孔、退膜、镀锡、阻焊绿油层制作、OSP处理的全过程，是目前实验室PCB设计制作的首选设备。线路板制板精度4～6 mil(线径及线距)，操作使用安全并且环保。

图10-62　多功能PCB制板机

2．制作流程

(1) 裁板。用裁板机裁成合适的板子。

(2) 刷版。用绿毛刷将板子表面刷洗干净。

(3) 打印。用打印机打印将要制作的PCB文件。

(4) 转印。用热转印机将图形线路转印到刷洗干净的覆铜板上。

(5) 腐蚀。用腐蚀机进行腐蚀转印好的覆铜板。

(6) 丝印阻焊油墨。用丝印机将油墨丝印到腐蚀好的线路板上。

(7) 烘干。用烘干机来烘干丝印好的覆铜板。

(8) 曝光。曝光机来进行曝光，主要是印制电路板上的焊盘部分(时间为50 s)。

(9) 显影。用显影机将爆光完的板子进行显影。

(10) 镀锡。将显影完的板子放到镀锡液中，进行焊盘镀锡。

10.7.4 小型工业PCB制作解决方案

1．制作设备

如图10-63所示是小型工业PCB制作所需要的设备。

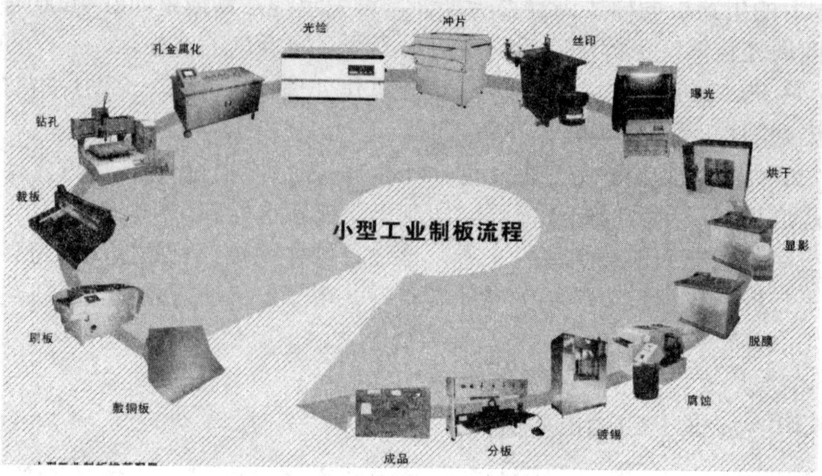

图 10-63　小型工业 PCB 制作设备

2．单面板制作流程

①裁板→②打孔→③刷板→④出片→⑤涂曝光油墨→⑥烘干→⑦加反片曝光→⑧显影→⑨酸性腐蚀→⑩脱膜→⑪涂阻焊油墨→⑫烘干→⑬加焊盘片曝光→⑭显影→⑮镀锡→⑯做字符丝网→⑰涂字符油墨→⑱烘干。其制作流程图如图 10-64 所示。

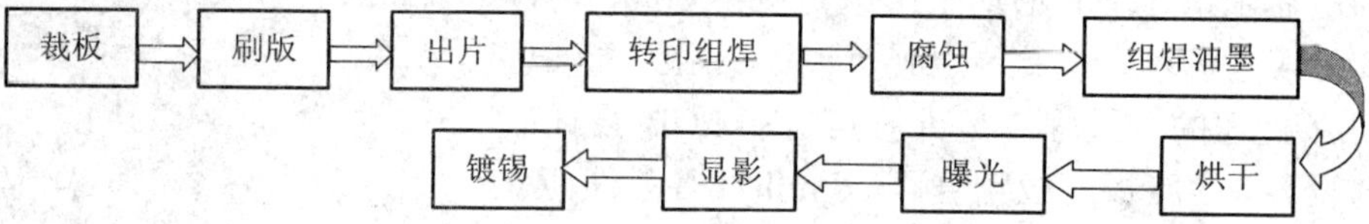

图 10-64　单面板制作流程

3．双面板制作流程

①裁板→②打孔→③刷板→④孔金属化→⑤出片→⑥涂曝光油墨→⑦烘干→⑧加正片曝光→⑨显影→⑩镀铅→⑪脱膜→⑫碱性腐蚀→⑬褪铅→⑭涂阻焊油墨→⑮烘干→⑯加焊盘片曝光→⑰显影→⑱镀锡→⑲做字符丝网→⑳涂字符油墨→㉑烘干。其制作流程如图 10-65 所示。

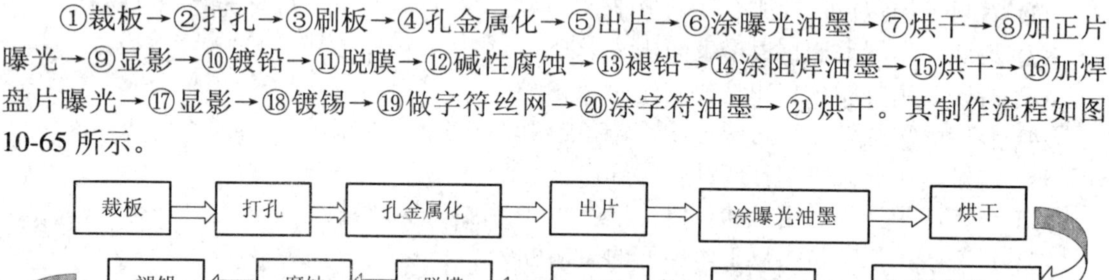

图 10-65　双面板制作流程

4．操作方法

(1) 裁板。把覆铜板裁成需要的尺寸。

(2) 打孔。使用雕刻机或是台钻进行打孔。

(3) 孔金属化。① 进行整孔。事先把药液加热到 35°，把板子浸泡在药液 3 min，进行摆动平衡孔内电荷。② 黑孔。黑孔前板子用清水漂洗，烘干后再进行黑孔，该工序主要是在孔壁内充分附着上黑孔液，再进行烘干，这步很重要。③ 微蚀。把黑孔好的板子放在药液中，用毛刷轻轻地刷去表面的黑孔液，再用清水漂洗后烘干。④ 孔金属化。把板子夹在夹具上，注意：板子的孔壁内不能有堵孔现象，否则不能堵孔。计算电流(正向电流)为 $0.8\ A/dm^2$ 双面板 × 2 即：(长 × 宽 × 0.8 × 2)；反向电流为在正向电流基础上加上 2 A 电流。时间为 30 min。

(4) 在这期间可以用光绘机进行打印胶片 具体操作看光绘机电子文档。

(5) 丝印。把孔化后板子用清水漂洗，进行刷板、烘干后用丝印机丝印。丝印电镀油墨即是篮油。两面分别丝印，烘干后一面，再进行另一面丝印。烘干温度为 80℃，时间为 5 min。待油墨不粘手后取出。

(6) 曝光。把打印好的线路贴在板子上面，放在曝光机上进行曝光，两面分别曝光。在这里给机器设置时间，真空时间分别为 15 s 和 25 s。曝光时间为 45 s。点击开始 OK。

(7) 显影。把曝光完的板了放在显影机卡槽内进行显影，时间不宜太长，时间为 30 s，温度为 35℃，进行显影。可以反复显影，直到显现出线路即可。

(8) 镀锡铅。把显影好的板子夹在夹具上，电流 1A 放到镀锡铅液即可，时间为 35 min。

(9) 脱膜。清水漂洗，把镀完锡铅的板子放在脱模机的卡槽内进行脱膜，时间不宜太长，时间为 1 min，温度为 45℃进行脱膜。可以反复脱膜，直到把板子上的膜脱去即可。

(10) 蚀刻。清水漂洗，把脱完膜的板子放在蚀刻机的卡槽内进行蚀刻，时间不宜太长，时间为 30 s，温度为 45℃，可以反复蚀刻，直到把板子上的多余的铜蚀刻掉即可。

(11) 退锡铅。清水漂洗，把蚀刻完的板子放在退锡铅药液内浸泡，有毛刷轻轻地涮。直到显现出线路即可。

(12) 丝印阻焊油墨。把板子烘干，用丝印机进行。这里用丝印阻焊油墨为绿油，两面分别丝印。一面烘干后，再进行另一面丝印。烘干温度为 80℃，时间为 5 min。待油墨不粘手后取出。

(13) 曝光。把打印好的焊盘贴在板子上面，放在曝光机上进行曝光，两面分别曝光，在这里给机器设置时间，真空时间分别为 15 s、25 s。曝光时间为 120 s。

(14) 显影。把曝光完的板子放在显影机卡槽内进行显影，时间不宜太长，时间为 30 s，温度为 35℃，进行显影。可以反复显影，直到显现出焊盘即可。

(15) 镀锡。清水漂洗，把板子烘干，镀锡液温度为 25℃，再把板子放在镀锡液内 3 min 即可。

5．印制电路板孔金属化

由于孔金属化工艺很多，相应双面板的制作工艺也有多种方法。将孔金属化工艺概括分类可有先电镀后腐蚀和先腐蚀后电镀两大类。

先电镀后腐蚀法有板面电镀法、图形电镀法和反镀漆膜法；先腐蚀后电镀法有堵孔法和漆膜法。

常用的图形电镀工艺：下料→钻孔→化学沉铜→擦去表面沉铜→电镀铜加厚→贴干膜→图形转移→二次电镀加厚→镀铅锡合金→去保护膜→涂覆金属→成形→热熔→印制阻焊剂与文字符号→检验。

6．多层印制板的生产

多层板是在双面板的基础上发展起来的，在布线层数、布线密度、精度等方面都有了很大的提高。多层板的工艺设计比普通单、双面板要复杂得多，除了双面板的制造工艺外，还有内层板的加工、层定位、层压、黏合等特殊工艺。目前，多层板的生产多集中在4～6层为主，如计算机主板、工控机CPU板等，在巨型机等领域内，有可达几十层的多层板。多层印制板工艺流程如下：

覆铜箔层板→冲定位孔→印制、蚀刻内层导电图形去除抗蚀膜→化学处理内层图形→压层→钻孔→孔金属化→外层抗蚀图形(贴干膜法)→图形电镀铜、铅锡合金→去抗蚀膜、蚀刻外形图形→插头部分退铅锡合金、插头镀金→热熔铅锡合金→加工外形→测试→印制阻焊剂文字符号→成品。

多层印制板的工艺较为复杂，即内层材料处理工艺有定位孔加工→表面清洁处理→制内层走线及图形→腐蚀→层压前处理→外内层材料层压→孔加工→孔金属化→制外层图形→镀耐腐蚀可焊金属→去除感光胶→腐蚀→插头镀金→外形加工→热熔→涂焊剂→成品。

根据本章印制电路板制作技术的相关内容，采用实验室PCB电路板制作技术完成一项原理图设计与PCB电路板的设计与制作。

第 11 章　PCB 设计综合案例

[本章学习要点]

(1) 掌握单片机小规模开发板的绘制。

(2) 掌握高频信号电路板的设计。

(3) 掌握层次化的多通道复用和电路设计。

通过前面几章的讲解与学习，相信学者都已经熟练掌握了 Altium Designer 软件 PCB 设计制作的全过程，为了更加透彻地贯彻理论与实际结合相得益彰的理念，本章将继续通过实例对 PCB 设计进行深入的分析与讲解。

11.1　PIC 单片机小规模开发板的设计

PIC 单片机由美国 Microchip 公司研发推出(PIC 单片机采用 8 位的 PI6F877A 芯片)，由于其采用 RISC(精简指令集)结构和具有高速度、低电压、低功耗、大电流 LCD 驱动能力和低价位 OTP 技术等优点，已从 1990 年的第 20 位上升到目前的第 2 位。可以说现今的 PIC 单片机已经是世界上最有影响力的嵌入式微控制器之一，下面对 PIC 单片机小规模开发板进行简单描述并重点介绍 PCB 电路板设计。

11.1.1　PIC 单片机小规模开发板介绍

PIC 单片机虽然自身已集成很多功能，如 A/D 模块等，但如果考虑得很周全，什么功能都需要有，那所要绘制的电路板亦是很复杂的，并且不易制作，考虑到初学者的熟练程度和 PCB 制板条件，本书在最小系统模块的基础上加入了 LCD、LED 、数码管、按键模块，把单片机拥有的 A、B、C、D 4 个 I/O 口作为接线端引出，其他还有下载线接口、供电端口、单片机复位开关等。每个模块的作用和功能设计者可以到相应网站查阅资料进行详细了解(此处采用双面板绘制)。

11.1.2　PIC 单片机小规模开发板原理图绘制

首先按照前面章节所讲的步骤进行工程的建立，并在工程中添加原理图文件和 PCB 文件，添加方法可参考相关章节。

在原理图编译环境下进行PIC单片机原理图的设置，此时需要注意，由于一般的初学者所用的库仅有Miscellaneous Devices.IntLib和Miscellaneous Connectors.IntLib两个集成库，所以有一些电子元器件无法找到。此时运用原理图库文件绘制章节中的方法进行绘制，一般情况下该原理图需要动手绘制的电子元器件库有按键、PIC单片机、跳线器、开关等。PIC单片机封装前面3.11节已讲解，此处直接调用即可。所以在此只讲述跳线器、开关、按键的原理图库和PCB库绘制方法。

1．跳线器

跳线器目前是很常用的一种接线端子，特别对于那些I/O口比较少、用途又很广的电子元器件来说，绘制方法为在所建PCB工程文件中点击右键选择【给工程添加新的】→【Schematic Library】，选择后点击保存，使其与工程存储在同一个文件夹下，同时再打开，利用前面所述方法进行跳线器原理图绘制如图11-1所示。绘制完成后再绘制该电子元器件的PCB封装，用同样方法添加PCB Library，经过测量可知，跳线器的3个排针两两之间间距为2.54 mm(100 mil)，两个跳线间距最小为3.4 mm(136 mil)，利用前面章节所述的绘制电子元器件封装的方法进行绘制，结果如图11-2所示。

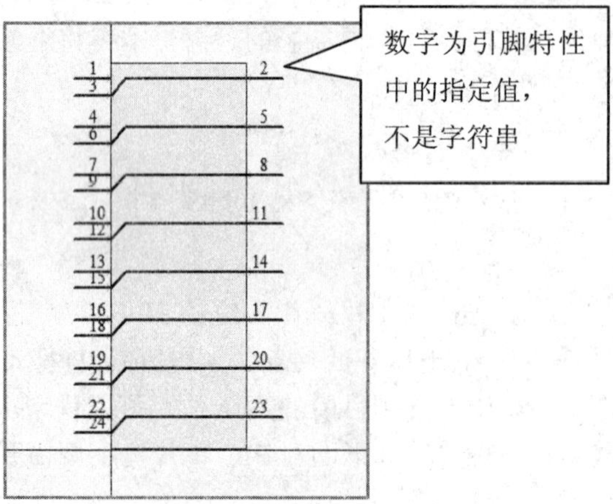

图11-1 跳线器原理图

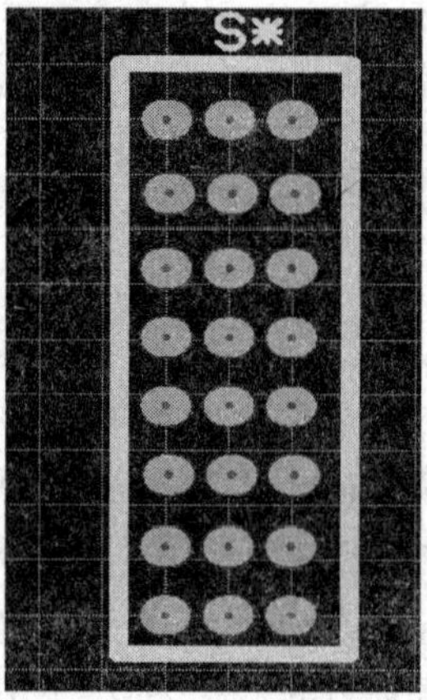

图11-2 跳线器PCB封装

2．按键(轻触开关)

在单片机运用系统中，中断是一个很重要的操控方法，利用中断可以让单片机完成许多事情，而利用按键触发中断是目前开发板等综合学习板上利用最多、最有效的方式，此时的按键通过轻触开关来完成。轻触开关如图11-3所示。开关引脚间隔长的一边是一组，短的一边是一组，没有按下时组内联通，组间断开，通过开关的按下进行组间的连接。利用绘制跳线器的方法对按键进行原理图和PCB封装的绘制，如图11-4和图11-5所示。原理图中可以运用IEEE或者画圆的方法设计外观形状。

图11-3 轻触按键实物图

注：原理图和PCB之间的网络连接是通过电子元器件属性中的指定值(原理图编译环境下)与电子元器件属性中的设计者(PCB编译环境下)相互对应的，所以绘制原理图和PCB

封装时一定注意一致性。

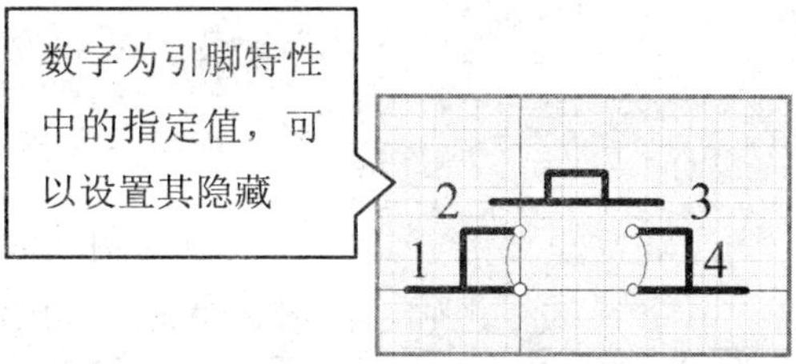

图 11-4　轻触按键原理图

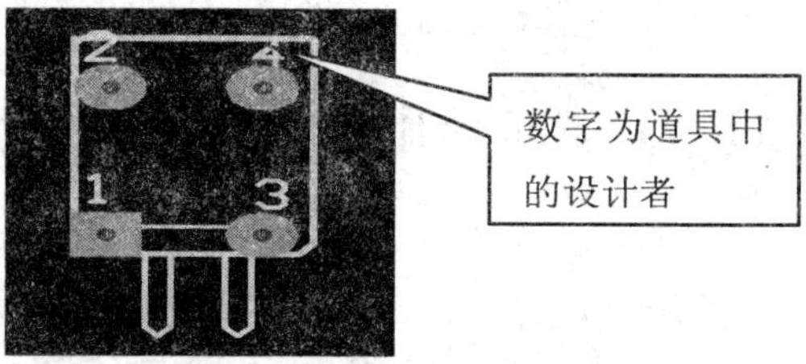

图 11-5　轻触按键 PCB 封装

3．开关

开关也是比较常用的一种电子元器件，由于开关种类繁多，每个人用的情况都不统一，所以此处不再讲解开关的绘制方法，设计者可以根据自己的实际使用情况进行绘制。常用开关有自锁开关、按钮开关等。

绘制好原理图库文件添加到库中并激活，接下来就是放置电子元器件了。在设计好的图纸中进行电子元器件放置，并连接导线，其结果见附录 C 附图 3 所示，其中最小系统如图 11-6 所示。

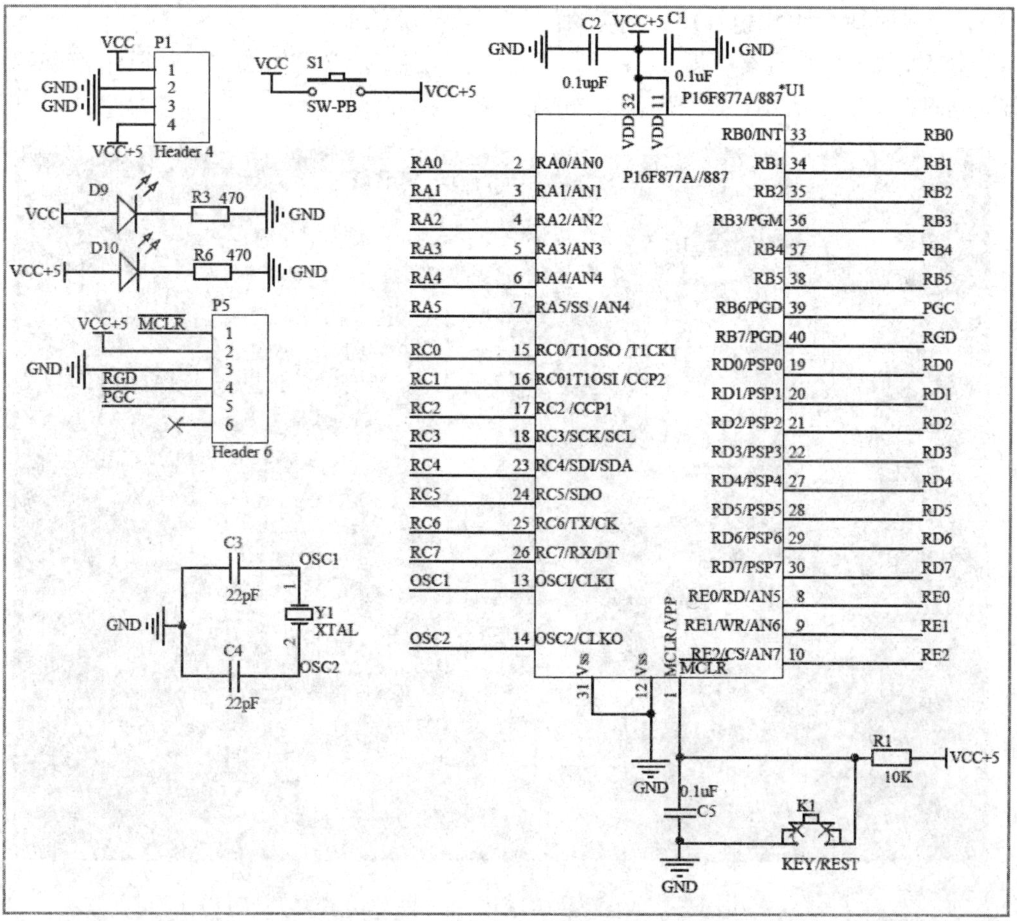

图 11-6　单片机最小系统

绘制完成后进行封装的添加/更换，此时同样利用封装管理器进行设置，设置完成后进行编译，编译成功即可完成原理图的设计，接下来就是网络表的导入了。

11.1.3　PIC 单片机小模块开发板 PCB 设计

将编译好的原理图进行 PCB 导入(网络表的导入)是非常重要的一步，如果原理图绘制时线没有连接好，编译依然可以通过，但此时导入的网络表就不正确，同时会导致绘制出来的 PCB 电路出现问题。如缺少导线连接等的事情常常发生，所以导入网络表后再仔细检查电子元器件之间的连接尤为重要。在原理图编译环境下执行【Update***】即可将原理图文件导为 PCB 文件，导入成功后检查电子元器件连接，连接没问题时开始布局、布线。

对该 PIC 开发板布局此处需要重点提示注意以下几点：

(1) 晶振模块要防止在最接近 PIC 单片机的地方。

(2) PCB 设计时应考虑到该板子的稳定性，所以焊盘需要设计加大。

(3) PCB 设计时应考虑到该板子的美观、易于绘制和焊接。

(4) 由于此板属于小型开发板，实际中经常需要进行外围扩展，因此要充分考虑所设计板子的可扩展性和易操作性。

(5) 走线时注意不能走 90°，重要的信号线尽量避免平行。

充分考虑好各种因素后即可进行导线绘制，绘制完成后如图 11-7 所示，隐藏 Top Overlay 后如图 11-8 所示，其 3D 模式如图 11-9 所示。

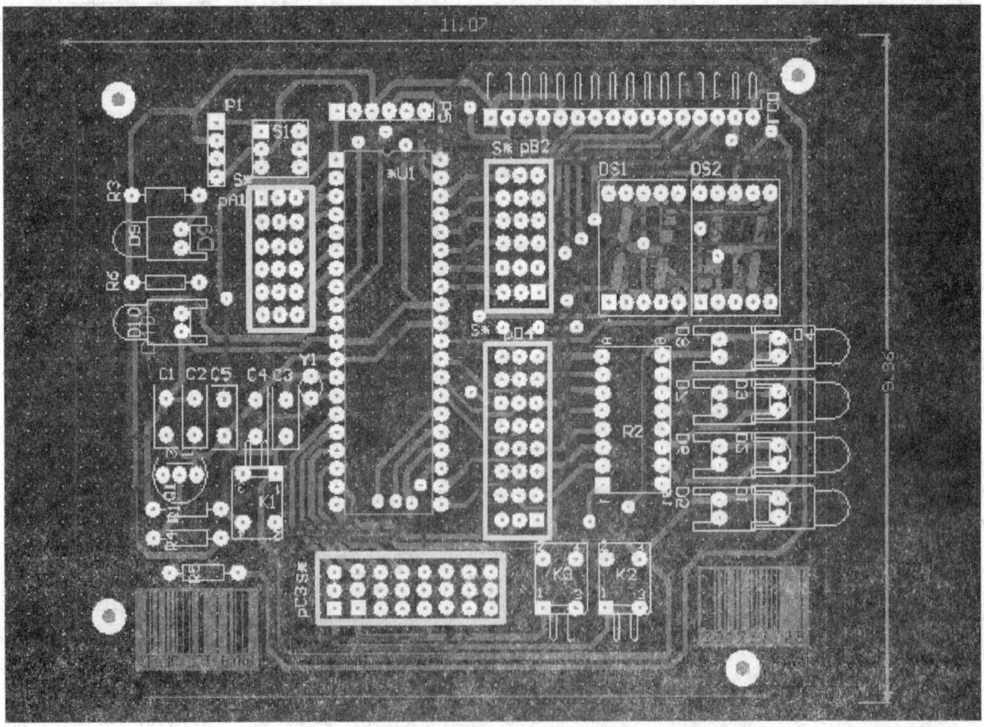

图 11-7　设计完成的 PIC 单片机 PCB 电路图

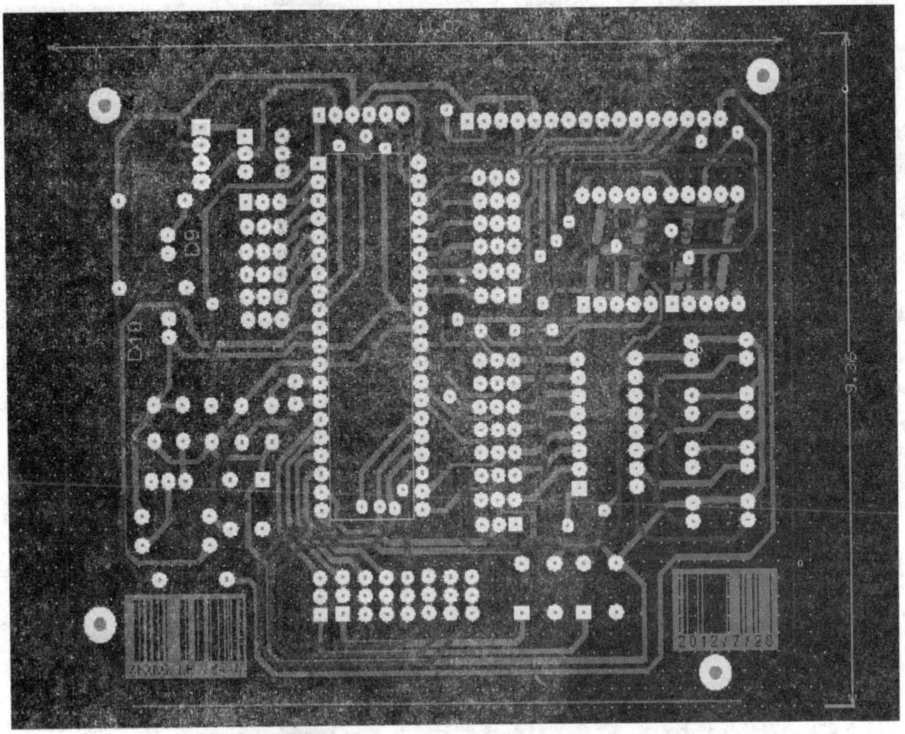

图 11-8　隐藏顶层丝印层后的 PCB 电路图

图 11-9　PIC 单片机 3D 图视

11.2　射频宽带放大器 PCB 设计

射频宽带放大器曾是 2013 年本科生电子设计大赛题目，此题任务为设计并制作一个射频宽带放大器。根据要求，此题不仅要能在高达 80 MHz 的频率下操作，还要求输入信号有效值在 1 mV 以下，可以说两个参数都要考虑。题目具体要求可以自己上网查阅，此处仅仅讲解实践过程中的一些方法。

利用 TI 公司的 LMH6502 进行基础部分的设计，利用 OPA695 进行前置放大，采用多级放大来实现发挥部分，根据两芯片的技术文档可进行电路的原理设计，可以说此题电路设计不是难点，难点在于 PCB 电路的绘制，下面重点讲解 PCB 绘制。

11.2.1 原理图设计

依据两芯片的技术文档可以快速实现电路的设计与仿真(仿真软件 Multisim 12.0)，基础部分原理图如图 11-10 所示，整体原理图参见附录 C 附图 4。

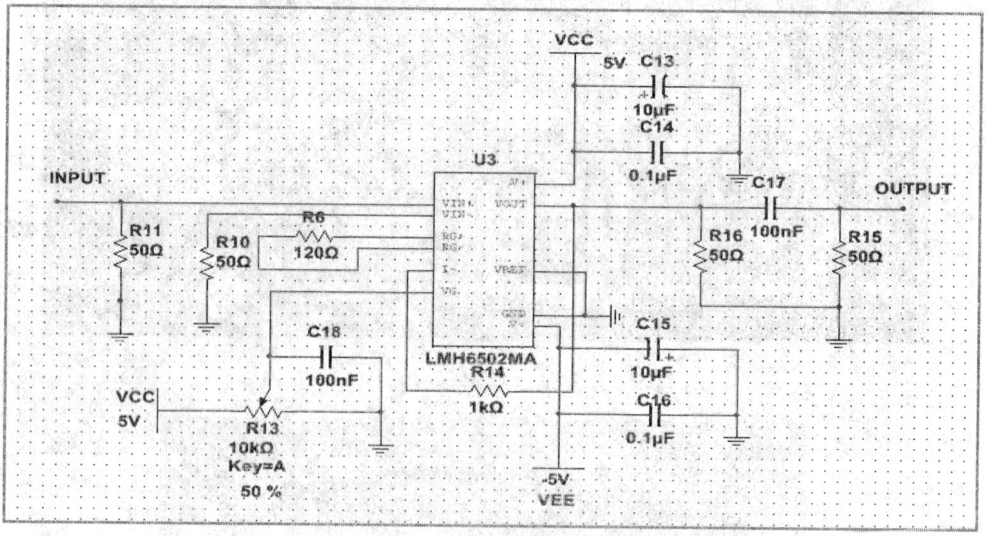

图 11-10 原理图

11.2.2 PCB 电路规划

本题中原理图设计并不困难，但由于射频电路容易引入噪声，并且上述所用芯片等电子元器件本身也会产生自激振荡，所以对电路板的布局、布线要求非常考究。合理的布局、布线可以减少噪声，增强抗干扰能力，下面给出一些高频信号 PCB 布局、布线上应该注意的事项，以提供参考。

(1) PCB 布局时应按照信号流向从左到右或者从上到下的原则，即将信号输入端放在左或者上方位，而把输出端放到右或者下方位，输入、输出不允许近距离的平行。

(2) 布线时尽量减少过孔且拐角设为圆形，如果线多可以考虑多层板，尽量提高板子的电气性能。

(3) 绘制导线的时候尽量使用 45°折线，而不用 90°折线，以减少高频信号对外的发射与耦合。

(4) 当两面布线时，两面的导线宜相互垂直。斜角或者弯曲走线，避免相互平行，减小寄生耦合，地线要尽量粗，每个测试点都引出一条地线。

(5) 重要的信号线不允许从插座间穿过，布线时采用差分线效果会更好，对于地线尽量增加线宽。

(6) 对于去耦电容尽量接近芯片电源引脚(该电路中集成芯片供电引脚和去耦电容间距保持在 5 mm 以内)，反馈导线一定要细，导线尽量短不绕弯，输出与负载尽量接近。

注意好以上几点后基本能合理地设计出 PCB 电路，最终结果如图 11-11 所示。

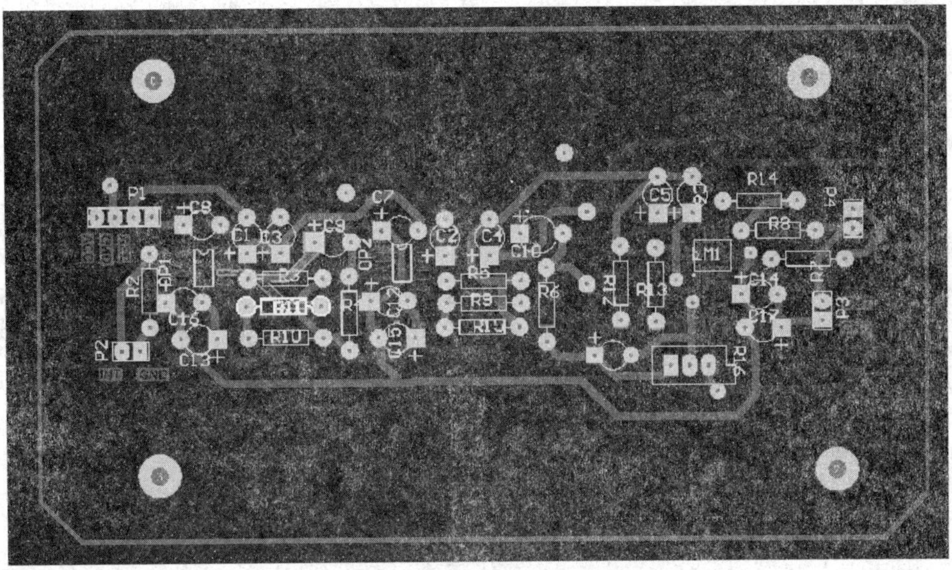

图 11-11　采用 DIP 封装的 PCB 电路图

注：OPA695 采用 SOIC—8 封装；LMH6502 采用 TSSOP—14 封装，具体尺寸可以在 DATA SHEET(技术文档)中查看。

在设计过程中可以将电阻电容(不包括电解电容)封装都设计为 SMT 0805 系列封装，最终如图 11-12 所示。(注：为了规范操作，连接贴片引脚的导线必须绘制在引脚所在层上)。

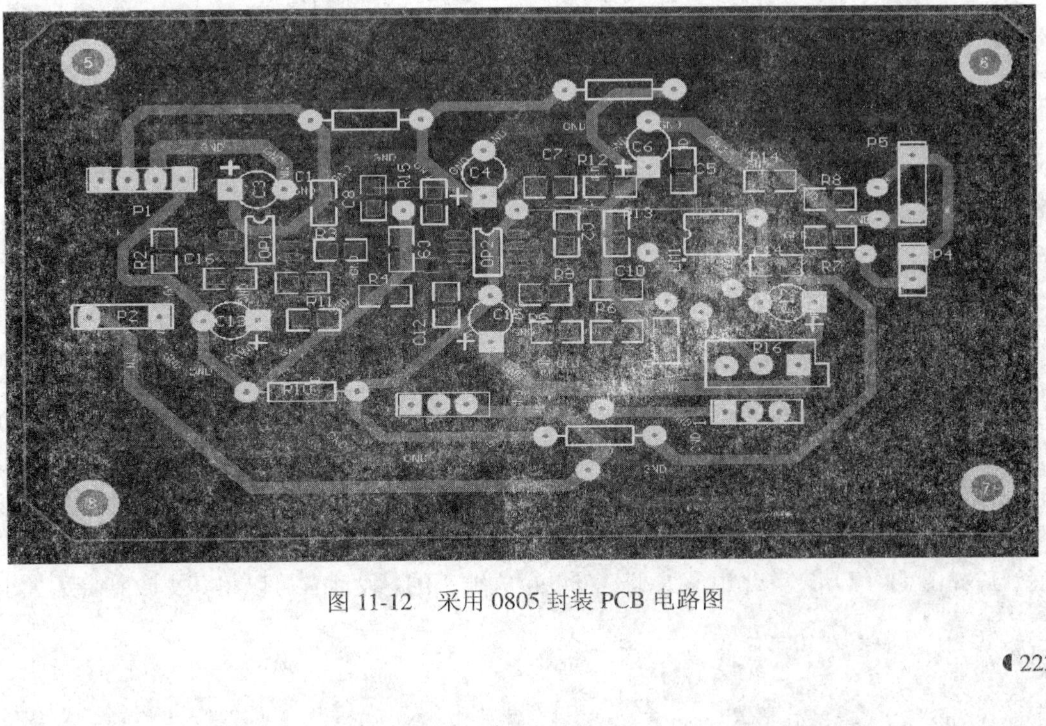

图 11-12　采用 0805 封装 PCB 电路图

11.3 多通道案例分析讲解

在电路设计中常常会遇到一个电路重复运用多次的情况，此时，可以简单通过复制—粘贴来完成。但实际运用中总发现复制法过于简单、粗暴，结果往往不理想，并且原理图显得繁复，可读性差，特别是在设计 PCB 时，不得不重复布局，重复布线，枯燥乏味不说还容易出错。

在 Altium Designer 中提供了专门的多通道方法解决此类问题，那何谓多通道设计呢？简单地说，多通道设计就是把重复电路的原理图当成一个原件，在另一张原理图里面重复使用该电子元器件。在多通道设计中依然采用多层次设计方法，下面用一个简单立体音响电路具体讲解。

打开 Altium Designer 软件，执行【文件】→【新建】→【PCB 工程】，并为工程添加新的 3 个原理图文件和 PCB 文件，分别命名为“duotongdao1.SchDoc”，“duotongdao2.SchDoc”，“ding.SchDoc”和“PCB1.PCBDoc”，在“duotongdao1.SchDoc”原理图编辑区域绘制如图 11-13 所示电路图。

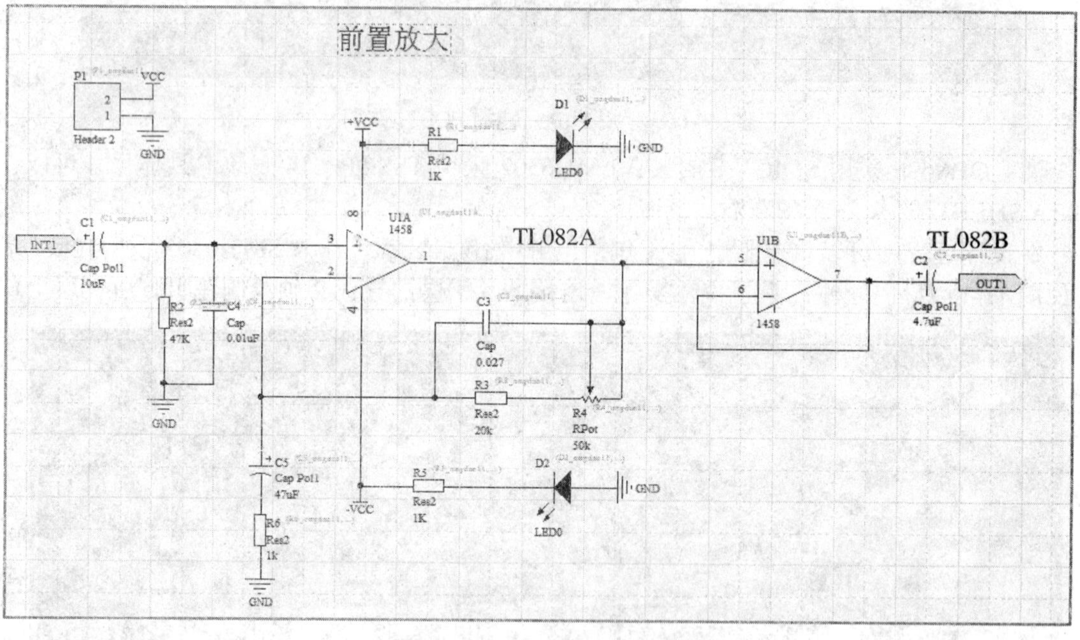

图 11-13　前置放大原理图

在“duotongdao2.SchDoc”绘制如图 11-14 所示原理图。

此时，打开名为“ding.SchDoc”的原理图文件，在其编译环境下执行【设计】→【HDL 文件或图纸生成图表符】，弹出如图 11-15 所示窗口。选择“tongdao1.SchDoc”，此时在“ding.SchDoc”编辑区域出现如图 11-16 所示带有端口的绿色矩形，选择合适位置放置好后，同样执行【设计】→【HDL 文件或图纸生成图表符】，此时选择“tongdao2.SchDoc”，放置好后如图 11-17 所示，此矩形大小是可以拉大缩小的，设计者可以将其更改到合适大小。

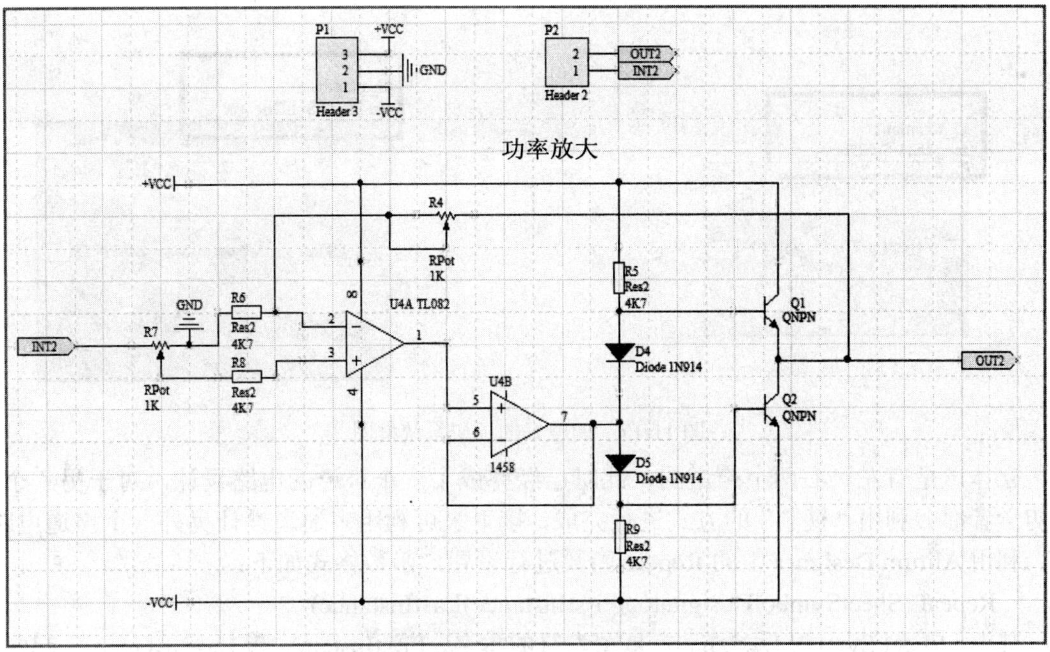

图 11-14　功率放大原理图

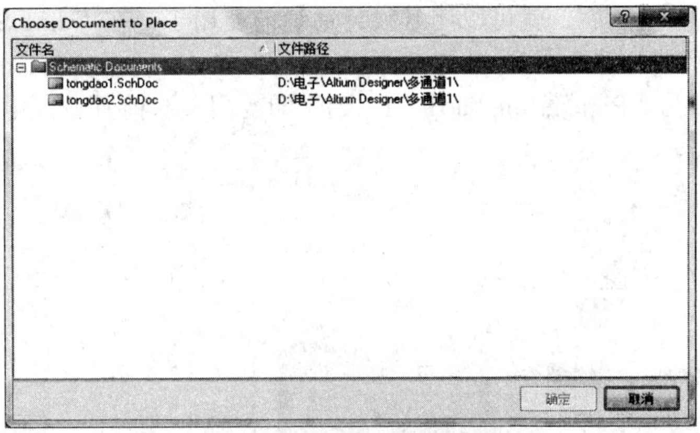

图 11-15　选择生成对应顶层面板

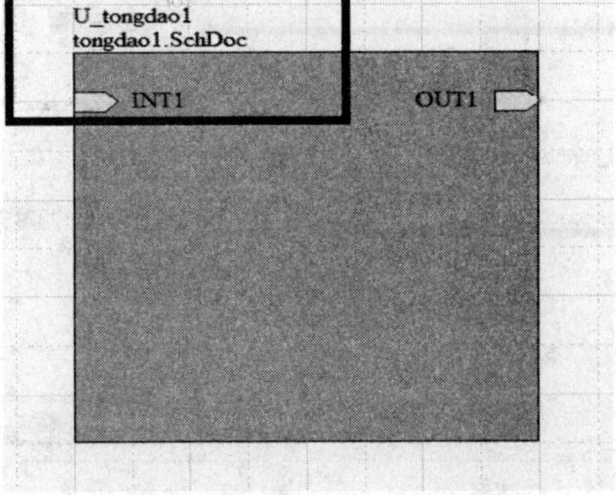

图 11-16　自动生成顶层框图

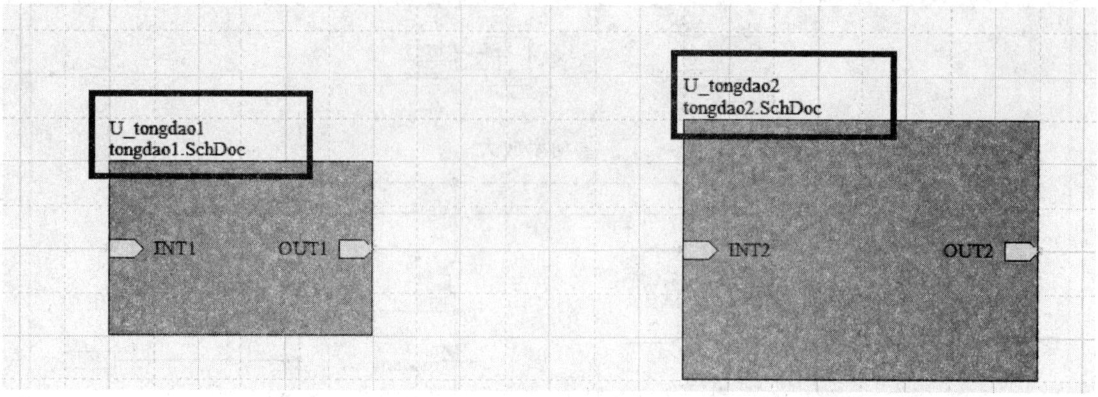

图 11-17　调整好的顶层系统框图

立体声是有左、右两个声道的，此时已经完成了一个声道的电路设计，对于另一个很多初学者都会利用“复制”的方式进行完成，接下来可利用多通道设计另外一个声道电路，利用 Alitum Designer 中的 Repeat 函数进行设置，函数格式如下：

Repeat (SheetSymbolDesignator)FirstInstance)LastInstance)

其中，Sheet Symbol Designator 是图表符的本名，FirstInstance 和 LastInstance 一起定义了通道数；注意 FirstInstance 参数必须等于或大于 1。

了解了函数使用规则后，就可以用其设计通道的复用了，在“ding.SchDoc”文件下，双击“U_tongdao1”矩形框，打开其属性面板，如图 11-18 所示，将该面板中的设计者利用 Repeat 函数更改为“Repeat(tongdao1，1，2)”即复用一次前置放大电路。

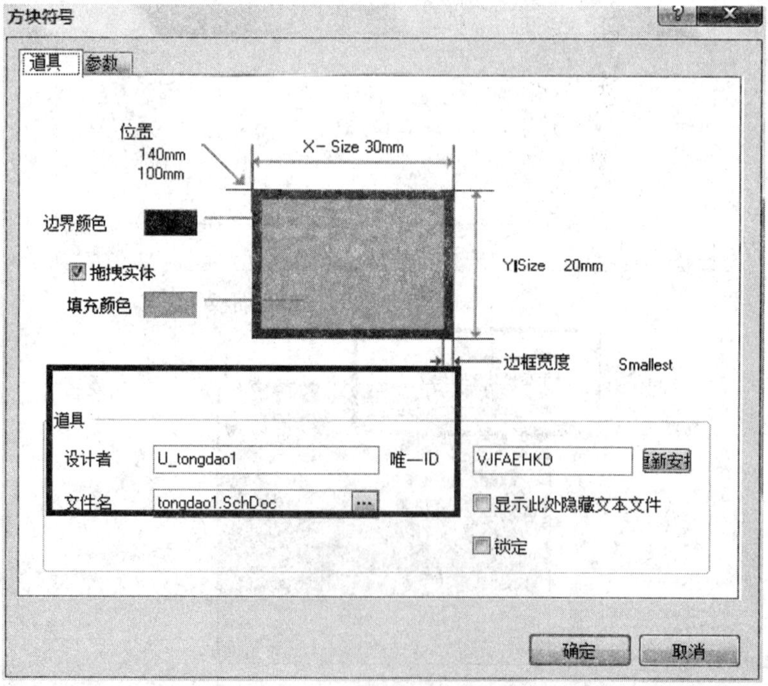

图 11-18　框图复用设置面板

设置完成后矩形出现重叠影像，如图 11-19 所示。

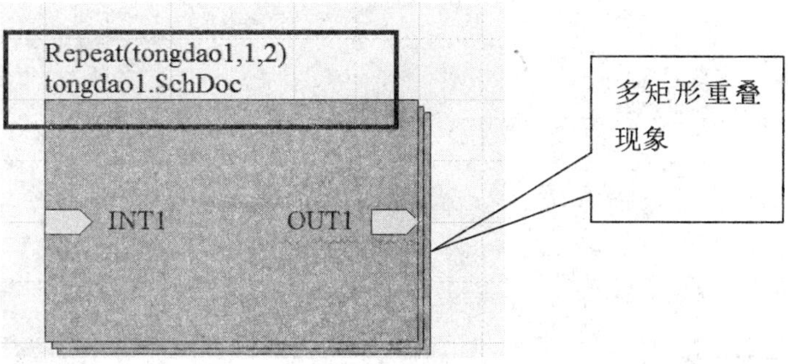

图 11-19　框图复用结果

更改好矩形后，接下来就是更改端口了，同理端口也要复用，更改方法为 Repeat(端口名称)，将端口“INT1”，“OUT1”端口更改完成后如图 11-20 所示。注(所有函数操作都在英文状态下进行)。

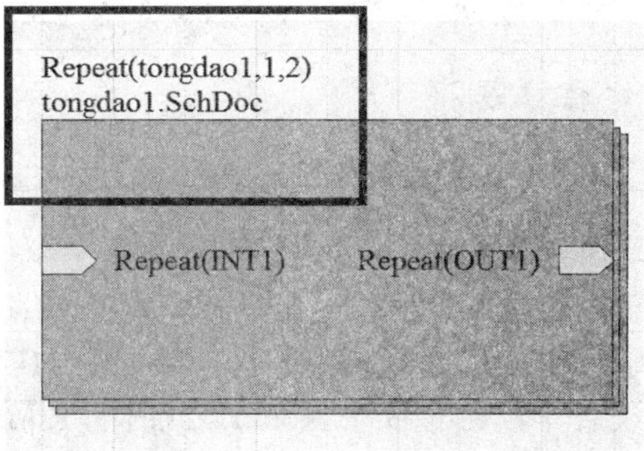

图 11-20　端口复用结果

将文件“ding.SchDoc”图中的所有矩形和端口都改好后，如图 11-21 所示。

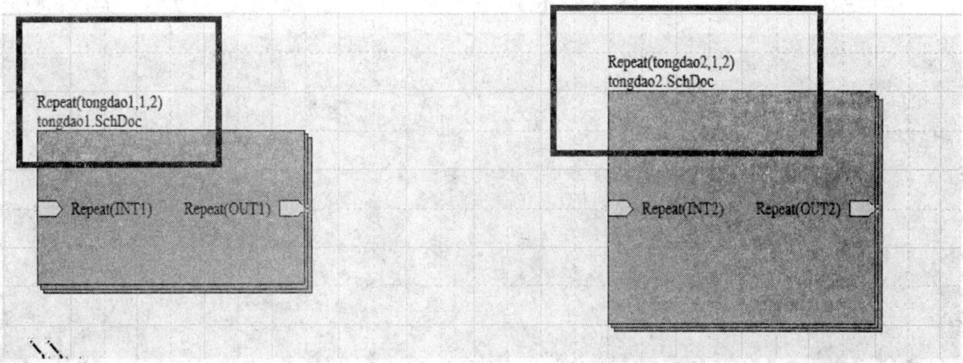

图 11-21　复用完成的顶层

利用总线将端口 OUT1 和 INT2 连接起来，实现信号从前置放大到功率放大的传输，并为电路添加两个输入输出端口，用总线连接起来，如图 11-22 所示。连接中应该注意的是复用的通道连接一定要用总线，并注明总线宽度(宽度指定从 1 到 n)，总线标号不能和端口相同，总线与端口之间用单线连接。

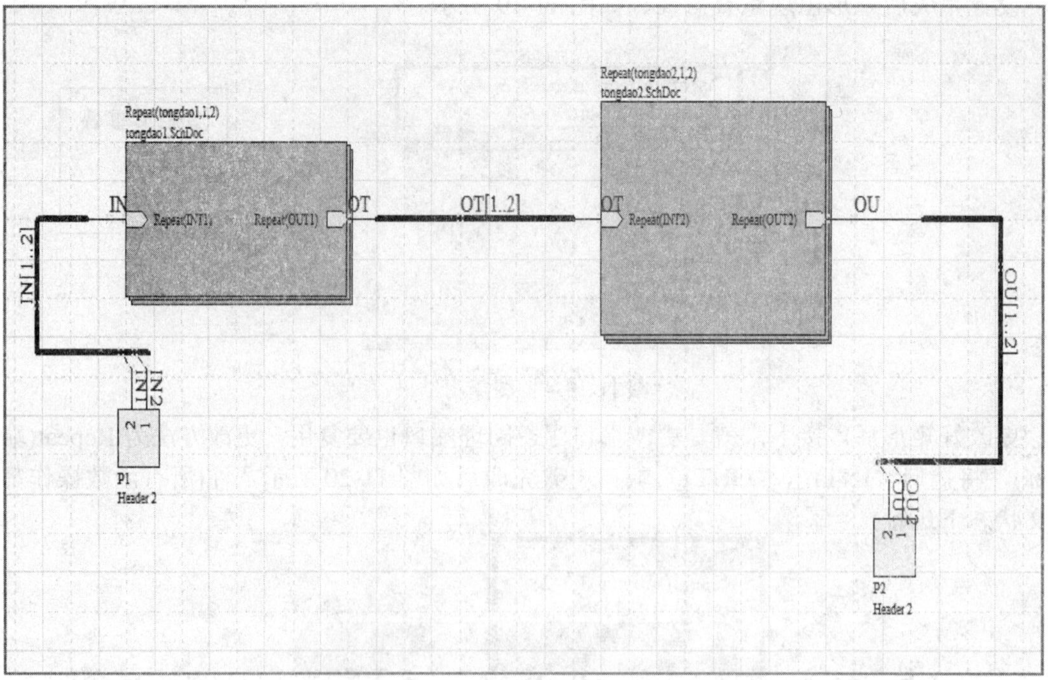

图 11-22　利用总线完成连接的系统顶层

绘制完电路顶层后即可进行电子元器件封装更改和编译，编译成功后执行【设计】→【Update**】进行网络表导入转换到 PCB 文件中，结果如图 11-23 所示。由图可以看出，此时多通道生效了，PCB 文件中一共有 5 个 Room，此时的 Room 不能删除。生成的电子元器件标号看起来有一些复杂，可以通过执行【工程】→【工程参数】，打开如图 11-24 所示的面板，在面板中的电子元器件命名下拉列表中即可更改，此处不再讲解，初学者可自己尝试，同时也可利用批量更改将其隐藏。

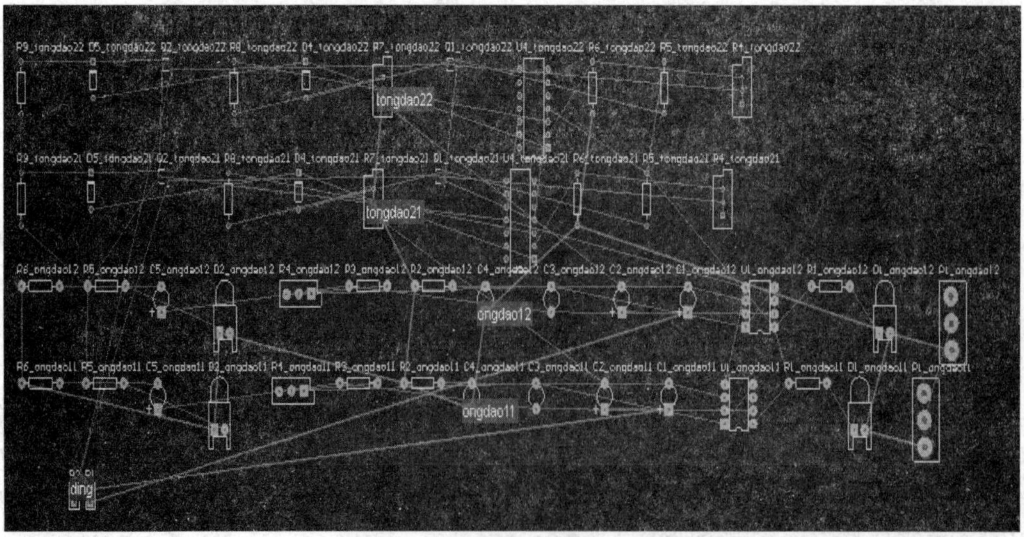

图 11-23　导入成功的 PCB 电路图

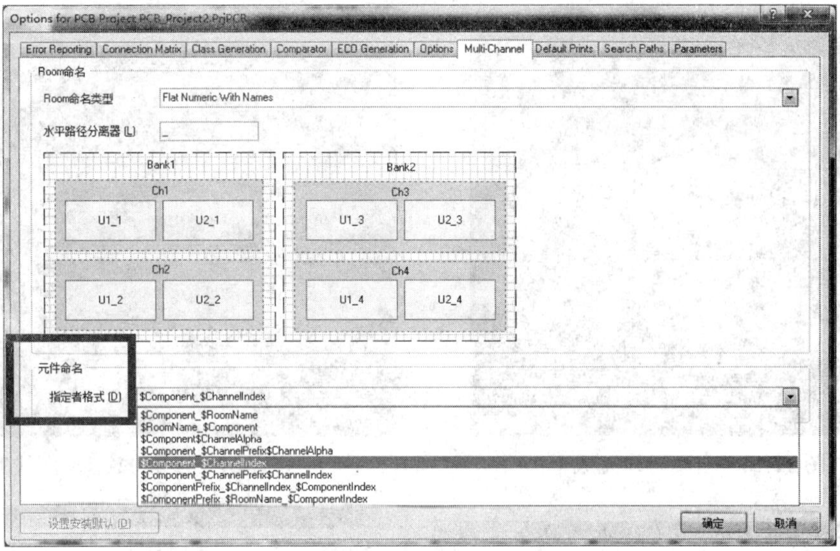

图 11-24　指定值格式设置

导入网络表成功后紧接下来就该 PCB 布局布线了，此时可以运用通道拷贝工具进行快捷处理，首先手动将“tongdao21”(也可布局其余 Room，此处顺序不讲价)的电子元器件在自带 Room 里布局完成，如图 11-25 所示。

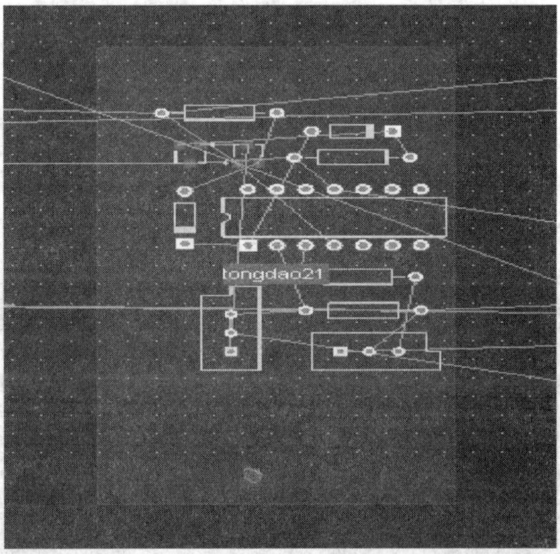

图 11-25　通道 21PCB 器件布局

布局完成后进行布线规则设置(6.5 节)，设置完成后可以利用自动布线中的【Room】进行自动布线，如图 11-26 将布局完成的两个 Room 进行自动布线，如图 11-26 所示布线完成后执行【设计】→【Room】→【拷贝 Room 格式】，此时光标变为“十”字。如图 11-27 所示，利用“十”字光标首先点击已完成布局布线的 Room，然后再单击它的另一个复用通道 Room(此处注意单击先后顺序且一定要单击相对应的复用通道，如本次首先单击已经布局布线完成的“tongdao21”再单击其复用通道“tongdao22”)，两次单击后弹出如图 11-28 所示的面板，将面板内的选项栏设置为如图 11-29 所示后点击确定即可完成复用通道的布局布线，结果如图 11-30 所示。

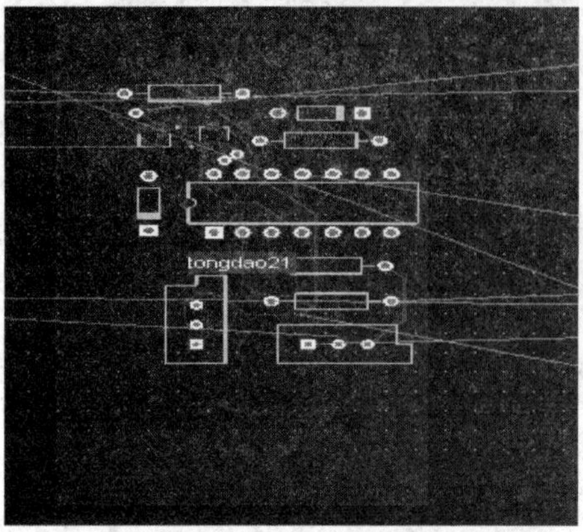

图 11-26　自动布线完成

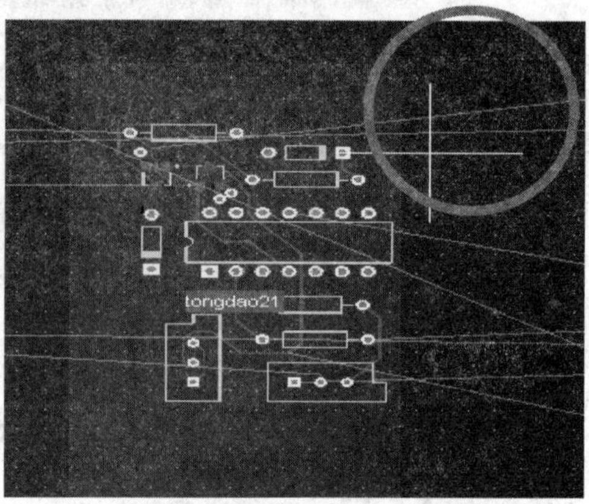

图 11-27　通道 11 自动布线完成

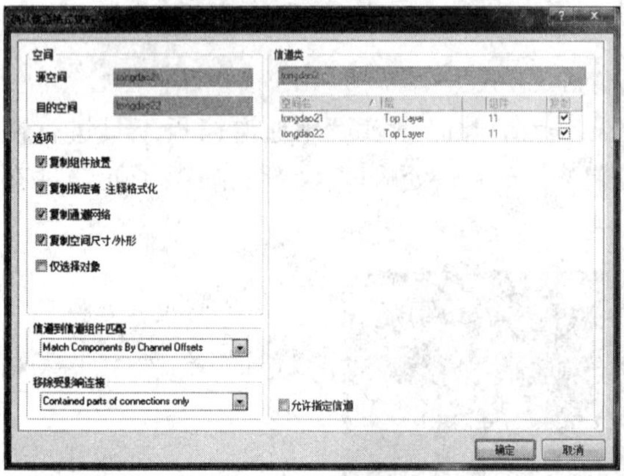

图 11-28　确认信道格式复制设置面板

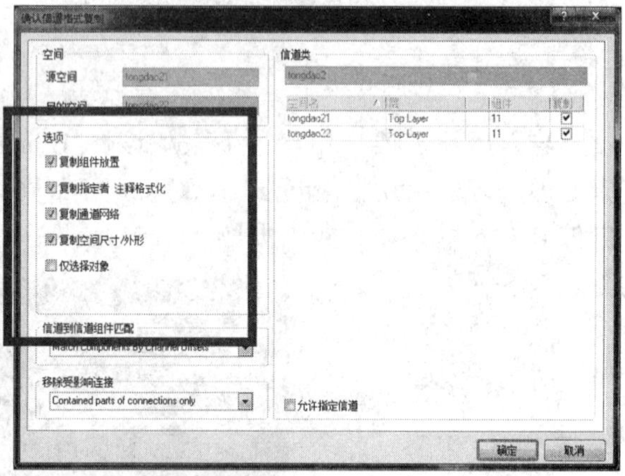

图 11-29　确认信道格式复制面板设置格式

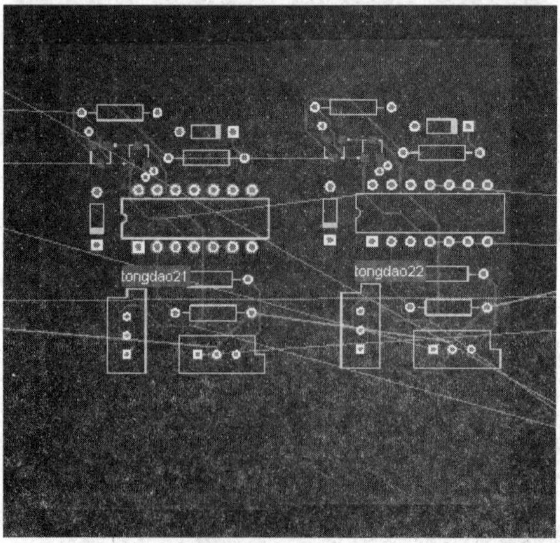

图 11-30　利用通道复用完成通道 22 布局布线

利用同样的方法布局、布线“tongdao11”和“tongdao12”，最终结果如图 11-31 所示。

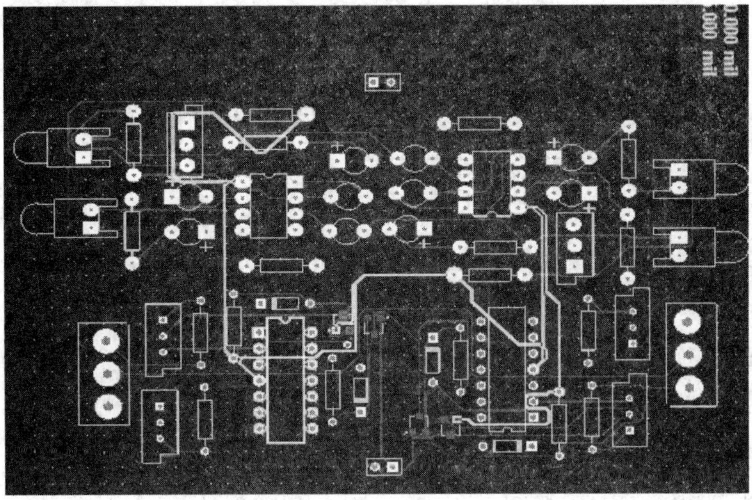

图 11-31　多通道布局布线完成结果

由上述案例可以发现，多通道的设计其实也是运用了层次化(自底向上)的理念，在实际工程设计中层次化是很重要的，此点应该引起初学者注意，除此外，Room 空间的拷贝也让 PCB 布局布线简单化。

在操作过程中合理运用多通道可以达到事半功倍的效果，多通道在实际运用中也相对较多。但随着多通道集成芯片的出现，特别在音频设计中，很多时候运用多通道反而显得复杂，运用双通道集成芯片如 TDA2004/2030，TDA1514A，2822 等，完全可以简单设计具有优质立体声效的音响电路，此处提醒初学者合理选择芯片尤为重要！

1. 按照要求在一块 75 mm × 80 mm 的电路板上完成 PCB 电路设计。要求：按照图 11-32 所示原理图绘制一个双通道输入、输出，小信号放大电路并设计一个电源电路(电源模块的变压器可放在板子外面)，让双通道电路共用一个电源。

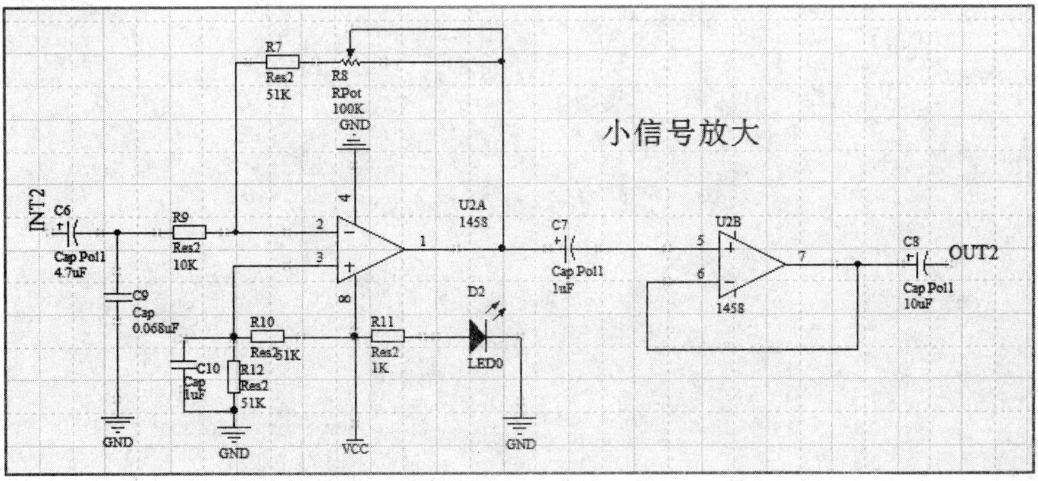

图 11-32 小信号放大电路

2. 设计完成下列 TDA2004 双通道功放电路的 PCB 设计(见图 11-33)。

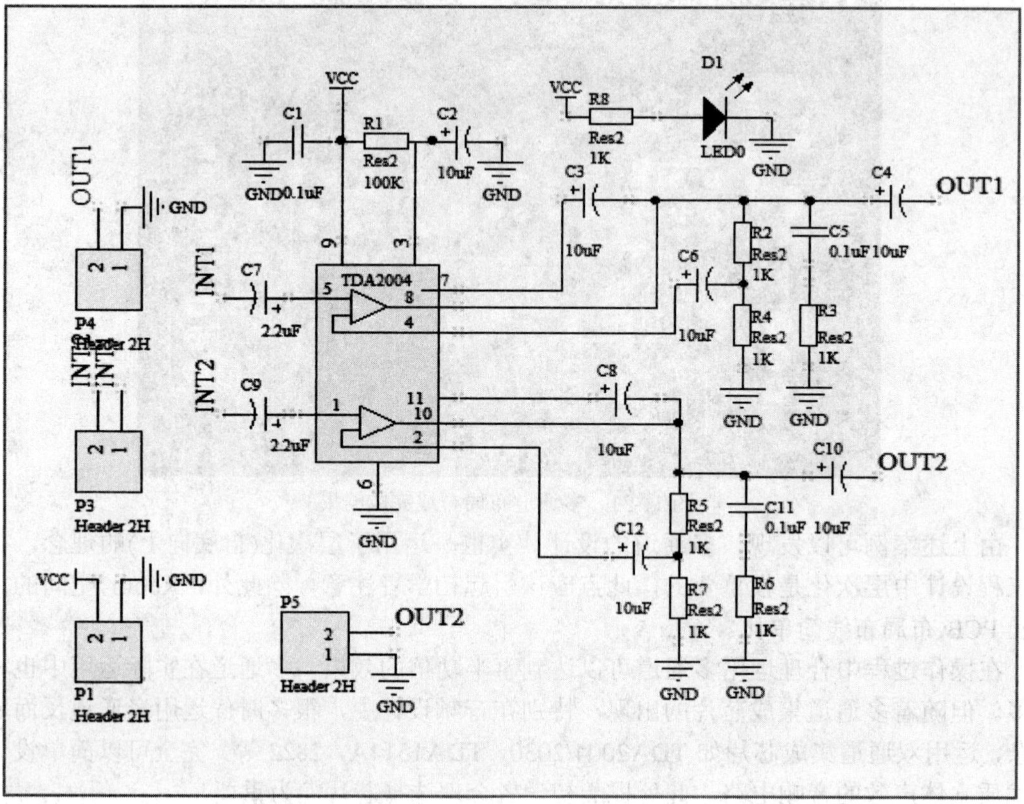

图 11-33　TAD2004 双通道功放电路

附　录

附录A　常用电子元器件标识及常用库

1．常用电子元器件标识

(1) 电阻：

标准电阻：RES1、RES2；封装：AXIAL-0.3～AXIAL-1.0；

两端口可变电阻：RES3、RES4；封装：AXIAL-0.3～AXIAL-1.0；

三端口可变电阻：RESISTOR TAPPED、POT1、POT2；封装：VR1～VR5。

(2) 电容：

CAP(无极性电容)、ELECTRO1 或 ELECTRO2(极性电容)、可变电容 CAPVAR。封装：无极性电容为 RAD-0.1 到 RAD-0.4；有极性电容为 RB.2/.4 到 RB.5/1.0。

(3) 二极管：

DIODE(普通二极管)、DIODE SCHOTTKY(肖特基二极管)、DUIDE TUNNEL(隧道二极管)DIODE VARCTOR(变容二极管)、ZENER1～3(稳压二极管)。封装：DIODE0.4 和 DIODE 0.7。

(4) 三极管：

NPN、NPN1 和 PNP、PNP1；引脚封装：TO18、TO92A(普通三极管)、TO220H(大功率三极管)、TO3(大功率达林顿管)。

以上的封装为三角形结构。T0-226 为直线形，我们常用的 9013、9014 管脚排列是直线型的，所以一般三极管都采用 TO-226。

(5) 效应管：

JFETN(N 沟道结型场效应管)、JFETP(P 沟道结型场效应管)、MOSFETN(N 沟道增强型管)、MOSFETP(P 沟道增强型管)。引脚封装形式与三极管同。

(6) 电感：

INDUCTOR、INDUCTOR1、INDUCTOR2(普通电感)，INDUCTOR VAR、INDUCTOR3、INDUCTOR4(可变电感)。

(7) 整流桥：

原理图中常用的名称为 BRIDGE1 和 BRIDGE2，引脚封装形式为 D 系列，如 D-44、D-37、D-46 等。

(8) 单排多针插座：

原理图中常用的名称为 CON 系列，从 CON1 到 CON60，引脚封装形式为 SIP 系列，从 SIP-2 到 SIP-20。

(9) 双列直插电子元器件：

原理图中常用的名称根据功能的不同而不同，引脚封装形式为 DIP 系列，如 40 管脚的封装为 DIP40。

(10) 串并口类：

原理图中常用的名称为 DB 系列，引脚封装形式为 DB 和 MD 系列。

(11) 晶体振荡器：

CRYSTAL，封装为 XTAL1 13；

发光二极管：LED，封装可以采用电容的封装(RAD0.1～0.4)。

(12) 发光二极管：LED。

(13) 拨动开关：SW DIP

(14) 按键开关：SW-PB。

(15) 变压器：TRANS1～TRANS5。

2．常用库文件(集成库)

(1) Miscellaneous Devices.IntLib。

(2) Miscellaneous Connectors.IntLib。

(3) STC_sch.Lib。

(4) ST Analog Comparator.IntLib。

(5) IL Switch Push Button.IntLib。

(6) Protel DOS Schematic Libraries.IntLib。

以上库文件有的是系统自带的，有的需要到官网下载。

Altium 官网：http://www.altium.com/en/products/altium-designer。

附录 B　电子元器件布局参考

1．流水灯心形❤电路板设计附图(双面板)

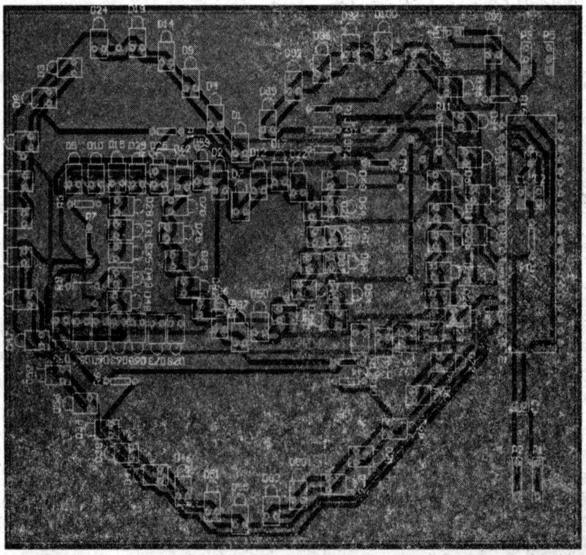

此电路图可以让多种不同颜色的LED灯进行交替闪烁，呈现双心形状。

2．51单片机开发板布局参考图(多层板)

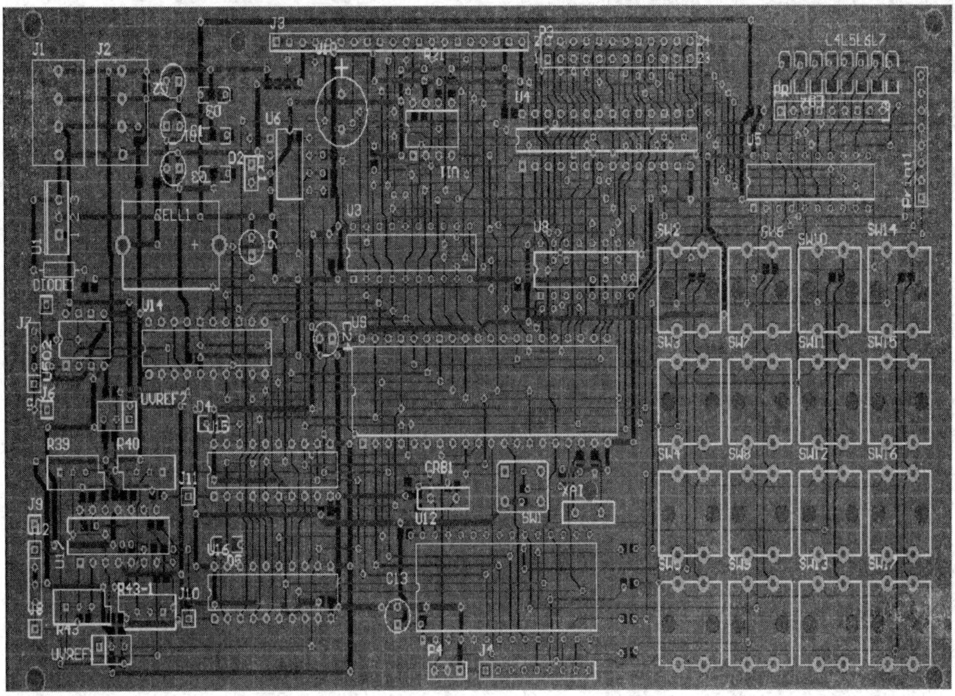

附录C 附 图

附图1

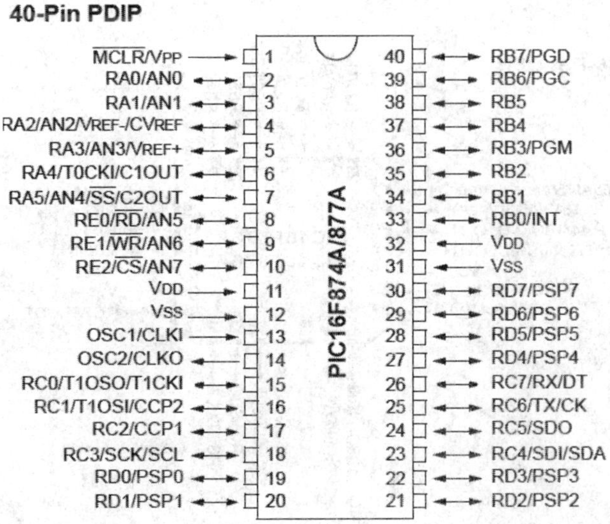

28-Pin PDIP, SOIC, SSOP

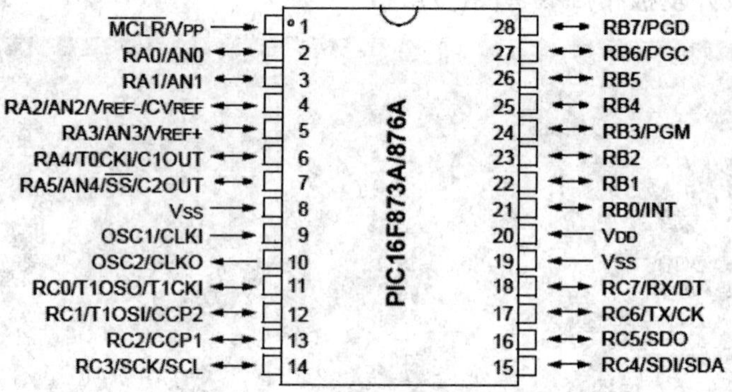

44-Pin QFN

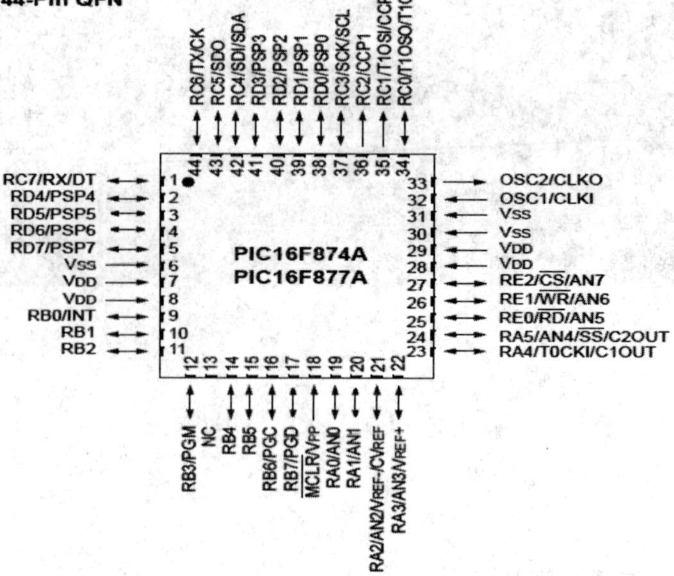

28-Pin QFN

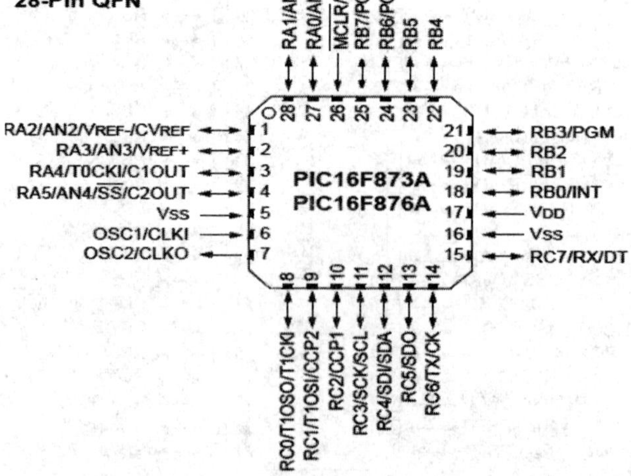

附图 2

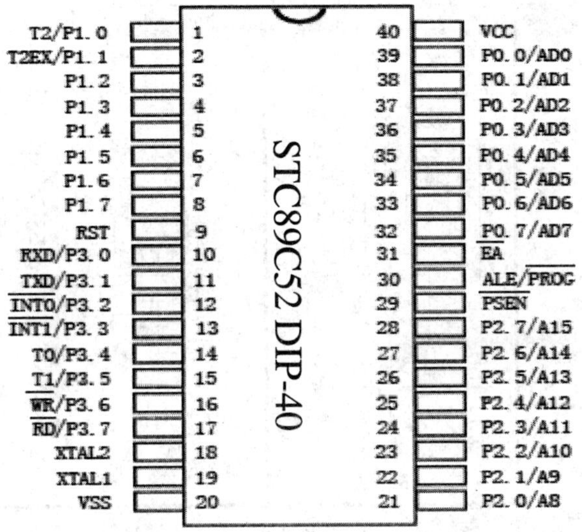

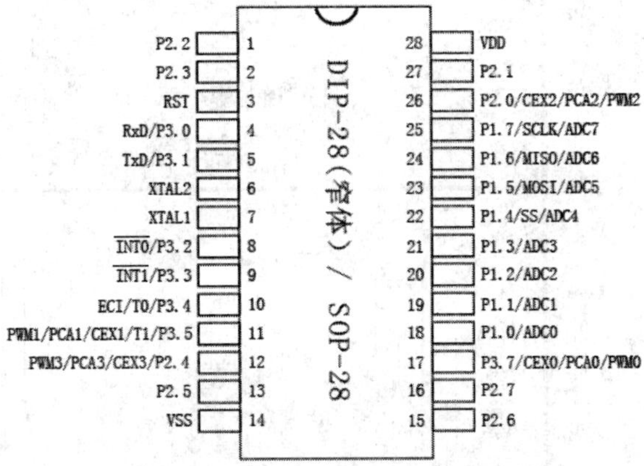

STC12C5410AD（有 A/D 转换）

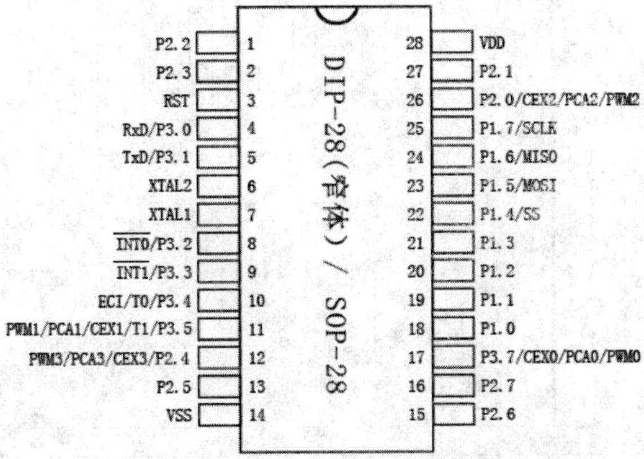

STC12C5410（无 A/D 转换）

附图 3

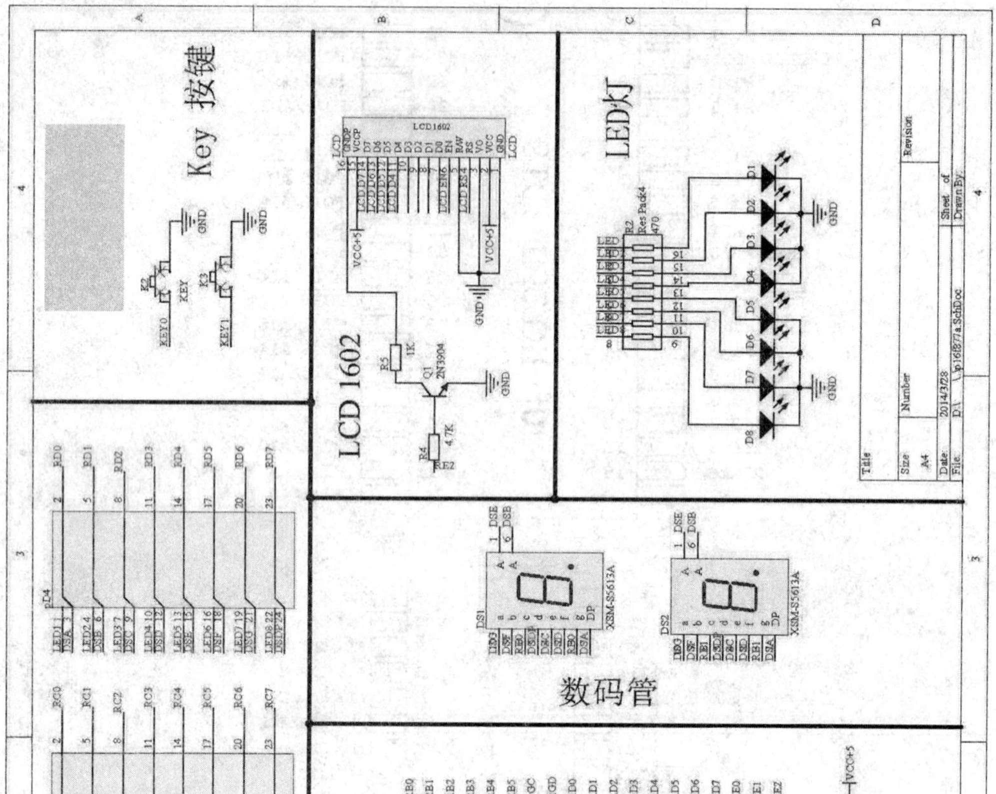

附图 4

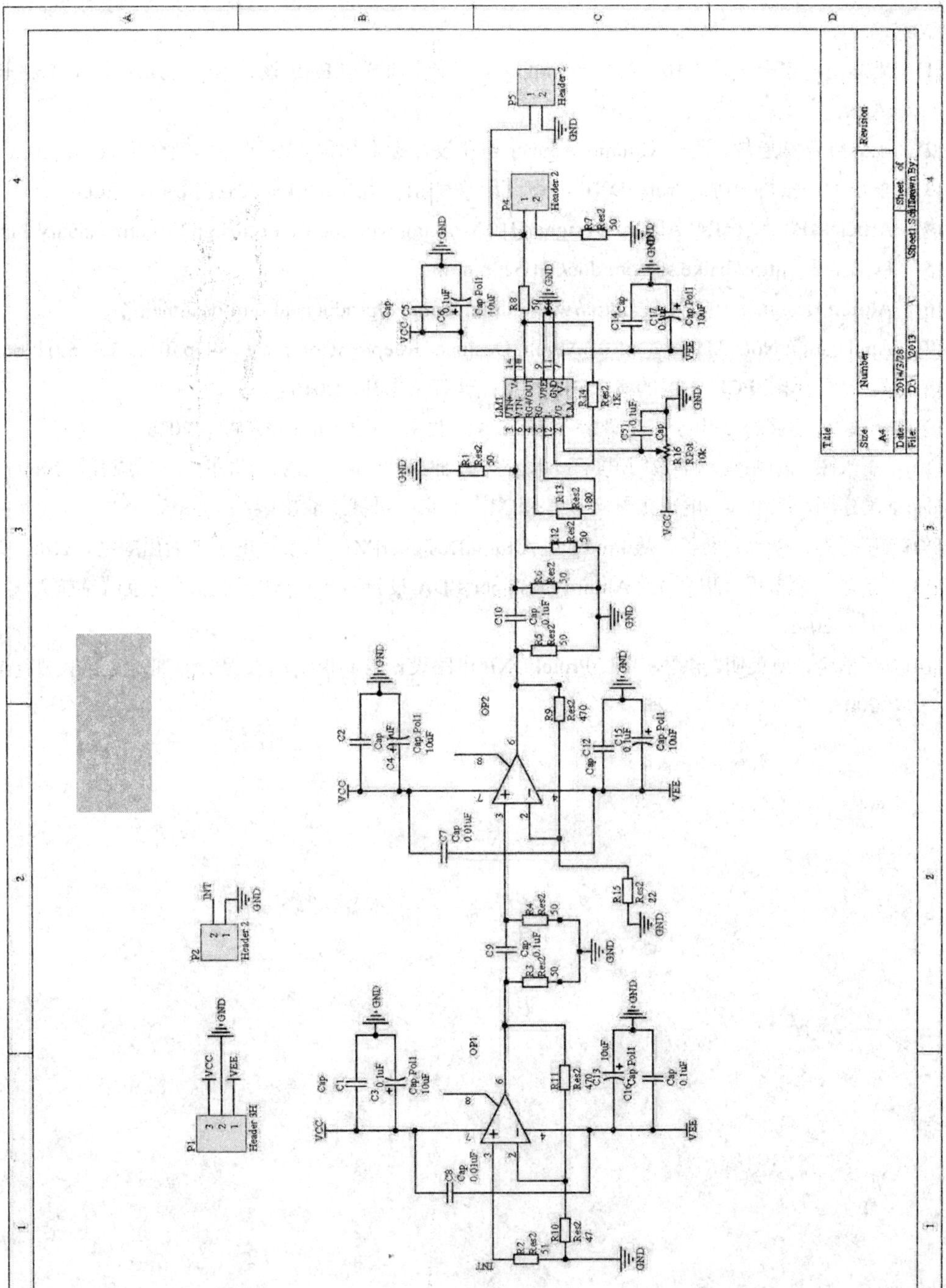

参 考 文 献

[1] 周润景，张丽敏，王伟，等. Altium Designer 原理图与 PCB 设计[M]. 北京：电子工业出版社，2009.

[2] 王渊峰，戴旭辉，等. Altium Designer 电路设计标准教程[M]. 北京：科学出版社，2011.

[3] 李东生，张勇，等. Protel DXP 电路设计教程[M]. 北京：电子工业出版社，2003.

[4] Article AP0137 (v1.4) Altium Designer[J]. Working with the Board Insigh System)January 21)2008.

[5] PCB 百科 http://baike.so.com/doc/3905206.html.

[6] Altium Designer 官方网站 http://www.altium.com/en/products/altium-designer.

[7] Application Note AP0144 (v1.0))Altium Designer Keeping Components Up-To-Date) (69)2006.

[8] 刘二钢. 浅谈 PCB 中层的概念[J]. 北京：硅谷杂志社，2010.

[9] 李敬伟，段维莲. 电子工艺训练教程. 2 版. 北京：电子工业出版社，2008.

[10] 王天曦，李鸿儒，王豫明.电子技术工艺基础[M]. 2 版. 北京：清华大学出版社，2009.

[11] 吴建明，张红琴. 电子工艺实训教程[M]. 北京：机械工业出版社，2008.

[12] 穆秀春，李娜，訾鸿. 从 Protel 到 Altium Designer[M]. 北京：电子工业出版社，2011.

[13] 李磊，梁志明，华文龙. Altium Designer EDA 设计与实践[M]. 北京：北京航空航天大学出版社，2011.

[14] 王浩全，傅英明，洪华，等. Protel DXP 电路设计与制板实用教程[M]. 北京：人民邮电出版社 2007.